水工建筑物
检测与诊断技术及应用

邓中俊　杨玉波　赵文波　智斌　任志明　著

中国水利水电出版社
www.waterpub.com.cn
·北京·

内 容 提 要

为了及时掌握水工建筑物运行状态，保证其正常安全运行，延长使用年限，需要在不影响工程安全运行的前提下进行一系列的现场无损检测，为下一步工程的安全评估和修补加固处理提供科学依据。本书以笔者近年来承担的水工建筑物检测与诊断分析实例为主，对检测对象、检测技术和仪器等做出了详细介绍，主要内容包括：压力钢管衬砌、水工建筑物基础、混凝土坝面等混凝土结构缺陷检测，围堰、坝基、坝体、防渗墙等水工建筑物渗漏检测，水下地形测量、地质调查、水下水工结构异常检查、水域测量、水深测量、水下渗漏区检测等水下检测，其他采空区、地面沉降、除险加固工程、超前地质预报、防渗墙施工质量等工程检测等。

本书可供大坝管理、设计、检测单位的相关人员参考，也可供相关专业院校师生使用。

图书在版编目（CIP）数据

水工建筑物检测与诊断技术及应用 / 邓中俊等著. -- 北京：中国水利水电出版社，2019.11
ISBN 978-7-5170-8158-6

Ⅰ. ①水… Ⅱ. ①邓… Ⅲ. ①水工建筑物－检测 Ⅳ. ①TV698.2

中国版本图书馆CIP数据核字(2019)第240284号

书　　名	**水工建筑物检测与诊断技术及应用** SHUIGONG JIANZHUWU JIANCE YU ZHENDUAN JISHU JI YINGYONG
作　　者	邓中俊　杨玉波　赵文波　智斌　任志明 著
出版发行	中国水利水电出版社 （北京市海淀区玉渊潭南路 1 号 D 座　100038） 网址：www.waterpub.com.cn E-mail：sales@waterpub.com.cn 电话：(010) 68367658（营销中心）
经　　售	北京科水图书销售中心（零售） 电话：(010) 88383994、63202643、68545874 全国各地新华书店和相关出版物销售网点
排　　版	中国水利水电出版社微机排版中心
印　　刷	天津嘉恒印务有限公司
规　　格	184mm×260mm　16 开本　18.75 印张　456 千字
版　　次	2019 年 11 月第 1 版　2019 年 11 月第 1 次印刷
印　　数	0001—2500 册
定　　价	**98.00** 元

前　言

1949年以来我国兴建了混凝土坝、拦河闸、输水渠道、引水隧洞等大量的水工建筑物，它们对国民经济的发展起到了重要作用。重大农业节水工程、重大引调水工程、重点水源工程、江河湖泊治理骨干工程等重大水利工程的陆续实施，为我国水利基础设施网络构建奠定了坚实基础，为我国水安全、粮食安全、国民经济发展、生态环境改善、脱贫攻坚和人民生活水平提高提供了强有力的支撑和保障。

但是，由于技术与认识的局限，规范不完善、设计欠妥、施工材料选择不当、施工质量不佳、结构基础和建筑物本身存在缺陷以及地震影响等，加之运行条件变化、运行年限增加、运行管理存在问题等诸多不利因素的综合作用，致使为数不少的水工混凝土建筑物存在不同程度的病害，有些已严重影响工程安全运行。

为了及时掌握水工混凝土建筑物的运行状态，保证结构的正常安全运行，延长结构的使用年限，需要在不影响结构安全运行的前提下进行一系列的现场无损检测，为下一步工程的安全评估和修补加固处理提供科学依据。水工建筑物无损检测的主要目的是，在不影响结构安全和正常运行的前提下检测其结构强度、内部缺陷及其他性能。

笔者主要从事水利水电工程隐患检测与大坝安全评价工作，曾研制成功瞬变电磁仪、压实计、电化学法监测碾压混凝土初凝时间及相关仪器、表面波裂缝检测仪、地层地温仪、大坝安全监测系统等仪器设备，业务范围涉及水电、火电、核电、矿业、工民建、地质灾害治理等工程领域，主持了包括三峡、二滩、小浪底、龙羊峡、丰满等国内几十个大中型水利工程的相关检测项目，积累了一些工程监测与检测技术经验。本书将有关研究成果和现场应用经验收集整理成册，供同行们进行经验交流。

本书简要介绍了各种水工建筑物检测与诊断技术方法，以作者近年来承担的水工建筑物检测与诊断分析实例为主，对于检测对象、检测技术和仪器均做出了介绍，内容包括：压力钢管衬砌、水工建筑物基础、混凝土坝面等混凝土结构缺陷检测，围堰、坝基、坝体、防渗墙等水工建筑物渗漏检测，水下地形测量、地质调查、水下水工结构异常检查、水域测量、水深测量、水下渗漏区检测等水下检测，其他采空区、地面沉降、除险加固工程、超前地质预报、防渗墙施工质量等工程检测等。检测所采用的仪器有：瞬变电磁仪（TEM）、大地电导率仪（频率域电磁法，FEM）、探地雷达、可控源音频大地电磁仪、表面波裂缝探测仪、浅层地震仪、便携式红外成像渗漏探测仪、多频电磁剖面仪、水下机器人（ROV）、双频侧扫声呐、三维激光扫描仪等。由于物探仪器检测结果的多解性，通常针对一个工程需要采用综合物探法进行检测，即采用几种仪器对同一个目标进行检测，并将各种仪器检测结果进行比对，以提高检测结果解读的准确性。

笔者之所以很详细地介绍工程现场情况、采用的检测技术和仪器，对检测结果进行分析，其目的是希望本书介绍的这些实例对大坝的管理单位、设计单位，在解决类似问题时有一定的参考作用。

在本书成书过程中，作者单位姚成林、贾永梅、王会宾等同志给予了很多帮助，在此，一并感谢！

作者
2019年7月

目　录

第1章 水工建筑物安全

1.1 概　　述

我国是水旱灾害频发国家，也是一个能源短缺的国家。水库大坝统筹防洪、发电、供水、灌溉等功能，是保障人民生命财产安全，保障经济发展的必然选择。1949年新中国成立以后，开展了大规模的水库建设，取得了令人瞩目的成就，已成为世界上拥有水库大坝数量最多的国家。特别是近年来，我国水库大坝发展进入了一个新的阶段，相继建设200m、300m的世界级高坝大库并投入运行，攻克了高库大坝建设管理中的一系列难题，走在世界坝工领域的前沿。

作为国家重要的基础设施，水利工程建设质量与安全运行不仅关系到其经济效益的实现，而且关系到人民群众的生命财产安全。我国有大坝9.8万多座，其中大部分是20世纪50～60年代修建的中小型土坝。由于当时施工条件的限制和建成时间久远，这些大坝病险严重，许多成为三类坝。从2007年开始，3年时间，国家投入巨资，对6240座病险坝进行除险加固，消除病害，保证大坝安全运行。2019年全国水利工作会议上水利部鄂竟平部长表示，下一步水利工作的重心将转移到“水利工程补短板，水利行业强监管”。他指出“补短板”要坚持问题导向，因地制宜，重点是补好防洪工程、供水工程、生态修复工程、水利信息化工程等几个方面的短板。针对防洪工程，鄂部长要求加强病险水库除险加固、中小河流治理和山洪灾害防治，完善城市防洪排涝基础设施，全面提升水旱灾害综合防治能力。对于病险水库大坝内部存在的裂缝、松散区、不均匀区、渗漏通道等各种隐患，只有采用专用仪器设备才能探测清楚，为除险加固工程设计提供可靠依据。

1.2 常见水工建筑物隐患探查方法

水工建筑物隐患是影响其安全的关键因素，当堤坝处于高洪水位时，堤坝隐患将可能导致溃堤垮坝。水工建筑物隐患探测的首要任务是确定隐患存在的位置、规模、形态，分析隐患形成的原因，以便针对性地采取有效的治理方法和技术。地球物理方法是查明水工建筑物隐患的较为有效的方法之一。从该技术近几年的发展来看，主要应用的物探方法有电法、电磁法、流场法、弹性波法和放射性法等。常规电法主要指自然电场法、电阻率法、高密度电法、激发极化法、充电法等方法。

中南大学陈绍求等曾于2000年前后利用电阻率法对各类堤坝隐患进行探测，采用反射系数 K 法对结果进行解释，提高了电阻率法对隐患的分辨能力。2003 年，吕玉增、阮百尧通过分析常见堤坝渗漏模型，用三维有限元法对堤坝渗漏模型进行电阻率成像法模拟，并对结果进行解释，取得了较好的效果。2004 年，浙江大学的王振宇、刘国华等利用电阻率层析成像的方法对水库大坝隐患进行探测，并采用基于点源二维电场理论的有限单元法对实测资料进行反演解释，得到了一些有益的结论。

高密度电阻率法是 20 世纪 80 年代由日本地质株式会社提出的，其基本原理与传统的直流电阻率法完全相同，所不同的是它在观测中设置了较高密度的测点，以电极转换开关控制多根电极，可一次性完成纵、横二维勘探过程，它是电剖面法和电测深法的结合。

由于高密度电阻率法具有成本低、效率高等优点，该方法近十几年在水工建筑物隐患探测中应用较多。如中国科学院的底青云教授曾将高密度直流电阻率法用于珠海某防波堤的堤防隐患探测；青岛海洋大学的郭秀军等通过分布式高密度电测系统在天津某水库大坝和北京市某池塘大堤上实践应用，说明该系统在水工建筑物裂缝、水工建筑物内埋设物探测中所取得的良好效果；2001 年，中国地质大学的王传雷等采用高密度电阻率法通过定点重复观测来研究不同水位下堤坝隐患电阻率图像的动态变化，并在武汉长江大堤上进行了实测对比工作；2008 年，成都理工大学的肖宏跃等将高密度电阻率法延时性勘探用于堤坝的渗漏探测中，研究在汛期随时间的延长渗漏通道周围电阻率的变化情况，由此检测堤坝渗漏通道大小的变化情况。此外，中南大学的汤井田等采用有限元模拟的方法，对堤坝渗漏开展了高密度电阻率法成像方面的理论研究。

自然电场法通过研究自然电场的分布规律来解决地质问题。当水工建筑物中存在集中渗漏隐患时，水会在松散层或岩层孔隙、裂隙中流动，在渗透过滤、扩散吸附和氧化还原等作用下，隐患位置附近会产生自然电位异常，由此可分析确定渗漏隐患的位置。张辉等人曾于 2000 年采用该方法对湖南慈利县江垭电站大坝的渗漏问题进行过实地探测。2005 年，山东水利科学研究院的郑灿堂根据现场测试资料，较为系统地归纳总结了自然电场法检测土坝渗漏隐患的一些可贵经验成果，他将集中渗流在自然电位曲线上的反映归纳为五种基本异常形态，并以此来推断集中渗漏带的宽度、埋深、走向和渗流的时空动态等特征。2008 年，山东黄河河务局的刘建伟等将自然电位法应用于长江大堤和江西九江高泉水库大坝的渗漏探测。

尽管直流电阻率法已广泛运用于水工建筑物隐患探测的实践中，但其探测隐患的纵向分辨率问题一直未得到很好解决，仪器所能探测的极限埋深和裂缝宽度难以定量。如高密度电阻率法对浅部缺陷比较敏感，但随着深度的增加，其纵向分辨率急剧降低；根据电法勘探理论，其探测目标体的洞径与埋深之比的极限为 1∶10 左右。激电法还可利用极化率的大小，但管涌渗漏通道中水所引起的极化率一般较小，很难测得非常明显的异常，因此在实践中应用该参数进行解释分析的例子比较少。自然电位法是根据渗漏部位越大、电位越低的特点来确定渗漏的位置、埋深及流向，所以该方法对散浸或渗漏量较小的隐患反映不明显。此外，由于天然场较弱，很容易受周围环境的干扰。

应用于水工建筑物隐患探测的电磁法主要包括瞬变电磁法、地质雷达法、频率域电磁法、甚低频电磁法等方法。瞬变电磁法是基于电磁感应原理，即以介质的电（磁）性差异为基础，通过不接地回线或接地电极向地下发射垂直方向的一次脉冲磁场，使地下低阻介质产生感应涡流，进而产生二次磁场，观测并研究该磁场的时空分布特征，以探查地下介质的性质及分布特征。中国水利水电科学院房纯纲教授等于1998年将瞬变电磁法（TEM）方法应用于土坝、堤防渗漏隐患探测中，并研制成功SDC-1型堤坝渗漏探测仪；同时，还采用从国外引进的频率域电磁法仪器EM34-3型大地电导率仪和SDC-1型堤坝渗漏探测仪对大坝和堤防等开展了现场渗漏隐患探测和管涌通道定位探测。

2003年，中国科学院南京土壤研究所的刘广明、杨劲松、李冬顺等采用EM31和EM38大地电导仪对江苏省新、老海堤的隐患进行探测，确定了海堤内孔洞或质地相对疏散的危害位置，但该仪器设备探测深度有限，单次探测的最大有效深度为6m。

总体上看，瞬变电磁法比较适用于堤坝中深部隐患探测，探测深度可达数十米，但它对浅部不均匀体反映不够明显。而大地电导率仪的优点是可直接读取大地视电导率，再根据电导率大小判断堤段填料的密实情况、是否容易产生大面积散浸，其缺点是沿深度方向分辨率较低，只能探测几种不同深度大地的视电导率，因而难以发现堤身内埋深较浅、体积较小的异常体。

地质雷达法作为一种新的浅层物探方法，已被广泛应用于堤坝隐患探测中。如吴相安等于1997年就研究了探地雷达探测堤坝隐患的可行性。2000年，中国地质大学的曾校丰教授等举例证明了地质雷达技术应用于水库坝体结构层检测的问题，说明当采集和处理参数选取合理、探测目标空间位置和尺度大小与地质雷达信号的频率与强度匹配适当时，就能取得较好的探测效果；同年，邓世坤探讨了地质雷达技术在拦洪闸闸底板现状探测、海滨防浪堤隐患探测和江堤滑塌成因探测中的应用效果。2001年，吉林大学的薛建等将SIR-2型地质雷达系统应用于黑龙江甘南某大型水库的坝体散浸探测以及吉林省辉南县某水库的渗漏通道检测。2001年，武汉大学光电信息工程学院研制出“双频多普勒相控阵地质雷达”，该设备克服了常规地质雷达电磁波能量分散、探测深度浅、分辨率低等弱点，提高了地质雷达的探测深度，同时为地表以下20m内蚁穴、鼠洞、管涌等的探测提高了精度。此外，浙江水利研究院的葛双成、南京水利科学研究院的何开胜等也应用地质雷达开展过渗漏病害和管涌隐患探测。

地质雷达应用的物性基础是介质之间介电常数的差异，由于水的相对介电常数是81，因此它对含水量少、埋藏较浅的隐患才有较好的探测效果；同时，如果水工建筑物的渗漏隐患位于浸润面以下，由于雷达波的衰减非常大，此时隐患就很难被探测到。水利工程中存在的隐患种类很多，地质雷达技术由于受探测深度和分辨率这一矛盾的制约，过分夸大其作用是不合理的。

利用水工建筑物隐患与周围介质之间的波速或波阻抗差异，可采用纵波、横波技术或面波勘探方法开展水工建筑物隐患探测。黄河水利委员会物探总队曾将瞬态瑞雷波法应用于黄河大堤老口门堤段隐患探测，探测结果表明，当深度小于30m时，频散曲线与介质弹性界面有较好的对应关系，可直接推断界面位置，且可据异常幅值判断软弱层的强度特性和范围。在陕西渭北某水库左坝肩渗漏探测、红石峡水库坝基和坝体质量检测、陕西滴水岩水库坝体渗漏探测中，瑞雷波法都取得了较好的效果。另外，陕西水利电力勘测设计研究院的任健于2003年将瞬态面波剖面法技术应用于病险水库探查中，通过实践应用可知，该方法在病险水库勘探中能较好地探测坝体沉陷变形和软弱夹层等工程地质问题；浙江省水利河口研究院曾将SWS21G工程勘探与检测系统较好地应用于黄岩长潭水库坝体隐患调查、玉环里墩水库坝基处理效果检测、东苕溪防洪工程西险大塘加固工程套井回填质量检测以及椒江外沙海塘和温岭东浦新塘探测。上海市地质调查研究院也曾运用面波法对土坝管涵、土洞、白蚁巢穴、土体疏松带等水库大坝隐患进行探测，并取得了一定的应用效果。

水工建筑物渗水通道一般为细长的通道或裂隙等，其断面尺寸一般较小，地震反射法和折射波法难以有效分辨，因此目前的应用主要以面波勘探为主。长期以来，瑞利面波在地震勘探中被认为是一种强干扰波，研究瑞利面波的目的是压制或消除它的影响。近年来，人们发现利用瑞利波的频散特性和其速度与岩土力学性质间的相关性可以解决许多单用纵波勘探无法解决的工程地质问题，于是发展了面波勘探方法。面波的传播特点是沿介质的表面传播，高频波传入地下的深度小，低频波传入地下的深度大，利用此特点只要改变激振器的振动频率，就可检测不同深度的地层，可利用的面波参数有速度、波幅、波形和相位等多种参数。将多种参数进行综合分析，就可获得较准确的检测结果。根据工作方法的不同，面波勘探可以分为稳态法和瞬态法两种。

由于某些管涌的埋深较大，采用地质雷达、地震勘探、电法等物探手段进行无损探测受到有效探测深度和探测分辨率的影响，难以达到探测的目的。在某些情况下，示踪方法是较为理想的探测方法之一。同位素示踪法就是利用放射性同位素作标记物，根据放射性同位素在地下水中的迁移变化来研究地下水渗流运动规律的方法，包括单孔稀释法、单孔和多孔示踪法，一般要求渗漏流速大于10^{-6}m/s。

近年来，水工建筑物无损检测领域基础研究鲜有重大突破，多数是对检测仪器的现代化。本书凝聚了作者单位从事水工建筑物无损检测数十年的实践经验，对相关类似的检测项目具有指导意义和借鉴作用。

第2章 检测方法及技术

2.1 电 法 勘 探

电法勘探是根据各类岩石或矿体的电磁学性质（如导电性、导磁性、介电性）和电化学特性的差异，通过对人工或天然电场、电磁场或电化学场的空间分布规律和时间特性的观测和研究，查明地质构造，解决工程地质问题的地球物理勘探方法。该方法主要用于寻找金属、非金属矿床，勘查地下水资源和能源，解决某些工程地质及深部地质问题。

电法勘探按场源性质可分为人工场法（主动源法）、天然场法（被动源法）；按观测空间可分为航空电法、地面电法、井中电法、海洋电法；按电磁场的时间特性可分为直流电法（时间域电法）、交流电法（频率域电法）、过渡过程法（脉冲瞬变场法）；按产生异常电磁场的原因可分为传导类电法、感应类电法。

电法勘探的特点主要有：①可利用的物性参数多，包括导电性（电阻率 ρ 或电导率 σ）、电化学活动性（η）、介电性（ε）、导磁性（μ）等；②可利用的场源多，包括人工场源和天然场源，其中人工场源又分为直流电场和交流电场。

目前常用的电法勘探方法有电阻率法、高密度电阻率法、充电法、自然电场法、激发极化法、瞬变电磁法、频率域电磁法、可控源音频大地电磁法和探地雷达法等。

2.1.1 电阻率法

电阻率法是以岩土介质的导电性差异为基础，通过观测和研究人工建立的大地中稳定电流场的分布规律来探测地下地层结构，了解地下地质构造特征，达到解决水文、工程与环境地质问题的目的，或寻找矿产资源的一类电法勘探方法。

1. 电阻率法分类

在电法勘探中，根据不同的地质任务与地电条件，采用不同的探测装置。所谓装置类型是指一定的电极排列形式。由于电极移动方式不同，电阻率法又分为电阻率剖面法和电阻率测深法。

（1）电阻率剖面法。电阻率剖面法，简称电剖面法，是以地下岩（矿）石电阻率差异为基础，人工建立地下稳定直流或脉动电场，按照某种极距的装置形式沿测线逐点观察，研究某一深度范围内岩（矿）石沿水平方向的空间电阻率变化，以查明矿产资源和研究有关地质问题的一组直流电法勘探方法。它包括许多分支装置：二级装置、三级装置、联合三级装置、对称四级装置、偶极装置和中间梯度装置等，如图 2－1 所示。

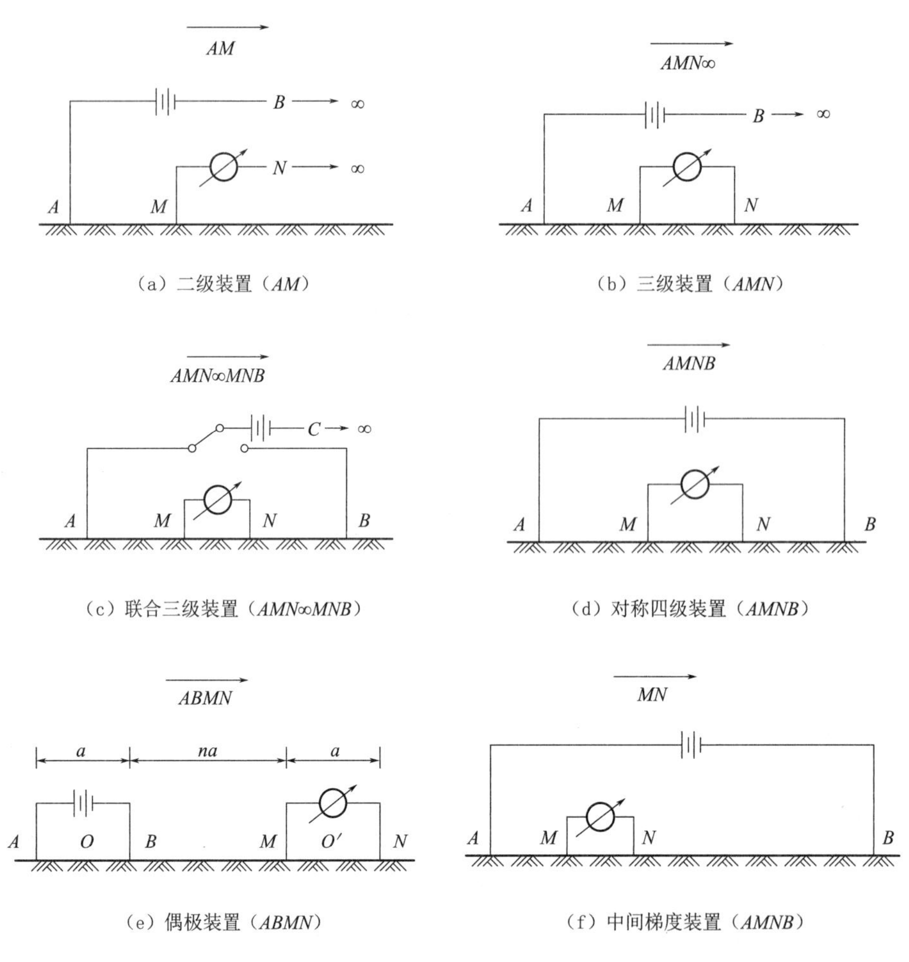

(a) 二级装置（AM）　(b) 三级装置（AMN）

(c) 联合三级装置（AMN∞MNB）　(d) 对称四级装置（AMNB）

(e) 偶极装置（ABMN）　(f) 中间梯度装置（AMNB）

图 2－1　电阻率剖面法不同装置电路图

无论哪种装置类型，其共同特点是：用供电电极（A、B）向地下供电，同时在测量电极（M、N）间观测电位差（ΔU_{MN}），并计算出视电阻率（ρ_s），各电极选定的测线同时（或仅测量电极）逐点向前移动和观测。电阻率剖面法常用于探查地下一定深度范围内的横向电性变化，以此解决多种地质问题。

（2）电阻率测深法。电阻率测深法简称电测深法，又名电阻率垂向测深，是利用岩矿石的导电性差异为基础，分析电性不同的岩层沿垂向分布情况的一种电阻率方法。原则上讲，电剖面法中各种装置（除中间梯度外）均可用于电测深，但目前常用测深装置主要是对称四极和等比装置。电测深法的特点是：供电电极（A、B）在测点（O）两侧沿相反方向向外移动，测量电极（M、N）不动或与 AB 保持一定比例（$MN/AB=c$）地同时移动。电测深法主要用于探查垂直方向上由浅到深的 ρ_s 的变化情况。

电测深法探测对象应为产状较平缓（倾角不超过 20°）、电阻率不同的地质体，且地形起伏不大，主要用于成层岩石的地区，如解决比较平缓的不同电阻率地层的分布，探查油、气田和煤田地质构造，以及用于水文地质与工程地质调查中。而激发极化电测深主要用于金属矿区的详查工作，借以确定矿体顶部埋深以及了解矿体的空间赋存情况等。

1）电测深装置如图 2-2 所示。

2）ρ_s的计算公式为

$$\rho_s = k\frac{\Delta U_{MN}}{I} \quad (2-1)$$

$$k = \pi\frac{AM \cdot AN}{MN} \quad (2-2)$$

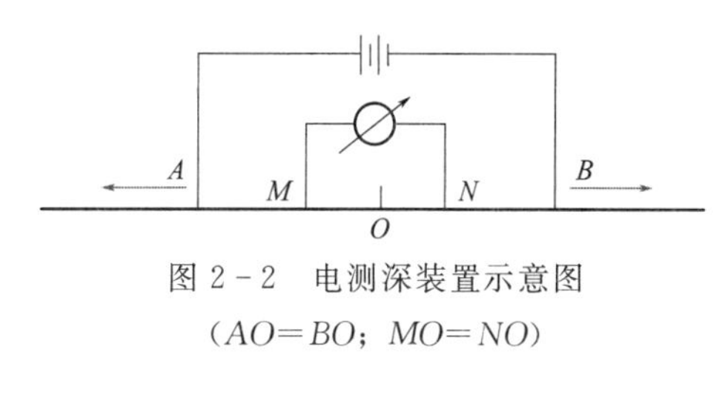

图 2-2 电测深装置示意图
（$AO=BO$；$MO=NO$）

式中：k 随电极距地逐次扩大而改变。

3）电测深曲线。

电测深曲线是指视电阻率 ρ_s 随供电极距（$AB/2$）变化的曲线。电测深曲线的特点是：①每个电测深点均可以得到一条电测深曲线；②该曲线通常以 $AB/2$ 为横坐标，以 ρ_s 为纵坐标，绘制在模数为 6.25cm 的双对数坐标纸上。

2. 电阻率法的应用

（1）进行地质填图，确定基岩起伏。

（2）确定构造破碎带的倾向。

（3）找金属与非金属矿。

（4）寻找地下水。

2.1.2 高密度电阻率法

1. 基本理论

高密度电阻率法简称高密度电法，是以岩、土导电性的差异为基础，研究人工施加稳定电流场的作用下地中传导电流的分布规律的电探方法。它的理论基础与常规电法相同，所不同的是方法技术。高密度电法实际上是一种阵列勘探方法。野外测量时只需将所有电极布置在一条测线上，利用程控电极转换装置和微机电测仪便可以实现数据的快速和自动采集。

测量时先以固定间距 x 沿测线布置若干根电极，这些电极在整个测量过程中固定在原处不动；取 $a=nx(n=1,2,3,\cdots)$，对每一个取定的活动电极间距 a，将两两相距为 a 的四根电极经电极转换开关连接到仪器上，一次完成各种装置形式的电阻率测量（各装置形式的记录点均选在电极排列的中点）；待一个测点的全部测量任务完成后，将整个电极排列向前移动一个 x 距离，然后进行下一测点的观测，这种过程重复进行，直到活动电极间距为 a 的整条剖面全部测完为止。

由于一条剖面地表测点总数是固定的，因此，当极距扩大时，反映不同勘探深度的测点数将依次减少。把三电位电极系的测量结果置于测点下方深度为 a 的点位上。于是，整条剖面的测量结果便可以表示成一种倒三角形的二维断面的电性分布。

2. 常用装置

（1）α 排列（温纳装置 $AMNB$）。温纳装置的电极排列规律是：A、M、N、B（其中 A、B 是供电电极，M、N 是测量电极），$AM=MN=NB$ 为一个电极间距，随着间隔系数 n 由 n（MAX）逐渐减小到 n（MIN），四个电极之间的间距也均匀收拢。该装置适用于固定断面扫描测量，其特点是测量断面为倒梯形，电极排列如图 2－3 所示。

（2）β排列（偶极装置 *ABMN*）。该装置适用于固定断面扫描测量，装置特点是供电电极 *A*、*B* 和测量电极 *M*、*N* 均采用偶极，并按一定的距离分开。由于四个电极都在同一测线上，故又称偶向偶极。其 ρ_s 表达式为

$$\rho_s^{\beta}=K_{\beta}\frac{\Delta U_{MN}}{I} \tag{2-3}$$

其中
$$K_{\beta}=6\pi\alpha$$

β排列测量断面为倒梯形。测量时，$AB=BM=MN=a$ 为一个电极间距，*A*、*B*、*M*、*N* 逐点同时向右移动，得到第一条剖面线；接着 *AB*、*BM*、*MN* 增大一个电极间距，*A*、*B*、*M*、*N* 逐点同时向右移动，得到另一条剖面线；这样不断扫描测量下去，得到倒梯形断面，其偶极装置排列如图 2－4 所示。

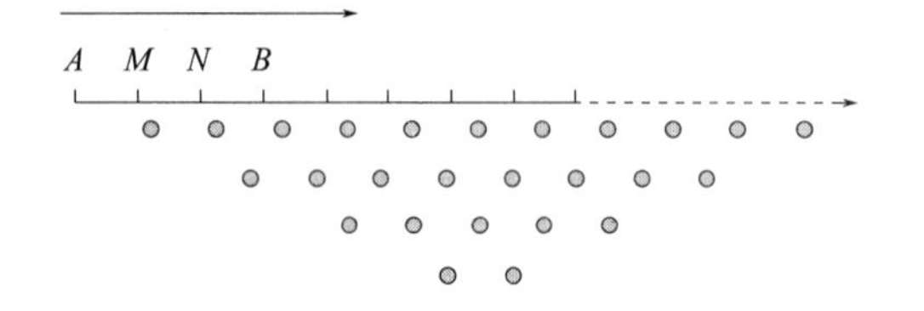

图 2－3　温纳装置排列示意图

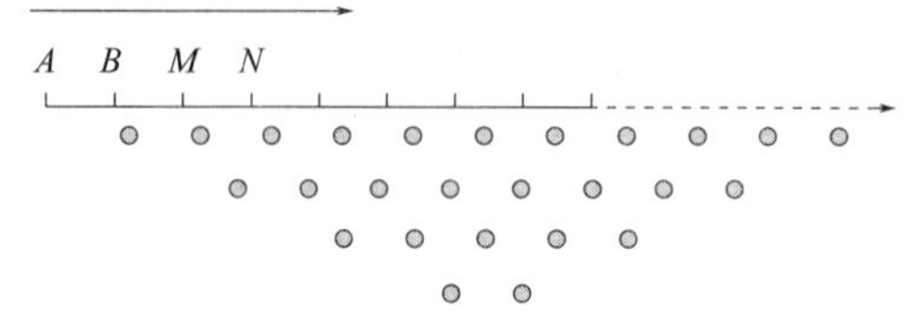

图 2－4　偶极装置排列示意图

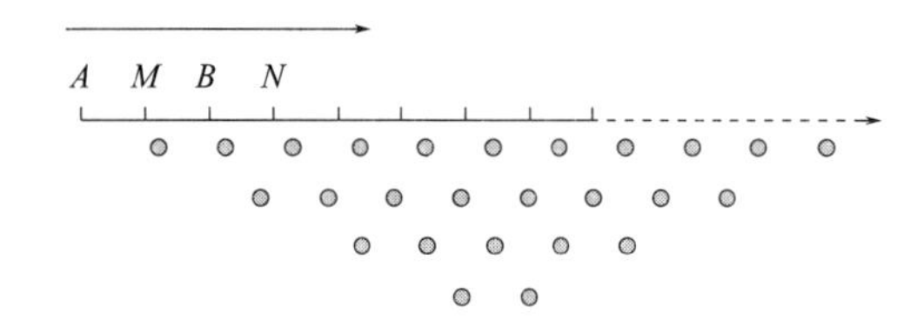

图 2－5　微分装置排列示意图

（3）γ排列（微分装置 *AMBN*）。该装置适用于固定断面扫描测量，电极排列如图 2－5所示。ρ_s^{r} 表达式为

$$\rho_s^{\gamma}=K_{\gamma}\frac{\Delta U_{MN}}{I} \tag{2-4}$$

其中
$$K_{\gamma}=3\pi\alpha$$

测量时，$AM=MB=BN=a$ 为一个电极间距，*A*、*M*、*B*、*N* 逐点同时向右移动，得到第一条剖面线；接着 *AM*、*MB*、*BN* 增大一个电极间距，*A*、*M*、*B*、*N* 逐点同时向右移动，得到另一条剖面线；这样不断扫描测量下去，得到倒梯形测量断面。

高密度电法是一种多快好省的勘探方法，目前在地基勘查、坝基选址、水库或堤坝查漏、地裂缝探测、岩溶塌陷及煤矿采空区调查等方面得到了广泛的应用，解决了诸多实际问题。

2.1.3　充电法

1. 基本理论

当理想良导体的电阻率远小于围岩电阻率（<200 倍）时，可近似看成理想的导体，它位于一般导电介质中时，向其上任意一点供电（或充电）后，电流遍及整个理想导体，然后垂直导体的表面流向周围介质。电流在理想导体内流过时，不产生电压降，所以称理想导体为等电位体。理想导体的充电电场与充电点的位置无关，只决定于充电电流的大小，充电导体的形状、产状、大小、位置及周围介质的电性分布情况。这样观测充电电场的分布，便可推断整个地下良导体及围岩电性的分布情况。充电法工作原理示意如图 2－6 所示。

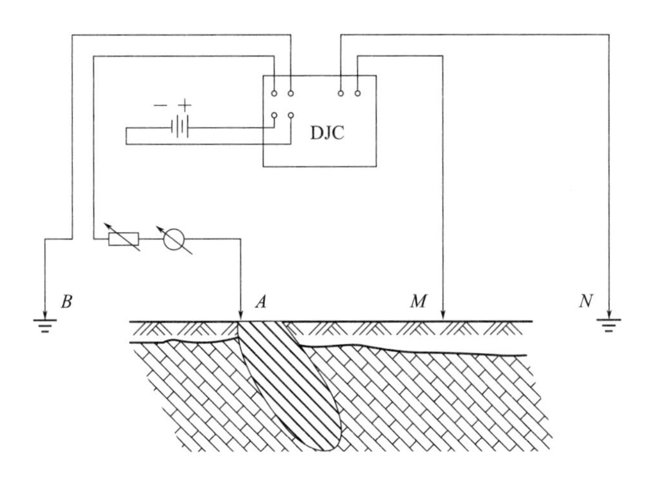

图 2-6 充电法工作原理示意图

2. 应用范围及其条件

(1) 充电法解决的地质问题。

1) 确定已揭露(或出露)矿体隐伏部分的形状、产状、规模、平面分布位置及深度。

2) 确定已知相邻矿体之间的连接关系。

3) 在已知矿附近找盲矿体。

4) 利用单井测定地下水的流向和流速。

5) 研究滑坡及追踪地下金属管线等。

(2) 充电法的应用条件。

1) 被研究的对象(充电体)至少已有一处被揭露或出露,以便设置充电点。

2) 充电体相对围岩应是良导电体。

3) 充电体规模越大,埋藏越浅,应用充电法的效果越理想。充电法的最大研究深度一般为充电体延伸长度之半。

3. 主要观测方式、方法

(1) 电位法。将一个测量电极 N 固定在远离测区的边缘,作为电位零值点,另一测量电极 M 则沿测线逐点移动,观测其相对于 N 极的电位差,作为 M 极所在测点的电位值 U,同时观测供电电流 I,计算归一化电位值 U/I。

(2) 电位梯度法。使测量电极 MN 保持一定距离,沿测线一起移动,逐点进行电位差 ΔU 和供电电流 I 的观测,计算归一化电位梯度值 $\Delta U/(MN \cdot I)$。记录点为 MN 的中点,注意观测电位差 ΔU 的符号变化(图 2-7)。

2.1.4 自然电场法(SP)

1. 基本理论

自然电场法是指利用大地中自然电场作为场源,进行找矿和解决其他地质问题的方法。该法是人们应用最早的一种电法勘探方法。它毋须用人工方法向地下供电。至于自然电场产生的原因,目前尚有不同见解。地下潜水面切割电子导电矿体,潜水面上部发生氧

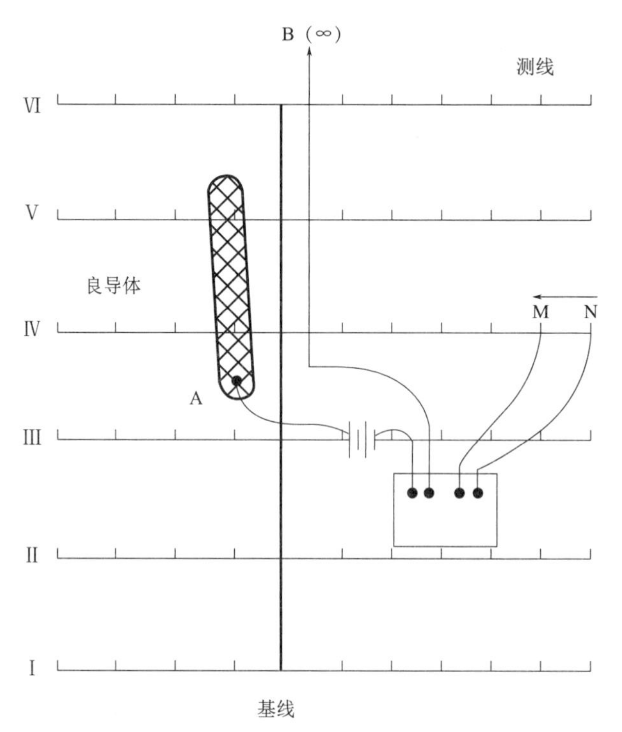

图 2-7　充电法电位梯度法观测布置图

化作用，下部发生还原作用，使矿体上、下两端表面产生不均匀的双电层，进而在矿体内外形成自然电流。通常在矿体上方的地表可观测到负的自然电位异常，依此可实现找矿的目的。另一观点认为，矿体本身并不参加化学反应，只起传递电子的作用。此外，还有学者提出电极电位学说和波差电池学说等。对于离子导体情况，地下水在岩石孔隙中流动时，由于水溶液中常含有大量的正、负离子，且岩石颗粒有吸引负离子的作用，致使地下水带走大量的正离子，形成自然电场。野外工作时，将电极 N 置于很远处（∞处），测量电极 M（M、N 极皆为不极化电极）沿测线逐点测量自然电位 U，测量结果可绘成 U 的剖面曲线图和平面等值线图。自然电场法不用人工供电，故仪器设备较轻便，生产效率较高。

2. 应用范围及条件

（1）应用范围。

1）用于寻找电子导电的金属矿床与非金属矿床。

2）进行地质填图。

3）确定地下水流速、流向等水文地质问题。

（2）应用条件。观测大地的自然电场：只需两个接收电极，仪器阻抗要高，采用不极化电极。

3. 工作方法

（1）电位法。观测所有各测点相对于某一固定点（基点）的电位，即将固定电极设在基点上，然后沿测线逐点移动活动电极，观测相对固定电极的电位差。

（2）梯度法。观测相邻两测点间的电位差。测量电极放置在同一条测线的相邻 2 个测点上，观测它们之间的电位差，然后沿测线方向同步移动或交叉地移动，即每次观测后，都把后面的一个电极移到前面一个电极的前面，如此交叉地移动下去，这种跑极方式可以避免两电极间的极差积累。

（3）将观测结果整理后，计算各点的自然电位值，其计算公式为

$$电位值=读数+基点差-(极差+极差分配) \tag{2-5}$$

式中：电位值为测点相对总基点的电位值；读数为测点相对分基点的电位值；基点差为分基点对于总基点的电位差；极差为活动电极相对固定电极在开工时的电位差；极差分配为从开工到收工时极差的变化值，按时间顺序对各点线性分配的数值。

2.1.5　激发极化法

1. 工作原理

在电法勘探的现场工作中可以发现，当采用某一电极排列向大地供入或切断电流的瞬间，在测量电极之间总能观测到电位差随时间的变化，这种类似充电、放电的过程，由于电化学作用所引起的随时间缓慢变化的附加电场的现象称为激发极化效应（简称激电效应）。激发极化法（或激电法）就是以岩石、矿石激电效应的差异为基础，从而达到找矿或解决某些水文地质问题的一类电探方法。激电效应随岩石、矿石中电子导电矿物含量的增高而增强的特性，是激电法成功应用于金属矿普查找矿的物理—化学基础。

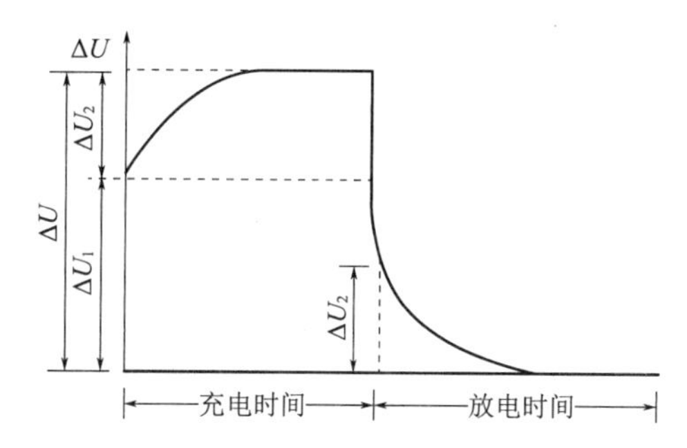

图 2-8　时间域充电、放电波形图

时间域充电、放电波形（适用于所有时间域仪器）如图 2-8 所示。

2. 工程应用

（1）金属和非金属固体矿产勘查。普查硫化多金属矿，其优点是能找到百分含量不高的浸染状矿，如铜、铅、锌、钼等有色金属矿；寻找无磁或弱磁性黑色金属矿、贵金属矿、稀有金属矿和放射性矿床等。

（2）寻找地下水。含水砂层在充电以后，断电的瞬间可以观测到由于充电所激发的二次电位，该二次电位衰减的速度随含水量的增加而变缓。在实践中利用这种方法圈定地下水富集带。确定井位已有不少成功的实例。激电测深最大的优点是对水的反映直观，受地形影响小。在激发极化找水中用得最多，最有效的是对称四极垂向测深装置，通常采用温纳装置并保持 $MN/AB=1/3$ 的等比关系。

（3）油气田和地热田勘查。以探测油气田或地热田上部的次生黄铁矿的激电效应为基础，探测与油气有关的激电效应。

2.1.6　瞬变电磁法

1. 基础理论

瞬变电磁法是利用不接地回线或接地电极向地下发送脉冲式的一次电磁场，用线圈或

接地电极观测该脉冲电磁场感应的地下涡流产生的二次电磁场的空间和时间分布，从而解决有关地质问题的时间域电磁法。瞬变电磁法的观测是在脉冲间隙中进行的，不存在一次场源的干扰，这称之为时间上的可分性。脉冲是多频率的合成，不同延时观测的主要频率成分不同，相应时间的场在地层中的传播速度不同，调查深度也不同，称之为空间的可分性。瞬变电磁法主要就基于这两个可分性。

瞬变场与谐变场（频率域）一样，场源也分为接地式和感应式两种，统称为发射装置。当发射机装置中的电流突然阶跃下降为零时，其周围产生急剧变化的电磁场，它是形成地中涡流的激发源。该场以两种途径传播到地下介质中。第一种途径是以光速 C 的电磁波，从空气中直接传播到地表各点，并将部分能量传入地下，在离场源足够远的地表面上形成垂直向下传播的不均匀面波；第二个途径是电磁能量直接从场源所在地传播到地下，它在地中激发涡流，似烟圈那样随时间的推移逐步扩散到大地深处。

瞬变电磁法（TEM）是在一次场背景条件下观测研究纯二次场异常，大大地简化了对地质体所产生异常的研究，提供了该方法对目标层的探测能力。此外，瞬变电磁法一次供电可测量各电磁量随时间的变化，相当于频率域测深各频点测量的结果，使工作效率大大提高。

在瞬变电磁法中，激发场源常用的波形为矩形波。在实际应用中，为了有效地抑制观测系统中的直流偏移和超低频噪声的干扰，往往采用周期性重复的双极性脉冲序列。

（1）双极法矩形波脉冲

$$H_1(t) = 4H_0\int\infty \frac{\sin(n\pi\delta/2)}{n\Pi}\cos w_o t \tag{2-6}$$

其中

$$\delta = 2d/T$$

$$W_0 = 2\Pi/T$$

式中：H_0 为脉冲磁场的幅值；T 为脉冲系列重复周期；d 为单个脉冲的持续时间。

令脉冲系列的 $T \to \infty$，并忽略单个脉冲前后沿的互相影响，便简化为单个阶跃波。

阶跃波波形示意图如图2-9所示，其表达式为

$$H_1(W) = \frac{H_0}{j_w}$$

（2）均匀半空间的瞬变电磁场响应。在电导率为 δ 和磁导率为 μ_0 的均匀大地上，铺设输入阶跃电流的发送回线，该回线中电流所产生的磁力线，如图2-10所示。当发送回线中电流突然断开时，在本空间中就要被激励起感应涡流场以维持在断开电源前存在的场，此瞬间的电流集中于发射回线附近的地表，并按负指数规律衰减。随后，面电流开始扩散到下半空间，在切断电流后的任一晚期时间里，感应涡流呈多个层壳的“环带”形，并随着时间的延长，涡流将向下及向外扩展。根据计算结果，涡流场极大值将沿从发送回线中心起始与地面成30°倾角的锥形斜面向下及向外传播，极大值点在地面投影点的半径为

$$R_{max} \approx \sqrt{2.56t/\sigma\mu_0} \tag{2-7}$$

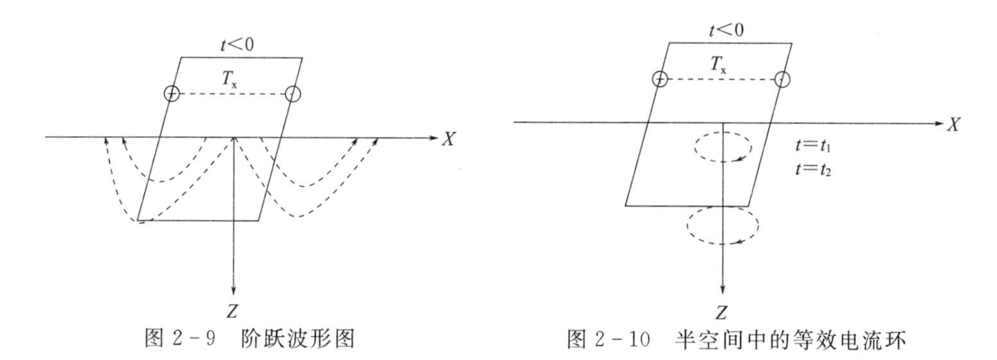

图 2-9 阶跃波形图　　　　图 2-10 半空间中的等效电流环

图 2-10 用一个简单的电流环表示了发送电流切断后 3 个时刻的地下等效电流环分布，它的等效电流为

$$I=1/4\Pi C_2(\sqrt{t/\sigma\mu_0})^2 \tag{2-8}$$

它的半径 α 及所在深度 d 的表达式为

$$\alpha=\sqrt{8C_2}\cdot\sqrt{t/\sigma\mu_0} \tag{2-9}$$

$$d=\frac{4}{\sqrt{\Pi}}\cdot\sqrt{t/\sigma\mu_0} \tag{2-10}$$

式中 $C_2=8/\Pi-2=0.546479$。

由于 $\tan Q=d/a=1.07$，$Q=47°$。因此，等效电流环将沿 47°的倾斜锥面扩展，其向下传播的速度为

$$Vz=\frac{\partial d}{\partial t}=2/\sqrt{\Pi\sigma\mu_0 t} \tag{2-11}$$

计算均匀半空间的瞬变电磁响应时，可由它的某一时刻的半径、深度及电流计算出来，所以很容易计算出在某一时刻沿地面测线的响应值，以及在某一测点响应值随时间变化的规律。

瞬变电磁法中视电阻率的计算公式为

$$\rho_T=\frac{\mu_0}{4\Pi t}\left(\frac{2\mu_0 Mq}{5tV_z}\right)^{2/3} \tag{2-12}$$

其中

$$\mu_0=4\Pi\times10^{-7}n/m$$

$$q=S_R N$$

式中：μ_0 为空气的磁导率；M 为发送线圈的磁矩 $M=I.S_T$；S_T 为发送回线的面积；q 为接收线圈的有效面积；S_R 为接收线圈的面积；N 为匝数。

当使用重叠回线时 $M=L^2I$，$q=L^2$，公式转化为

$$\rho_T=6.32\times10^{-3}L^{8/3}[V(t)/I]^{-2/3}t^{-5/3} \tag{2-13}$$

式中：L 为回线边长，m；t 为测道的时间，ms；$V(t)/I$ 为仪器观测值，μV/A。

2. 特点

瞬变电磁法探测具有如下优点：

（1）由于施工效率高，纯二次场观测以及对低阻体敏感，使得它在当前的煤田水文地质勘探中成为首选方法。

（2）瞬变电磁法在高阻围岩中寻找低阻地质体是最灵敏的方法，且无地形影响。

（3）采用同点组合观测，与探测目标有最佳耦合，异常响应强，形态简单，分辨能力强。

（4）剖面测量和测深工作同时完成，提供更多有用信息。

瞬变电磁法的工作效率高，但也不能取代其他电法勘探手段，当周边存在大的金属结构时，所测到的数据不可使用，此时应补充直流电法或其他物探方法。同时在地层表面遇到大量的低阻层矿化带时（例如在陕西南部某地铅锌矿区，地层表面充满石墨层）瞬变电磁法也不能可靠的测量，因此在选择测量时要考虑地质结构。

2.1.7　频率域电磁法（FEM）

频率域电磁仪与时间域电磁仪的区别在于前者发射连续波，改变频率可探测不同深度：高频信号探测浅地层；低频信号探测深地层。而后者发射脉冲波，利用不同时间采样信号探测不同深度地层。

目前实用的频率域电磁法（Frequency Domain Electro - Magnetic Sounding，FEM）的代表仪器为大地电导率仪。由于电磁波在地层内传播时存在趋肤效应，大地电导率仪通过改变检测频率，检测不同深度地层的视在电导率，高频检测浅地层，低频检测深地层。大地电导率仪的分辨率低于瞬变电磁堤坝渗漏检测仪和高密度电法仪。但是，大地电导率仪可直接测量并显示地层的视电导率。检测速度高于高密度电法仪，与瞬变电磁堤坝渗漏检测仪相仿。在检测散浸隐患（低密实度区）、地质断裂带、地下孔洞和铁磁物质方面，该仪器具有一定优势。

1. 频率域电磁仪原理

图2-11绘出了EM34-3型大地电导率仪检测原理图，该仪器由发射机、接收机、发射天线和接收天线组成，可检测7.5m、15m、30m和60m四种测深大地的视电导率。

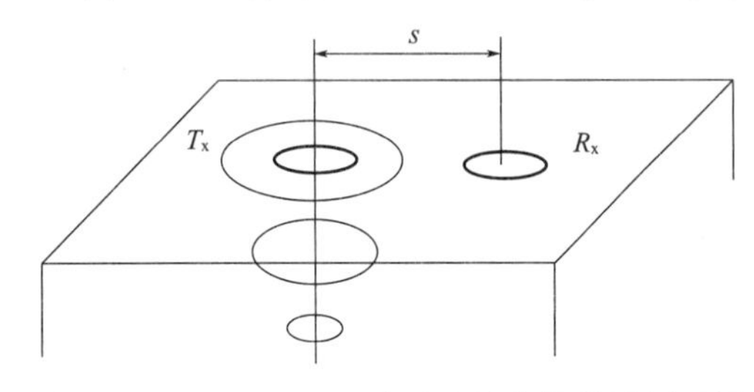

图2-11　EM34-3型大地电导率仪检测原理图
T_x—发射天线；R_x—接收天线

发射天线 T_x 放在地面上，由交流音频电流向地下激发交变电磁场。接收天线 R_x 放在距发射天线 s 处。发射天线内的交流电流产生的随时间变化的一次磁场 H_p 在地层内感应很小的电流。该感应电流衰变时产生二次磁场 H_s。H_p 和 H_s 均被接收天线接收。

一般来说，二次磁场 H_s 是两天线间距 s、工作频率 f 和大地电导率 σ 的复杂函数。然而，在电磁感应较弱的介质里，二次磁场是这些变量的简单函数

$$\frac{H_s}{H_p} \cong \frac{i\omega\mu_0\sigma s^2}{4} \tag{2-14}$$

其中

$$\omega = 2\pi f$$

$$i = (-1)^{1/2}$$

式中：H_s 为接收天线处的二次磁场；H_p 为接收天线处的一次磁场；f 为工作频率；μ_0 为自由空间的磁导率；σ 为大地电导率；s 为发射天线与接收天线的间距。

由式（2－15）可知：二次磁场与一次磁场的比值正比于大地电导率。当仪器测得H_s/H_p就可计算出大地视在电导率δ_a为

$$\delta_a=\frac{4}{\omega\mu_0 s^2}\left(\frac{H_s}{H_p}\right) \tag{2-15}$$

电导率的国际（SI）单位为S/m或mS/m（西门子/米或毫西门子/米）。

2. 检测深度计算

EM34－3型大地电导率仪的天线有两种激发方式：垂直（电）激发或水平（磁）激发。采用垂直激发方式时，发射天线和接收天线的法线均应垂直于地面；采用水平激发方式时，发射天线和接收天线的法线均应平行于地面。无论采用哪种激发方式，发射天线和接收天线均应保持在同一平面内。

由于电磁波在地层中的趋肤效应，不同频率的电磁波达到的地层深度是不一样的，低频电磁波达到的地层深度较深，反之，高频电磁波达到的地层深度较浅。电磁波频率与所达到的地层深度的关系可表示为

$$D=\frac{120000k}{\sqrt{F}} \tag{2-16}$$

式中：D为频率域电磁仪检测深度；k为修正常数，与检测仪器系统结构和地层时间常数有关；F为仪器工作频率。

不同的仪器系统可能选择不同的k值，EM34－3型大地电导率仪在设计时，将系数k定为1。

该仪器在不同的激发方式时，检测深度不同。采用垂直激发方式时，检测深度与天线间距的关系为

$$D=1.5s \tag{2-17}$$

式中：D为频率域电磁仪检测深度；s为发射天线法线和接收天线法线之间的间距。

采用水平激发方式时，检测深度与天线间距的关系为

$$D=0.75s \tag{2-18}$$

式中：D为频率域电磁仪检测深度；s为发射天线法线和接收天线法线之间的间距。

检测深度与激发方式和天线间距之间的关系及对应的系统工作频率列于表2－1。

表2－1　　检测深度与激发方式和天线间距之间的关系

天线间距/m	检测深度/m		工作频率/kHz
	水平激发	垂直激发	
10	7.5	15	6.4
20	15	30	1.6
30	30	60	0.4

3. 大地电导率仪在工程现场应用

大地电导率仪主要应用于水利水电工程现场的如下方面：①堤坝渗漏隐患检测；②坝基和坝肩山体地质断裂带检测；③孔洞等其他工程应用。

（1）大地电导率仪检测堤坝渗漏。当堤坝没有渗漏时，大地电导率仪检测结果曲线基

本上是均匀的，只是由于坝体填料含黏粒和含水量不同，曲线有些波动。如果堤坝存在渗漏，渗漏区的填料内含水量大，导致渗漏区的电导率高于非渗漏区。如果在大坝的坝顶、马道和坝脚，平行于坝轴线布置几条测线，在几条测线相关的桩号位置均出现高电导率异常，检测结果表明该大坝存在渗漏通道。

当大地电导率仪检测到某堤坝填料的电导率低于 10mS/m 时，表明该段堤坝含细颗粒土较少，该段堤坝会普遍出现散浸现象。如果大地电导率仪检测某湖泊湖底的电导率低，可能该湖泊清淤时将湖底防渗效果较好的淤泥（细颗粒土）清理太彻底，致使湖底出现渗漏现象。

（2）大地电导率仪检测地质断裂带。有些水利水电工程大坝基础或边坡的断裂带防渗处理不好，造成大坝基础渗漏或严重的绕坝渗流，不但损失大量的库水，而且威胁大坝的安全运行。笔者在使用大地电导率仪检测大坝渗漏过程中，发现该仪器可以灵敏地发现地质断裂带或复杂的地质结构。根据检测结果图形还可以判断地质断裂带的走向，如图 2-12 所示。

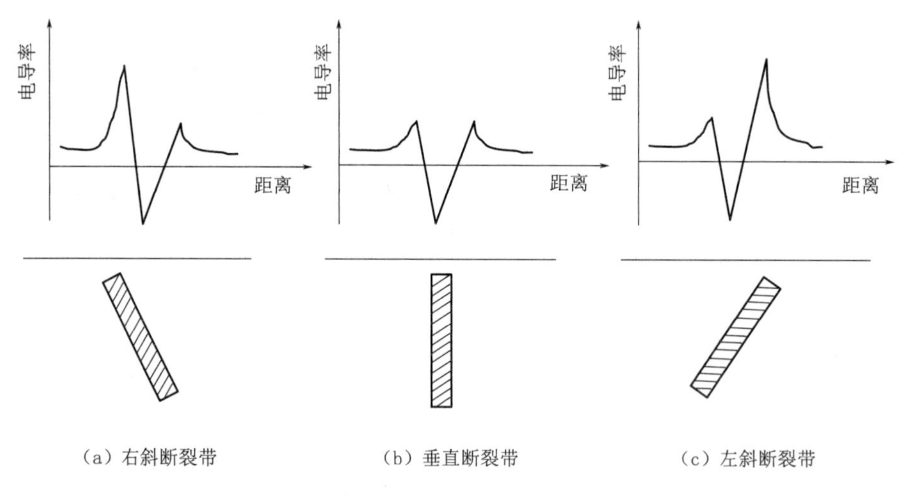

（a）右斜断裂带　　（b）垂直断裂带　　（c）左斜断裂带

图 2-12　大地电导率仪检测地层断裂带典型结果示意图

三个图形的共同特点是电导率检测结果出现负值。众所周知，电导率或电阻率不可能存在负值，否则就可能制造永动机。之所以检测结果出现负值，是由于仪器设计时将反向信号显示为负值，出现反向信号表明，检测部位存在产生与一次场反向电磁场的地质异常。室内试验和现场检测结果均表明，当地质断裂带向下右斜时，检测图形的左侧峰值高于右侧峰值；反之，当地质断裂带向下左斜时，检测图形的右侧峰值高于左侧峰值；如果断裂带走向垂直于地面，检测图形的左、右两侧峰值的高度接近。

在进行绕坝渗流检测时，根据检测结果所判断出来的断裂带的倾斜方向是指向坝体或远离坝体，便可判断该断裂带是否是渗漏水的主要途径。

（3）其他工程应用。

1）城市地下管线、地下异物、地下水检测。

2）考古、地下文物检测。

3）土壤含水量或含盐量检测等。

2.1.8 可控源音频大地电磁法（CSAMT）

1. 基本理论

可控源音频大地电磁测深法（简称 CSAMT 法）是以有限长接地偶极子为场源，在距偶极中心一定距离处同时观测电、磁场参数的一种电磁测深方法。利用人工场源激发地下岩石，在电流流过时产生的电位差，接收不同供电频率形成的一次场电位，由于不同频率的场在地层中的传播深度不同，所反映深度也就与频率构成一个数学关系，不同电导率的岩石在电流流过时所产生的电位和磁场是不同的，CSAMT 法就是利用不同岩石的电导率差异观测一次场电位和磁场强度变化的一种电磁勘探方法。

CSAMT 法采用可控制人工场源，测量由电偶极源传送到地下的电磁场分量，两个电极电源的距离为 1～2km。测量是在距离场源 5～10km 以外的范围进行。此时场源可以近似为一个平面波。

可控源音频大地电磁测深法观测点位于电偶源中垂线两侧各 30°角组成的扇形区域内。当接收点距发射偶极源足够远时（$r>4\delta$），测点处电磁场可近似于平面波，由于电磁波在地下传播时，其能量随传播距离的增加逐渐被吸收，当电磁波振幅减小到地表振幅的 $1/e$ 时，其传播的距离称为趋肤深度（δ），即电磁法理论勘探深度。实际工作中，探测深度（d）和趋肤深度存在一定差距，这是因为探测深度是指某种测深方法的体积平均探测深度，其经验公式为

$$d=356\sqrt{\frac{\rho}{f}} \tag{2-19}$$

由此可见探测深度与频率成反比，可以通过改变发射频率来达到测深的目的。可控源电磁测深法测量装置布置图如图 2-13 所示。

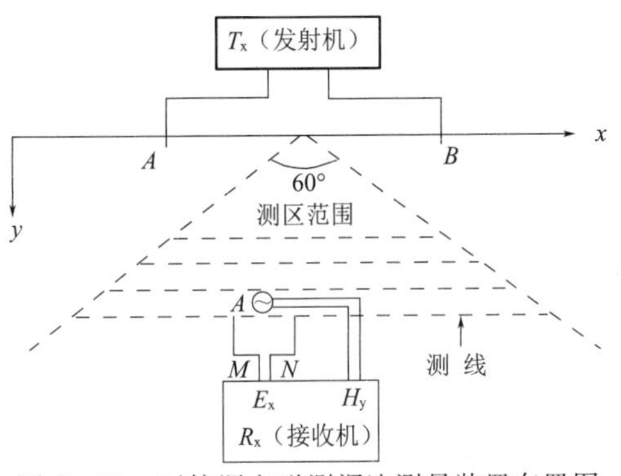

图 2-13 可控源电磁测深法测量装置布置图

2. 特点

（1）野外操作简单，施工效率高。可控源音频大地电磁测深法一般都会使用阵列数据采集，一个排列由 1 个能观测磁场的仪器和 1～3 台数据辅助观测站组成，它能同时完成6～15 个测深点。一个发射机可以同时供给发射轴线 60°扇形区域范围的所有接收仪器观测。与以往激电测深相比，不但解决了供电电流较小的问题，而且大大提高了施工效率。

（2）勘探深度范围大。根据不同地质目的及实地地电条件，CSAMT 法的勘探深度可以灵活控制；工作中依据当地电性特征设定测量频点的上下限并调整收发距离。在频率一定的情况下，探测深度的大小取决于大地电阻率的大小，也可以通过改变发射频率来改变探测深度，从而达到变频测深的目的。

（3）分辨率高。横向分辨率高是电磁勘探方法所固有的特点，如果接收数据质量好，其分辨率约为接收偶极子长度；垂向分辨率与电性层的电阻率、目标地质体厚度和埋深有直接关系，一般目标体的电阻率越低，埋深越浅，其分辨能力越好，一般垂向分辨率可达

深度的10%。

(4) 低阻敏感性。由于CSAMT法使用交变电磁场，因而可以穿透高阻盖层或浅部高低阻间杂地层，对反映深部低阻地质体具有较好效果，可灵敏地发现断层、破碎带。

(5) 地形影响小。由于观测区场源在大部分频点下为平面波场，同时电磁分量的观测计算已进行了归一化，因而该方法的测量结果受地形影响较小且易于校正。

(6) 场源影响小。在同一发射场源下可以进行大面积（一般控制在10～20km^2）观测，避免了常规电法中频繁移动场源位置所带来的不利影响。

(7) 抗干扰能力强。使用可控制的人工场源，信号强度比天然场要大得多，因此可在较强干扰区的矿区及外围或在城市及城郊开展工作。目前应用于该方法的物探仪器大多配备大功率发射机（发射功率可达30kW），整套仪器具备精确分频、高灵敏度、高次叠加、高稳定性等性能，对有效压制各种地电及人文干扰效果显著。

(8) 与直流电测深相比，具有丰富的频谱，能穿透高阻屏蔽层，等值范围小。CSAMT法使用的是交变电磁场，因而它可以穿过高阻层，这是直流电法探测无法比拟的。测量参数为电场与磁场之比，得出的是卡尼亚电阻率。由于是比值测量，因此可减少外来的随机干扰，并减少地形的影响。

(9) 立体观测。面积性的CSAMT法相当于一种三维的立体地电填图，因此对于查明地下构造、追踪其平面变化特别有效。

CSAMT法的缺点主要是易受源效应及静态效应等影响，现在一般在实际生产应用中，为了减小源效应的影响，通常只使用远场的资料，将过渡场和近场的资料去掉。这样就可以采用非常成熟的大地电磁测深技术，对观测资料进行分析和解释。

2.1.9 探地雷达法（GPR）

1. 基本原理

探地雷达（Ground Penetrating Radar，GPR）方法是一种用于确定地下介质分布的广谱电磁波技术。探地雷达利用一个天线发射高频短脉冲宽频带电磁波，经存在电性差异的地下介质或目标体反射后返回地面，另一个天线接收来自地下介质界面的反射波。

由于地下介质往往具有不同的物理特性，如介质的介电性、导电性及导磁性差异，因而对电磁波具有不同的波阻抗，进入地下的电磁波在穿过地下各地层或管线等目标体时，由于界面两侧的波阻抗不同，电磁波在介质的界面上会发生反射和折射，反射回地面的电磁波脉冲其传播路径、电磁波场强度与波形将随所通过介质的电性质及几何形态而变化。对于空洞、土层疏松区或水囊等隐患的探测，因其与天然地基土之间物性差异均较大，会形成较强的反射，这种差异正是探地雷达法探测的地球物理前提。因此，根据接收到波的旅行时间（亦称双程走时）、幅度及波形资料，通过对时域波形的处理和分析，可以推断地下介质的埋深与类型。

探地雷达工作原理如图2-14所示，探地雷达探测原理如图2-15所示。

需要注意的是，目的体的电性（介电常数与导电率）必须搞清。探地雷达方法适用与否取决于是否有足够的反射或散射能量为系统所识别。一般来说目的体的功率反射系数应

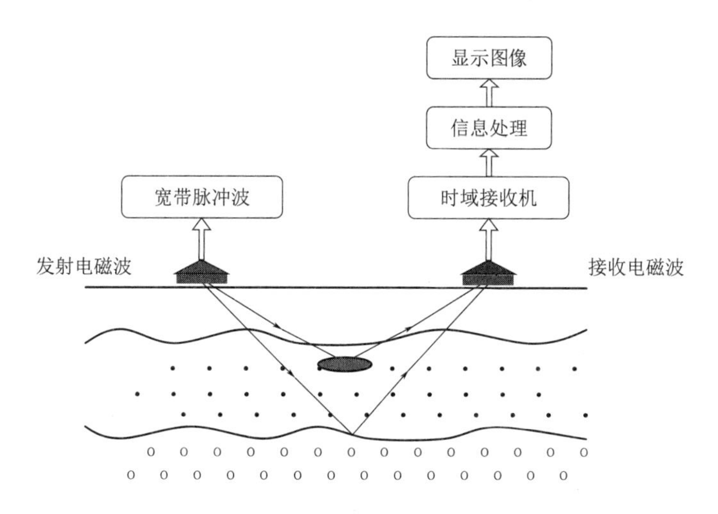

图 2-14 探地雷达工作原理图

不小于 0.01。当围岩与目的体相对介电常数分别为 ε_{r1} 与 ε_{r2} 时，目的体功率反射系数的估算公式为

$$R=\frac{\sqrt{\varepsilon_{r1}}-\sqrt{\varepsilon_{r2}}}{\sqrt{\varepsilon_{r1}}+\sqrt{\varepsilon_{r2}}} \tag{2-20}$$

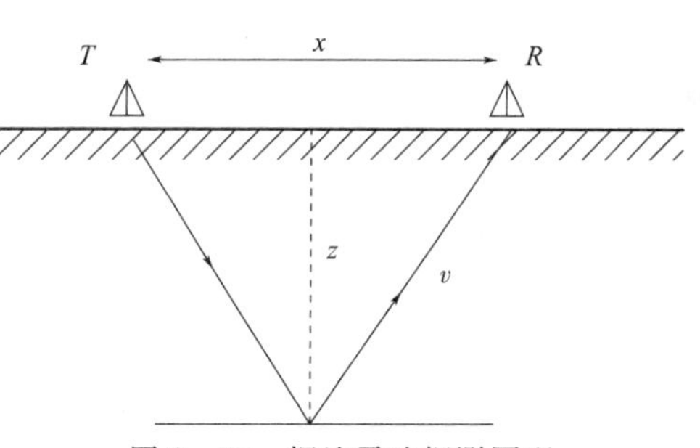

图 2-15 探地雷达探测原理

T—发射天线；R—接收天线；z—目标体反射面深度；v—波在地下介质中的传播速度

探地雷达测量的是地下界面的反射波的走时，即从发射到接收的双程旅行时 Δt。波的双程走时由反射脉冲相对于发射脉冲的延时进行测定。反射脉冲波形由重复间隔发射的电路，按采样定律等间隔地采集叠加后获得。高频波具有随机干扰性质，由地下返回的反射脉冲系列均经过多次叠加。所以，若地面的发射和接收天线沿探测线等间隔移动，即可在纵坐标为双程走时 Δt，横坐标为距离 x 的探地雷达屏幕上描绘出仅仅由反射体深度所决定的"时-距"波形曲线。

为了获取地下界面的深度，必须要有介质的电磁波传播速度 v，其值为

$$v=\frac{\omega}{\alpha}=\left[\frac{\mu\varepsilon}{2}\left(\sqrt{1+\left(\frac{\sigma}{\omega\varepsilon}\right)^2}+1\right)\right]^{-1/2} \tag{2-21}$$

式中：α 为相位系数；σ 为导电率 $(1/\rho)$；ε 为介电系数；μ 为磁导率。

绝大多数岩石介质属非磁性、非导电介质，常常满足 $\sigma/\omega\varepsilon \ll 1$，于是可得

$$v=\frac{c}{\sqrt{\varepsilon_r}} \tag{2-22}$$

其中

$$\varepsilon_r=\frac{\varepsilon}{\varepsilon_0}$$

式中：c 为电磁波在真空中的传播速度 $(c=3\times10^8\text{m/s})$；$\varepsilon_r$ 为介质的相对介电常数。

这表明对大多数非导电、非磁性介质来说，其电磁波传播速度 v 主要取决于介质的相

对介电常数。

通过双程旅行时 Δt 和电磁波传播速度 v，可以计算目标体的深度 z 为

$$z=v\cdot\Delta t/2 \tag{2-23}$$

2. 探地雷达异常判别

在探地雷达图像的异常识别中，采用对比的方法来识别回波的特征，如回波的相位特征，波峰、波谷沿测线上的变化，回波的形态特征，波形、波幅、周期以及包络线形态等，有效拾取探测目标体异常信息，然后对探测目标体的有效异常进行定量计算和分析。异常识别的主要依据如下：

（1）反射波能量。在物探异常的判别中，一般要求异常的幅值要比噪声干扰信号大2.5～3倍。对雷达反射波异常信号的要求可能达不到这个标准，但雷达反射波异常的能量也要大于干扰信号的能量。异常回波的振幅越大，就越能肯定异常的存在与可靠，因此确定异常波峰极值是非常重要的。在雷达探测中，需要把背景波形消除，突出有用的回波异常反映，在实际数据中有用回波异常与背景波形相比，其幅值要小很多。

（2）回波背景。判别回波首先应该了解平静场的雷达回波的波形特征，它的频率、相位和振幅变化的特点。实际探测时可以通过收发天线对均匀介质的探测数据、向天探测收集的数据来了解背景波形的特征，为选择背景波形作参考。

（3）波形的相似性。同一界面反射波在相邻的记录上，波形的变化特征是相似的，反射波的周期、相位、各相位大小关系是相似的。在判读时经常要利用波形的相似地段与不相似地段的差别进行判读划分。

（4）波形的连续性。同一界面的反射波在相邻测点上出现的时间是相近的，这样反射波同相位轴线应该是平缓变化的，沿测线方向延伸较长。人机交互判别面层底界面线就是根据这条准则进行操作的。一旦这条连续的同相位轴线发生中断或剧烈变化，将提供判别异常变化的特征。

3. 探地雷达的应用范围

（1）石灰岩地区采石场的探测。

（2）冰川和冰山的厚度等探测。

（3）工程地质探测。

（4）煤矿井探测，泥炭调查。

（5）放射性废弃物处理调查。

（6）水文地质调查。

（7）地基和道路下空洞及裂缝等建筑质量探测。

（8）地下埋设物，古墓遗迹等探查。

（9）隧道、堤岸、水坝等探测。

2.2 地 震 勘 探

地震勘探是利用地下介质弹性和密度的差异，通过观测和分析大地对人工激发地震波的响应，推断地下岩层的性质和形态的地球物理勘探方法。地震勘探是钻探前勘测石油、

天然气资源、固体资源地质找矿的重要手段，在煤田和工程地质勘查、区域地质研究和地壳研究等方面，也得到广泛应用。

在地表以人工方法激发地震波，在向地下传播时，遇有介质性质不同的岩层分界面，地震波将发生反射与折射，在地表或井中用检波器接收这种地震波。收到的地震波信号与震源特性、检波点的位置、地震波经过的地下岩层的性质和结构有关。通过对地震波记录进行处理和解释，可以推断地下岩层的性质和形态。地震勘探在分层的详细程度和勘查的精度上，都优于其他地球物理勘探方法。地震勘探的深度一般从数十米到数十千米。地震勘探的难题是分辨率的提高，高分辨率有助于对地下构造进行精细的研究，从而更详细了解地层的构造与分布。

1. 地震波传播规律

介质（地层）的密度和波的速度的乘积（$Z_i=\rho_i v_i$，i 为地层），在声学中称为声阻抗，在地震学中称波阻抗。波的反射和透射与分界面两边介质的波阻抗有关。只有在 $Z_1\neq Z_2$ 的条件下，地震波才会发生反射，差别越大，反射也越强。地震勘探中弹性性质突变一般发生在固—固和液—固界面，称这些面为反射界面。

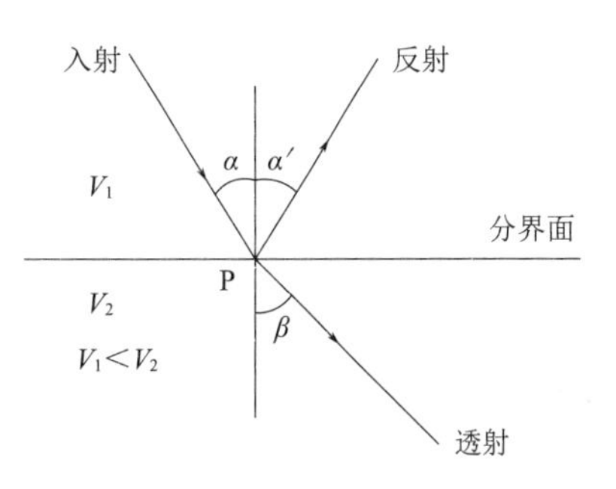

图 2-16　入射波和反射波示意图

当地震波传播到波阻抗不同的两种岩层界面上时，一部分会反射回来，称为反射波 P_{11}，入射波和反射波在同一介质中；另一部分则透射到第二介质中，称为透射波 P_{12}（图 2-16）。地震波的反射和透射是地震勘探的基础。

当入射角为 α 时，反射角 α' 与 α 相等，透射角 β 则遵循斯奈尔定律

$$\frac{\sin\alpha}{\sin\beta}=\frac{V_1}{V_2} \tag{2-24}$$

当下伏介质具有较高的波速，即 $V_2>V_1$ 时，随着入射角增大至某一临界角 i，使 $\beta=90°$，此时出现与光学中的“全反射”类似的现象，透过波将沿分界面滑行，又引起界面上部地层质点振动，在上层介质中形成一种新波，称为折射波或首波。由式（2-25）可知，临界角 i 满足

$$\sin i=\frac{V_1}{V_2} \tag{2-25}$$

折射波射线是以临界角 i 出射的一组平行线（图 2-17），其中第一条射线 AM 又是以 i 角出射的“临界”反射波射线。M 是折射波出现的始点，在 OM 内不存在折射波，称为盲区。与形成反射的条件相比，形成折射条件较苛刻。因此，在同一地层剖面中，折射界面总少于反射界面。

速度是地震资料处理和解释的重要参数。理论研究和大量实际资料证明，地震波在介质中的传播速度和介质的性质，与弹性常数或成分、密度、埋藏深度、生成年代、孔隙率等因素有关。

纵波和横波在介质中的传播速度与介质的弹性常数之间的关系为

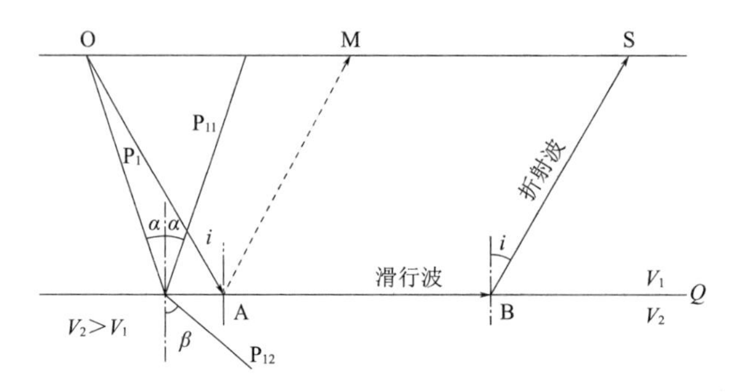

图 2-17　折射波的形成

$$V_P=\sqrt{\frac{\lambda+2\mu}{\rho}}=\sqrt{\frac{E(1-\nu)}{\rho(1+\nu)(1-2\nu)}} \tag{2-26}$$

$$V_S=\sqrt{\frac{\mu}{\rho}}=\sqrt{\frac{E}{2\rho(1+\nu)}} \tag{2-27}$$

式中：λ、μ 为拉梅系数；ρ 为介质的密度；E 为杨氏模量；ν 为泊松比。它们都是说明介质弹性性质的参数。从式（2-27）和式（2-28）可得介质中的纵波和横波速度比为

$$\frac{V_P}{V_S}=\sqrt{\frac{2(1-\nu)}{1-2\nu}} \tag{2-28}$$

可见纵横波速度比取决于泊松比，因为大多数情况下，泊松比为 0.25 左右，所以 V_P/V_S 一般为 1.73。

表 2-2 列举了纵波在一些介质中的传播速度。即使同一种介质，它的波速也有较大的变化范围。这主要取决于介质的孔隙率和充填孔隙中的物质，波在孔隙的气体或液体中的传播速度要低于岩石骨架中的传播速度。孔隙率增大时，介质密度变小，速度也要降低。

表 2-2　　常见介质中纵波的传播速度　　单位：m/s

介质	纵波速度 V_P	介质	纵波速度 V_P
空气	310～340	白云岩	3500～6900
水	1430～1590	大理岩	3750～6940
冰	3100～4200	片麻岩	3500～7500
砂	600～1850	花岗岩	4750～6000
泥岩	1100～2500	闪长岩	4600～4880
泥灰岩	2000～3500	玄武岩	5500～6300
砂岩	2100～4500	辉长岩	6450～6700
页岩	2700～4800	橄榄岩	7800～8400
石灰岩	3400～7000		

2. 地震波的类型

根据介质中质点运动及地震波传播的规律，可以将地震波分为不同的类型，如体波与

面波、纵波与横波、SV 波与 SH 波等。

体波是指可以在整个介质的立体空间内传播的波。根据体波质点运动方向与波的传播方向，将体波分为纵波和横波。

如果介质并非均匀，由于介质界面的存在，还会产生一些只在界面附近介质中传播特殊类型的波，这类波被称为面波。面波是弹性波的一种，是由纵波和垂直极化的横波合成。面波的类型主要有：瑞利（雷）面波、拉夫面波、斯通利波等。

纵波是指介质体积元受正应力后产生平移运动（体积形变），具有这种运动形式的波称为纵波，纵波的质点运动轨迹/方向与波的传播方向平行。

横波是指介质体积元受切应力后产生旋转运动（形状变化），具有这种运动形式的波称为横波，横波的质点运动轨迹/方向与波的传播方向垂直。横波又分为两种：①如果质点的振动方向限定在波传播方向的垂直面内，这种横波称为 SV 波；②如果质点的振动方向是在波传播方向的水平面内，这种横波称为 SH 波。

2.2.1 反射波勘探

地震反射波法是利用地震反射波进行人工地震勘探的方法。测量结果能较准确地确定界面的深度和形态，圈定局部构造，判断地层岩性。

反射法观测广泛采用多次覆盖技术，连续地相应改变震源与检波点在排列中所在的位置，在水平界面情形下，可使地震波总在同一反射点被反射返回地面，反射点在炮检距中心点的正下方。采用多次覆盖技术的好处之一就是可以削弱这类多次波干扰，同时尚需采用特殊的地震数据处理方法使多次反射进一步削弱。

反射法可利用纵波反射和横波反射。岩石孔隙含有不同流体成分，岩层的纵波速度便不相同，从而使纵波反射系数发生变化。当所含流体为气体时，岩层的纵波速度显著减小，含气层顶面与底面的反射系数绝对值往往很大，形成局部的振幅异常，这是出现“亮点”的物理基础。横波速度与岩层孔隙所含流体无关，流体性质变化时，横波振幅并不发生相应变化。但当岩石本身性质出现横向变化时，则纵波与横波反射振幅均出现相应变化。因而，联合应用纵波与横波，可对振幅变化的原因进行可靠判断，进而作出可靠的地质解释。

地层的特征是否可被观察到，取决于与地震波波长相比它们的大小。高频成分随深度增加而迅速衰减，从而频率变低，因此波长一般随深度增加而增大。波长限制了地震分辨能力，深层特征必须比浅层特征大许多，才能产生类似的地震显示。如各反射界面彼此十分靠近，则相邻界面的反射往往合成一个波组，反射信号不易分辨，需采用特殊数据处理方法来提高分辨率。

反射波地震探测的前提是地下存在有波阻抗差异的地层界面，即通常所说的反射界面。当地下存在有这样的反射界面时，在测线的不同位置 O_1、O_2 等处进行激发，在一系列的接收点 S_1、S_2、……上接收到来自地下反射界面 F 上同一点 R 的反射波，计算出反射波从激发点至接收点所用的旅行时间 t_1、t_2 等，该反射点称为共反射点，在资料处理工作中，将共反射点各叠加数据从原始共炮点记录道集中抽出来集合到一起，可形成一个共反射点时距曲线，其曲线方程为

$$t_k=\sqrt{4h^2+x_k^2}/v=\sqrt{x_k^2/v^2+t_0^2} \tag{2-29}$$

同时采用正常时差（NMO）校正，将双曲线型的共反射点时距曲线校正成为一条直线，对其进行同相叠加，对测线上其他测点采用同相的方法进行处理，可以组成反映各点自激自收反射信息的叠加剖面。

2.2.2 折射波勘探

浅层折射波地震勘探是利用地震波的折射原理，对具有波速差异的地层或构造进行探测的一种地震勘探方法。

浅层折射波地震勘探是使人工震源激发的地震波在地下介质中传播，当穿过波速不同的介质分界面时，地震波改变原来的传播方向而产生折射。当下层介质的波速大于其上层介质的波速时，在波的入射角等于临界角的情况下，折射波将会沿着分界面以下层介质中的速度 V_2 “滑行”。根据惠更斯原理，这种沿着界面传播的“滑行”波其所经过的任何一点都可看做是该时刻产生子波的点震源，并引起界面上层质点的振动，这种滑行波的振动必然会在上层介质中产生新波，并以折射波的形式传至地面。通过地震仪记录该折射波到达地面观测点的时间和震源距，就可以计算出折射界面的埋藏深度。

折射波法能从折射信息中提取下伏界面的界面速度，这是折射波法优于反射波法的一大特点。因此，折射波法可同岩性直接联系起来。利用这个特点，折射波法可以用于寻找覆盖层下不同岩性的分界面。

折射波法目前主要用于工程勘探中，以确定大坝、高层建筑、大型机场、高速公路、港口等工程建设中的基岩埋深、覆盖层厚度以及基岩岩性变化等，也可以用于油气勘探的近地表层调查工作，或深部大地构造的研究工作等。

折射波法的震源、接收与反射波法大体一致，主要的区别在于观测系统方面。

2.2.3 面波勘探

面波是弹性波的一种，是由纵波和垂直极化的横波合成。面波的传播特点是沿介质的表面传播，高频波传入地下的深度小，低频波传入地下的深度大。可利用的面波参数有速度、波幅、波形和相位等多种参数，将多种参数进行综合分析，就可获得较准确的检测结果。

面波勘探，或称瑞利波勘探。面波之所以能进行工程地质勘查源于它的特性：①在分层介质中，瑞利波具有频散特性，即不同频率的波有不同的传播速度；②瑞利波的波长不同，其穿透深度也不同；③瑞利波的传播速度与横波速度密切相关。

通过求取频散曲线，确定地下地层的面波速度，分析其频散曲线和面波速度变化获取地下地层结构的信息。根据工作方法的不同，面波勘探可以分为稳态法和瞬态法两种。

1. 应用范围

（1）工程地质勘察。探测覆盖层厚度、划分松散地层沉积层序、确定地层中低速带或软弱夹层、探查基岩埋深和基岩界面起伏形态，探测滑坡体的滑动带和滑动面起伏形态，岩体风化分带，探测构造破碎带。

（2）岩土的物理力学参数原位测试。饱和砂土层的液化判别。

（3）地下隐埋体探测。地下空洞、古墓遗址、非金属地下管道、矿区废弃矿井和采空区以及各种地下掩埋物的空间位置的探测。

2. 适用条件

（1）探测场地地表不宜起伏太大，并避开沟、陡坎等复杂地形的影响，相邻检波器之间的高差应控制在 1/2 道距长度范围之内，且被探测地层应是层状或近似层状介质。

（2）被探测地层与其相邻层之间应存在大于 10%的瑞利波速度差异。

（3）被探测异常体（透镜体、洞穴、岩溶、垃圾坑等）在水平方向的分布范围应不小于瑞利波排列长度的 1/4。

（4）单点瑞利波勘探时地层界面应较平坦，否则将增大探测误差。

（5）被探测的断层应有明显的断距。

2.2.3.1　瞬态表面波勘探

瞬态表面波勘探仪器主要由震源激发出表面波，不同频率的表面波叠加在一起，以脉冲的形式向前传播，通过测线上定距离的加速度传感器接收，由仪器记录下来。对采集的信号取以排列中点对称的任意两道，进行 FFT 和频谱分析技术，通过相干函数的互功率谱相位展开谱，利用多次覆盖、多次叠加技术，从而得到瑞利波信号在不同频率的平均速度 V_R。根据弹性波理论的半波理论可知，探测深度为 H=波长/2，即 $H=V_R/2f$，从而得到 H—V_R曲线。通过小波分析法对表面波频散曲线做出奇异性显示方式，使岩性界面分层频散突变点在探测深度曲线上直观地显示出来，便于做出物探异常推断解释。瞬态表面波法同稳态表面波法最大的不同点是激发震源采用锤击，多道接收信号，探测深度比稳态表面波法大大增加。

瞬态法为激发、接收有一定频率范围的脉冲形式瑞利波，通过资料处理得到频散曲线。稳态法需要专门的激振器，多次激发，野外工作较为复杂，但资料处理较简单，结果精度也较高。瞬态法所用的震源和采集系统与常规工程地震勘探一样，但资料处理稍微复杂些。

多道瞬态法表面波探测原理及施工布置示意图如图 2-18 和图 2-19 所示，地表“O”点激发的地震波不仅在弹性分界面上形成反射波和折射波，而且在弹性分界面附近还存在着一类由纵波和横波相互干涉叠加而出现波型转换的波动，其能量只分布在弹性分界面附近，能量很强，该波即称为瑞利波。瑞利波的能量差不多只集中在大约一个波长 λ_R的范围内，传播时波前是一个高度为 $Z=\lambda_R$的圆柱体。

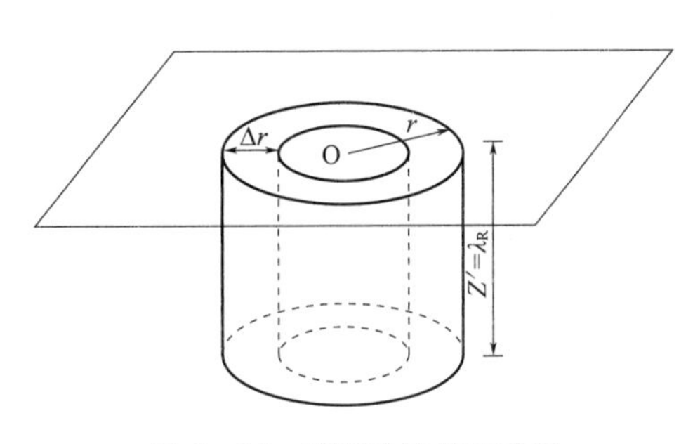

图 2-18　瑞利波波前示意图

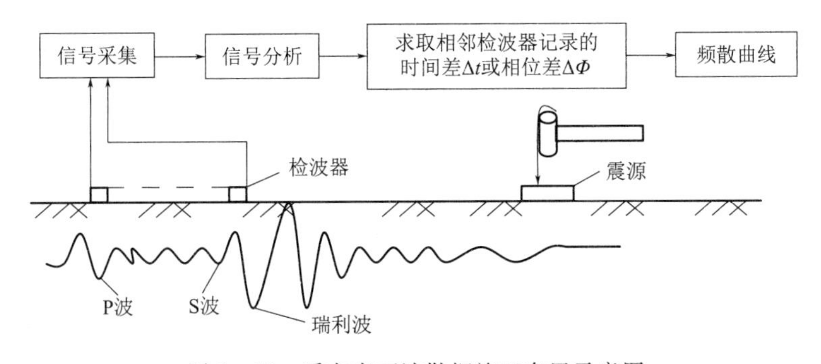

图 2-19　瞬态表面波勘探施工布置示意图

如果震源的作用时间为 Δt，则与瑞雷波有关的振动只发生在厚度为 $\Delta r=V_R\Delta t$ 的圆柱层范围内，圆柱层外围为其波前，内周为波尾，r 是瑞雷波波前波尾中间圆的半径。

瑞雷波的能量密度随波的传播半径 r 的增大而减小，振幅将按 $\sqrt{r}$ 衰减，这比体波按 $1/r$ 的球面扩散的衰减要慢得多。这样在远离震源处，瑞雷波有可能强于体波。

当在地表激发地震波后，沿测线布设检波器接收并记录体波和瑞雷波所引起的地面振动情况以及波从震源出发至地面各接收点的传播时间。从多道地震记录各波形同相轴的分布形态（瑞雷波振幅能量最强、波形频率低），提取瑞雷波的频散数据，对于层状的地层，再由频散数据进一步反演出地层的剪切波速（V_s）分层断面。

2.2.3.2　稳态表面波勘探

1. 理论基础

表面波由纵波和垂直极化的横波合成。在均质弹性半无限空间中，在竖向动荷载作用下产生，并呈椭圆形波面沿介质表面向前传播，其能量绝大部分集中在一个波长深度范围内。它的传播速度 V_R 与传播介质的特性有关，与振动频率无关。稳态表面波勘探法工作原理如图 2-20 所示。

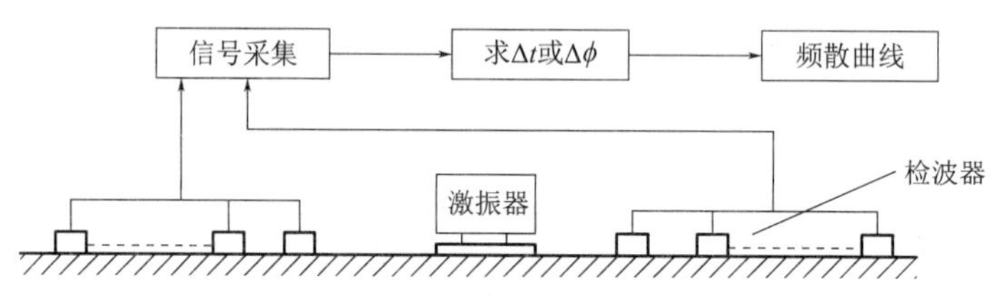

图 2-20　稳态表面波勘探法工作原理示意图

表面波在弹性体中面波波速与频率的关系为

$$V_R=f\lambda_R \tag{2-30}$$

式中：V_R 为表面波波速；λ_R 为波长；f 为波的震动频率。

V_R 由弹性体常数确定，对于一定特性的介质体 V_R 为定值，通过上述函数关系，f 与 λ_R 成反比例关系。因此，波在均匀介质中以一定速度传播，若改变波的频率即能改变波的波长，面波呈正弦振动，则相邻两点 P_AP_B 波动相位差为 φ。已知 P_AP_B 之间的距离为 D，则 $V_R=2\pi fD/\varphi$。

由于波在介质中传播具有“趋肤效应”特性，即高频波在浅层介质中传播，而低频波在深层介质中传播，表面波的等效传播深度 $D=1/2\lambda_R$。据此，当控制表面波的激振频率，就能控制表面波的等效传播深度。对于混凝土而言，如果混凝土内部特性均匀，则其不同深度的 V_R 为定值，若混凝土内部特性不均匀，则不同深度的 V_R 值就不同，此即表面波在混凝土中的频散特性。

稳态表面波方法就是在混凝土表面采用稳态激振，产生固定频率的表面波信号以控制表面波波长。检测时通过改变激振频率 f 测得不同频率时的 V_R，来实现从表面以下逐层对不同深度范围内的混凝土进行扫描，分层检测混凝土的内部特性，因而可以解决无损检测中的很多问题。

2. 稳态表面波检测系统

大体积水工混凝土由骨料及水泥砂浆组成，非常不均匀，对于高频弹性波而言，是一种非均匀介质。表面波在其中的传播过程非常复杂，除可以直接传播外，还将产生折射、反射、绕射等现象。因此，接收到的信号波形是由直达波波形分量和各散射波分量组合而成。各散射波分量即是声干涉，由于有了散射波的存在，使直达波的振幅与相位受到干扰，从而产生畸变。用正弦波法检测无法去除这些干扰波的影响，所以在水工混凝土中进行检测只能用脉冲波进行检测，以提取有用信息。为了获取准确的传播深度信息，需要采用单频脉冲表面波法进行检测。

据此，中国水利水电科学研究院自主研发了稳态表面波混凝土质量检测系统，系统工作原理如图 2-21 所示。发射系统运用单频脉冲波作为激发振源，传播速度用首波相位差计算，可减少声干涉的影响，并通过相关计算来消除混凝土不均匀性的影响。

该系统由信号发生器、功率放大器及表面波激振器组成发射系统向混凝土发射所需的表面波，由拾振器、信号处理器及微机组成接收系统，对表面波信号进行接收、放大、A/D 转换以及有用信息的提取、分析计算，输出检测结果。该系统由以下部分组成：

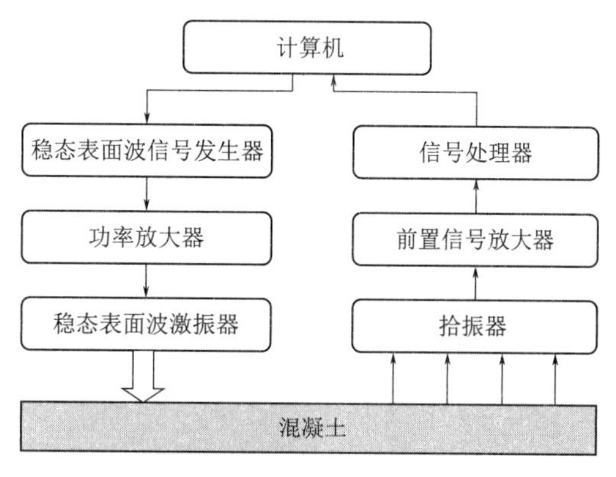

图 2-21　稳态表面波混凝土质量检测系统原理图

(1) 信号发生器，可产生用三角波调制的固定频率的单脉冲、双脉冲、三脉冲波。三角形波周期可任意调节，基波与脉冲波波幅比可任意调节，频率范围为 1Hz～10kHz。

(2) 功率放大器，用来驱动面波激振器，频率范围为 30Hz～10kHz，重量为 21kg。

(3) 表面波激振器，能发出各种不同频率、各种不同波型调制的表面波。该激振器可安装在水平面、垂直面和拱顶，向垂直于安装表面方向发射表面波，频率范围为 10Hz～10kHz。

(4) 拾振器，压电加速度计，可带长电缆工作，频率范围为 20Hz～10kHz。每套系统配备 4 个拾振器。

(5) 信号处理器，将拾振器输出信号进行放大、模/数转换及处理。

(6) 便携式 PC 机，利用可视化程序建立人机对话界面以便进行信号分析与处理和测试结果输出。

检测流程如下：稳态表面波信号发生器、功率放大器及稳态表面波激振器组成发射系统向被检测的介质发射所需的表面波。拾振器、前置信号放大器、信号处理器及微机组成接收系统，对表面波信号进行拾取、放大、A/D 转换以及有用信息的提取、分析计算并将结果输出。

3. 应用稳态表面波检测混凝土质量

根据表面波在混凝土中的传播距离、时间延迟和幅度衰减等参数，可计算得到表面波在混凝土中的传播速度，根据波速便可评价混凝土的质量。由于表面波在平面与曲面上的传播机理不同，结合水工混凝土结构的具体情况，分为平面结构的检测和曲面结构的检测。

(1) 平面结构的检测。稳态表面波无损检测仪的检测结果，计算不同深度的表面波波速的平均值$\overline{V_R}$，要检测混凝土内部的质量则须测出不同深度的点速度V_R，因此必须根据测得的$\overline{V_R}$计算出V_R，再由V_R推算出V_S及V_P。

在混凝土内部介质处于均匀状态时，表面波波速不变，深度、波速特性曲线（$D-V_R$）为直线；当混凝土内部不均匀时，V_R发生变化，$D-V_R$呈现折线形状，其拐点即代表在此深度混凝土特性发生变化，因此根据$D-V_R$曲线上拐点便能计算出混凝土不均匀区域相对应的深度，即所谓内部分层。

图2-22 (a) 为某工程现场测点布置，一个激振点周围布置4个测点，由于被检测的混凝土护坡是板状平面结构，混凝土板后为回填土。现场测试中，笔者测试了不同频率的表面波在该混凝土中的传播速度及其振幅衰减情况，某测点的表面波$D—V_R$曲线如图2-22 (b) 所示。

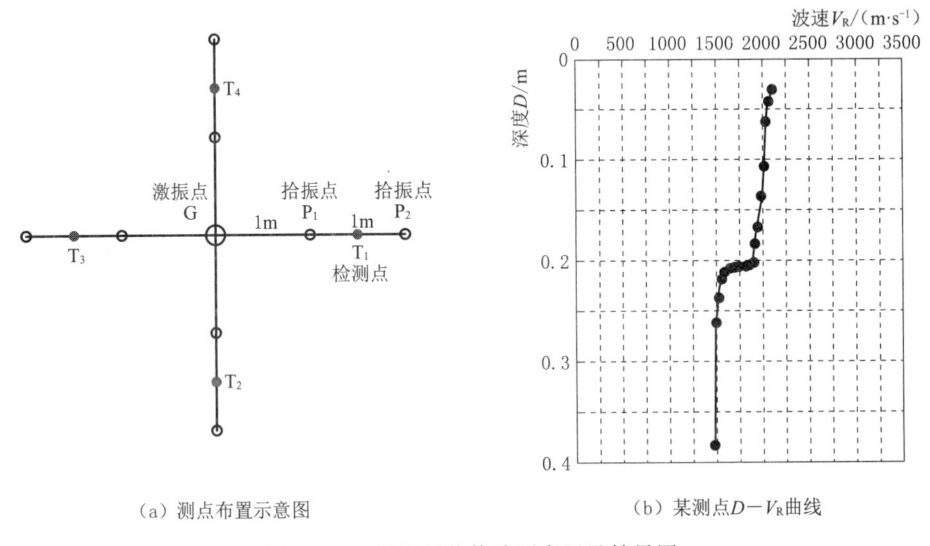

(a) 测点布置示意图 (b) 某测点$D-V_R$曲线

图2-22 平面板状体检测布置及结果图

根据表面波的传播特性，当$D—V_R$曲线出现“之”字形时，表明混凝土有软弱层或内部可能存在疏松区，根据图2-22 (b) 中的曲线拐点，可以确定该测试点混凝土板厚度，从而判断混凝土与回填土之间的分界面，确定混凝土层的厚度。

(2) 曲面结构的检测。当在曲面上检测时，根据表面波在曲面上的传播特性，波速计算需进行修正。曲面为凸面时，$V_R=V_{R_0}(1+\delta)$，曲面为凹面时，$V_R=V_{R_0}(1-\delta)$，其中δ为修正因子，可通过公式计算得到。

西部某大型抽水蓄能水电站水轮机组在甩负荷试验中，定子基础部位的混凝土由于机组爆炸遭到破坏，在维修处理前需定量检测定子基础部位混凝土结构的损伤情况，以确定是否需要全部拆除重新浇筑。由于该部位混凝土厚度较大（厚3.5m），且内部的钢筋密集，常用的无损检测手段无法进行全面检测。笔者采用了表面波法，用该部位混凝土的表面波波速来定量评价混凝土的损伤程度，由于现场工作面的局限，现场检测时采用外立面和内测对穿检测，其中某个测点的检测结果如图 2-23 所示。

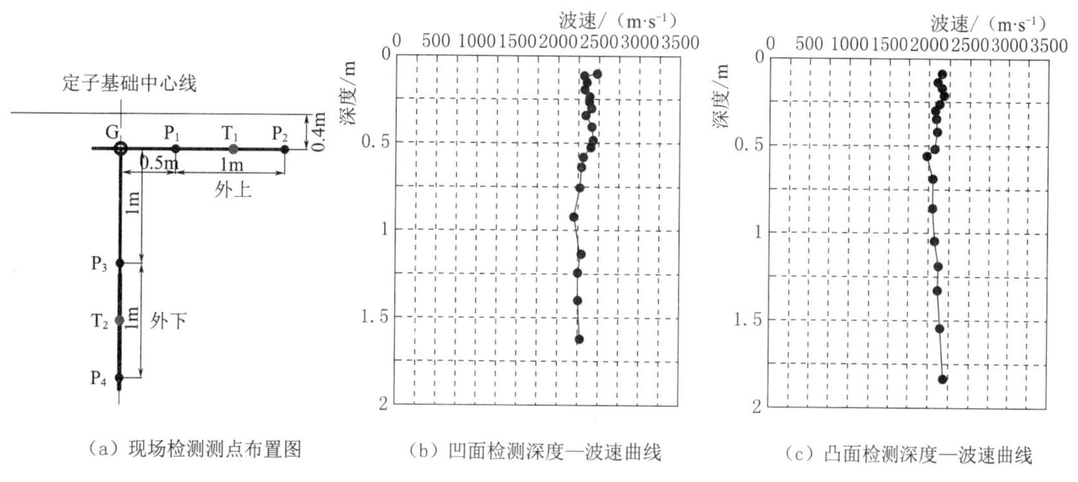

（a）现场检测测点布置图　（b）凹面检测深度—波速曲线　（c）凸面检测深度—波速曲线

图 2-23　曲面结构检测现场布置及检测结果图

从图 2-23（b）、（c）不难看出，该部位混凝土表面波波速变化趋势为：由外而内逐渐减小，说明该部位的混凝土破坏程度由外而内逐渐增大，波速分布在 2250m/s 左右，比较均匀，未出现因严重缺陷而造成的表面波波速突变的现象，说明该定子基础部位混凝土的总体破坏程度不大，结构尚未完全破坏。

4. 稳态表面波法在混凝土裂缝检测中的应用

（1）开口缝的检测原理。当采用表面波法检测开口裂缝时，在缝口及缝底点均会产生反射与绕射现象。由于绕射产生的体波很小，可以忽略不计，表面波振幅 U_R 的计算公式为

$$U_R = A_R e^{ik_R x(i+Nj)} \tag{2-31}$$

其中

$$K_R = \omega / V_R$$

式中：K_R 为表面波的波动系数；i，j 为分别为 x，y 方向的单位向量；A_R 为表面波的振幅；N 为与入射表面波方向有关的系数。

表面波在传播过程中，当遇到裂缝时，在裂缝缝口会产生反射波，同时一部分表面波继续向前传播。若用 R 表示反射系数，T 表示传输系数（两者均为复数），经过裂缝缝口向前传播的波为

$$U_R^T = TA_R e^{-ik_R y(i+nj)} \tag{2-32}$$

若以 λ_R 表示表面波的波长、d 表示裂缝深度，当 $\lambda_R < d$ 时，即表面波的波长小于裂缝深度情况下，表面波以爬行波的形式沿裂缝表面传播，当表面波到达裂缝底部的端点时发生反射，一部分波反射到裂缝口，另一部分波经过裂缝底点继续向前传播。可见，裂缝对表面波的传播起到阻隔作用，其结果是波程增加，传播时间增加。当 $\lambda_R > d$ 时，波长大于裂缝深度，即表面波传播深度大于裂缝的深度时，部分表面波仍然沿裂缝表面传播，另一部分表面波则直接绕过缝底端点，成为直达波继续向前传播。直达波到达拾振器的时间小

于爬行波到达拾振器的时间。根据上述分析可知，在检测过程中，逐渐降低激振器的振动频率，使激发的表面波波长持续增加，当达到某一特征频率 f_0时，出现直达波，拾振器检测到走时最短的直达波信号，即能计算出开口缝的深度。

在现场检测时，采用比较法确定特征频率 f_0。先在无缝区测得幅频特性曲线（如图 2－24中拾振器 3 和拾振器 4 检测的信号），作为参考曲线，而后，在有缝区测得另一条幅频特性曲线（如图 2－24 中拾振器 1 和拾振器 2 检测的信号），当两条幅频特性曲线在某一频率相交时，该频率即为特征频率 f_0。根据检测得到的特征频率 f_0，可以计算出特征波长 V_R，并由此推算出裂缝深度 d。

根据测量原理，利用仪器的 1 个发射系统和 4 个接收通道，同时在裂缝附近无缝区和横跨裂缝布置 2 只无缝区测量拾振器和 2 只有缝区测量拾振器，激振器和 2 只拾振器在同一条测线上。同时进行有缝区和无缝区测量。有缝区测量的测点横跨裂缝布设，且垂直于裂缝断面。依次布置表面波激振器（G）和两个拾振器（P_1 和 P_2），三个仪器处于同一直线上。其中 G 与 P_1 的距离为 0.5m，P_1、P_2 与裂缝的距离均为 0.5m。无缝区测量的测点（P_3 和 P_4）需布置在同激振器一侧的无缝区，P_3 与激振器（G）距离为 0.5m，两个拾振器（P_3 和 P_4）的间距为 1m，现场测点布置示意图如图 2－24 所示。

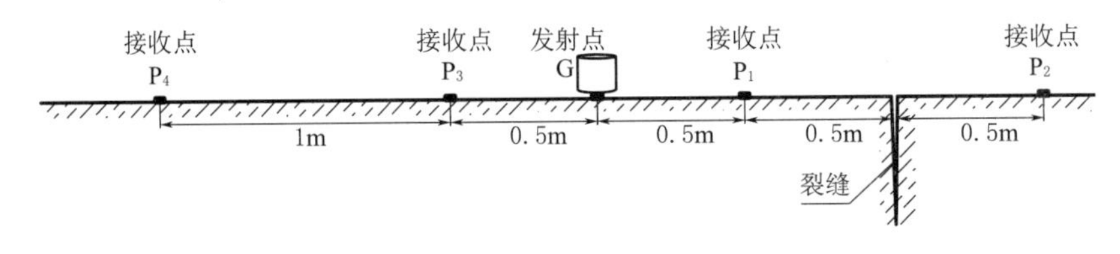

图 2－24 测点布置示意图

（2）有充填物的裂缝检测。当缝中有充填物存在，瑞利波经过此类裂缝时，传播机理发生变化。在这种情况下的缝可用分布的等效弹簧群来代替。R 波经过此种类型的裂缝时，除了直接传输外还将产生反射。若 T 为传输系数，R 为反射系数，其中 T 与 R 均为复数。传输系数 T 与充填物材料特性及充填物中间隙有关。当部分瑞利波通过缝面向前传播时，瑞利波就会产生振幅及相位变化，且它们的变化具有随机性。若充填物材料特性与混凝土特性相差大，则相位变化大，充填物中间隙长度与瑞利波波长的比值也大。反之若充填物特性与混凝土特性相差小，同时充填物中间隙长度与瑞利波波长比值小，则相位变化小。瑞利波经过有充填物水平缝时，在相应深度它的相频特性就发生变化。变化值的大小与传输系数 T 有关。在检测垂直开口缝时，若混凝土中还有水平缝，则无缝区与有缝区的相频曲线都是包含有瑞利波经过水平缝相位变化影响的特性曲线。综上所述，对于断续接触的缝，在检测其深度时，仍旧是检测 R 波在不同深度时的相位差，即它在裂缝存在时的传播特性曲线。

2.2.4 井间地震 CT

1．工作原理

井间地震 CT 技术（简称地震 CT）工作原理与医学 CT 类似，基本思想是将研究区看成是由有限单元岩体组成的，每个单元岩体由于成分和结构不同，具有不同的波速，利用地震波在不同方向投射的波场信息，对地下介质的内部结构进行成像；根据波的传播理论及地震波在地质体中的走时和能量的变化等物理信息，经过计算机处理反演，反演观测区内各单元的波速，得到研究区内岩土介质的速度分布图像，从而研究地质体的内部结构。

2. 观测系统

地震 CT 最重要的就是观测系统的设计和数据采集处理。观测系统是由布置在井孔内的激发点和接收点组成。一般在被探测区域或目的体的两边各施工一个等深或深度相差不大的钻孔（其深度视勘察要求而定）。激发点（即炮点）在其中一个钻孔中，以一定的点距（视勘察所需分辨的目的体的大小而定）逐点激发地震波；接收点（即检波点）在另一个钻孔中，以相同的点距用传感器逐点（或各点同时）接收同一震源点激发的地震波信号，并用仪器将地震波形信号记录下来，从而构成跨孔地震 CT 成像激发、接收观测系统。在实际测量时，一般采用单点激发，多点接收，并以一定的点距进行移动，重复上面的过程，多次重复观测来采集更多的数据提高勘测的分辨率。

观测范围（垂向测试段）的选择，除考虑地震波射线能有效覆盖被探测目的体外，同时为减少测试工作量，观测范围宜选择自最浅基岩面以上 1/2 跨孔距，并不少于 5.0m 的土层至孔底。

激发及接收点距的选择，不宜大于需要分辨的最小目的体的尺寸，根据工程设计要求及技术可能达到的精度，激发及接收点距一般为 1.0m。

通过使用专门的软件包，拾取仪器所记录的从每一激发点至对应的每一接收点的地震波走时，利用拾取的地震波走时数据，采用基于惠更斯原理的网络追踪算法——最短路径射线追踪法，进行反演射线追踪；用最小二乘分解算法（LSQR 算法）求解大型线性方程组，进行递归迭代反演，从而得到被探测区域的二维速度分布值，并用速度色谱图（或灰度图）表示。根据弹性纵波速度与完整灰岩、岩溶（含充填物）、溶蚀裂隙及上覆土层的相关（或对应）关系，可对速度色谱图作出地质解析，进而圈定被探测区域的基岩面、溶洞及裂隙发育范围，并根据设计、施工要求，可建议提供钻、挖、冲孔灌注桩桩端持力层位置。

3. 钻孔布置

孔距宜控制在 5～20m，孔距太小会增大系统观测的相对误差，太大会降低方法本身的垂向分辨率。成孔要求：钻探成孔时应尽可能保持钻孔的垂直度，终孔后宜进行测斜校正。为减小测试盲区，终孔深度应大于测试深度，且相邻钻孔孔底高差宜小于 5.0m，钻孔终孔后应进行清渣，以保证有效探测深度；最后应将钢套管替换成 PVC 管，保证震源激振时为点状震源而非线状震源，同时可避免因钢套管而改变振动波的传播路径。

4. 工程应用

地震 CT 具有分辨率高，能量传播距离短，接近探测目标，避开低速带，解析成果直观等特点。目前，地震 CT 已发展成为一个方法系列，成像物理量包括波速、能量衰减、泊松比等各种类型，成像方法可以利用直达波、反射波、折射波、面波等各种组合，可利用钻孔、隧道、边坡、山体、地面等各种观测条件，进行二维、三维地质成像。在中国西部多山地区的铁路、公路、水电等工程建设中，地震 CT 可广泛地应用于线路、场地、隧道、边坡等项目的工程地质勘查和病害整治，解决复杂的地质问题。

2.2.5　TSP200 超前地质预报系统

隧洞施工地质超前预报是在对区域性地质资料进行分析的基础上，采用综合地质预测、预报手段，预测和探查断层破碎带、软弱夹层等不良地质现象，及时掌握、反馈围岩力学动态及稳定程度和支护、衬砌的可靠性等信息，根据地质、水文变化及时调整施工方法，并采取相应的技术措施，以便为判断围岩类别，正确地选择开挖断面，并对前方软弱围岩或其他不良地质体提前主动采取相应的加固处理措施，有效控制地质灾害，确保隧道施工安全。

2.2.6　工作原理

TSP 测量系统是通过在掘进面后方一定距离内的钻孔内施以微型爆破来发射地震波信号的，爆破引发的地震波在岩体中以球面波的形式向四周传播，其中一部分向隧道前方传播，在不同岩层中地震波传播速度不同，当波在隧道前方遇到界面时，将有一部分波从界面处反射回来，界面两侧岩石的强度差别越大，反射回来的信号也越强。反射信号经过一段时间后到达接收传感器，被转换成电信号并进行放大。从起爆到反射信号被传感器接收的这段时间是与反射面的距离成比例的，通过反射时间与地震波传播速度的换算就可以将反射界面的位置、与隧道轴线的交角以及与隧道掘进面的距离确定下来，并可初步测定岩石的弹性模量、密度、泊松比等参数，分析前方围岩性质、节理裂隙分布、软弱岩层及含水状况等。

图 2－25 为瑞士 Amberg 测量技术公司生产的 TSP200 型（Tunnel Seismic Prediction）超前地质预报系统组件简图。图 2－26 为 TSP 超前预报测量原理，图 2－27 为 TSP200 型系统组件标准测量图。

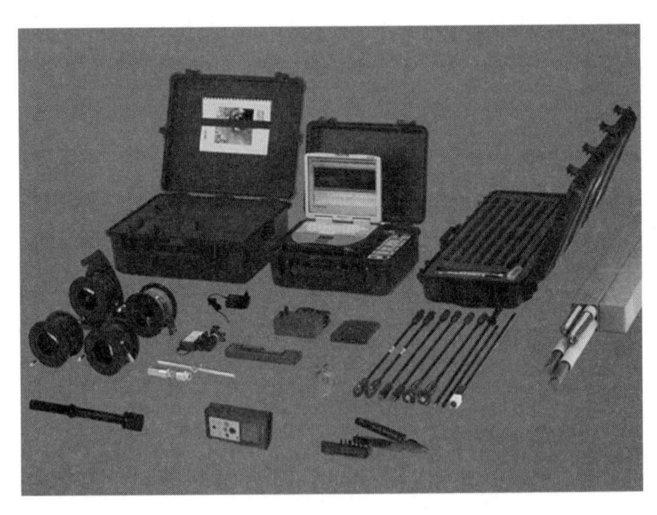

图 2－25　TSP200 型系统组件简图

为达到探测隧道前方和周围地质情况的目的，在 TSP 测量系统中使用了三对高灵敏加速度传感器，三对加速度传感器通过一根金属杆连接在一起，分别以平行和垂直隧道轴线的方向定位在专门的传感器钻孔内，传感器的这种布置方式能保证接收由各种不同角度

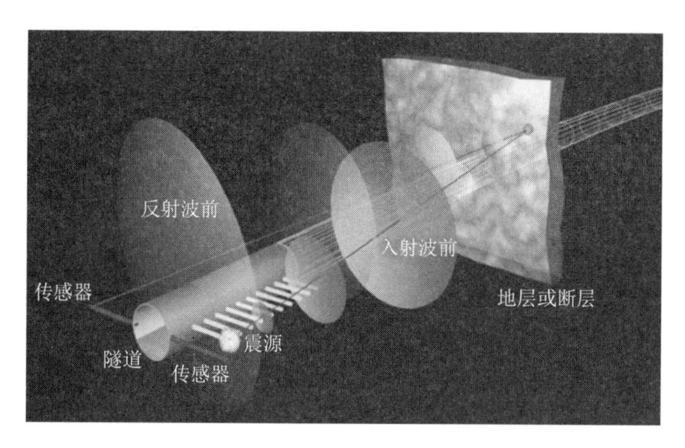

图 2-26 TSP 超前预报测量原理

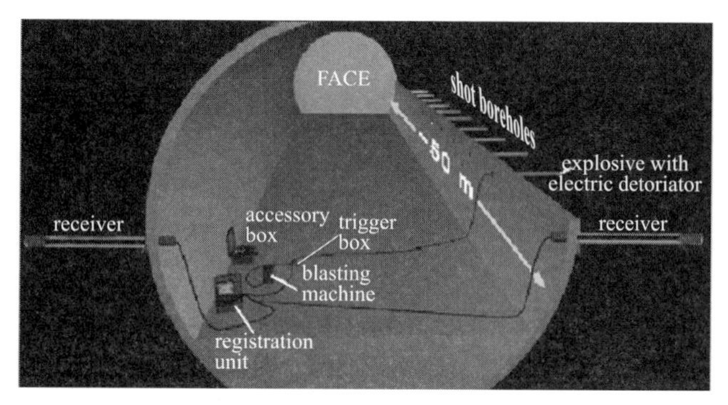

图 2-27 TSP200 型系统组件标准测量图

反射回来的反射信号，使用三对水平和垂直布置的传感器还能有效地减少干扰信号的影响。

由传感器采集到的振动信号经过模数转换器转换后存储在一台小型计算机上，整个测量过程也是通过这台计算机来完成的。测量工作结束后将存储在小型计算机上的地震信号做进一步的分析处理。TSP 测量系统配备有专门的分析软件，分析软件的主要任务之一是对测量信号进行各种数值滤波、选择放大等，以获得清晰的反射图像。分析软件的另一功能是将反射波图像所提供的信息与隧道的空间坐标结合起来，通过一系列的数学运算求出反射事件本身的空间位置以及与隧道的相对位置。这些数学运算的结果和解释正是 TSP 地质超前预报的最终结果。

地质超前预报工作可进一步查清因前期地质勘察工作的局限而难以探查的、隐伏的重大地质问题，适用于复杂地质的公路、铁路、水工隧洞等隧道工程施工，用于划分地层界线、查找地质构造、探测不良地质体的厚度和范围，根据掌握的地质灾害前兆超前预测预报地质灾害，及时改进施工方法，调整施工工艺，确定防灾预案，进而指导工程施工的顺利进行。在隧道施工阶段，TSP 超前地质预报技术是保证隧道顺利安全施工的重要地质预报手段。但在作业过程中对环境的要求较高，若噪声过大将会影响采集数据的准确性；此外需辅以其他地质预报手段，才能保证其精度。

2.2.7　工作方法

TSP200 型超前地质预报系统是利用振动波的反射来进行探测的。振动波由在特定位置人为制造的小型爆破产生，一般是沿隧道一侧洞壁布置 24 个爆破点，爆破点平行于隧道底面呈直线排列，孔距 1.5m、孔深 1.5m，炮孔垂直于边墙向下倾斜 15°～200°，以利于灌水堵孔。距最后的爆破点 15～20m 处设接收器点（在一侧或双侧），接收器安装孔的孔深 2m，内置接收传感器。图 2－28 为 T8P200 超前地质预报系统与隧道关系平面示意图。

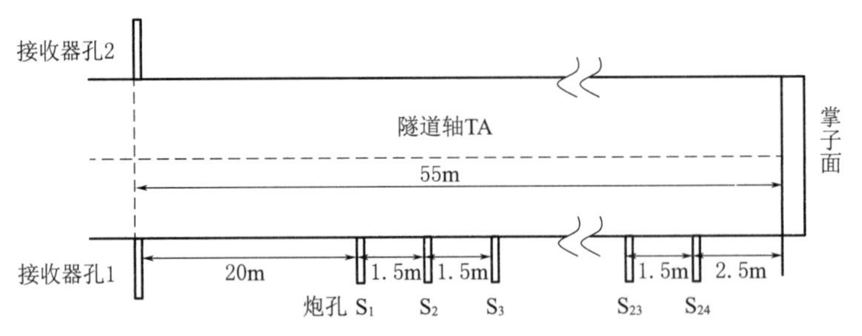

图 2－28　T8P200 超前地质预报系统与隧道关系平面示意图

2.3　声 波 检 测

机械振动在介质中的传播过程叫做波，人耳能够感受到频率高于 20Hz，低于 20000Hz 的弹性波，所以在这个频率范围内的弹性波又叫声波。

2.3.1　工作原理

声波检测是弹性波检测方法中的一种，其理论基础建立在固体介质中弹性波的传播理论之上。该方法是以人工激振的方法向固体介质（岩石、岩体、混凝土）发射声波，在一定的空间距离上接收介质物理特性调制的声波，解决一系列水利及岩土工程中的有关问题。

由于固体介质的声学性质与其结构及物理力学性质有关，因岩性、结构特征、力学性能等因素形成不同的声学特征。对于正常介质，声波在其中传播的速度是有一定范围的，当传播路径遇到的固体介质有缺陷（如断裂、裂缝、夹泥等）时，声波要绕过缺陷或在传播速度较慢的介质中通过，声波将发生衰减，造成传播时间延长、声时增大、声速降低，同时波幅减少、波形畸变等。利用声波的这些声学参数的变化，可以识别固体介质的物理状态和参数，同时可以通过一定的技术分析手段推断地层结构情况，确定施工质量。

混凝土声波速度可以作为评价混凝土抗压强度与密实性的定性指标。混凝土的波速与抗压强度有一定的关系，目前已有大量理论研究和测试对比数据和回归关系。通过对所测混凝土实体声学参数的统计分析，可评价混凝土结构内部的密实性，确定混凝土缺陷范围大小、具体位置。

2.3.2　应用范围

声波测试主要应用于如下检测任务：①岩体、土体的弹性力学参数、静力学参数测定；②岩体、土体结构特征评价及强度分类；③岩体风化壳的分层及结构评价，测定洞室围岩松动圈的范围；④地下洞室、边坡因施工而引起的松动范围的测定；⑤岩体岩面爆破、灌浆等施工质量的检查；⑥混凝土浇筑桩桩身完整性检测；⑦混凝土构件的强度检测；⑧结构混凝土内部缺陷检测。

2.3.3 单孔声波和跨孔声波检测

单孔声波和跨孔声波检测可用于测试岩体或混凝土纵波、横波速度和相关力学参数，探测不良地质结构、岩体风化带、卸荷带，测试洞室围岩松弛圈厚度，评价混凝土强度，检测建基岩体质量及灌浆效果等。

1. 单孔声波检测

单孔声波检测反映的是沿孔深方向孔壁附近介质波速值的变化情况。单孔声波法是把一发双收换能器放置在钻孔内，通过声波发射换能器向周围介质发射声波，声波沿孔壁传播，由两只接收换能器分别接收同一脉冲声波信号，记录声波在两只接收换能器间的旅行时间，两只接收换能器的间距 s 除以声波初至时间差，即为接收换能器所在的位置孔壁介质的平均声速。以 0.1～0.2m 点距移动声波换能器，测得不同孔深处的声速，即

$$V_P = s/(t_2 - t_1) \tag{2-33}$$

式中：s 为两个接收器间的距离；t_1、t_2 分别为到达接收器 1 和接收器 2 的时间。

可以把每个测点所得到的波速值绘制成为声速（V_P）到孔深（L）间的关系曲线，再依据曲线间波速的变化来划分松动圈的范围。纵波速度与洞室围岩之间是正比的关系，介质完整性好，纵波速度便增高；相反，介质完整性太差的话，纵波的速度也随之降低。松动圈理论中指出，声波波速最小的区域是在松动圈的所在范围之内，所以由此测出距离洞室表面不同深度的纵波波速，从而做出 V_P—L 曲线，最后结合相关的地质材料便能推断出被测洞室围岩松动圈的大小。需要注意的是，运用这一检测方式时，必须运用信号分析技术，排除管中的影响干扰，当孔道中有钢质套管时，由于钢管影响声波在孔壁混凝土中的绕行，故不能用此法。

2. 跨孔声波检测

跨孔声波检测是利用相邻的两个钻孔进行声波穿透测试，其中一只钻孔放置发射换能器，另一只钻孔放置接收换能器。发射换能器在孔内向周围发射声波信号，在另一孔内的接收换能器接收声波信号，记录声波旅行时间 t，则两只换能器的间距 L 除以声波旅行时间 t，即为两个换能器间岩体的声速。以 0.1～0.2m 点距同步移动声波收、发换能器，测得不同孔深处的声速。测试原理示意图如图 2-29 所示。

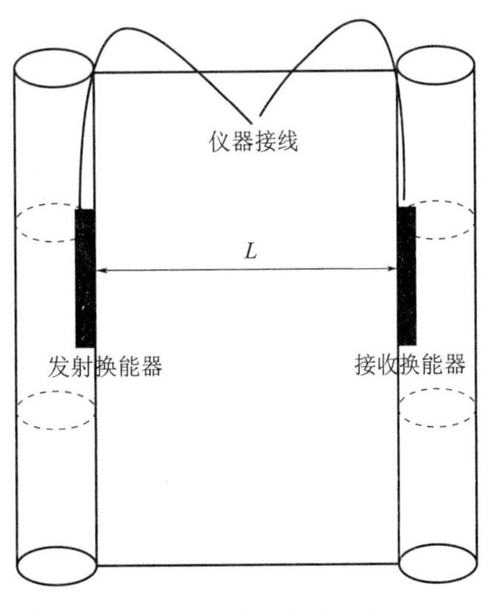

图 2-29 跨孔声波检测工作示意图

因为在钻孔时，不能保证各钻孔平行，各深度点的间距与孔口的间距可能不一致，为获取各深度测点比较准确的发射与接收间距，需对各声波钻孔

间距和方位进行测量。根据钻孔实际间距与方位计算声波射线长度，来计算岩体穿透声波速度，使声波速度更为准确。当两个测孔的方位与倾角一致时，声波在孔中各测点的旅行距离，则近似等于岩壁上两个测孔的孔间距；否则，在岩体中两孔间的孔距就有误差，其误差的大小不仅与两个测孔的方位角及倾角差有关，而且还与测孔深度成正比。

3. 用于判断缺陷的主要物理量

根据单孔声波检测和跨孔声波检测工作原理，目前被用于判断岩体或混凝土等固体介质内部缺陷的物理量主要如下：

（1）声时。当固体介质质量均匀、没有内部缺陷时，在各横截面所测得的声时值基本相同；但当存在缺陷时，由于缺陷区的泥、水、空气等内含物的影响，声速远小于完好混凝土的声速，所以穿越时间明显增大，而且当缺陷中物质的声阻抗与混凝土的声阻抗不同时，界面透过率很小，根据惠更斯原理，声波将绕过缺陷继续传播，波线呈折线状。由于绕行声程比直达声程长，因此，声时值也相应增大。可见，声时值是缺陷的重要判断参数。

声时值用仪器精确测量，以微秒（μs）计。

（2）接收信号的幅值。它是声脉冲穿过固体介质后的衰减程度的指标之一。接收波幅值越低，衰减就越大。根据混凝土中声波衰减的原因可知，当混凝土中存在低强度区、离析区以及存在夹泥、蜂窝等缺陷时，将产生吸收衰减和散射衰减，使接收波波幅明显下降。幅值可直接在接收波上观察测量，也可用仪器中的衰减器测量，测量时通常以首波（即接收信号的前面半个或一个周期）的波幅为准，后继的波往往受其他叠加波的干扰，影响测量结果。

幅值的衰减与固体介质质量紧密相关，它对缺陷区的反应比声时值更为敏感，所以它也是缺陷判断的重要参数之一。

（3）接收频率。声脉冲是复频波，具有多种频率成分，当它们穿过固体介质后，各频率成分的衰减程度不同，高频部分比低频部分衰减严重，因而导致接收信号的主频率向低频端漂移。其漂移的多少取决于衰减因素的严重程度。所以接收频率实质上是衰减值的一个表征量，当遇到缺陷时，由于衰减严重，使接收频率降低。

接收频率的测量一般以首波第一个周期为准，可直接在接收波的示波图形上作简易的测量。为了更准确地测量频率的变化规律，可采用频谱分析的方法。它获得的频谱所包含的信息比采用简易方法时接收波首波频率所带的信息更为丰富，更为准确。

（4）接收波波形。由于声脉冲在缺陷界面反射和折射，形成波形不同的波束，这些小组束由于传播路径不同，或由于界面上产生波形转换而形成横波原因，使得到达接收换能器的时间不同，因而使接收波成为许多同相位或不同相位波束的叠加波，导致波形畸变。实践证明，凡声脉冲在传播过程中遇到缺陷，其接收波形往往产生畸变。所以，波形畸变可作为判断缺陷的参考依据。

必须指出，波形畸变的原因很多，某些非缺陷因素也会导致波形畸变。目前波形畸变尚无定量指标，而只是根据检测人员经验判断。

2.3.4　声波CT

1. 工作原理

声波CT是利用声波穿透固体介质，通过声波在介质内部的走时大小和能量衰减的快慢程度，对结构物进行成像。声波在穿透工程介质时，其速度快慢与介质的弹性模量、剪切模量、密度有关。密度大、模量大及强度高的介质波速高、衰减慢；破碎、疏松介质的波速低、衰减快；波速可作为混凝土强度和缺陷评价的定量指标。声波 CT 特别适用于研究工程介质力学强度的分布，在工程检测中常被用来探查混凝土强度、空洞、不密实区等结构缺陷。

当声波通过介质传播时，可以计算出声波在物体中传播的速度。某条测线的波速实际上是构成该条测线各部分波速的综合值。如图 2-30（a）所示，将物体层（断）面划分成一定数量的网格（亦称成像单元），一侧激发，另一侧所有点接收，各成像单元被测线多次穿过。采用迭代方法反演各成像单元的波速值，通过求解大型矩阵方程来重建两孔之间的速度剖面图像。这就是声波层析成像的原理及实施技术。图 2-30（b）是获得的断面波速等值线色谱图，图中的低波速区正是被包裹在混凝土中的泥沙团。根据速度剖面图像可以直观准确地判定隐患的大小分布，这是目前最为有效最为精确的测试方法之一。

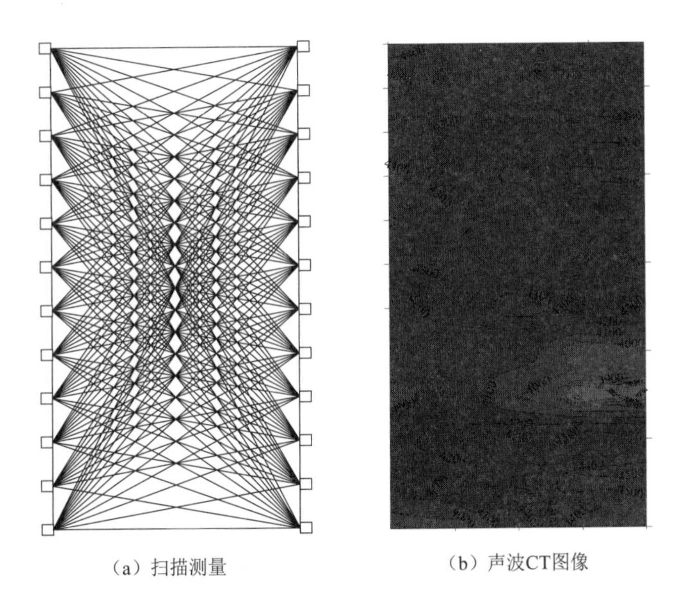

（a）扫描测量　　（b）声波CT图像

图 2-30　声波 CT 扫描测量与成像图

根据混凝土结构的空间位置分布，常见的测线布置方式有三种，如图 2-31 所示。理论及实践都证明，三边激发，一边接收［图 2-31（c）］所得反演效果最好，射线密度和正交性达到要求。

2. 声波层析检测仪

由笔者单位研制的声波层析检测仪包括两部分：发射系统及接收系统。发射系统水上部分采用锤击式震源；水下部分采用电火花震源。水下发射系统由声波发射头、电火花震源、高压电缆及起吊装置等组成。电火花震源电压为 6～7.5kV 可调，发射功率为 1～2kJ 可调，发射主频约为 2kHz，发射角为 80°，水下工作深度大于 60m。接收系统由加速度计、前置放大器（频率范围：100Hz～7kHz）及地震波接收仪组成。最大接收距离为 100m。

现场检测时，一般选择大坝横断面，也可选坝的纵剖面，在选择纵剖面时需要在被检

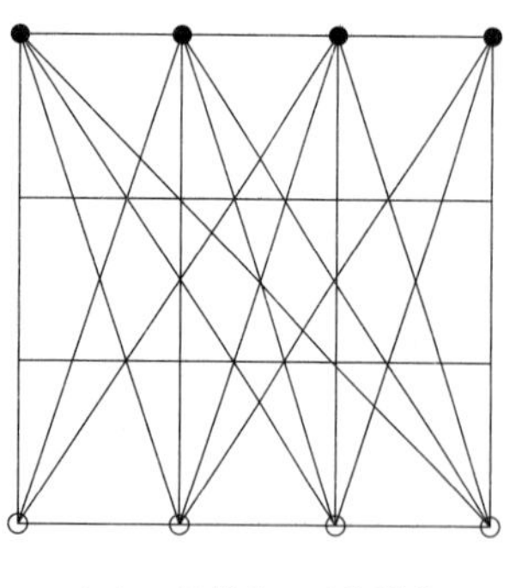

(a) 一边接收，对边激发

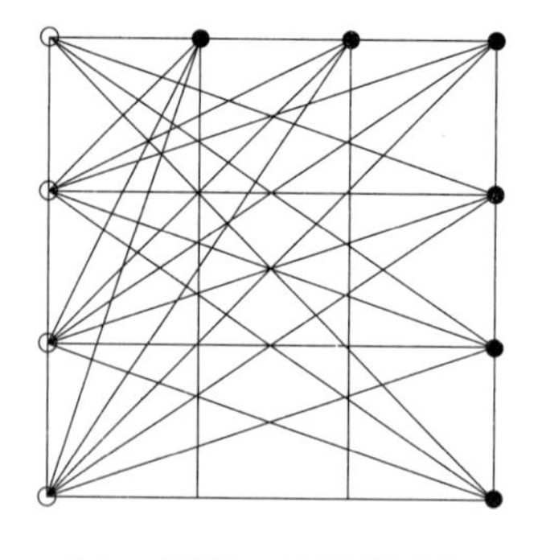

(b) 一边接收，另外两边激发

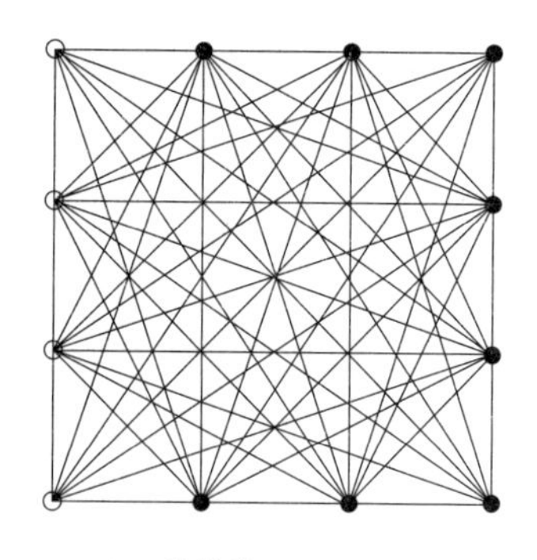

(c) 一边接收，另外三边激发

图 2-31　不同测线布置方式

○—接收点；●—激发点

测区域两端钻孔。当进行大坝横断面检测时，通常在大坝的上游面放置发射探头，从水下1m开始检测逐渐向坝底方向移动，发射点间距为1.5～2m，直到坝底。为了提高信噪比，可在同一发射点重复发射5～6次。在坝下游面布置加速度传感器作为拾震器，拾震器布置的间距与震源发射点间距相同。一次检测可同时布置32个拾振器。待全剖面检测结束后，进行层析计算和成像处理。

该仪器的特点：①发射声波频率范围高达2kHz，从而可将图像的位置分辨率提高到1m左右；②发射角可达80°，接收范围广；③具有原始发射基准信号；④接收灵敏度高；⑤接收波形清晰、稳定；⑥对接收信号进行叠加处理。

混凝土声波层析检测仪可对混凝土坝内部混凝土特性进行全面检测，检测被测断面内部特性参数分布情况及缺陷的位置及其性态。可根据 V_P 值来推算混凝土弹性模量及强度；根据弹性模量可以估算坝的应力状态及变位情况。

2.4　超声波检测

当声波频率高于2kHz时，人耳不能感受到，这种机械振动波则称为超声波。一般把频率在2kHz到25MHz范围的声波叫做超声波。

超声波是由机械振动源在弹性介质中激发的一种机械振动波，其实质是以应力波的形式传递振动能量，其必要条件是要有振动源和能传递机械振动的弹性介质（实际上包括了几乎所有的气体、液体和固体），它能透入物体内部并可以在物体中传播。机械振动与电磁波有实质性的不同，电磁波是以光速在空间传播的交变电磁场，因此电磁波可以在真空中传播，而机械振动波则不能，因为没有弹性介质的存在。

超声波具有如下特性：

(1) 超声波具有波长短、沿直线传播（在许多场合可应用几何声学关系进行分析研究）、指向性好，可在气体、液体、固体、固熔体等介质中有效传播。

(2) 超声波可传递很强的能量，能量比声波大得多。

(3) 超声波在介质中的传播特性包括反射与折射、衍射与散射、衰减、声速、干涉、叠加和共振等多种变化，并且其振动模式可以改变（波型转换）。

（4）超声波在液体介质中传播时，达到一定程度的声功率就可在液体中的物体界面上产生强烈的冲击，即“空化现象”。

2.4.1 混凝土缺陷检测

混凝土和钢筋混凝土结构物，有时因施工管理不善或受使用环境及自然灾害的影响，其内部可能存在不密实区或空洞，其外部形成蜂窝麻面、裂缝或损伤层等缺陷。这些缺陷的存在会不同程度地影响结构承载力和耐久性，采用较有效的方法查明混凝土缺陷的性质、范围及尺寸，以便进行技术处理，是工程建设中的一个重要课题。

混凝土缺陷，指破坏混凝土的连续性和完整性，并在一定程度上降低混凝土的强度和耐久性的不密实区、孔洞、裂缝或夹杂泥沙、杂物等。所谓不密实区，系指混凝土因漏振、离析或石子架空而形成的蜂窝状，或因缺少水泥而形成的松散状，或受意外损伤而造成的疏松状区域。

混凝土缺陷超声检测技术与金属超声探伤技术相比较，前者的研究与应用起步较晚，发展速度也较慢，且技术难度也大得多。因为金属材料相对于超声波的波长来说，它是均质材料且同一类型金属材料的声速基本固定，所以金属探伤是采用高频（换能器频率一般为1～10MHz）超声脉冲波，以反射波的特征参数作为判断缺陷的基本依据，测试前仪器先用标准试件标定好，在工件上检测时，可根据反射信号特征值直接判断缺陷的位置和大小。而混凝土是非均质的弹塑性材料，对超声脉冲波的吸收、散射衰减较大，其中高频成分更易衰减，而且根据所用材料的品质和用量不同，混凝土强度和含水率的变化，混凝土声速在相当大的范围内变化，不可能事先标定或设置一个判断缺陷的指标。因此，用于混凝土缺陷检测的超声波方法，系指采用带波形显示功能的非金属超声波检测仪和频率为20～300kHz的超声波换能器，测量超声脉冲波在混凝土中传播的速度、首波幅度和接收信号主频率等声学参数，并根据这些参数及其相对变化，判定混凝土中的缺陷情况。

1. 基本原理

超声波在混凝土中传播时，遇到尺寸比其波长小的缺陷会产生绕射，从而使声程增大、传播时间延长。可根据声时或声速的变化情况，判别并计算混凝土结构的缺陷范围。

超声波在混凝土中传播时，遇到蜂窝、孔洞、裂缝等缺陷时，大部分脉冲波会在缺陷界面被散射和反射，到达接收换能器的声波能量（波幅）显著减小，可根据波幅变化的程度判断缺陷的性质和大小。

各频率成分的脉冲波在缺陷界面衰减程度不同，其中频率越高的脉冲波，衰减越大，因此超声脉冲波通过有缺陷的混凝土时，接收到的信号主频率明显降低。可根据接收信号主频率或频率谱的变化，分析判断缺陷情况。

超声波通过缺陷时，部分脉冲波因绕射或多次反射而产生路径和相位变化，不同路径或不同相位的超声波叠加后，造成接收信号波形畸变，可参考畸变波形分析判断混凝土缺陷情况。

当混凝土的组成材料、工艺条件、内部质量及测试距离相同时，各测点声速、波幅和主频率等声学参数一般无显著差异。如果某部分混凝土存在孔洞、不密实区或裂缝等缺陷，便破坏了混凝土的整体性，通过该处的超声波与同条件的正常混凝土相比较，声时明显偏长（声速减小），波幅和频率明显降低，波形也产生严重畸变，可根据这些声参量的相对变化来判断混凝土缺陷的性质、大小和范围。

2. 主要工作方法

采用超声波检测混凝土缺陷，一般是根据构件或结构的几何形状、所处环境、尺寸大小以及所能提供的测试表面等条件，选用不同的测试方法。一般常用的检测方法有以下几种。

（1）平面检测（采用厚度振动式换能器）。

1）对测法。当混凝土被测部位能提供两对或一对相互平行的测试表面时，可采用对测法检测，即将一对发射（T）、接收（R）换能器，分别耦合于被测构件相互平行的两个表面，两个换能器的轴线始终位于同一直线上，依次逐点测读其声时、波幅和主频率等声学参数。例如检测一般混凝土柱、梁等构件或钢管混凝土的内部密实情况及混凝土匀质性通常会采用此方法。

2）斜测法。当混凝土被测部位只能提供两个相对或相邻测试表面时，可采用斜测法检测。检测时，将一对T、R换能器分别耦合于被测构件的两个表面，两个换能器的轴线不在同一直线上。T、R换能器可以分别布置在两个相邻表面进行丁角斜测，也可以分别布置在两个相对表面，沿垂直或水平方向斜线检测。例如，检测混凝土梁、柱的施工接槎，修补加固混凝土结合质量和检测混凝土梁、柱的裂缝深度多采用此方法。

3）平测法。当混凝土被测部位只能提供一个测试表面时，可采用平测法检测。将一对T、R换能器置于被测结构同一个表面，可以用相同测距或逐点递增测距的方法进行检测。比如检测坝面、路面、隧道壁的裂缝深度及混凝土表面损伤层厚度多采用此方法。

（2）钻孔或预埋管检测（采用径向振动式换能器）。

1）孔（管）中对测。对于一些大体积混凝土结构，有的断面尺寸很大，有的四周侧面被遮挡，检测时为了满足超声仪器的测试能力、提高测试灵敏度，一般需要在结构上表面钻出一定间距的声测孔（或预埋声测管），向钻孔（或预埋管）中注满清水，将一对T、R径向式换能器，分别置于相邻两个钻孔（或预埋管）中，处于同一度，以一定间隔向下或向上同步移动逐点进行检测。比如检测混凝土坝体、承台、筏板、大型设备基础的密实情况和裂缝深度以及检测灌注桩的完整性，多采用此方法。

2）孔（管）中斜测。如果两个声测孔之间存在薄层扁平缺陷或水平裂缝时，对测则有可能发生漏检，采用斜测法便可以避免漏检发生。另外，在钻孔或预埋管中对测时一旦发现异常数据，应围绕异常测点进行斜测，以进一步查明两个测孔之间的缺陷位置和范围。检测时将一对T、R径向式换能器，分别置于两个对应钻孔（或预埋管）中，但不在同一高度而是保持一定高程差同步移动进行斜线检测。

3）钻孔中平测。为了进一步查明某一钻孔壁周围的缺陷位置和范围，可将一对T、R径向式换能器或一发双收换能器置于被测结构的同一个钻孔中，以一定高程差同步移动进行检测。

（3）混合检测。部分混凝土结构具有一对或两对相互平行的表面，但由于其断面尺寸较大，若采用平面式换能器直接在两个相对表面进行对测或斜测，因受超声仪发射功率和接收灵敏度的限制，接收信号很弱甚至接收不到信号。因此，为了缩短测孔测试距离，提高测试灵敏度，可在结构上表面钻出一定间距的垂直声测孔，孔中放置径向振动式换能器（用清水耦合），在结构侧面放置平面振动式换能器（用黄油耦合），进行对测和斜测。

2.4.2 混凝土强度检测与推定

1. 测区布置

如果把一个混凝土构件作为一个检测总体，要求在构件上均匀画出不少于10个200mm×200mm的方格网，将每一个方格网视为一个测区。如果对同批构件（指混凝土强度相同，原材料、配合比、成型工艺、养护条件及龄期基本相同，按批抽样检测时，构件抽样数应不少于同批构件的30%，且不少于4个。同样，每个构件测区数不小于10个）。每个测区应满足下列要求：

（1）测区布置在构件混凝土浇灌方向的侧面。

（2）测区与测区的间距不宜大于2mm。

（3）测区宜避开钢筋密集区和预埋铁件。

（4）测试面应清洁和平整，如有杂物粉尘应清除。

（5）测区应标明编号。

2. 测点布置

为了使构件混凝土测试条件和方法尽可能与率定曲线时的条件、方法一致，在每个测区网格内布置3对或5对超声波的测点。

3. 混凝土强度的推定

根据各测区超声声速检测值，按率定的回归方程计算或查表取得对应测区的混凝土强度值。最后按下列情况推定结构混凝土的强度。

（1）按单个构件检测时，单个构件的混凝土强度推定值取该构件各测区中最小的混凝土强度计算值。

（2）按批抽样检测时，该批构件的混凝土强度推定值的计算公式为

$$f_{cu.e}=mf_{cu}^{c}-1.645sf_{cu}^{c} \tag{2-34}$$

$$mf_{cu}^{c}=\frac{1}{n}\sum_{i=1}^{n}f_{cu}^{c} \tag{2-35}$$

$$sf_{cu}^{c}=\sqrt{\frac{1}{n-1}(f_{cu}^{c})^{2}-n(mf_{cu}^{c})^{2}} \tag{2-36}$$

（3）当同批测区混凝土强度换算值的标准差过大时，同批构件的混凝土强度推定值的计算公式为

$$f_{cu}^{c}=mf_{cu,min}^{c}=\frac{1}{m}\sum_{i=1}^{m}f_{cu,min,i}^{c} \tag{2-37}$$

式中：$mf_{cu,min}^{c}$为同批中各构件中最小的测区强度换算值的平均值，MPa；$f_{cu,min,i}^{c}$为第i个构件中的最小测区混凝土强度换算值，MPa；m为批中抽取的构件数。

（4）按批抽样检测时，若全部测区强度的标准差出现下列情况时，则该批构件应全部按单个构件检测和推定强度。

当混凝土强度等级低于或等于C20时

$$sf_{cu}^{c}>2.45\text{MPa} \tag{2-38}$$

当混凝土强度等级高于C20时

$$sf_{cu}^{c}\gg 5.5\text{MPa} \tag{2-39}$$

2.5 示 踪 法

示踪法较广泛地应用于病险水库的渗流通道探测中，用以指导除险加固工作，常用的有放射性同位素、温度示踪法。

2.5.1 放射性同位素

目前放射性同位素探测渗漏有两种方法：同位素示踪法和同位素吸附法。

1. 同位素示踪法

在放射性探测技术中，同位素示踪法是探测堤坝管涌及其渗透性的一种有效方法。同位素示踪法就是利用放射性同位素做标记物，研究地下水渗流运动规律的方法，包括单孔稀释法、单孔和多孔示踪法，一般要求渗漏流速大于1×10^{-6}m/s。该方法可通过天然示踪方法测出地下水中的溶剂强度、电导率、pH等参数，然后利用同位素示踪单孔稀释法测定各地层渗透流速、水平流向、注水与不注水条件下的垂向流，进而确定堤坝管涌及管涌区的渗透性。

2. 同位素吸附法

放射性同位素吸附法特别适合于水库渗漏检测，其优点是不需要为了投放示踪剂而专门钻孔。其操作方法是：将金属性的放射性同位素溶解于酸中，加水稀释，制成含放射性正离子的放射性同位素示踪剂，工作人员在船上，将示踪剂均匀喷射到水库可能存在渗漏的区域，溶液中的正离子在水中自由扩散，形成一层放射性云状物，这些放射性云状物慢慢沉降在库底。如果该检测范围内水库没有渗漏，库底各处吸附的放射性同位素浓度基本相同。当某处存在渗漏入口，较多的水流流入渗漏入口，入口处土体比正常部位土体吸附较多的放射性同位素，因而，该处的核辐射强度高于周围区域的辐射强度。渗漏越严重的区域，被吸附的放射性同位素越多，核辐射强度越高。用核辐射探测器在库底进行逐点扫描，当探测出某处放射性较强时，就可判断该处为渗漏入口。

与示踪法相反，吸附法需要选用容易被土壤吸附的放射性同位素作示踪剂，如医用同位素镱-169（^{169}Yb）。镱-169是一种低能量、无毒、半衰期适中（31天）且辐射谱线丰富（30－300keV）的放射性同位素。使用时，将库底面积用量控制在50$\mu\cdot$ci（微居里）/m^2，就不会造成对水质和鱼类的污染。这个剂量远低于防护标准中规定的饮用水标准的容许剂量。

此方法在流动的水中，需要太多的放射性同位素，价格昂贵，不适用。在相对静止的水中，如水库中应用效果显著。

2.5.2 温度示踪法

温度可以通过介质传递，在地层中的变化是连续的，这就为除直接测定地下水流速之外提供了另一种了解渗流场的物理量。在许多工程问题中需要研究地下水运动和温度场分布之间的关系，利用温度分布状况判断研究区域内地下水运动及其分布已得到广泛应用。

在无集中渗漏的情况下，堤坝中的孔隙水仅发生渗流，渗流速度缓慢且稳定，水与岩土体之间的接触有充足的空间和时间来进行热交换，其温度和周围岩土体一致。而在有集中渗漏时，渗漏水的流速很快，两者来不及进行充分热交换，仅在通道边缘进行热交换，然后依次向周围推进，越远离渗漏通道，地层温度变化越小，由此形成具有一定特征的温度场。

坝体中渗流场与温度场是相互作用、相互影响的，它们是热能和流体在介质中一个动态调整变化的结果。从物理过程来看，热能通过介质的接触进行热交换，而渗流流体则因存在势能差在多孔介质的孔隙进行扩散和流动，同时流体也作为热能传播的介质，在多孔介质中携带热能沿运动轨迹进行交换和扩散。

地下水温度场中的高温或低温区域可以看做一个热源，并且根据温度的相对高低，可将其分为高温源和低温源。当土石坝内存在渗流水时，在渗流水通过点或附近（渗透流速一般必须大于 1×10^{-6}m/s）土体的温度随渗水温度变化而变化。如果在渗漏部位和无渗漏部位分别埋设若干测温计，就可确定测量点处温度异常是否是由渗漏水引起的，从而实现对土体内集中渗漏点的定位检测。如果将若干点温计布置成一个足够大的矩阵，根据温度异常区域的检测结果，就可以圈定渗漏通道方位及其范围。将来自于水库并且出现在下游的水的温度与在最后水库沿垂直方向上测量出的温度的断面相比较，就可以知道渗漏水在库水中的深度。在大多数情况下，为了建立库水中观察到的热量变化与下游渗漏水之间的联系，需要进行长时间测量。

2.5.2.1　垂向流判断

渗漏水上涌或下渗时对地层温度分布的影响可以用一个简单的模型来表示。假设该模型由三种不同热导率的岩层构成，如图 2-32 所示。三种岩层的热导率分别为 λ_1、λ_2、λ_3，地表和各岩层边界上的温度分别为 T_0、T_1、T_2。图 2-32（a）为无地下水干扰的热传导模型；图 2-32（b）为当第一岩层中有渗漏水上涌时，由深度回归直线推算的地表温度 T_0'大于地表温度 T_0；图 2-32（c）表示第二岩层内有地下水的上涌时，第一岩层与第二岩层界面的温度由 T_1增加至 T_1'，导致第一岩层的温度梯度增加，第二岩层的温度梯度减小；图 2-32（d）表示第一岩层内有渗漏水下渗，第一岩层与第二岩层界面上的温度由 T_1减小至 T_1'，从而第一岩层的温度梯度减小，第二岩层的温度梯度增加；图 2-32（e）表示第二岩层内有地下水下渗，第二岩层和第三岩层界面上的温度由 T_2减小至 T_2'，导致第二岩层的温度梯度减小，第三岩层的温度梯度增加。

因此，地层没有渗漏水干扰时钻孔的温度曲线为传导型，而在有渗漏水干扰时温度曲线为对流型。若渗漏水向下运动，则温深曲线为下凹型，渗漏水向上运动时为上凸型。当钻孔的温度不受渗漏水干扰，且地层的岩性各向同性时，温深曲线为直线，直线的斜率为该区域的温度梯度。

2.5.2.2　水平运动判断

由于地表温度受大气温度及太阳照射的影响，因此地表温度是有季节性的。当地表水补给到地下水后将会直接影响到地层的温度分布，影响程度与距离及补给量等因素有关。由于在季节温度影响深度以下的深部地层的温度随着深度的增加而呈现一定比例的增加，因此根据地层中温度的变化就可以准确地判断出地层渗漏的分布情况，从而确定集中渗漏位置及流量大小。

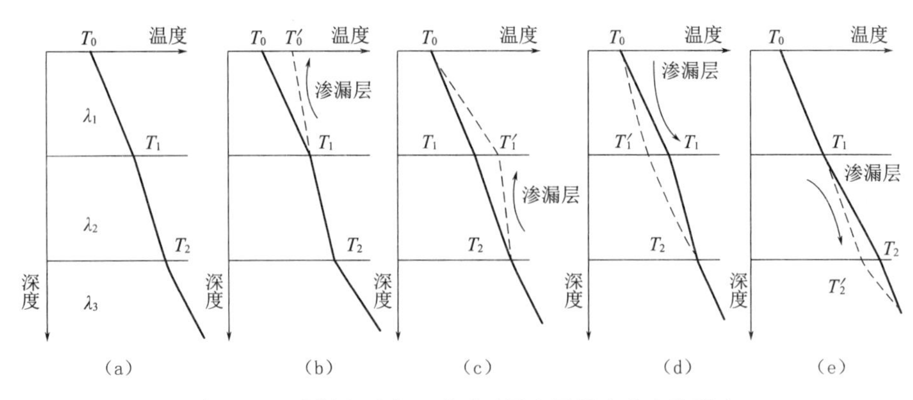

图 2-32 渗漏水垂向运动对不同岩层温度分布的影响

当钻孔穿过地层中集中渗漏通道时，由于受渗漏水水平流动的影响，温度分布曲线会出现异常，呈“尖峰状”。根据集中渗漏水温度的高低，有两种温度异常类型，如图 2-33 所示。

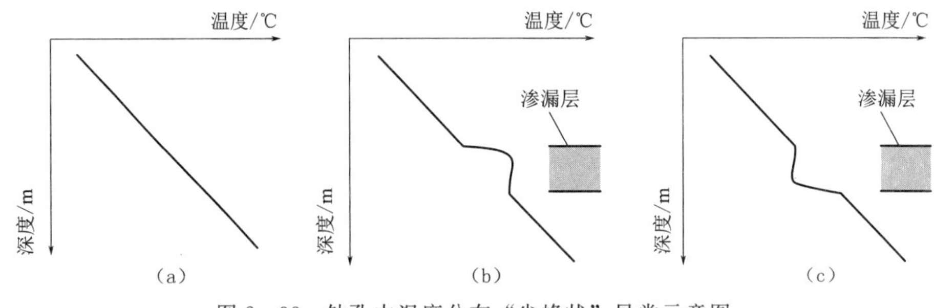

图 2-33 钻孔中温度分布“尖峰状”异常示意图

图 2-33（a）为地层中无集中渗漏时温度分布的正常曲线，温度分布只与深度有关，随深度增加而线性增加，反映正常的地温分布；图 2-33（b）为钻孔穿过地层中的集中渗漏通道，且渗漏水的温度较高，形成了温度分布曲线向上突起的异常分布；图 2-33（c）为渗漏水温度较低，形成温度分布曲线向下凹进的异常分布。集中渗漏水流扰乱了地层的正常温度分布，从曲线上的温度异常就可以推断出地层中集中渗漏水的信息。

2.5.2.3 地层地温仪

众所周知，盛夏时地表炎热，但在地下水出露的泉水及其周边地带温度相对较低，这就说明浅层地下流动水的存在影响了地表的温度，利用这一现象可以检测出地表某处是否存在浅层流动地下水。因而，可以利用表土温度勾画出小范围浅层地下水流系统。浅层地下水的水平流动也会影响表土温度。依照每年季节变化，地下水可以成为吸热源或放热源。表土温度决定于地下水的流速、流向、堤坝的热学性质、空气的影响以及地热等因素。图 2-34 为笔者单位研制的地层地温仪外形图。

图 2-35 表示了浅层流动水流在周边部位所引起的地温扰动。夏秋季节周边部位的地温比流动地下水的水温偏高，因此，水流正上方及其周边地层的温度向低的方向扰动，即呈现负异常；春冬季节与此相反，周边的地温比流动地下水低，因而水流正上方及其周边地层温度向高的方向扰动，即呈现正异常。

图 2-34 测温仪和温度计组合的地层地温仪

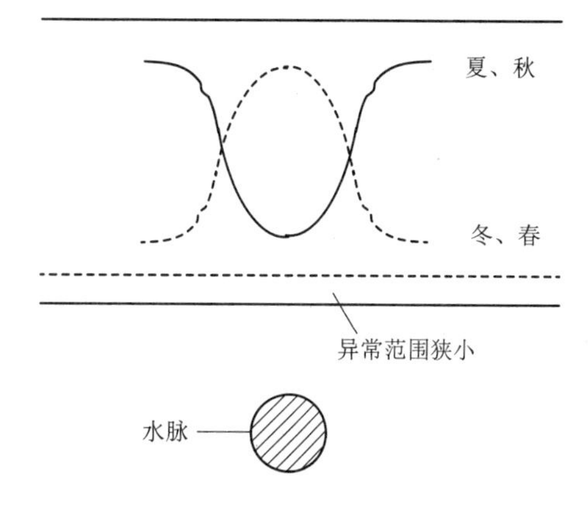

图 2-35 1m 深地下水路在周边引起的地温扰动示意图

测试结果表明，流动地下水温度的年变化幅值为±(1～2)℃。与此相比，1m 深处地温的年变化幅值为±(8～9)℃。当流动地下水的温度（Q_w）和正常 1m 深处地温（Q_u，即未受流动地下水影响的 1m 深地温）之差不小于 2.5℃($|Q_w-Q_u|\geqslant 2.5$℃）时，便可以采用浅层地温测量方法检测地下水流的存在。一般来说，用测温法检测地下渗流的最佳季节在夏、冬两季，因为此时地下水的温度与地表 1m 深处的温度相差较大。

当堤坝某处渗透系数增加，浸润线升高，或出现浅层基础渗漏时，出水处或地下渗漏区域的温度将发生变化。利用这一渗漏引起的地下温度场变化现象，可用温度计检测出渗漏部位并辨别出渗漏的性质。

对于堤坝渗漏检测而言，渗流通道位置及规模计算比较复杂。为了简化，作如下假定：①渗流通道内部及附近填土的温度只受渗漏水影响；②渗流通道内部及附近填土土质特性视为相同；③渗流通道内部及附近填土在温度测量时间段内，不受气候等其他因素影响。依据上述三点假设，可认为地下 1m 深处测量点的温度，只受渗漏水对流和热传导两种因素产生的影响。

根据上述假定，渗流通道内部及附近填土的温度分布可用三维模型来模拟。X 为渗流通道水流动方向，Y 为与渗流通道水流方向垂直的水平方向，Z 为渗流通道深度方向。渗流通道内的水流对测量点温度变化影响的偏微分方程式为

$$\frac{\partial\theta}{\partial t}=-\frac{C_w\rho_w}{C_e\rho_e}\cdot V\cdot\frac{\partial\theta}{\partial x}+\frac{\partial}{\partial x}\left[m_x\frac{\partial\theta}{\partial x}\right]+\frac{\partial}{\partial y}\left[m_y\frac{\partial\theta}{\partial y}\right]+\frac{\partial}{\partial z}\left[m_z\frac{\partial\theta}{\partial z}\right]\tag{2-40}$$

如果进一步假设渗流水对测量点温度的影响主要是热传导方式，而不是对流方式，式（2-41)中对流项表示的因子可以忽略，可进一步简化为

$$\frac{\partial\theta}{\partial t}=\frac{\partial}{\partial x}\left[m_x\frac{\partial\theta}{\partial x}\right]+\frac{\partial}{\partial y}\left[m_y\frac{\partial\theta}{\partial y}\right]+\frac{\partial}{\partial z}\left[m_z\frac{\partial\theta}{\partial z}\right]\tag{2-41}$$

式中：θ 为温度；t 为时间；m_x、m_y、m_z分别为 X、Y、Z 坐标轴方向的温度扩散率。

假定大坝填料为各向均质体，即 $m_x=m_y=m_z=m$；V 为水流速度；C_w为水的比热；

ρ_w为水的密度；C_e为填土与水混合物的比热；ρ_e为填土与水混合物的密度。根据边界条件，利用差分迭代法解方程式，即可计算出渗流通道的位置和规模。

现场检测时，根据需要将温度传感器布置成检测矩阵，矩阵由若干条测线组成。检测时采用10只温度传感器，将10支温度传感器沿矩阵中的一条测量线插入距地表1m深孔内。温度检测沿每条测线进行。当整个矩阵范围内的检测点的温度检测完毕，即获得检测范围内的温度场数据。将此温度场数据输入计算机，即可计算出渗漏通道的埋深及其范围。

也可将若干温度计连接成自动监测系统，进行重要险工险段的渗漏监测。温度示踪渗流监测技术的原理是：将一组或几组具有较高灵敏度的温度传感器测头埋设在堤（坝）等挡（蓄）水建筑物的基础或内部的不同深度，在温度扰动的影响消散后，测定测量点的温度。如土堤（坝）的土体孔隙介质内无渗流水流动，则其导热性较差，温度场分布较均匀。如测量点处或附近有渗流水流通过（渗透流速一般必须大于1×10^{-6}m/s），将打破该测量点处附近温度分布的均匀性及同一组温度测量点之间温度分布的一致性。在研究该处的正常温度后，可独立地确定测量点处温度异常是否是由渗漏水活动引起的，从而实现对土体内集中渗漏点的定位和监测。

2.6 核磁共振找水

2.6.1 工作原理

核磁共振找水的工作原理是通过测量地层水中的氢核来直接找水。核磁共振是原子核的一种物理现象，指具有核子顺磁性的物质选择性地吸收电磁能量。氢核是地层中具有核子顺磁性物质中丰度最高、磁旋比最大的核子。除油层、气层外，水（H_2O）中的氢核是地层中氢核的主体。核磁共振找水方法就是通过测量地层水中的氢核来直接找水。

核磁共振（NMR）现象是1946年由帕塞尔（E. M. Purcell）和布洛赫（F. Block）同时发现的。1962年，由瓦日安（R. H. Varian）提出将核磁共振技术用于地下水勘探的想法。1965年，我国张昌达、崔岫峰等人在国内曾进行过核磁共振找水试验。它的工作原理是：地下水中的氢核具有一定的顺磁性，又由于氢核具有一定的动量矩，在稳定的地磁场作用下，会沿着地磁场方向进动，其进动频率与氢核所处的地磁场强度成正比，该频率称为拉莫尔（Larmor）频率，拉莫尔频率的计算公式为

$$f_0=0.04258H_0 \tag{2-42}$$

式中：f_0为拉莫尔频率，Hz；H_0为测点处的地磁场强度，nT。

之所以可以利用核磁共振技术找水，是因为水分子具有极强的极性特征，水分子中原子核的排列如图2-36所示。众所周知，水分子H_2O是由两个氢原子和一个氧原子组成，而且H—O键具有强极性，图2-37显示两个氢原子位于一个氧原子的一边，因此整个水分子具有极强的极性（偶极长0.39Å）。

液态水中水分子以自由态和缔合态两种状态存在。极性分子缔合的原因可能是由于分子的高度极性造成的，具有永久偶极的分子由于异极相吸，缔合的分子数可能是2、3、4、5等。图2-37显示极性分子可能的缔合形式。缔合水分子含有比较复杂的形式，相当于通

式（$(H_2O)x$）。由于缔合水分子异极相吸的引力比较弱，这种水分子集聚体通常处于组合和重新分离状态下，可以表示为

$$xH_2O \rightleftharpoons (H_2O)x \tag{2-43}$$

缔合状态水分子在外界能量的作用下，缔合程度会减小，例如：将水加热或在外界电磁场作用下，自由水分子会大量增加。

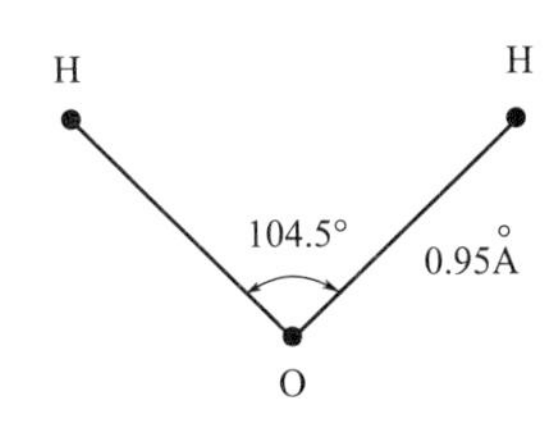

图 2-36 水分子中原子核排列示意图

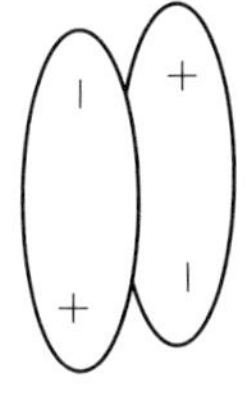

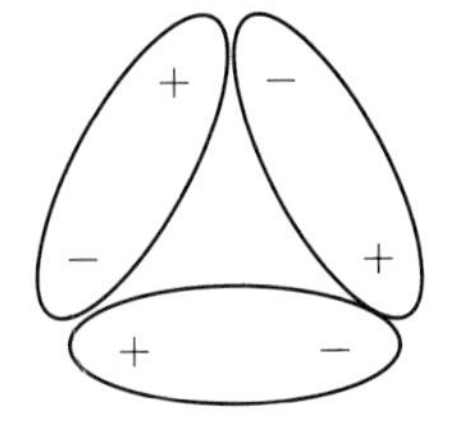

图 2-37 极性分子的缔合形式示意图

当施加一个与地磁场 B_0 方向不同的外磁场 B_1 时，氢核磁矩将偏离地磁场方向，一旦 B_1 消失，氢核将绕 B_0 旋进，其磁矩方向恢复到地磁场方向，在这个短暂的恢复过程中，将产生一个逐渐衰减的旋进磁场，它的强度与地中的氢核的数量和分布有关。设旋进频率（拉莫尔圆频率）为 ω_0，氢核的磁旋比为 γ，则

$$\omega_0 = \gamma B_0 \tag{2-44}$$

通过施加具有拉莫尔圆频率的外磁场，再测量氢核的共振信号，便可实现核磁共振测量。核磁共振测量原理示意图如图 2-38 所示。

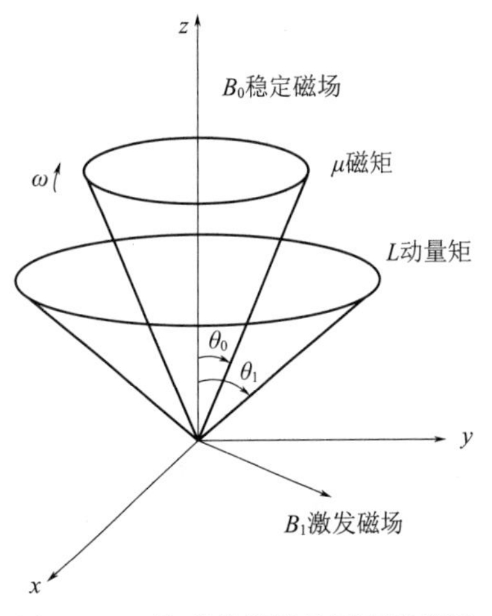

图 2-38 核磁共振测量原理示意图

图 2-39 表示核磁共振找水方法仪器布置及工作原理示意图，通常向铺在地面上的线圈（发射/接收线圈）中供入频率为拉莫尔频率的交变电流脉冲，交变电流脉冲的包络线为矩形。在地中交变电流形成的交变磁场激发下，使地下水中氢核形成宏观磁矩，这一宏观磁矩在地磁场中产生旋进运动，其旋进频率为氢核所特有。在切断激发电流脉冲后，用同一线圈接收由不同激发脉冲矩激发产生的核磁共振信号，该信号的包络线呈指数规律衰减。核磁共振 信号强弱或衰减快慢与水中质子的数量有直接关系，即核磁共振信号的幅值与所探测空间内自由水含量成正比，这就是核磁共振找水方法的原理。

图 2-40 表示核磁共振找水仪激发信号与接收信号流程示意图，图中 PRM 信号振幅直接反映地下水的含水量，衰减时间反映地下水岩层的平均孔隙度，信号相位反映岩层电阻率。

核磁共振方法的原理指出，在有地下水活动的地段，就有核磁共振信号响应，利用核磁共振找水仪检测到水分子逐渐衰减的旋进磁场信号，并由系统配备的软件对采集的信号进行处理和解释，就给出了各含水层的深度、厚度。图 2-41 表示核磁共振找水仪接收到的水分子逐渐衰减的旋进磁场信号，图 2-42 表示不同深度地层对激发信号的响应，图 2-43 表示含水层反演结果。在没有地下水活动的地段，核磁共振方法则无响应，说明被研究地段是完好的。

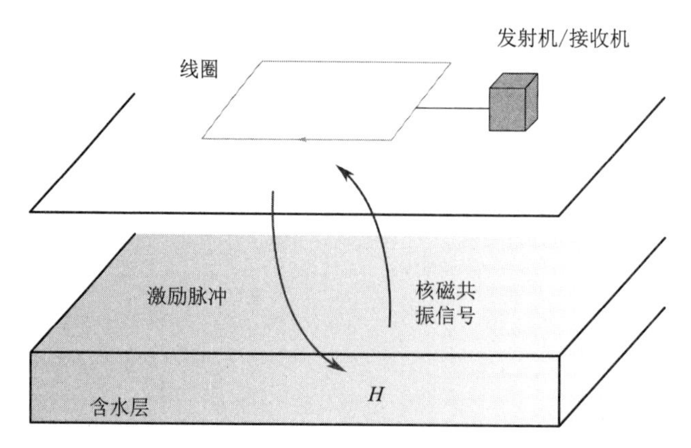

图 2-39　核磁共振找水方法仪器布置及工作原理示意图

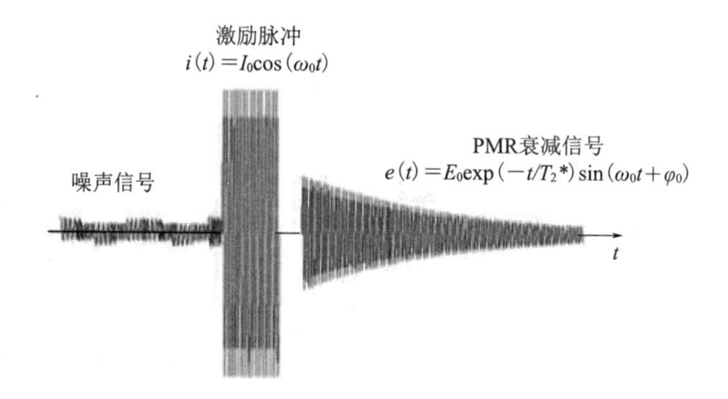

图 2-40　核磁共振找水仪激发信号与接收信号流程示意图

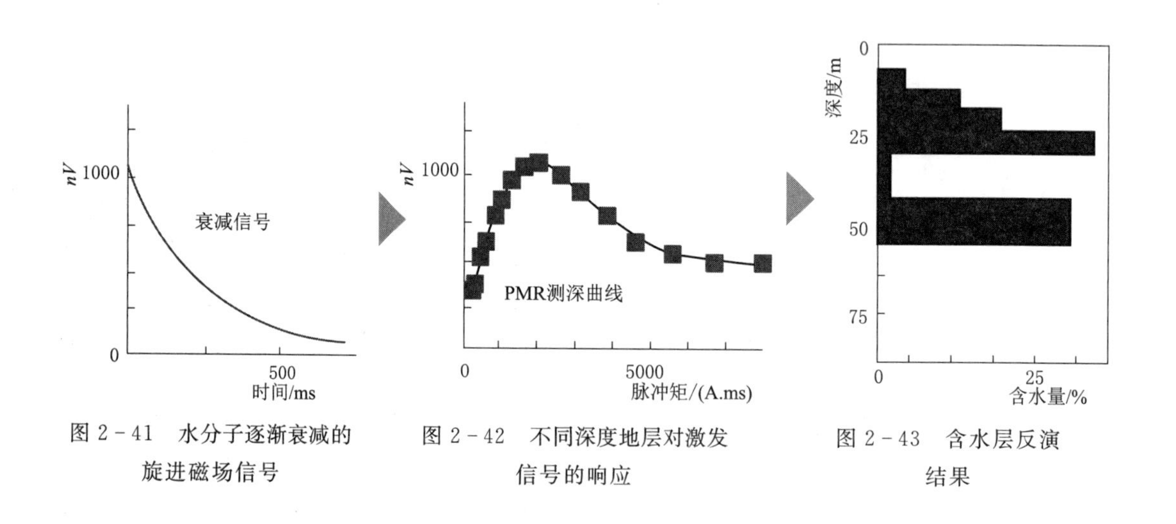

图 2-41　水分子逐渐衰减的旋进磁场信号

图 2-42　不同深度地层对激发信号的响应

图 2-43　含水层反演结果

2.6.2　仪器简介

1982 年，苏联 ICKC 的谢苗诺夫等人发展了核磁共振方法的理论，并制造了一种称为“Hydroscope”（找水仪）的仪器，在苏联国内进行了找水的应用研究。到 20 世纪 90 年代初，又先后在几个国家进行了试验。1995年，法国BRGM与俄罗斯ICKC进行技术合作，由法国IRIS公司生产了一种新的核磁共振找水仪，称为“NUMIS”（核磁感应系统），如图2-44所示。

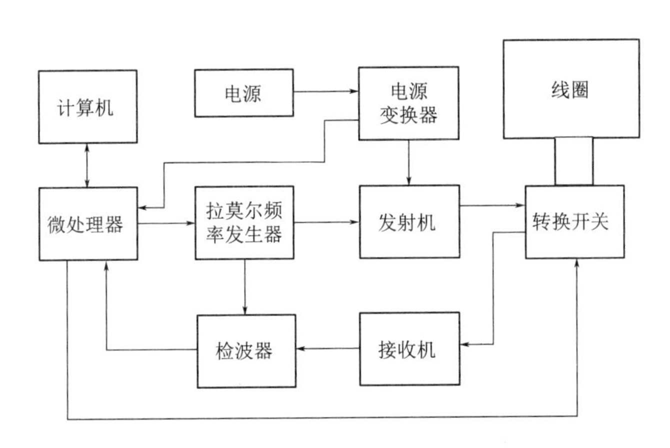

图2-44　NUMIS核磁共振找水仪系统组成示意图

该系统由发射接收机、DC/DC变换器、线圈、计算机、质子磁力仪等组成。其工作过程是：先用质子磁力仪测定测点处的地磁场强度，计算出拉莫尔频率。再将线圈铺在地面上，由直流变换器将电瓶的24V电压变换成400V电压供给发射机，在计算机的控制下，以拉莫尔频率向线圈中供入脉冲电流，形成激发磁场。发射电流可表示为

$$I(t)=I_0\cos(\omega_0 t)0\leqslant t\leqslant\tau \tag{2-45}$$

式中：τ为供电持续时间。

发射供电时的最大电压可达2500V，最大电流可达300A。供电停止后，使用同一线圈测量核磁共振信号，它可灵敏地测出nV级的信号。观测到的核磁共振信号可以表示为

$$E(t)=E_0(q)\cdot\sin(\omega_0 t+\phi_0)\exp(-t/T_2^*) \tag{2-46}$$

其中

$$q=I\tau$$

$$\omega_0=2\pi f_0$$

式中：q为脉冲矩，q由小到大反映探测深度由浅到深；ω_0为拉莫尔圆频率；ϕ_0为测量信号与供电电流之间的相位差，它反映地下岩层的导电性情况；T_2^*为衰减时间，它的大小反映含水岩层的平均孔隙度的大小；E_0为核磁共振信号的初始振幅，它的大小反映所对应的深度的含水层的含水量。

检测的结果经处理后储存在计算机里，并经过反演计算，获得地下含水层的分布及各层的含水量和平均孔隙度等参数。该仪器最大探测深度为150m，在100m深度范围内可以获得较好的定量检测结果。

2.7　水下探测技术

如何检测水下结构、工程设施的运行状况是水库除险加固和水利水电工程日常管理过程中经常面临的问题。常规的潜水员水下作业方法受潜水员潜水深度、工作时间、工作条件

等限制，技术上有一定的局限性。当前国内外水下检查方法大力推荐应用水下机器人，技术先进，工作可靠，可搭载高清摄像、多波束测深、侧扫声呐等设备，水下检测能力强，且具有一定的水下作业能力，工程应用效果好，将逐步成为主流的水下检查方式，在检测洪水期顶冲崩岸水下地形、抛石护岸位置、护岸堆石形态、水下障碍物和查找根石等方面，具有广阔的应用前景。

2.7.1　浅层剖面仪

浅地层剖面仪是一种基于水声学原理的连续走航式探测水下浅部地层结构和构造的地球物理方法，利用浅地层剖面仪可以有效获得海底以下的浅部地层结构和构造信息，进而分析出海底以下可能存在的灾害地质因素，如埋藏古河道、浅层气、浅部断层、软弱地层和浅部基岩等。

浅地层剖面仪由发射机、接收机、换能器、记录器、电源等组成（图 2-45）。浅地层剖面探测工作是通过换能器将控制信号转换为不同频率（100Hz～10kHz）的声波脉冲向海底发射，该声波在海水和沉积层传播过程中遇到声阻抗界面，经反射返回换能器转换为模拟或数字信号后记录下来，并输出为能够反映地层声学特征的浅地层声学记录剖面。声波在海底传播，遇到反射界面（界面两侧的介质性质存在差异）时发生反射，产生反射波的条件是界面两边介质的波阻抗不相等。换句话说，决定声波反射条件的因素为波阻抗差（反射系数 R_{pp}）。波阻抗为声波在介质中传播的速度 v 和介质密度 ρ 的乘积。在浅地层剖面调查中，近似认为声波是垂直入射的，反射系数 R_{pp} 的表达式为

$$R_{pp}=\frac{\rho_2 v_2-\rho_1 v_1}{\rho_2 v_2+\rho_1 v_1} \tag{2-47}$$

由式（2-47）可知：要得到强反射，必须有大的密度差和大的声速差，如相邻两层有一定的密度和声速差，其两层的相邻界面就会有较强的声强，在剖面仪终端显示器上会反映灰度较强的剖面界面线。当声波传播到界面上时，一部分声信号会通过，另一部分声信号则会反射回来；而且在每一个界面上都会发生此现象。应用到地学中，即声波波阻抗反射界面代表着不同地层的密度和声学差异而形成的地层反射界面。

海底沉积层中声波的吸收衰减是根据大量的取样在勘测船上或在实验室中测定的。沉积层中除了泥、砂、石灰石外，还夹杂着水，其构造是比较松散的，对于这种介质而言，其吸收衰减主要取决于声波传播过程中质点所引起的摩擦损耗，这种损耗与沉积物的孔隙度有关。

由不同物质组成的相同地质年代的岩层，由于彼此间存在着密度和速度的差异，会形成多个反射界面，而不同年代的岩层，也可能由于物质组成相同、密度差异不大而不存在明显的声学反射界面。因此，声学地层反射界面与地质界面或地层层面之间存在着不完全对应关系。但在大多数情况下，不同年代的岩层存在着不同的物理特征，声学反射特征也有差异，因而依据声学反射剖面划分的反射界面往往与地层界面是吻合的。这种反射界面一般能够代表不同地质时代、沉积环境与物质构成的真实地层界面。

在依据反射界面进行浅地层剖面实际解译过程中，应该首先与测区内地质钻探资料进行层位对比，并充分利用邻区资料和周边地质环境条件，结合记录中的沉积结构、层位标

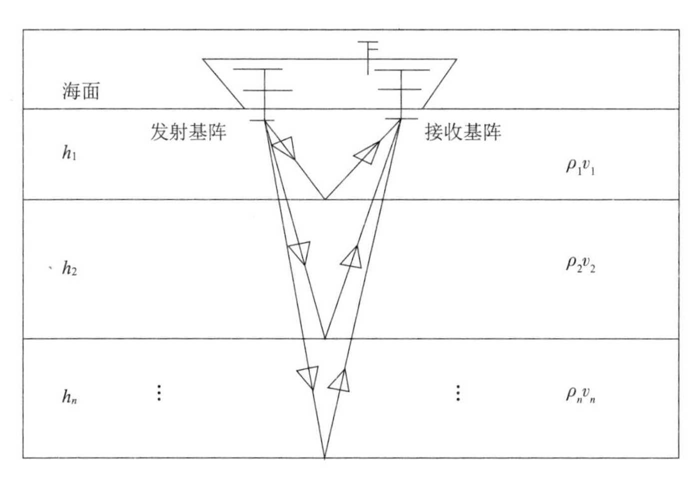

图 2-45　浅地层剖面的工作原理图

高、堆积、侵蚀、界面的整合、不整合接触、层理结构、相位变化等特征来分析研究声学记录中地层沉积特征以及其他地质信息。

2.7.2　侧扫声呐

2.7.2.1　工作原理

侧扫声呐是利用回声测深原理探测海底地貌和水下物体的设备。侧扫声呐有很多类型，根据发射频率的不同，可以分为高频、中频和低频侧扫声呐；根据发射信号形式的不同，可以分为CW脉冲和调频脉冲侧扫声呐；另外，还可以划分为舷挂式和拖曳式侧扫声呐，单频和双频侧扫声呐。

侧扫声呐换能器阵装在船壳内或拖曳体中，走航时向两侧下方发射扇形波束的声脉冲。波束平面垂直于航行方向，沿航线方向束宽很窄，开角一般小于2°，以保证有较高分辨率；垂直于航线方向的束宽较宽，开角为20°～60°，以保证一定的扫描宽度。由随船行进的拖鱼产生2束与船行进方向垂直的扇形声束，投射在海底的区域呈长条形，如图2-46所示，左侧为梯形 $ABCD$，可看出梯形的近换能器底边 AB 小于远换能器底边 CD。当声脉冲发出之后，声波以球面波方式向远方传播，声波碰到海底或礁石、沉船等物体就被反射回来，或者是受到海水密度、温度的影响而传播方向和速度发生改变，反射波或反向散射波沿原路线返回到换能器。距离近的回波先到达换能器，距离远的回波后到达换能器，一般情况下，正下方海底的回波先返回，倾斜方向的回波后到达。这样，发出一个很窄的脉冲之后，收到的回波是一个时间很长的脉冲串。硬的、粗糙的、突起的海底回波强，软的、平坦的、下凹的海底回波弱。被突起海底遮挡部分的海底没有回波，这一部分叫声影区。这样回波脉冲串各处的幅度就大小不一，回波幅度的高低就包含了海底起伏软硬的信息。一次发射可获得换能器两侧一窄条海底的信息，设备显示成一条线。在工作船向前航行时，设备按一定时间间隔进行发射/接收操作，设备将每次接收到的线数据显示出来，经处理器放大、处理和记录，就得到了二维海底地形地貌的声图。声图以不同颜色（伪彩色）或不同的黑白程度表示海底的特征，操作人员根据影区的长度可以估算目标的高度，进而了解海底的地形地貌。

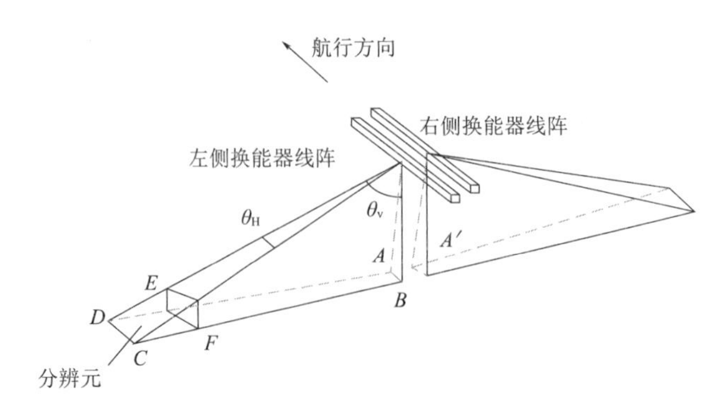

图 2-46　工作原理示意图

侧扫声呐的工作频率通常为几十千赫到几百千赫，侧扫声呐的工作频率基本上决定了最大作用距离，在相同的工作频率情况下，最大作用距离越远，其一次扫测覆盖的范围就越大，扫测的效率就越高。脉冲宽度直接影响了分辨率，一般来说，宽度越小，其距离分辨率越高。水平波束开角直接影响水平分辨率，垂直波束开角影响侧扫声呐的覆盖宽度，开角越大，覆盖范围就越大，在声呐正下方的盲区就越小。

侧扫声呐近程探测时仪器的分辨率很高，能发现 150m 远处直径 5cm 的电缆。进行快速大面积测量时，仪器使用微处理机对声速、斜距、拖曳体距海底高度等参数进行校正，得到无畸变的图像，拼接后可绘制出准确的海底地形图。从侧扫声呐的记录图像上，能判读出泥、沙、岩石等不同地质信息。

侧扫声呐主要用于探测水下地形和沉积物分布，进行水下工程设施、输油管道、海底电缆路由、进港航道等勘察。通过对声呐图像的判读，结合地质采样、水深勘查、浅地层剖面测量等手段，对勘测区域水下地质类型及分布、人工地物和不良地质现象进行分析和定性，为水利工程的设计和施工提供依据。

2.7.2.2　参数选取及计算

1. 扫描宽度与拖鱼距海底高度的关系

发射频率及换能器结构不同，波束的分布形状也不同。拖鱼沉放深度与扫描范围之间的关系是每次探测必须考虑的问题，既要保证拖鱼的安全，又要满足扫描对信号强度的要求。在深水区，拖鱼离海底的高度较大时，信号较弱，且不能充分利用扫描获得的信息，不利于记录质量的改善；如果拖鱼离海底较近，这时拖鱼的拖缆往往是拖鱼沉放深度的 2～4 倍，一旦船速突遇偶然事件而变慢，则拖鱼就有沉底损坏的危险。因此，选择合适的沉放深度（或离水底的高度）就显得非常重要。通常拖鱼距水底的高度是扫描宽度的 1/5～1/10，即侧扫声呐的扫描宽度是拖鱼高度的 5～10 倍。为了获取较有价值的信息，拖鱼的高度应尽量保持在扫描宽度的 1/10 处，整个探测过程中拖鱼高度应尽量保持一致。

2. 探测分辨率

在水声测量中，高频的分辨率高，衰减快，探测距离短；低频的分辨率差，衰减慢，探测距离较大。因此，确定探测目标的尺寸及对探测目标需要了解的详细程度，是选择侧扫声呐发射频率的依据，涉及侧扫声呐的分辨率概念。

（1）横向分辨率 R_t 指两个平行于测线的物体之间的最小距离，可在记录上清晰地显现出两个影像，它是海底某一个点在该处的波束宽度，即

$$R_t = \sin 1.2° S \tag{2-48}$$

式中：R_t 为横向分辨率；S 为物体离扫描 0 线的距离；sin1.2°为水平波束宽度的正弦。

（2）垂直分辨率或测程分辨率 R 指与测线垂直的两个物体的最小距离，可在记录纸上被清晰地记录下来，如记录图上有一个 1mm 的空间，该空间反映海底两个物体在海底的真实距离，即

$$R_r = \frac{\text{扫描范围}}{\text{记录纸宽度(mm)}} \tag{2-49}$$

从式（2－50）可以看到，测程的大小决定测程的分辨率，水平波束的宽度决定横向的分辨率。

3. 拖鱼位置的确定

航行过程中，拖鱼受海流及其他海况的影响，往往偏离测线，其偏离距是不可忽视的。为了获取拖鱼的准确位置，通常采用“超短基阵”声定位法：在调查船底部安装一个“超短基阵”换能器，它由 3 个换能器组成，在拖鱼上安装一个“声应答器”，声应答器定时发出声脉冲，该脉冲被“超短基阵”换能器接收，声脉冲到达 3 个换能器的相位有一定的差异，根据这个相位差、应答器与换能器之间声传输的时间，经过运算就能确定拖鱼与“超短基阵”换能器之间的距离和方向，从而精确地确定拖鱼与定位天线的位置。

另一种确定拖鱼与尾部方向的方法是在拖鱼上安装一个定位罗盘，罗盘的参数通过电缆传输到处理机，并被记录下来。

2.7.2.3 仪器设备

以 Klein 3000 型双频侧扫声呐系统为例，其主要由声呐换能器、传输电缆和船上的收发处理器 3 部分组成，其主要组成部件有：

（1）声呐换能器（Towfish）又叫“拖鱼”，配有航向、纵摇、横摇等传感器，通过传输电缆能实时在声呐主机上反映拖鱼姿态，当发现拖鱼姿态不好，如摇摆太大时，可通过收放电缆、调节船速来使拖鱼姿态平稳。

（2）声呐收发处理器（Transceiver and Pocessing Unit，TPU）是声呐的“心脏”。“拖鱼”所接收到的声信号通过 TPU 处理，成为可视化图像，便于操作者实时判读，记录特征物体；操作者对声呐扫测过程中出现的异常情况，通过调节时变增益（TVG）等参数，由 TPU 处理后发出指令，传输给“拖鱼”，以获得更佳质量的图像，从而方便日后的数据解译。

（3）声呐系统主机（Workstation Display and Control Unit，WDCU）是显示和控制中心，主机内装有声呐处理系统软件。通过集线器与 TPU 相连，对 TPU 传来的信号经过处理成为操作者可直接判读的图像和数据，同时记录传输过来的数据，供后续处理解译；对异常情况可实时发出指令如调节 TVG 参数等，以获取较好的声呐图像效果。

（4）拖曳同轴电缆，连接于 TPU 与拖鱼之间，主要有 3 个功效，一是支持直接拖曳拖鱼，其工作抗拉强度为 45kg；二是为拖鱼运行提供电力支持；三是使 TPU 与拖鱼之间实现信号的双向传输。

（5）配套设备包括定位用的全球定位系统（GPS），实时打印输出的打印机，以及实现高速数据传输的集线器。

2.7.2.4　方法优缺点

（1）集成化。目前，双频侧扫声呐大多通过100M集线器实现了主机、TPU处理器、打印机之间的相互连接。几者之间组成一个小型的局域网，大容量的声呐数据信息通过集线器传输在主机上实时显示为海底面状况图像。

（2）实时化。为了便于操作者的实时比对，对扫测过程中发现的可疑物体进行现场定位，保存成图片，同时记录下相应的位置信息。可以实时记录声学特征不明显的物体，通过现场勘察和底质采样等手段加以验证，为后续解译提供保障。提供了量测工具，可以实时对可疑物体的长宽高进行量测，确定可疑物体的大小。实时提供了声呐的航迹图以及某一频率下的扫测宽度，通过来回测线扫测宽度的叠加，可知道声呐是否对调查区实现了全覆盖，做出相应于水深变化的调整。大大提高了外业工作效率，促进了内业的成果处理。

（3）局限性。

1）声呐拖鱼由于要后拖一段距离，在测量时必须首先满足其安全水深，这就意味着在水深较浅时拖鱼必须尽量上浮，以避免拖鱼触底，此时扫测效果会较差，目前对于这种浅水区域的解决办法是在高潮时去进行扫测。

2）测量过程中，船转弯时声呐测量效果较差，一般情况下数据予以剔除，不参与镶嵌成图。在跑测线时往往要多跑一段距离，以拖鱼跑完测线作为测线完成的标准。

3）当GPS出现跳点的时候，此时若处于采集数据过程中，记录下来的文件将无法进行镶嵌，须重新补测，或者根据地物判读大概位置。

4）在进行声呐扫测时，声呐正下方会存在盲区，为达到全覆盖的目的，往往要加密测线。

2.7.3　多波束测深系统

多波束测深系统属于主动声呐系统，能够在相同时间内取得多个相邻窄波束。与单波束回声测深仪相比，多波束测深系统具有测量范围大、测量速度快、精度和效率高的优点，它把测深技术从点、线扩展到面，并进一步发展到立体测深和自动成图，特别适合进行大面积的水下地形探测。

2.7.3.1　工作原理

多波束测深系统，又称为多波束测深仪、多波束测深声呐等，多波束探测能获得一个条带覆盖区域内多个测量点的海底深度值，实现了从“点—线”测量到“线—面”测量的跨越。

多波束测深系统是利用安装于船底或拖体上的声基阵。向与航向垂直的海底发射超宽声波束，接收水底反向散射信号，经过模拟/数字信号处理，形成多个波束，同时获得几十个甚至上百个水底条带上采样点的水深数据，其测量条带覆盖范围为水深的2～10倍，与现场采集的导航定位及姿态数据相结合，绘制出高精度、高分辨率的数字成果图。

多波束测深系统的工作原理是利用发射换能器阵列向海底发射宽扇区覆盖的声波，利用接收换能器阵列对声波进行窄波束接收，通过发射、接收扇区指向的正交性形成对海底地形的照射脚印，对这些脚印进行恰当的处理，一次探测就能给出与航向垂直的垂面内上百个甚至更多的海底被测点的水深值，从而能够精确、快速地测出沿航线一定宽度内水下目标的大小、形状和高低变化，比较可靠地描绘出海底地形的三维特征。水深值通过声程表达式计算，即

$$R=C\frac{\Delta t}{2} \tag{2-50}$$

式中：C 为水中声速；Δt 为信号来回时程。

水平距离 R_x 与垂直距离 H 的计算公式为

$$\begin{cases} H=R\cos\theta \\ R_x=R\sin\theta \end{cases} \tag{2-51}$$

式中：H 为水底测量点与声呐之间的距离；R_x 为测量点与声呐之间的水平距离，θ 为发射波束的入射角。声波回波示意图如图 2-47 所示。

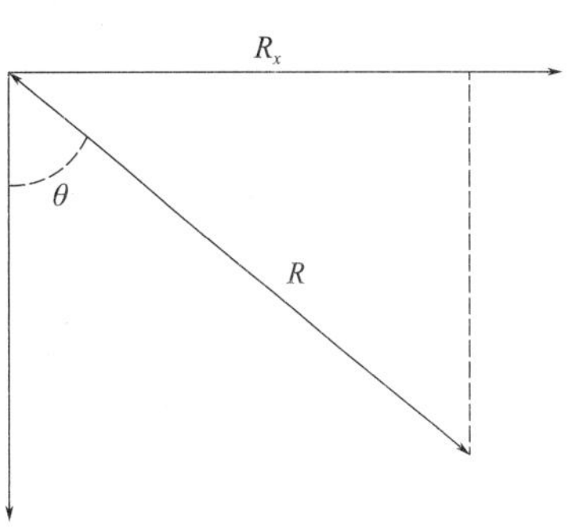

图 2-47　声波回波示意图

2.7.3.2　系统组成部分

典型多波束系统应包括以下部分：

（1）多波束发射接收换能器阵（声呐探头）和多波束信号控制处理电子系统。

（2）辅助设备：提供大地坐标的 DGPS 差分卫星定位系统，提供测量船横摇、纵摇、艏向、升沉等姿态数据的姿态传感器，提供所测海区潮位数据的验潮仪，提供所测海区声速剖面信息的声速剖面仪等。

（3）数据后处理软件（典型如 Hypack）及相关软件和数据显示、输出、储存设备。

多波束测深系统是水声技术、计算机技术、导航定位技术和数字化传感器技术等多种技术的高度集成。多波束测深系统一般由窄波束回声测深设备（换能器、测量船摇摆的传感装置、收发机等）和回声处理设备（计算机、数字磁带机、数字打印机、横向深度剖面显示器、实时等深线数字绘图仪、系统控制键盘等）两大部分组成。

测深系统的换能器基阵，由发射声信号的发射阵和接收海底反射回声信号的接收阵组成。发射器发出一个扇形波束，其面垂直于航迹，一般开角为 60°～150°，航迹方向的开角为 0.5°～5°。接收阵接收海底回波信号，经延时或相移后相加求和，形成几十个或者数百个相邻的波束。航迹方向的波束开角一般为 1°～3°，垂直于航迹的开角为 0.5°～3°。组合发射和接收波束可得到几十个或几百个窄的测深波束。换能器基阵可以直接装在船底或在双体船上拖曳。为了保证测量精度，必须消除船在航行时纵横摇摆的影响，一般采用姿态传感器进行姿态修正。

图 2-48 是 Elac 公司的某多波束测深系统现场测量及成像示意图。

2.7.4　水下机器人

2.7.4.1　分类

以有缆遥控水下机器人（Remotely Operated Vehicles，ROV）或自主水下机器人（Autonomous Underwater Vehicles，AUV）为代表的水下机器人（Unmanned Underwater Vehicle，UUV）是一种可在水下移动、具有感知系统、通过遥控或自主操作方式、使

图 2-48　Elac公司某多波束测深系统

用机械手或其他工具代替或辅助人去完成水下作业任务的机电一体化智能装置。

水下机器人的范畴很广，通常可在水下作业的机器都可称之为水下机器人。水下机器人在机器人学领域属于服务机器人类，它包括载人潜水器和无人遥控潜水器两种，其中无人遥控潜水器又分为ROV和AUV，而有缆遥控潜水器又分为水中自航式、拖曳式和爬行式三种。这几类水下机器人同样都会涉及到包括仿生、智能控制、水下目标探测与识别、水下导航（定位）、通信、能源系统等六大技术。

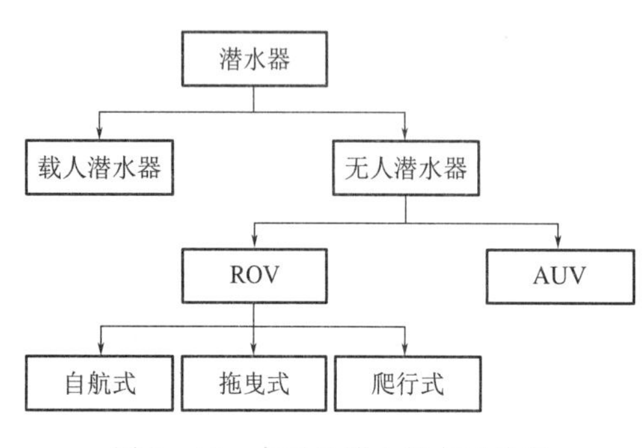

图 2-49　水下机器人的主要分类

载人潜水器是依据人的操作使机器人来完成水下任务，其优点是人工操作有利于处理紧急复杂事件，潜水员可直接观察水下环境，获得水下环境信息更加准确，但是由于水压、任务安全系数低等因素，载人潜水器在水下有一定的局限性。在水利水电工程水下检测中，最常见的是ROV和AUV两种类型。水下机器人的主要分类如图2-49所示。

ROV是一种带缆的无人潜水器，通过脐带缆传输水下机器人本体所需的动力，同时上传传感器信号，下传控制信号。工程人员可在母船上通过连接在脐带缆一端的控制平台来操纵ROV。ROV的数据传输能力比AUV要强，且动力充沛，续航能力强，安全性也大大提高，一些配备铠缆或脐带缆强度足够的ROV可以在本体出现故障失去动力时靠铠缆或脐带缆将ROV本体拉出水面，以免丢失。目前，带缆遥控水下机器人ROV应用较为普遍。

典型的ROV能够在三维水域运动，由水面提供能源，是一种可在水下移动、具有视觉和感知系统、通过遥控或自主操作方式、使用机械手或其他工具代替或辅助人去完成水下作业任务的装置。工作时，由水面上的工作人员，通过连接潜水器的脐带提供动力，操纵和控制潜水器，通过水下摄像机进行观察。

通过水下有缆机器人（ROV）作为运载体，可以集成高清摄像、图像声呐、多波束声呐、照明、激光测宽仪等检测设备，可对水下建筑物缺陷进行检测。ROV 选配工具包括高度计、机械手/采样器、钢刷/切刀、高清相机、视频增强器、超声波测厚仪等，选配声呐系统包括图像声呐、多波束声呐、声呐导航系统等，可以根据用户实际应用需求调整优化配置各模块化组件。

水下机器人 ROV 功能多样，分类方式有多种，按照大小分为微型、小型、中型和大型；按用途分为观察级水下机器人和工作级水下机器人；按照应用领域分为民用水下机器人和军用水下机器人。不同类型的水下机器人用于执行不同的任务。ROV 的重量在几公斤至几十吨之间，航速为 2～4kn。由于航速较低且配置设备较多，大多数 ROV 的结构为开放式框架结构。为了适应不同的工作环境，目前 ROV 类型包括水下浮游 ROV、水下爬行 ROV 和管道 ROV，如图 2-50 所示。

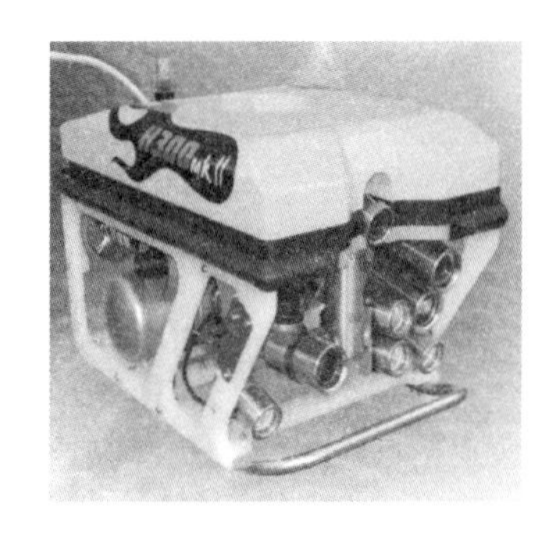
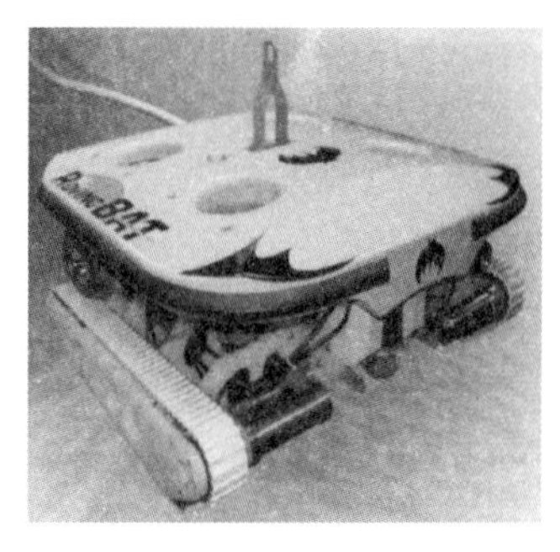
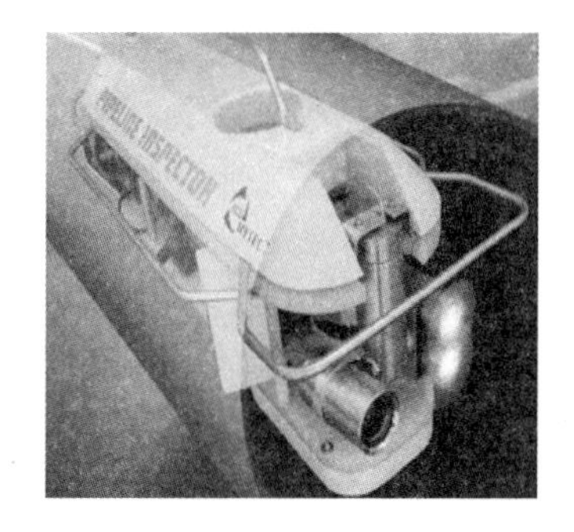

图 2-50　不同类型的 ROV

AUV 涉及流体力学、水声学、光学、通信、导航、自动控制、计算机科学、传感器技术、仿生学等众多领域的高新技术，成为当代科技最新成果的结晶。AUV 在水下通过各类传感器测量信号，经过机载 CPU 进行处理决策，独立完成各种操作，如进行水下机动航行、动力定位、信息采集、水下探测等。通常这种机器人依靠水声通信技术与岸基和船基进行联络，或者浮出水面，撑起无线电天线，与陆基和卫星进行通信。AUV 的能源完全依靠自身提供，往往自身携带可充电电池、燃料电池、闭式柴油机等。该类设备的优点是活动范围可以不受空间限制，并且没有脐带缆，不会发生脐带缆与水下结构物缠绕问题，但是水下的续航能力和负载能力受到自身能源的强烈制约，只能完成一些短程和轻载的工作，而自身的 CPU 处理能力又很大程度上限制了 AUV 所能从事工作的复杂程度。

2.7.4.2　应用范围

采用观测型 ROV 或 AUV 等智能搭载平台搭载高清摄像头、广角/微光摄像头、图像声呐、三维扫描声呐、超短基线信标、多功能机械手、采样仪器等设备，可以适用于以下方面的应用：

（1）水下探索/作业。水下工程验收、水底作业、潜水探险、打捞、切割、打磨、捕捉、游艇维护以及其他地理、环境、资源、排障探索/作业。

（2）搜救作业。海上救助打捞、近海抢险搜索、水下目标观察、水下洞穴搜救等。

（3）水下检测。水下地形测量、地质调查、水下水工结构异常检查、水域测量、水深测量、水下渗漏区检测、管道及线缆检查、水下障碍物扫测、库底及河道淤积检查等。

（4）科研事业。海洋考察、水下生物观测、水质监测、水环境监测以及水下考古。

（5）渔业养殖。水质、温度、盐度、pH 值、溶解氧以及鱼类、贝类、海参等监测，网箱检查、人工鱼礁等。

（6）娱乐项目。拍摄水下影像，体验潜水服务。

2.7.4.3 工作特点

水下机器人 ROV 可在高度危险环境、被污染环境以及零可见度的水域代替人工在水下长时间作业，水下机器人上一般配备声呐系统、摄像机、照明灯和机械臂等装置，能提供实时视频、声呐图像，机械臂能抓起重物，水下机器人在石油开发、海事执法取证、科学研究和军事等领域已得到广泛应用。

但是，水下机器人 ROV 不适宜在流速过快、垃圾杂物多、水下结构复杂等环境中实施检测。由于水下机器人运行的环境复杂，水声信号的噪声大，而各种水声传感器普遍存在精度较差、跳变频繁等缺点，因此在水下机器人运动控制系统中，滤波技术显得极为重要。

与载人潜水器相比较，AUV 具有安全（无人）、结构简单、重量轻、尺寸小、造价低等优点。而与 ROV 相比，它具有活动范围大、潜水深度深、不怕电缆缠绕、可进入复杂结构中、不需要庞大水面支持、占用甲板面积小和成本低等优点。AUV 代表了未来水下机器人技术的发展方向，是当前世界各国研究工作的热点。

2.7.4.4 水下检测

相对于潜水员作为水下载体，水下机器人检测具有灵活性强、作业时间长、作业深度广、作业半径大等诸多优点。采用观测型 ROV 或 AUV 等智能搭载平台搭载高清摄像头、广角/微光摄像头、图像声呐、三维扫描声呐、超短基线信标、多功能机械手、采样仪器等设备，可以在低能见度、浑浊水体环境中对水下构筑物外轮廓、结构破损、水库淤积等进行检测，也可对重点部位近距离“驻足”观测和高精度测量，实现水下精细扫描检测。随着水下机器人负载能力和本体稳定性的增强，操作结构更加灵活，水下机器人不但具备水下检测的功能，还将越来越多搭载各种机械手和水下工具，进行水下修复工作，进一步增强水利水电工程的运维水平。

水下电视摄像系统、水下数字摄像系统是目前获取在水下环境清晰图像的常用方法；配置水下数字摄像系统有助于障碍物性质的判断，提高扫测能力，但由于受水的透明度、照明情况等因素的局限，水下立体摄影测量方法效率较低，困难较大。

将多波束、高精度测深侧扫声呐等设备安装在潜航器上，具有结构紧凑、操作灵活、功能强大等特点，可以直观检查水库大坝等水下结构状况，既可以检测建筑物水下细部结构，实现对水下的高精度测量，也可以用于水下地形地貌调查，这是目前技术较为先进的水下检查方法。

采用水下潜水器进行水下地形测量工作同用水面船只测量的手段和方法大体一致。随着水下潜水器技术的不断成熟，以 ROV 或 AUV 为代表的智能搭载平台代替潜水员是未来的发展趋势。

2.7.5 光学成像技术

2.7.5.1 水下目视检测技术

水下目视检测以视觉获取地下信息，具有直观性、真实性等优点，常见形式是将通常的成像系统进行密封处理后在水下使用。例如水下摄像机、水下监控设备、智能钻孔电视等，它们通常采用白光光源照明，一般由摄像主体和控制器组成，可以控制摄像系统的方向和聚焦等参数。这些简单的水下成像设备在较清澈且范围不大的水体中，可以获得质量较好的图像和动态影像。

2.7.5.2 水下激光成像技术

激光器由于具有良好的单色性和方向性，适用于水下成像，特别是在较为浑浊的水体中。目前较为成熟的有同步扫描成像技术、距离选通成像技术、条纹管三维成像技术以及偏振成像技术。

(1) 同步扫描成像技术。在激光扫描水下成像系统中，光学传感器与激光器被分开放置。激光器可以是连续激光器，经过光学系统被处理成为线光源，同时接收器前架设狭缝系统。此时，被激光照射的视场和光学传感器采集的视场只有很小的重叠部分，从而减小探测器所接收到的散射光。利用同步扫描技术，探测逐个像素点来重建图像。因此，这种技术主要依靠高灵敏度探测器在窄小的视场内跟踪和接收目标信息，从而大大降低了后向散射光对成像的影响，进而提高了系统信噪比和作用距离。

(2) 距离选通成像技术。当该系统中使用脉冲激光器，非常短的激光脉冲照射物体，光学传感器快门打开的时间相对于照射物体的激光发射时间有一定的延迟，并且快门打开的时间很短。在这段时间内，传感器只接收从物体返回的光束，而大部分后向散射光比信号光到达传感器时间早，快门尚未开启，因而不被接收到，其分辨率、信噪比、拍摄距离都得到很大程度的改善。

(3) 条纹管三维成像技术。该系统原理为发射器发射一个偏离轴线的扇形光束，然后成像在条纹管的狭缝光电阴极上。用平行板电极对从光电阴极逸出的光电子进行加速、聚焦和偏转。同时垂直于扇形光束方向有一个扫描电压能够实时控制光束偏转，这样就能得到每个激光脉冲的距离和方位图像。系统采用脉冲激光器，使用CCD等光学传感器对这些距离和方位图像进行数字存储，使系统的脉冲重复频率与平台的前进速度同步，以压式路刷方式扫过扫描路线。这种成像结构中，每个激光脉冲在整个扇形光束产生一个图像，用来提供更大的幅宽。控制脉冲频率和传感器记录速度。

(4) 偏振成像技术。偏振成像技术是利用物体的反射光和后向散射光的偏振特性的不同来改善成像的分辨率。如果在水下用偏振光源照明，则大部分后向散射光也将是偏振的，这就可以采用适当取向的检偏器对后向散射光加以抑制，从而可使图像对比度增强。根据散射理论，物体反射光的退偏度大于水中粒子散射光的退偏度。如果激光器发出水平偏振光，当探测器前面的线偏振器为水平偏振方向时，物体反射光能量和散射光能量大约相等，对比度最小，图像模糊；当线偏振器的偏振方向与光源的偏振方向垂直时，则接收到的物体反射光能量远大于光源的散射光能量，因此对比度最大，图像最清晰。

2.7.5.3 水下微光成像技术

微光成像是指自然环境照度<0.1lx时的光学成像技术。在水质较差的水体中，水下能见度处于非常低的水平，水中能见度为空气的千分之一左右。水体混浊使得光在水中产生较强的散射效应和吸收效应，光波在水中被浑水吸收，图像信号衰减快，恰好适合微光成像技术。

微光成像技术，习惯上被理解为真空光电子成像技术的总称，它以光子—光电子为景物图像的信息载体，基于器件的外光电效应、电子倍增和电光转换等原理，对夜晚微弱光或其他非可见光照明下的景物进行图像摄取、转换和增强，最后显示为人眼可见的图像。

2.7.5.4 红外成像技术

红外成像技术是利用微波和可见光之间频段的电磁波对目的物进行检测和成像的技术。红外成像技术基于红外辐射原理，以红外光子、光生载流子（电子和空穴）为景物图像信息载体，通过扫描、记录或观察建筑物表面由于缺陷或内部结构不连续所引起的热量向深层传递的差别而导致表面温度场发生变化，从而实现检测结构表面及内部缺陷或分析内部结构。红外热像仪是被动接受目标自身的红外热辐射，与气候条件无关，无论白天黑夜均可以正常工作。

红外成像仪的成像原理和结构与数码照相机基本相同；不同点在于数码照相机工作波段在可见光，红外成像仪的工作波段在红外线波段，因而两类仪器所采用的感光材料不同。红外成像仪在试验室内近距离可检测到小于0.01℃的物体温差。特别是在夜间，当可见光成像不能实现时，红外成像技术可以发挥其独特的优点，获得清晰的图像。

近年来，红外成像技术逐渐应用于大坝、建筑物等基建设施的渗漏、空鼓、缝隙问题。将红外成像仪应用于涵管、暗渠渗漏检测时，可以在远距离检测到涵管、暗渠渗漏，具有独特的优越性。当出现渗水时，渗漏水的温度低于环境温度，因此，红外成像仪很容易发现和定位渗漏区域，并形成图像保存，采用这种新技术可以极大地提高查漏速度。

第 3 章　土石坝渗漏检测及应用

3.1　水库大坝渗漏检测实例一

3.1.1　工程概况

某水库最大库容 2574 万 m^3，正常库容 2200 万 m^3，为中型水库，二等工程。水库枢纽由大坝、溢洪道、输水工程、防汛道路、管理站等部分组成。该大坝为沥青混凝土心墙土石坝，坝顶高程 51.00m，坝顶长 395m。坝基在心墙底部采用垂直防渗，即在心墙以下采用地下混凝土连续墙，连续墙底下采用帷幕灌浆。坝体防渗结构从下至上依次为厚 1.0m 的 C20 混凝土地下连续墙、沥青混凝土心墙，沥青混凝土心墙是整个大坝的防渗核心，沥青混凝土心墙厚 0.5～0.8m，其两侧（上、下游）过渡料（粒径为 30～150mm，含有少量细砂的碎石）宽均为 3m。上、下游坝体填筑料均采用石渣料（含泥量小于 5%）。

水库于 2007 年 3 月 23 日下闸蓄水，至 2008 年 6 月 28 日水库水位达到正常蓄水位 46.82m，溢洪道开始溢洪。2007 年 12 月开始，水库水位至 34.00m，水库下游量水堰测量值达 20L/s，趋势开始增大，2008 年 6 月 6 日渗流量达 59L/s，量水堰开始无测值，至 8 月 21 日修改为梯形堰板后，测值已达 151.99L/s。至 10 月 13 日，渗流量已达 180～200L/s。12 月 26 日，当库水位下降至 46.67m 时，渗流量反而增加到 236L/s。为了查明大坝渗漏通道，采用综合物探法对大坝进行全面渗漏检测。

3.1.2　现场检测

根据现场情况，采用大地电导率仪、瞬变电磁仪、探地雷达和可控源音频大地电磁法等物探仪器对水库大坝右岸、左岸、坝体及坝基进行了渗漏通道综合物探检测，共布置测线 17 条，如图 3-1 所示。在检测过程中，根据需要，又增加了 9 条测线。新增测线具体位置在检测结果分析中详述。

各条测线位置及检测目的如下：

（1）测线 1。零点在坝轴线桩号 0＋396.00，顺流方向，沿上坝公路，远离山体侧，长度 200m，检测坝右岸山体是否存在渗漏通道出水口。

（2）测线 2。零点在坝轴线桩号 0＋418.00，逆流方向，沿水库右岸公路，长度 280m，检测坝右岸山体是否存在渗漏通道入水口。

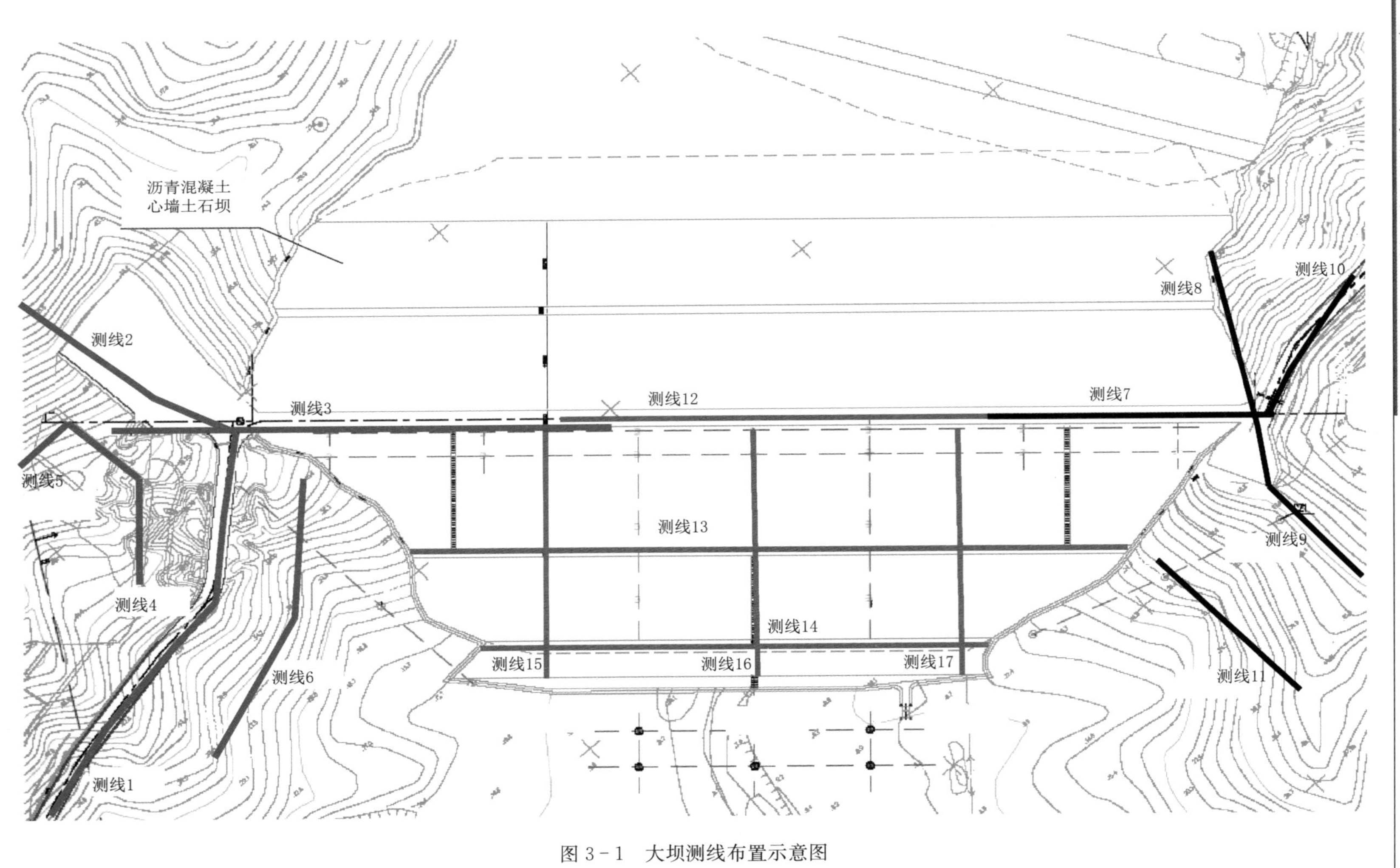

图3-1 大坝测线布置示意图

（3）测线3。起点在坝轴线桩号0+300.00，距坝轴线下游2m处，平行于坝轴线，到右岸山体处，长度100m，检测大坝坝体下游过渡料是否存在渗漏通道。

（4）测线4。零点在右岸山体第二平台上游端水泥路面开始处，顺流方向，沿平台向下游检测，长度90m，检测坝右岸山体内是否存在渗漏通道。

（5）测线5。起点在右岸山体第三平台下游端，在山顶，沿东西方向布置电极，共布置3个排列，检测坝右岸山体内是否存在渗漏通道。

（6）测线6。起点在马道桩号0+302.00处，检测从马道向右岸山坡小路进行，长度135m，检测坝右岸山体是否存在渗漏通道。

（7）测线7。起点在坝轴线桩号0+000.00，距坝轴线下游2m处，平行于坝轴线，从左坝肩到坝体桩号0+100.00，长度100m，检测大坝坝体下游过渡料是否存在渗漏通道。

（8）测线8。零点在坝轴线桩号0+000.00处，逆流方向，沿水库左岸防汛公路，长度200m，检测坝左岸山体是否存在渗漏通道入水口。

（9）测线9。零点在坝轴线桩号0+000.00，顺流方向，绕左岸山体检测，长度100m，检测坝左岸山体是否存在渗漏通道出水口。

（10）测线10。起点在左岸山体平台下游端，在山顶，沿南北方向布置电极，共布置3个排列，检测坝左岸山体内是否存在渗漏通道。

（11）测线11。起点在马道桩号0+059.00处，检测从马道向左岸山坡小路进行，长度82m，检测坝左岸山体是否存在渗漏通道。

（12）测线12。起点在坝轴线桩号0+100.00，距坝轴线下游2m处，平行于坝轴线，至桩号0+300.00处，长度200m，检测大坝坝体下游过渡料是否存在渗漏通道。

（13）测线13。在下游坡马道上，起点桩号0+056.00，至桩号0+316.00，长度260m，检测大坝坝体及坝基是否存在渗漏通道。

（14）测线14。在下游坡压重平台上，起点桩号0+102.00，至桩号0+302.00，长度200m，检测大坝坝体及坝基是否存在渗漏通道。

（15）测线15。起点桩号0+300.00，下游坡面从坝脚到坝顶，检测大坝坝体浸润线。

（16）测线16。起点桩号0+200.00，下游坡面从坝脚到坝顶，检测大坝坝体浸润线。

（17）测线17。起点桩号0+100.00，下游坡面从坝脚到坝顶，检测大坝坝体浸润线。

3.1.3 检测结果

3.1.3.1 大坝右岸渗漏检测结果

大坝右岸渗漏可能存在两种情况：①库水通过右岸山体的地质构造渗漏到下游坝体；②库水经过坝肩渗漏到下游坝体。为此，在坝顶布置了3条测线、在右岸山坡布置了2条测线、马道延长线布置1条测线。测线1从坝轴线桩号0+396.00开始，顺流方向，沿上坝公路，检测坝右岸山体是否存在渗漏通道出水口；测线2从坝轴线桩号0+418.00开始，逆流方向，沿水库右岸公路，检测坝右岸山体是否存在渗漏通道入水口。测线3从坝轴线桩号0+300开始，距坝轴线下游2m处，平行于坝轴线，到右岸山体处，检测大坝坝体下游过渡料是否存在渗漏通道。测线4从右岸山体第二平台上游端水泥路面开始，顺流方向，沿平台向下游检测，检测坝右岸山体内是否存在渗漏通道；测线5从右岸山体第三平台下游端，沿东西方向布置电极，共布置3个排列。检测坝右岸山体内是否存在渗漏通道；测线6从马道桩号0+302.00开始，向右岸山坡小路进行，检测坝右岸山体是否存在渗漏通道。

图3-2(a)表示EM34-3型大地电导率仪在测线1的检测结果。由于山上树有8个巨大的金属标语牌，相对距离15～95m，7.5m、15m、30m、60m四条测深曲线受其影响，数值偏大，尤以7.5m测深曲线受影响最大。去除上述影响外，相对距离15～205m四条曲线均较平稳，表明山体不存在地质构造。相对距离0～15m范围内，四条曲线波动较大，并有三条曲线出现负值，表明该区域存在地质构造。

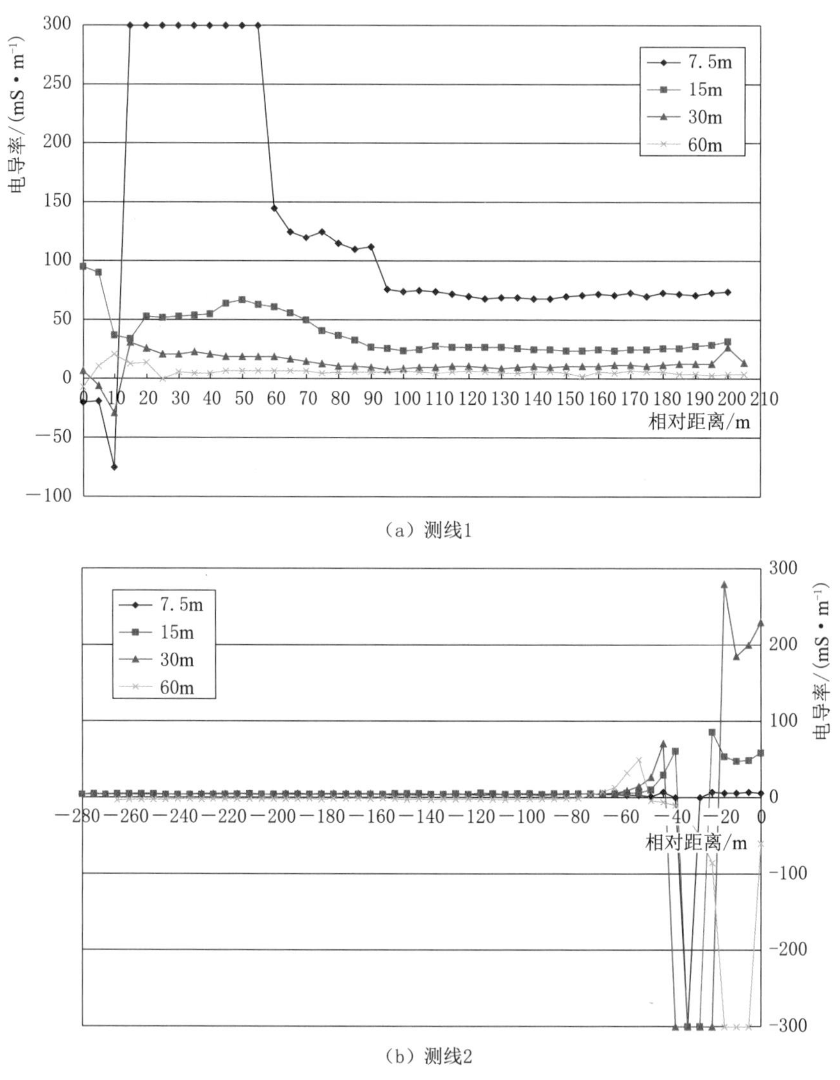

图3-2 EM34-3型大地电导率仪在测线1、测线2的检测结果

图3-3表示GDP-32Ⅱ型瞬变电磁仪在测线1的检测结果。图3-3中显示相对距离2～38m范围内存在一个低阻区，表明该区域存在地质构造，此探测结果与图3-2相符合。相对距离130～155m范围内存在一个高阻区，表明该区域山体完整。相对距离175～

195m 范围内存在一个低阻区，表明该区域存在细颗粒土层或一个地质构造，但该地质构造远离坝体，不会对大坝渗漏产生影响。

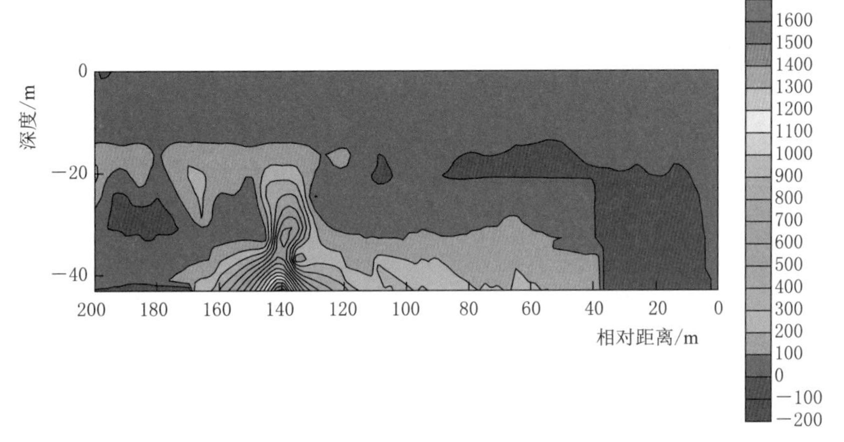

图 3-3 GDP-32Ⅱ 型瞬变电磁仪在测线 1 的检测结果

图 3-2（b）表示 EM34-3 型大地电导率仪在测线 2 的检测结果。由于管理房内有一变电室，7.5m、15m、30m、60m 四条测深曲线均会受一定影响。相对距离－280～－60m 范围内，在水库边的土路上，四条曲线均较平稳，表明山体不存在地质构造。相对距离－60～0m范围内，四条曲线波动较大，并出现负值，表明该区域存在地质构造。30m 深曲线显示该地质构造范围为－60～0m。由于该地质构造在坝轴线上游，可能对大坝渗漏产生影响。

图 3-4 表示 GDP-32Ⅱ 型瞬变电磁仪在测线 2 的检测结果。图 3-4 中显示相对距离－85～－135m 范围内，深度 40m 以下，存在一个低阻区，表明该区域存在地质构造。由于该地质构造离大坝较远，不会对大坝渗漏产生影响。

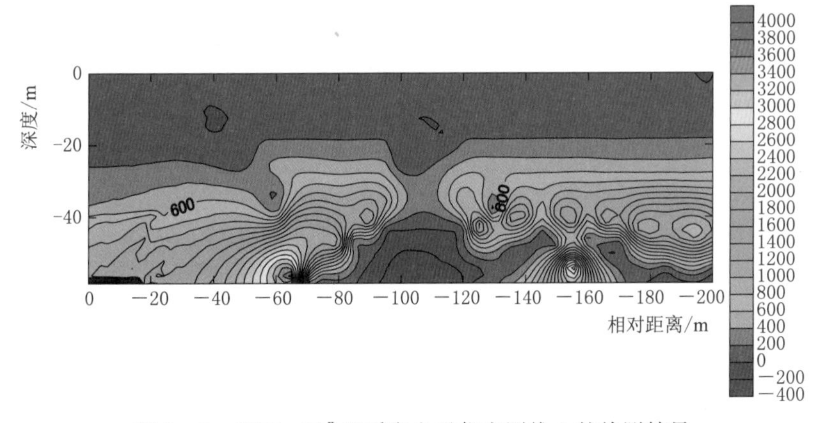

图 3-4 GDP-32Ⅱ 型瞬变电磁仪在测线 2 的检测结果

图 3-5 显示了探地雷达在测线 2 的检测结果。由图 3-5 可以看出，在相对距离－108～－122m，深度 0～5m 红虚线圈示范围内，存在连续同相反射信号，表明该处存在地层不连续。在相对距离－166～－182m，深度 0～8m 红虚线圈示范围内，存在连续同

相反射信号，表明该处存在地层不连续。经现场查看，这两处均为两个山体连接处，在修筑公路时，基础存在许多大滚石。深部未见地质异常，与图 3-2（b）所示 EM34-3 型大地电导率仪检测结果相符合。

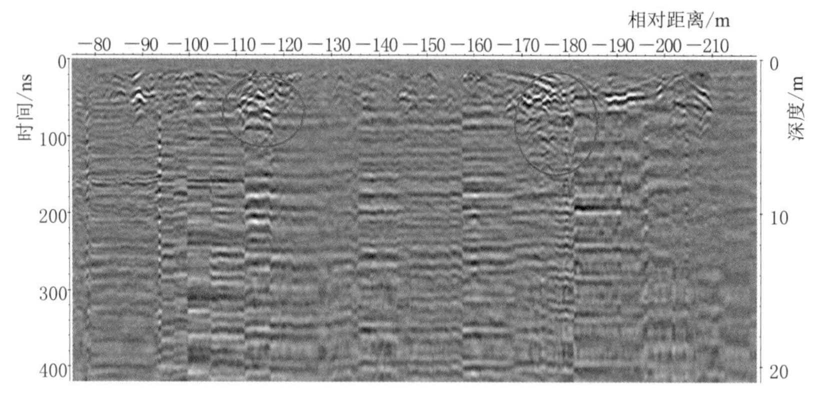

图 3-5 探地雷达在测线 2 的检测结果

图 3-6（a）表示 EM34-3 型大地电导率仪在坝顶测线 3 的检测结果。由于受坝顶电缆沟和钢筋混凝土防浪墙的影响，桩号 0＋300.00～0＋390.00 范围内，7.5m、15m、30m 三条测深曲线数值偏大，但是比较平稳，表明坝体内不存在渗漏通道。桩号 0＋390.00～0＋400.00 范围内，15m 测深曲线和 30m 测深曲线均出现明显下降趋势，30m 测深曲线出现负值，表明该区域存在地质构造。

图 3-6（b）表示 EM34-3 型大地电导率仪在右岸山体第二平台测线 4 的检测结果。15m、30m、60m 三条测深曲线测值大部分在 4～6mS/m 之间，只有个别点超出此范围，但不大于 9mS/m，不小于 1.5mS/m，表明右岸山体在该区域内不存在地质构造。

图 3-7 表示可控源音频大地电磁法（CSAMT）在右岸山体山顶测线 5 的检测结果。由断面图可知，电阻率在水平方向上呈不连续分布。在相对距离 48m 左右出现了 V 形低电阻率区，一直向深部延伸。低阻区延伸的中心部位位于相对距离 65m 处。

由图 3-7 可见，地质剖面两侧电阻率分布不连续。如地质剖面左端，50m 深度处电阻率为 400Ω·m，而右端为 300Ω·m。由此推断，本剖面有构造通过，其中心位置位于相对距离 65m 处，但该地质构造远离坝体，不会对坝体渗漏产生影响。

图 3-8 表示 EM34-3 型大地电导率仪在测线 6 的检测结果。起点在马道桩号 0＋302.00 处，检测从马道向右岸山坡小路进行。相对距离 45～135m 范围内，7.5m、15m、30m、60m 四条测深曲线数值在 7～3mS/m 之间，比较平稳，表明该区域内不存在地质构造。相对距离 0～45m 范围内，四条曲线波动较大，并出现负值，表明该区域存在地质构造。

由于测线 1、测线 2、测线 3、测线 6 均有较大波动并出现负值，表明该处存在地质构造，且该地质构造穿过坝体所在位置，存在渗流通道的可能性。为了查清该地质构造的位置、宽度、走向，除合同规定的测线以外，又增加了 6 条补充测线，这些测线的名称和位置如图 3-9 及图 3-10 所示。

各条测线位置及检测目的如下：

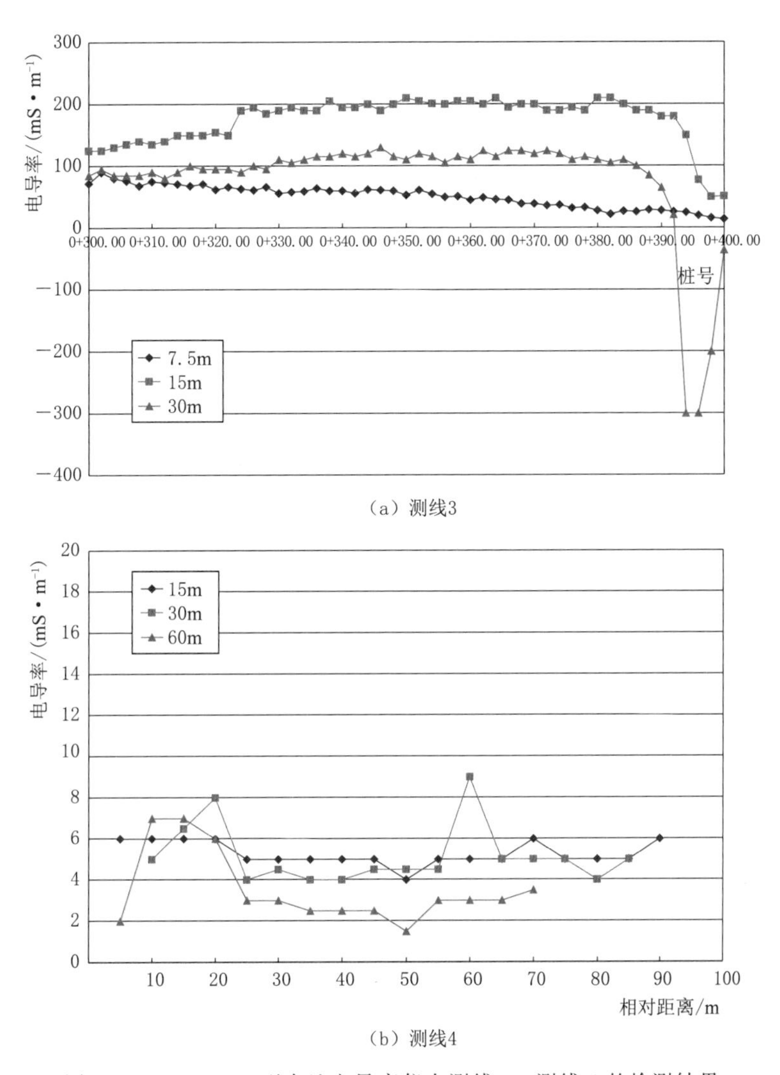

图 3-6　EM34-3 型大地电导率仪在测线 3、测线 4 的检测结果

(1) 补充测线 1。为了查清测线 1 和测线 2 所示地质构造，增加此测线。零点在坝轴线桩号 0+418.00，分别向顺流和逆流方向延伸各 50m。

(2) 补充测线 2。起点在坝顶桩号 0+300.00 处，测线靠近坝顶下游面防护墩，长度 150m。

(3) 补充测线 3。右岸山坡从上向下第一条小路，起点在坝顶桩号 0+312.00 处，长度 88m。

(4) 补充测线 4。右岸山坡从上向下第二条小路，起点在坝顶桩号 0+306.00 处，长度 94m。

(5) 补充测线 5。马道延长线，起点在坝顶桩号 0+306.00 处，长度 100m。

(6) 补充测线 6。压重平台延长线，起点在坝顶桩号 0+282.00 处，长度 64m。

图 3-11 (a) 表示 EM34-3 型大地电导率仪在右岸坝顶平台和上坝公路补充测

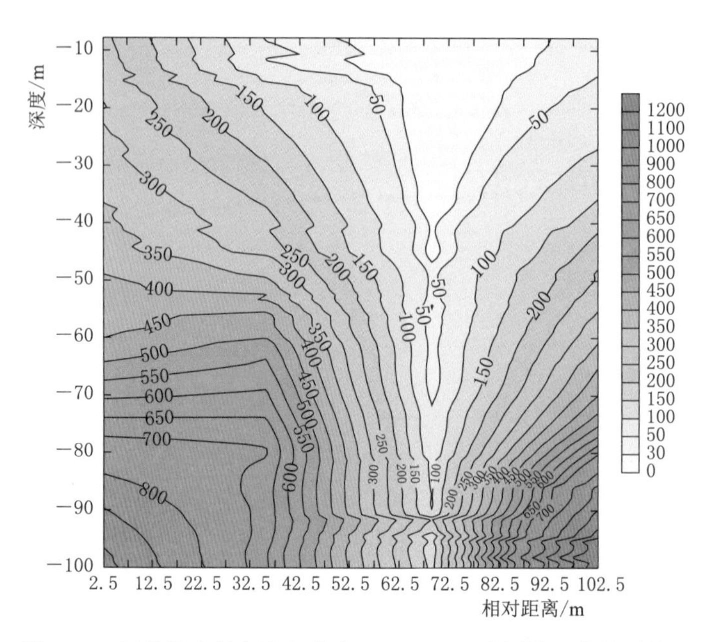

图3-7　可控源音频大地电磁法（CSAMT）在测线5的检测结果

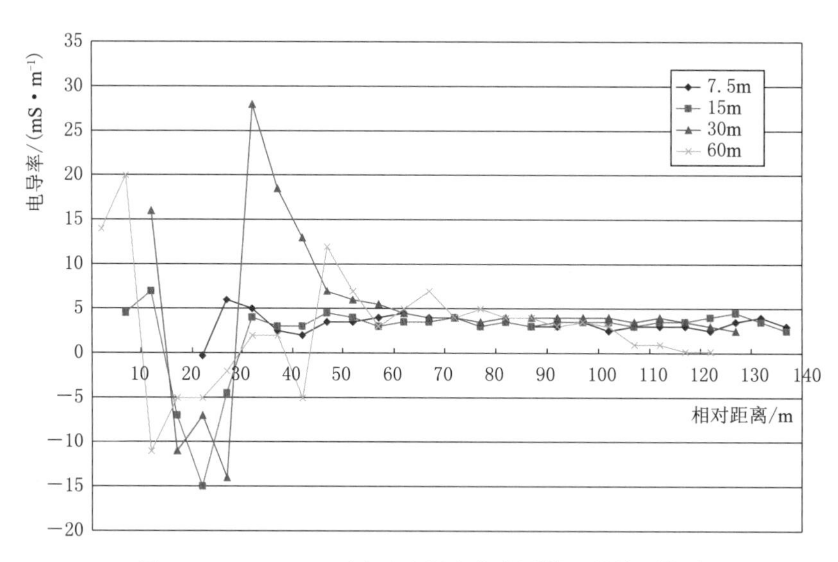

图3-8　EM34-3型大地电导率仪在测线6的检测结果

线1的检测结果。图3-11（a）中显示该处存在两个地质构造，30m测深曲线显示第一个在测距4～20m范围，方向指向坝体，此地质构造可能对坝体渗漏产生影响；第二个在测距-18～-40m范围，方向背向坝体，此地质构造不会对坝体渗漏产生影响。

图3-11（b）表示EM34-3型大地电导率仪在靠近坝顶下游面防护墩补充测线2的检测结果。图3-11（b）中显示该处存在1个地质构造，30m测深曲线显示桩号0+388.00～0+408.00范围，此地质构造可能对坝体渗漏产生影响。

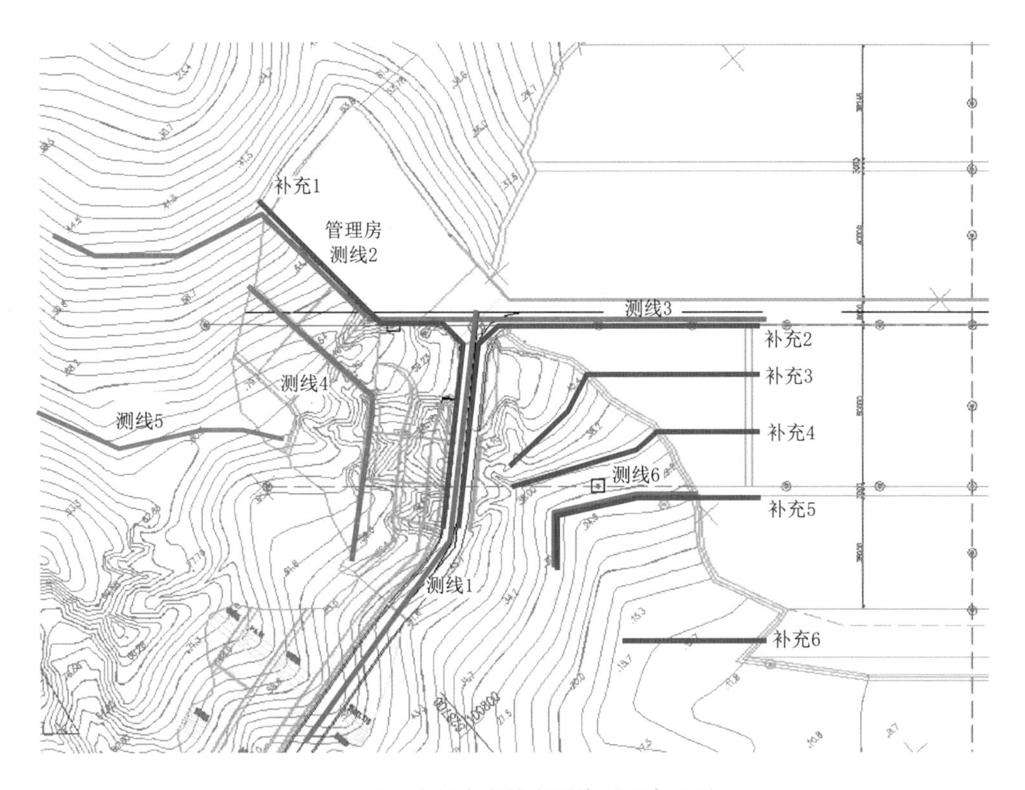

图 3-9 大坝右岸补充测线平面布置图

图 3-10 大坝右岸补充测线布置示意图

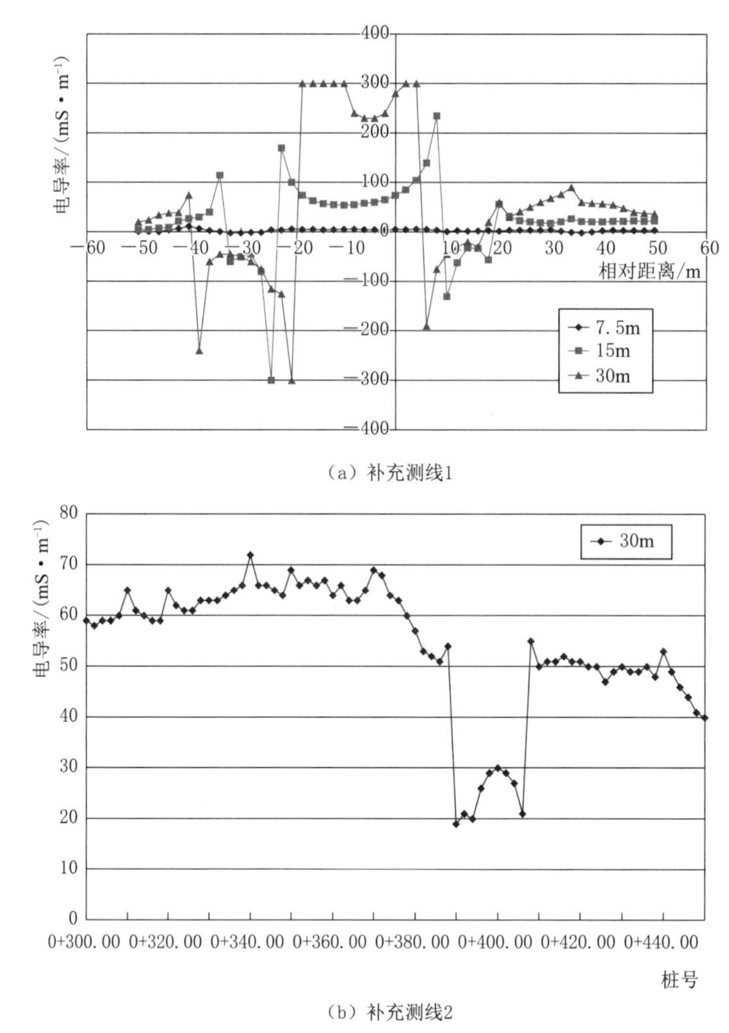

(a) 补充测线1

(b) 补充测线2

图3-11　EM34-3型大地电导率仪在坝顶补充测线1、补充测线2的检测结果

图3-12（a）表示EM34-3型大地电导率仪在右岸山坡从上向下第一条小路补充测线3的检测结果。图3-12（a）中显示该处存在1个地质构造，30m测深曲线显示桩号0+354.00～0+376.00范围，此地质构造可能对坝体渗漏产生影响。

图3-12（b）表示EM34-3型大地电导率仪在右岸山坡从上向下第二条小路补充测线4的检测结果。图3-12（b）中显示该处存在1个地质构造，30m测深曲线显示桩号0+326.00～0+348.00范围，此地质构造可能对坝体渗漏产生影响。

图3-13（a）表示EM34-3型大地电导率仪在马道延长线补充测线5的检测结果。图3-13（a）中显示该处存在1个地质构造，30m测深曲线显示桩号0+316.00～0+338.00范围，此地质构造可能对坝体渗漏产生影响。

图3-13（b）表示EM34-3型大地电导率仪在马道延长线补充测线6的检测结果。图3-13（b）中显示该处存在1个地质构造，30m测深曲线显示桩号0+302.00～0+324.00范围，此地质构造可能对坝体渗漏产生影响。

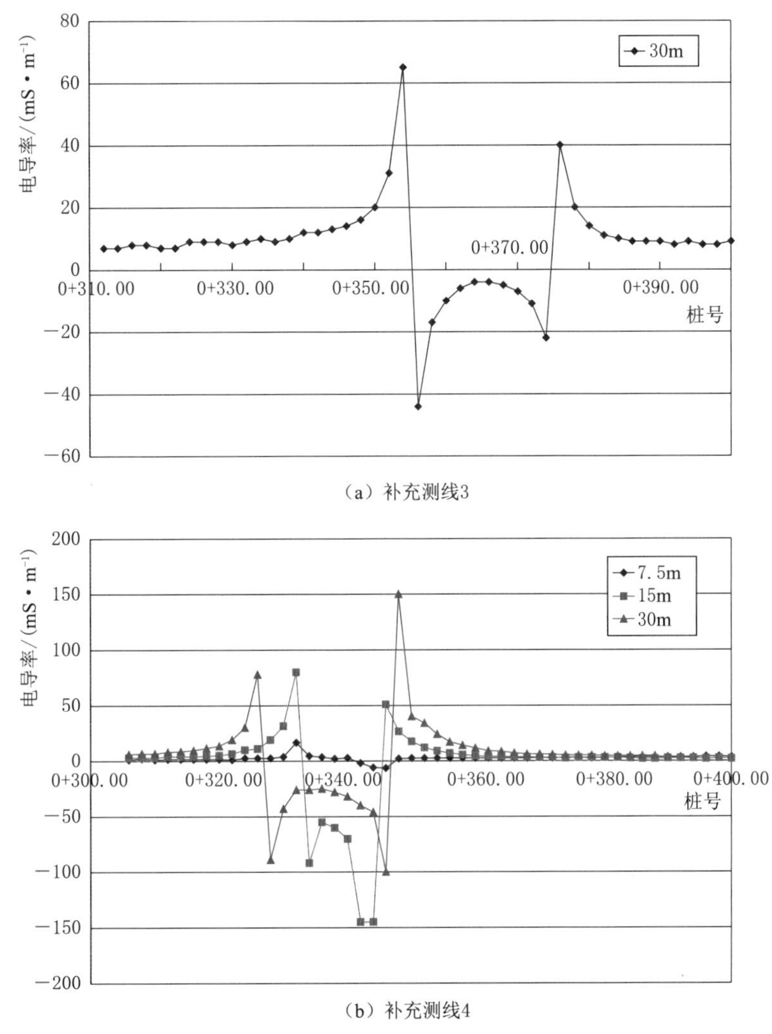

（a）补充测线3

（b）补充测线4

图 3-12　EM34-3 型大地电导率仪在补充测线 3、补充测线 4 的检测结果

将补充测线 1～6 及测线 6 所示地质构造所在位置线段绘于大坝纵剖面图上，得到图 3-14，绘出这些地质构造线段的包络线（黑色虚线所示），可以看出在此包络线范围内存在一个复杂的地质构造，其方向由右岸管理房地坪走向坝体内部。

通常地质断裂带呈直线状。假设该地质构造是直线形状，并将其投影在坝轴线的纵剖面图上，于是得到图 3-15。如图 3-15 所示，该地质构造宽度为 17m，与坝顶相交于桩号 0+364.00～0+408.00，与坝基相交于桩号 0+270.00～0+310.00，与灌浆帷幕底线相交于桩号 0+173.00～0+213.00。将该地质构造判定为断裂带，该断裂带命名为 F01。

地质构造 F01 结构十分复杂，内部可能包括断裂带、岩石裂隙、局部破碎带等地质构造。其中包含了工程地质勘察时发现的位于右岸的 f4 断裂带。f4 断裂带中的一段位于桩号 0+270.00，在压重平台下高程 9.40 处。

为了验证地质构造 F01 的存在，采用可控源音频大地电磁法在马道延长线测线 6 上进行检测，检测结果如图 3-16 所示。由此断面图可知，电阻率分布的左半部分呈高阻区，右半

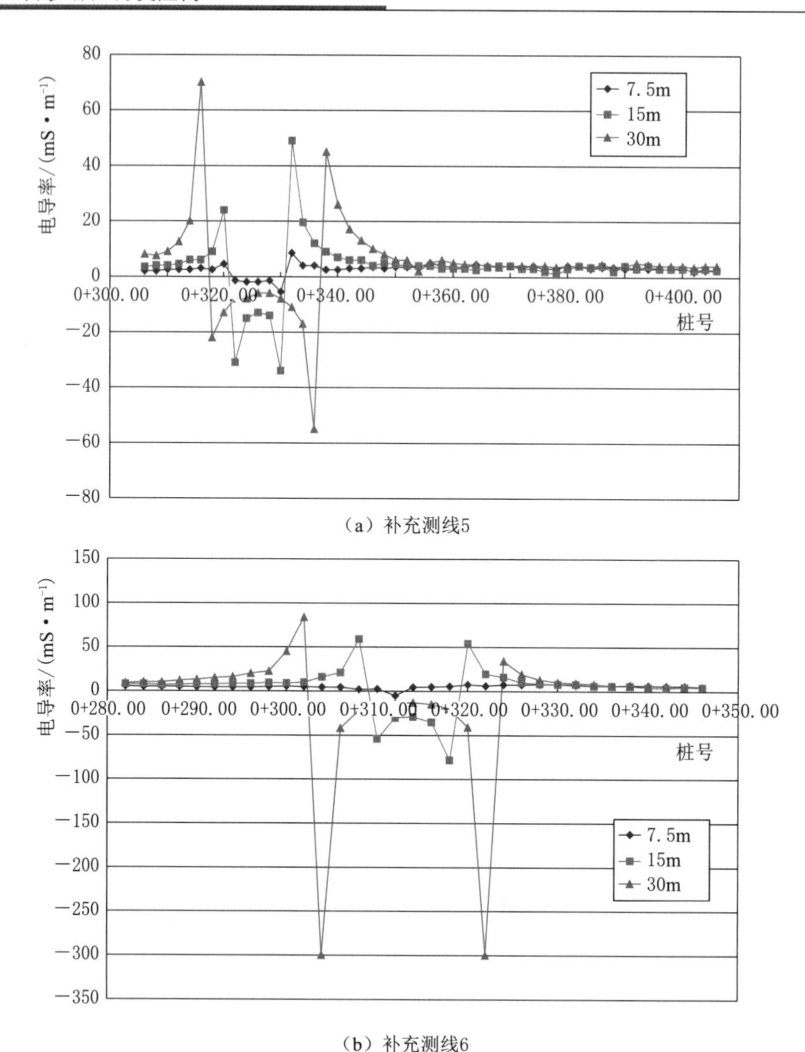

(a) 补充测线5

(b) 补充测线6

图3-13 EM34-3型大地电导率仪在补充测线5、补充测线6的检测结果

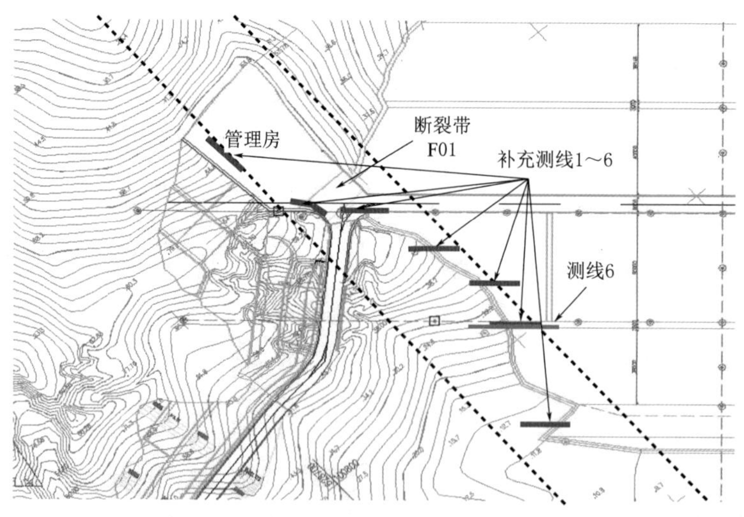

图3-14 大坝右岸F01断裂带位置示意图

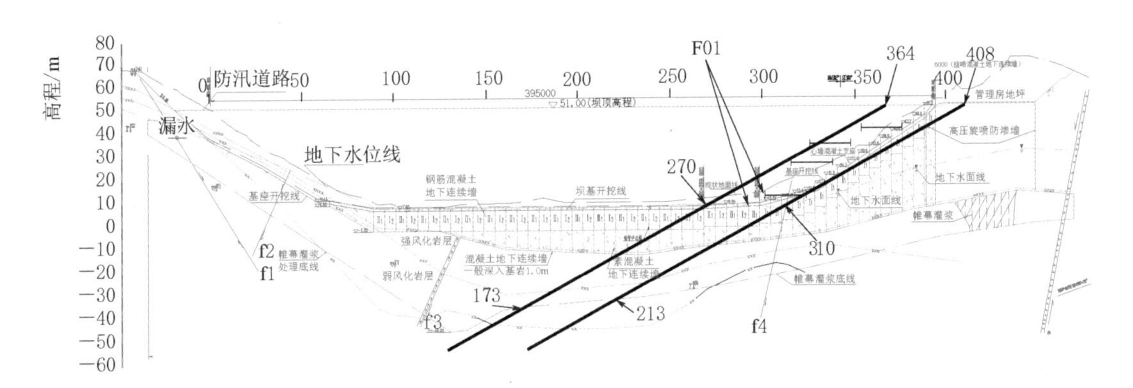

图 3-15 水库大坝右岸 F01 断裂带位置纵剖面示意图

部分呈低阻区。200Ω·m 的电阻率等值线左半部位为 25m，右半部位为 45m，深度位置差 20m。可见，中间有断层通过，如图 3-16 中的蓝线所示。可控源音频大地电磁法的检测结果与 EM34-3 型大地电导率仪的检测结果相符合，从而验证了地质构造 F01 的存在。

综上所述，大坝右岸存在一个复杂地质构造 F01，其走向由右岸管理房地坪走向坝体内部。该地质构造宽度为 17m，与坝顶相交于桩号 0+364.00～0+408.00，与坝基相交于桩号0+270.00～0+310.00，与灌浆帷幕底线相交于桩号 0+173.00～0+213.00。

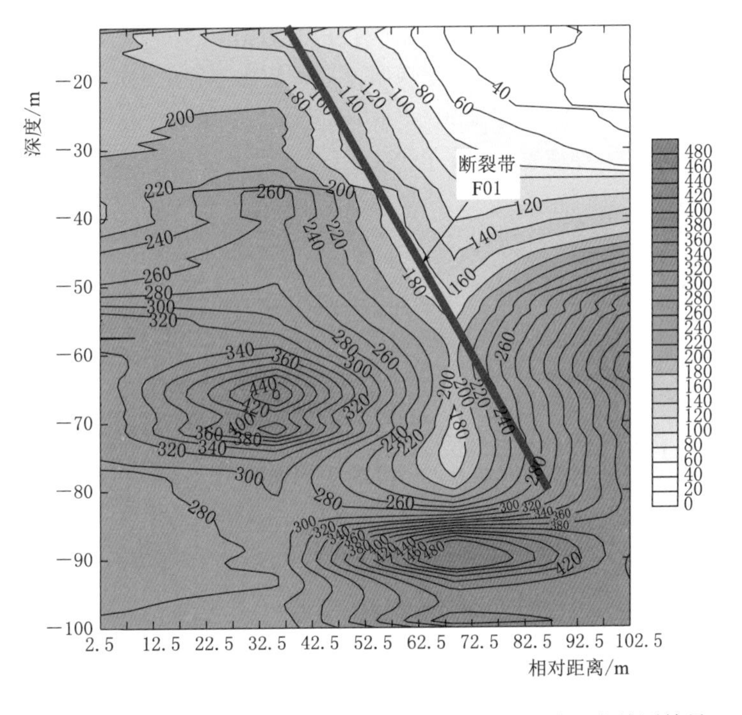

图 3-16 可控源音频大地电磁法（CSAMT）在测线 6 的检测结果

由于地质构造内部构造复杂，存在渗流的可能性。在右坝肩部位修筑了地连墙到桩号 0+408.00 位置，从桩号 0+408.00～0+448.00 位置，进行了基础帷幕灌浆，已经将右坝肩的渗流通道封堵。

从右岸查看结果分析，坝体和山体之间的排水沟内，从坝顶到坝脚未见渗漏水流出。

如果坝脚排水沟内的渗漏水的来源主要是右坝肩的绕坝渗流，排水沟内由坝体流出的出水点右部的流量应该大于中部和左部。然而，实际情况是中部和左部出水点的流量大于右部出水点的流量。

由此可得出结论，右坝肩绕坝渗流不是排水沟内渗漏水的主要来源。

3.1.3.2　大坝左岸渗漏检测

与右岸相似，大坝左岸渗漏可能存在两种情况：①库水通过左岸山体的地质构造渗漏到下游坝体；②库水经过坝肩渗漏到下游坝体。为此，在坝顶布置了3条测线：测线7从坝轴线桩号0+000.00开始，距坝轴线下游2m处，平行于坝轴线，从左坝肩到坝体桩号0+100.00，检测大坝坝体下游过渡料是否存在渗漏通道。测线8从坝轴线桩号0+000.00处开始，逆流方向，沿水库左岸防汛公路，检测坝左岸山体是否存在渗漏通道入水口。测线9从坝轴线桩号0+000.00开始，顺流方向，绕左岸山体检测，检测坝左岸山体是否存在渗漏通道出水口。在左坝头山上和山坡布置了2条测线：测线10从左岸山体平台下游端，沿南北方向布置电极，检测坝左岸山体内是否存在渗漏通道。测线11从马道桩号0+059.00开始，向左岸山坡小路进行，检测坝左岸山体是否存在渗漏通道。

图3-17表示EM34-3型大地电导率仪在坝顶测线7的检测结果。由于受坝顶电缆沟和钢筋混凝土防浪墙的影响，桩号0+012.00～0+100.00范围内，7.5m、15m、30m三条测深曲线数值偏大，但是比较平稳，表明坝体内不存在渗漏通道。桩号0+000.00～0+012.00范围内，15m测深曲线和30m测深曲线均出现明显下降趋势，并出现负值，表明该区域存在地质构造。30m深测线显示桩号0+010.00～0+030.00、0+045.00～0+055.00、0+085.00～0+100.00出现3个较高电导率区，如红虚线圈示，表明这些部位存在大小不同的地质构造。

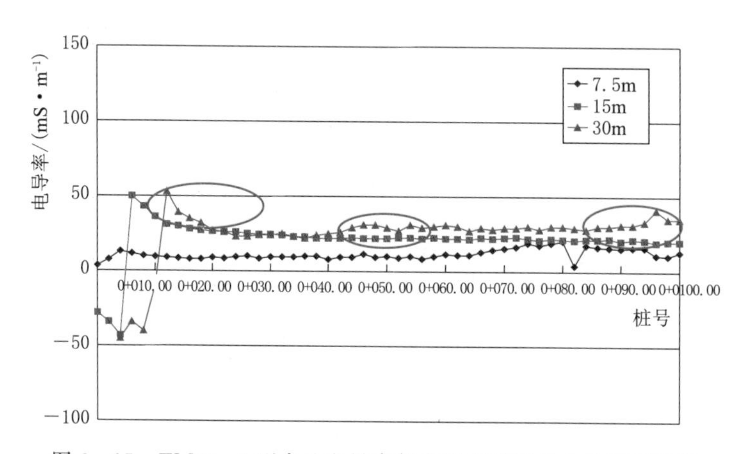

图3-17　EM34-3型大地电导率仪在坝左端测线7的检测结果

图3-18表示GDP-32[II]型瞬变电磁仪在坝顶测线7的检测结果。在深度20～35m范围内，桩号0+010.00～0+030.00、0+045.00～0+055.00、0+085.00～0+100.00出现低阻区，表明这些部位存在大小不同的地质构造，与图3-17所示30m深测线显示的电导率较高区域相符合。

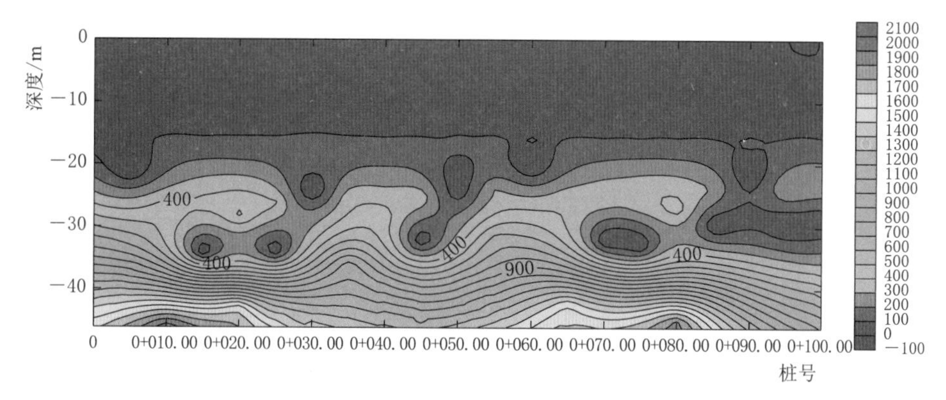

图 3-18 GDP-32Ⅱ型瞬变电磁仪在坝顶测线 7 检测结果

图 3-19（a）表示 EM34-3 型大地电导率仪在水库左岸防汛公路测线 8 的检测结果。受路旁电缆沟的影响，相对距离－20～－145m，15m、30m、60m 三条测深曲线受其影响，数值偏大。去除上述影响外，相对距离－35～－195m，四条曲线均较平稳，表明山体不存在地质构造。相对距离 0～－35m 范围内，四条曲线波动较大，并有三条曲线出现负值，表明该区域存在地质构造。

图 3-19（b）表示 EM34-3 型大地电导率仪在测线 9 的检测结果。相对距离 25～100m 范围内，四条曲线均较平稳，表明山体不存在地质构造。相对距离 0～25m 范围内，四条曲线波动较大，并出现负值，表明该区域存在地质构造。

图 3-20 表示可控源音频大地电磁法（CSAMT）在左岸山体山顶测线 10 的检测结果。该断面图反映低阻带主要出现在相对距离 58～80m 之间，深度位于 40～80m 之间。左右两端电阻率对应深度无明显差异。这一特征表明，该断面处有小范围的破碎带发育，无主要构造通过。

图 3-21（a）表示 EM34-3 型大地电导率仪在测线 11 的检测结果。起点在马道桩号0＋059.00 处，检测从马道向左岸山坡小路进行。相对距离－23～41m 范围内，7.5m、15m、30m 深三条测深曲线比较平稳，表明该区域内不存在地质构造。桩号 0＋041.00～0＋059.00 范围内，15m、30m 深两条曲线出现少许波动，并出现负值，表明该区域存在局部地质破碎带。

图 3-21（b）表示可控源音频大地电磁法在左岸山坡小路测线 11 的检测结果。该断面图反映电阻率曲线基本平缓，在水平方向上无明显不连续现象，因此，推断本剖面上没有构造通过。

由于测线 7、测线 8、测线 9 均有较大波动并出现负值，表明该处存在地质构造。为了查清该地质构造的位置、宽度、走向，除合同规定的测线以为，又增加了 3 条补充测线，这些测线的名称和位置如图 3-22 和图 3-23 所示。

各条测线位置及检测目的如下：

（1）补充测线 7。为了查清左岸是否存在地质构造，增加此测线。零点在坝轴线桩号 0＋000.00，分别向顺流和逆流方向延伸各 50m。

（2）补充测线 8。起点在坝顶桩号 0＋000.00 处，测线靠近坝顶下游面防护墩，长度 134m。

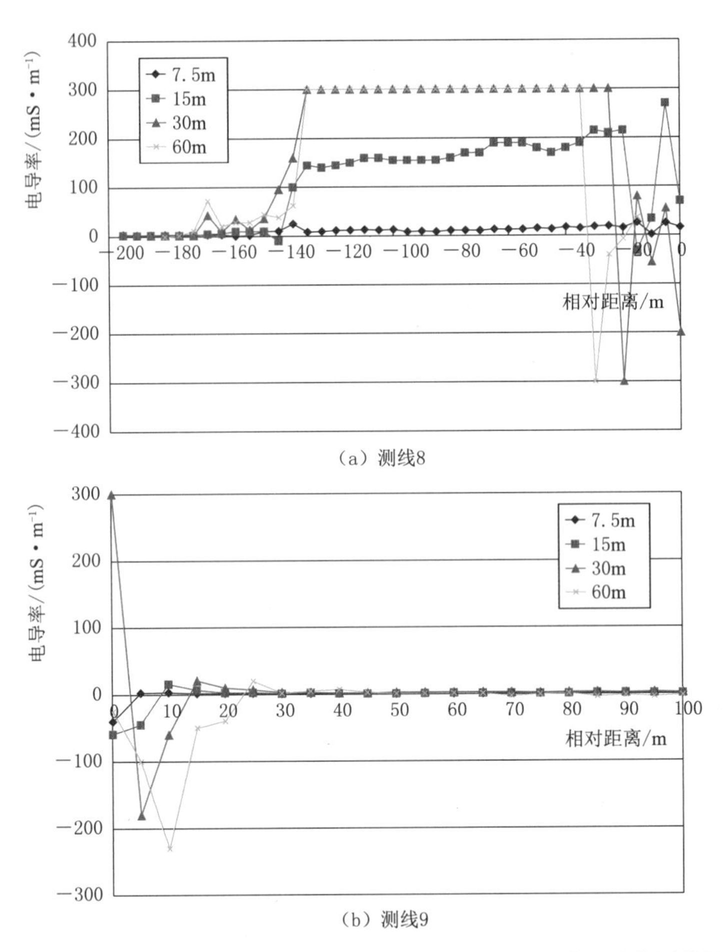

(a) 测线8

(b) 测线9

图 3-19　EM34-3 型大地电导率仪在左岸测线 8、测线 9 的检测结果

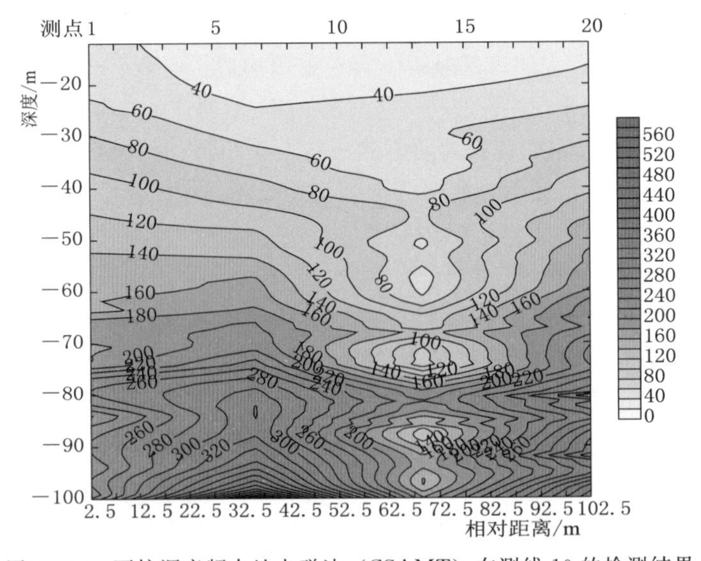

图 3-20　可控源音频大地电磁法（CSAMT）在测线 10 的检测结果

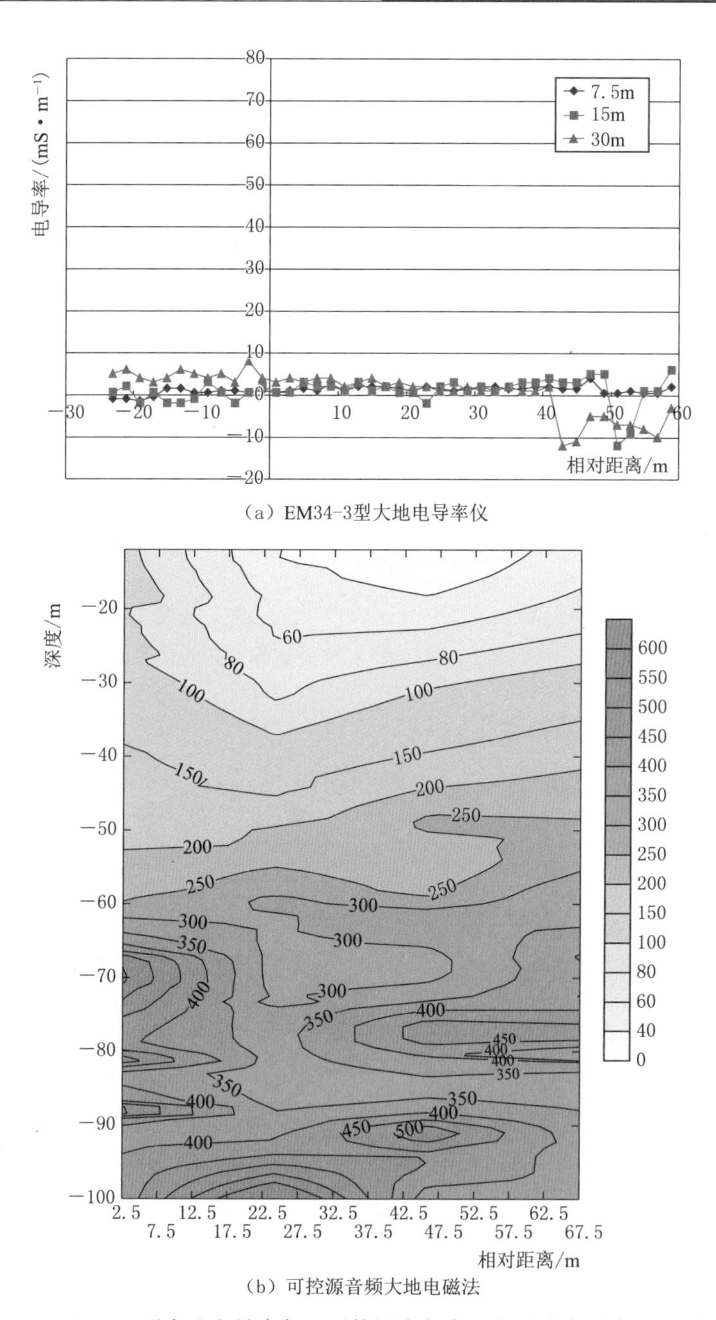

图 3-21 EM34-3 型大地电导率仪、可控源音频大地电磁法在测线 11 的检测结果

(3) 补充测线 9。左岸山坡从上向下第一条小路，起点在坝顶桩号 0+012.00 处，长度 60m。

图 3-24 表示 EM34-3 型大地电导率仪在坝顶补充测线 7 的检测结果。图中显示该处存在 1 个地质构造，60m 测深曲线显示相对距离 -26~14m 范围，此地质构造位于左坝头的山体内，走向背向坝体，不会对坝体渗漏产生影响。

图 3-25 (a) 表示 EM34-3 型大地电导率仪在坝坡补充测线 8 的检测结果。图中显

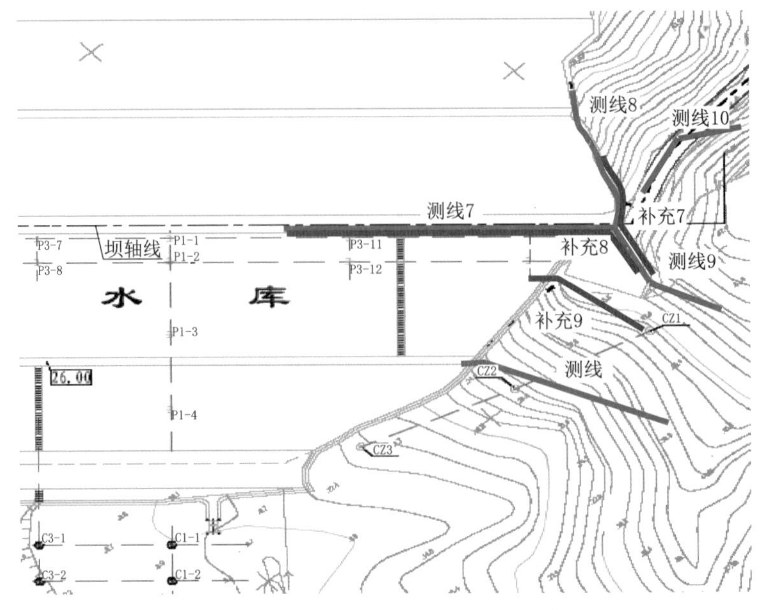

图 3-22　大坝左岸补充测线布置示意图

图 3-23　大坝左岸补充测线布置示意图

示该处存在 1 个地质构造，30m 测深曲线显示相对距离－12～24m 范围，此地质构造位于左坝头的山体内，走向背向坝体，不会对坝体渗漏产生影响。

图 3-25（b）表示 EM34-3 型大地电导率仪在坝顶补充测线 9 的检测结果。图中显示该处存在 1 个地质构造，30m 测深曲线显示相对距离 32～54m 范围，此地质构造位于左坝头的山体内，走向背向坝体，不会对坝体渗漏产生影响。

综上所述，大坝左岸存在 1 个地质构造，宽度约为 22m，其走向由左坝头背向坝体。该地质构造不会对坝体渗漏产生影响。马道延长线测线显示左岸山体存在局部破碎带，该破碎带不会对坝体渗漏产生影响。

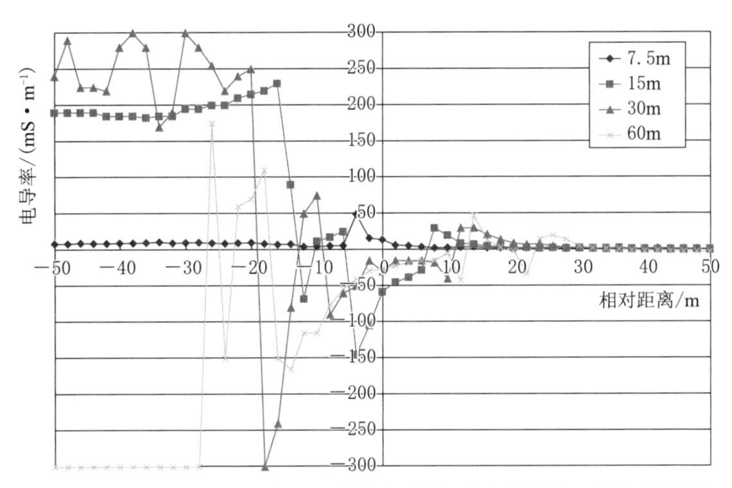

图 3-24 EM34-3 型大地电导率仪在坝顶补充测线 7 的检测结果

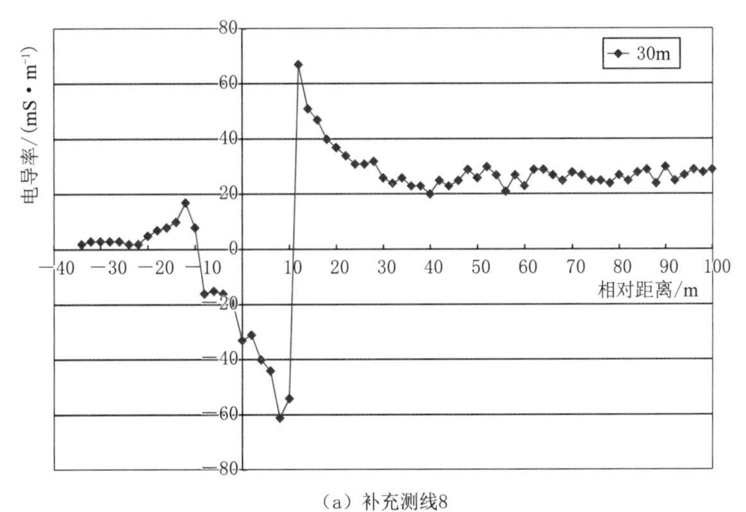

(a) 补充测线8

(b) 补充测线9

图 3-25 EM34-3 型大地电导率仪在坝顶补充测线 8、补充测线 9 的检测结果

3.1.3.3　大坝坝体渗漏检测结果

大坝坝体及坝基渗漏检测共布置3条侧线：测线12起点在坝轴线桩号0+100.00，距坝轴线下游2m处，平行于坝轴线，至桩号0+300.00处，检测大坝沥青混凝土心墙及下游过渡料是否存在渗漏通道。测线13在下游坡马道上，起点桩号0+056.00，至桩号0+316.00，检测大坝坝体及坝基是否存在渗漏通道。测线14在下游坡压重平台上，起点桩号0+102.00，至桩号0+302.00，检测大坝坝体及坝基是否存在渗漏通道。

图3-26表示EM34-3型大地电导率仪在坝顶测线12下游过渡料的检测结果。相对距离60～200m范围内，7.5m、15m、30m三条测深曲线数值随着桩号增加而增加，这一现象的出现可能是下列两种原因中的一种或两种兼有：①下游过渡料右部的含水量大于左部的含水量；②受地质构造F01影响。7.5m测深曲线数值增加速度较快，并在相对距离140m以后大于15m和30m测深曲线数值，说明浅层干扰信号较大。

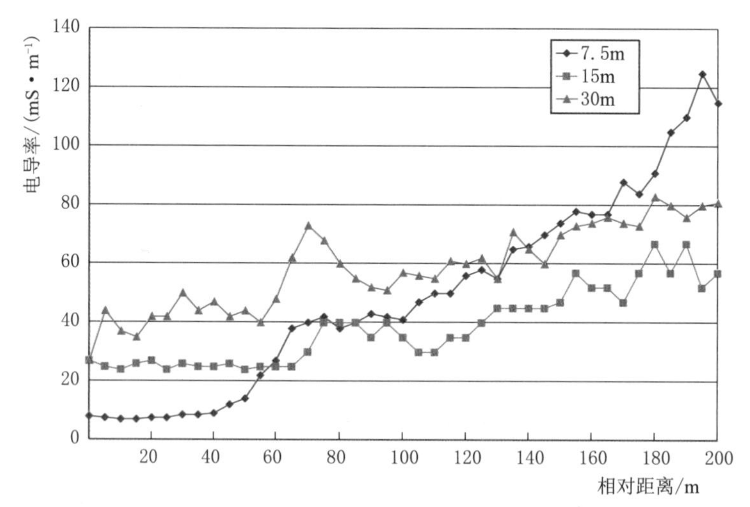

图3-26　EM34-3型大地电导率仪在坝顶测线12的检测结果

图3-27表示GDP-32Ⅱ型瞬变电磁仪在坝顶测线12下游过渡料的检测结果。图中显示在相对距离60m深部有一个高阻区，表明该处存在完整的山体。在相对距离0～140m范围内，深度15～30m为正常电阻率区。在相对距离90～140m范围内，出现不同深度的低阻区，表明该区域内过渡料的含水量较大，坝体存在渗漏的可能性很大。

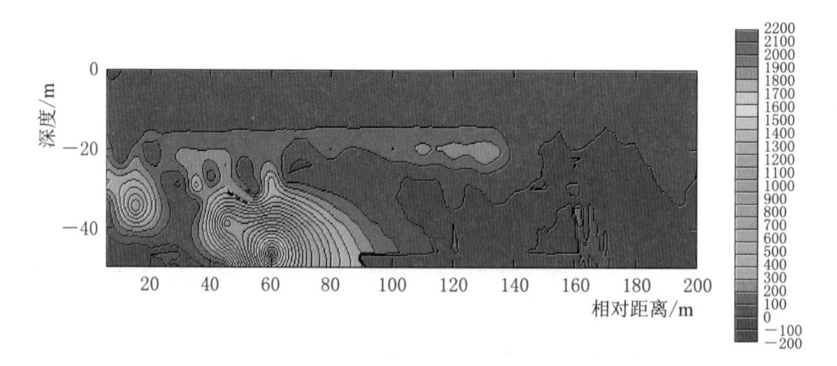

图3-27　GDP-32Ⅱ型瞬变电磁仪在坝顶测线12的检测结果

在相对距离 140～200m 范围内，出现大面积低阻区，这一现象与图 3-26 表示的 EM34-3 型大地电导率仪检测结果相符合。

图 3-28（a）表示 EM34-3 型大地电导率仪在马道测线 13 的检测结果。7.5m、15m、30m 三条测深曲线数值随着桩号增加而增加，表明下游该部位坝料右部的含水量大于左部的含水量。这与图 3-26 显示下游过渡料的检测结果相符合。

图 3-28（b）表示 EM34-3 型大地电导率仪在下游压重平台测线 14 的检测结果。7.5m、15m、30m 三条测深曲线数值总体上随着桩号增加而增加，表明下游该部位坝料右部的含水量大于左部的含水量。这与图 3-28（a）显示下游马道的检测结果相符合。但是，从相对距离 160m 开始，三条曲线陆续出现下降趋势，且 15m 和 30m 测深曲线有反复交叉现象，表明该范围内坝基存在一个地质构造，该地质构造位于断裂带 F01 内。

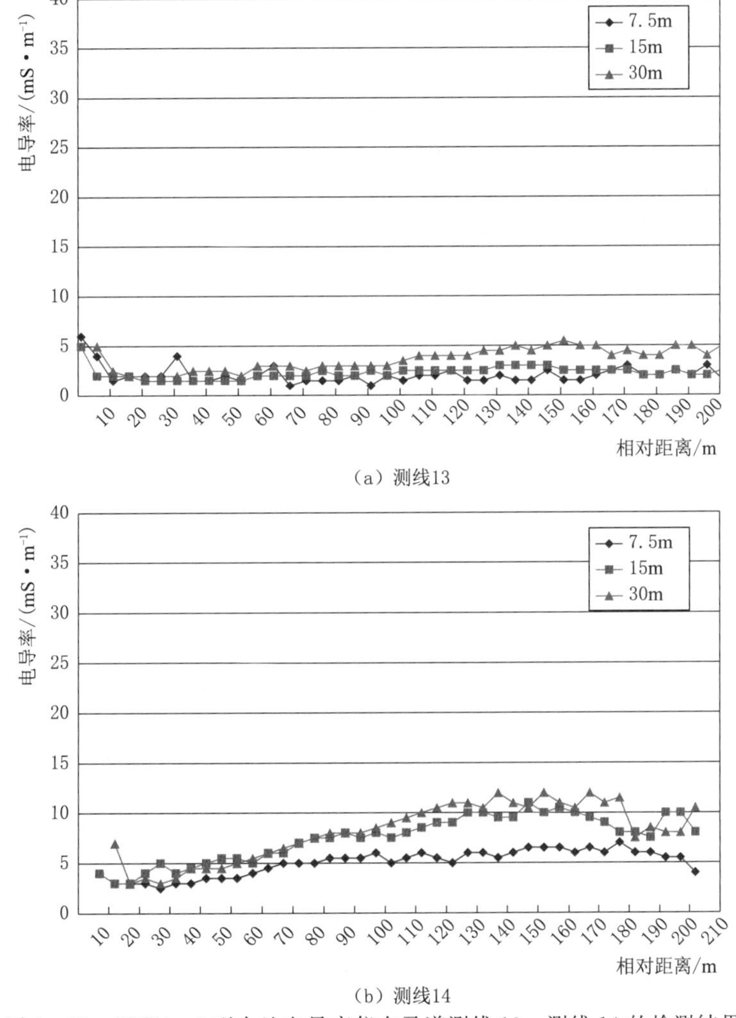

（a）测线13

（b）测线14

图 3-28　EM34-3 型大地电导率仪在马道测线 13、测线 14 的检测结果

综上所述，大坝沥青混凝土心墙及下游过渡料不存在渗漏通道。坝体右部含水量大于左部，坝体右部渗流大于坝体左部渗流。

3.1.3.4 大坝坝体浸润线检测结果

图3-29表示探地雷达在大坝背水坡桩号0+300.00测线15检测的地下水位结果。图中标出了坝顶、马道和压重平台与坝坡交界的位置。检测从压重平台与坝坡交界的位置开始，一直检测到坝顶。由图3-29可以看出，在红虚线圈示范围内存在连续同相反射信号，表明该处存在地下水面，地下水位在深度42～43m处，高程为8.00～9.00m。由于探地雷达信号受到护坡块石及块石填料的强反射影响，检测深度只有13m左右，地下水面反射信号在压重平台附近比较清晰。

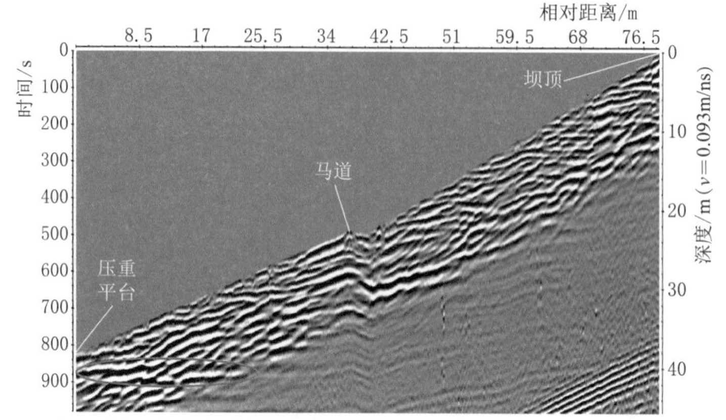

图3-29　探地雷达在大坝背水坡桩号0+300.00测线15检测的地下水水位结果

图3-30表示探地雷达在大坝背水坡桩号0+200.00测线16检测的地下水位结果。图中也标出了坝顶、马道和压重平台与坝坡交界的位置。检测从压重平台与坝坡交界的位置开始，一直检测到坝顶。由图3-30可以看出，在红虚线圈示范围内存在连续同相反射信号，表明该处存在地下水面，地下水位在深度42～43m处，高程为8.00～9.00m。由于探地雷达信号受到护坡块石及块石填料的强反射影响，检测深度只有13m左右，地下水面反射信号在压重平台附近比较清晰。

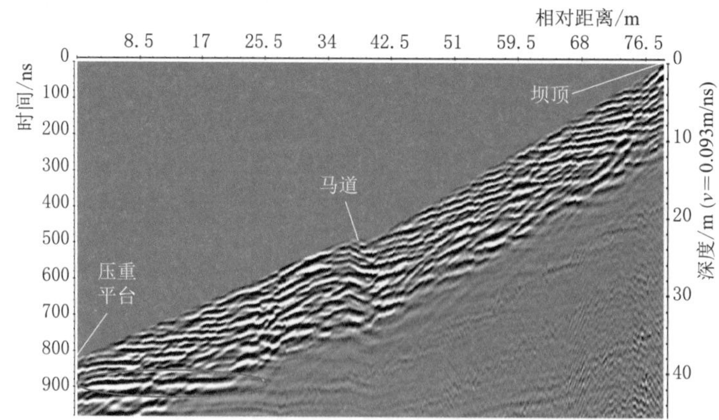

图3-30　探地雷达在大坝背水坡桩号0+200.00测线16检测的地下水水位结果

图3-31表示探地雷达在大坝背水坡桩号0+100.00测线17检测的地下水位结果。图中标出了坝顶、马道和压重平台与坝坡交界的位置。检测从压重平台与坝坡交界的位置

开始，一直检测到坝顶。图 3-31 中未看出坝内地下水位反射信号。

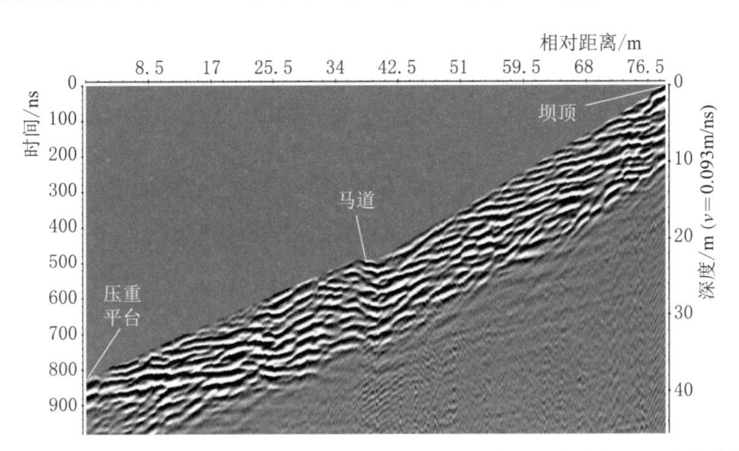

图 3-31 探地雷达在大坝背水坡桩号 0+100.00 测线 17 检测的地下水水位结果

综合测线 15、测线 16 和测线 17 的检测结果，可以看出：只有测线 15 和测线 16 的检测结果有地下水面反射信号，而测线 17 的检测结果没有地下水面反射信号。这一结果表明，坝内地下水面没有连成一片，而是分为若干水流通道。

综上所述，坝内地下水位在压重平台与坝坡连接处的高程为 8.00～9.00m。坝内地下水面没有连成一片，而是分为若干水流通道。

3.1.4 结论

(1) 在桩号 0+175.00～0+260.00，从深度－12.00m 开始，一直到帷幕灌浆以下，存在渗漏的可能性最大，是大坝渗漏的主要通道。

(2) 在右坝肩部位已经修筑了挡水建筑物，将右坝肩的渗流通道封堵。而且坝体和山体之间的排水沟内，从坝顶到坝脚未见渗漏水流出；坝脚排水沟内右部出水点的流量小于中部和左部出水点的流量。右坝肩绕坝渗流不是排水沟内渗漏水的主要来源。

(3) 大坝右岸存在一个复杂地质构造 F01，其走向由右岸管理房地坪走向坝体内部。该地质构造宽度约为 17m，与坝顶相交于桩号 0+364.00～0+408.00，与坝基相交于桩号 0+270.00～0+310.00，与灌浆帷幕底线相交于桩号 0+173.00～0+213.00。

(4) 大坝左岸存在一个地质构造，宽度约为 22m，其走向由左坝头背向坝体。该地质构造不会对坝体渗漏产生影响。马道延长线测线显示左岸山体存在局部破碎带，该破碎带不会对坝体渗漏产生影响。

(5) 大坝沥青混凝土心墙不存在渗漏通道。坝体右部含水量大于左部，坝体右部渗流大于坝体左部渗流。

3.1.5 讨论

(1) 大坝渗漏的原因主要如下：①大坝的挡水建筑物未完全封闭，如混凝土建筑物存在裂缝和孔洞等、帷幕灌浆未完全封闭、沥青混凝土心墙与地连墙和（或）地连墙与灌浆帷幕之间结合部未完全封闭等；②当大坝的挡水建筑物穿过某地质构造，而该地质构造又未处理成完全封闭状态，库水就可能通过该地质构造流向大坝下游；③绕坝渗流；④山水可以流经坝体到达下游坝脚的排水沟，怀疑是大坝渗漏。

(2) 地质构造F01结构可能十分复杂，内部包括断裂带、岩石裂隙、局部破碎带等地质构造。其中包含了工程地质勘察时发现的位于右岸的f4断裂带。f4断裂带中的一段位于压重平台下，桩号0+270.00，高程9.40m。

(3) 如果帷幕灌浆位置处于地质构造F01内，而该处存在较宽的断裂带，可能形成灌浆区不封闭。

(4) 沥青混凝土心墙后埋设的测压管P3-8（桩号0+195.00）和P2-1（桩号0+240.00）底部埋设深度为高程-12.00m，位置在地连墙与灌浆帷幕的结合部位。该部位又处于地质构造F01之中或附近。如果处理不好，容易出现渗漏现象。测压管水位测量结果显示，两个测压管内的水位分别为14.44m和12.27m，比坝后平均正常水位分别高约6m和3.8m。这个测量结果表明，在该区域内可能存在挡水建筑物挡水效果差或地质构造F01在该区域内未完全封闭，存在严重渗漏现象。

(5) 当库水位从2008年10月中旬的46.82m降至2008年12月19日的46.66m时，排水沟量水堰测量的大坝渗漏量反而由180～200L/s增加到236L/s，这一现象表明渗漏通道还在扩大。对于已经竣工近两年的大坝混凝土结构和沥青混凝土结构而言，结构已经固定，如果存在渗漏通道，其截面面积不会继续扩大，造成渗漏量增加的原因很可能是地质构造F01中的细颗粒土形成的挡水结构被渗漏水破坏，从而增大了过水面积。

(6) 在帷幕灌浆过程中，不排除遇到风化球块。即使该灌浆孔的灌浆压力达到施工要求，而风化球块周围区域并未得到灌浆处理，该处的灌浆帷幕存在不封闭的可能性。

3.1.6 物探结果验证

2016年5月，业主单位同作者单位相关代表就探测结果的验证情况进行了专题讨论，会上业主单位就水库渗漏问题验证及处理的相关技术资料，根据后续的钻孔、补充勘查及灌浆处理的资料，对乙方提交的探测结论进行了一一对照。

(1) 结论第1条“在桩号0+175.00～0+260.00，从深度-12.00m开始，一直到帷幕灌浆以下，存在渗漏的可能性最大，是大坝渗漏的主要通道。”这一结论同2011年长科院的结论中“桩号0+210.00～0+275.00”为强渗漏区的结果相吻合，后经2013年以来的实际处理资料证实，该结论完全正确。

(2) 结论第2条“在右坝肩部位已经修筑了挡水建筑物，将右坝肩的渗流通道封堵，而且坝体和山体之间的排水沟内，从坝顶到坝脚未见渗漏水流出；坝脚排水沟内右部出水点的流量小于中部和左部出水点的流量。右坝肩绕坝渗流不是排水沟内渗漏水的主要来源。”这一结论表明右坝肩绕坝渗流不是渗漏水的主要来源，经过近6年的处理，该结论被证明完全正确。

(3) 结论第3条：“大坝右岸存在一个复杂地质构造F01，其走向由右岸管理房地坪走向坝体内部。该地质构造宽度约为17m，与坝顶相交于桩号0+364.00～0+408.00，与坝基相交于桩号0+270.00～0+310.00，与灌浆帷幕底线相交于桩号0+173.00～0+213.00。”这一结论表明在大坝右岸存在复杂的地质构造，有可能会引起渗漏，这一结果目前没有对应的验证资料。

(4) 结论第4条“大坝左岸存在一个地质构造，宽度约为22m，其走向由左坝头背向坝体。该地质构造不会对坝体渗漏产生影响。马道延长线测线显示左岸山体存在局部破碎带，该破碎带不会对坝体渗漏产生影响。”这一结论同实际处理资料中左岸未发现渗漏通道的结果一致，该结论完全正确。

(5) 结论第5条“大坝沥青混凝土心墙不存在渗漏通道。坝体右部含水量大于左部，坝体右部渗流大于坝体左部渗流。”甲方的实际处理资料显示，在沥青心墙部位的局部灌浆过程中，出现了局部吃浆量大的现象，有可能是沥青心墙存在渗漏通道。笔者根据近年来沥青心墙堆石坝的施工和渗漏处理经验，认为沥青心墙坝的沥青心墙出现渗漏通道的可能性极低。一般主要是由于沥青心墙和混凝土防渗墙结合部及防渗墙基础存在渗流通道，渗漏过程中把堆石料中的细颗粒带走，形成架空结构，造成在灌浆处理时吃浆量大。

3.2 水库大坝基础渗漏检测

3.2.1 工程概况

某水利枢纽工程以灌溉、发电为主，兼顾防洪和供水。水库总库容12.30亿m^3，电站装机容量160MW，设计灌溉面积65.28万亩，枢纽主要由沥青混凝土心墙砂砾石坝、泄洪洞、泄洪兼导流洞、发电引水系统、电站厂房和灌溉输水洞等建筑物组成。工程为Ⅰ等大(1)型工程，大坝为1级建筑物。

水库大坝于2013年10月11日开始蓄水，蓄水过程中，大坝右岸廊道桩号0+965.00水平段与斜坡段结合部上游墙混凝土结构缝开始出现渗漏情况，廊道桩号0+968.00、0+986.00步梯靠上游侧浸润，面积分别约1.2m^2和0.8m^2；2013年10月27日，巡视发现该桩号底板结构缝向上冒水，同时廊道斜坡段桩号0+968.00出现积水，桩号0+986.00步梯靠上游侧浸润面积增大至约5m^2；底板渗水伴有细颗粒砂出现，持续时间18d后渗水呈清水状；2013年11月4日，桩号0+968.00和桩号0+986.00混凝土上游边墙开始出现渗漏。

图3-32显示2013年10月13日廊道内桩号0+965.00～0+968.00范围漏水、浸润面照片。渗漏初期可听到漏水从上部流下，经结构缝流出。图3-33显示2014年8月20日廊道侧壁漏水照片。

图3-32 廊道内浸润面(2013年10月13日)

图3-33 廊道侧壁漏水(2014年8月20日)

从漏水点下游水位观测孔水位资料分析，观测孔水位低于漏水点。随着上游库水位升高，观测孔水位变化不大，说明基础防渗作用良好。

为查找基础廊道渗漏水来源，为下一步的处理工作提供支撑，采用综合地球物理勘探方法进行了大坝渗漏检测工作。

3.2.2 现场检测

根据现场查看情况，结合以往的渗漏检测经验，在坝体各部位布置12条测线，对坝体右侧的渗漏情况进行较为全面的检测。测线布置如图3-34所示，11条测线总长2200m。廊道中的测线6采用多道瞬态表面波勘探仪检测，测线12采用稳态面波仪检测，其余坝面和绕坝10条测线采用瞬变电磁仪、大地电导率仪进行检测。此外，测线7、测线8还采用多道瞬态表面波勘探仪检测。

（1）测线1。坝顶右侧与防渗墙轴线平行，距防渗墙轴线下游3m，测线长度200m，检测防渗心墙渗漏。

（2）测线2。坝顶右侧与防渗墙轴线平行，距防渗墙轴线下游9m，测线长度200m，检测防渗心墙渗漏。

（3）测线3。下游一级马道上，测线长度200m，检测坝体渗漏路径。

（4）测线4。下游二级马道上，测线长度200m，检测坝体渗漏路径。

（5）测线5。下游坝坡脚与防渗墙轴线平行，测线长度200m，检测坝体和基础防渗墙渗漏路径。

（6）测线6。灌浆廊道中，自渗水点集水井向左岸方向，测线长度100m。

（7）测线7。沿右岸绕坝公路，自右岸坝头至引水发电洞进水口，测线长度200m，检测绕坝渗流。

（8）测线8。沿右岸绕坝公路，自右岸坝头至厂房后边坡口，测线长度200m，检测绕坝渗流。

（9）测线9。坝顶左侧与防渗墙轴线平行，距防渗墙轴线下游3m，测线长度200m，检测沥青混凝土防渗心墙。

（10）测线10。沿左岸绕坝公路，测线长度200m，检测绕坝渗流。

（11）测线11。沿左岸绕坝公路，测线长度200m，检测绕坝渗流。

（12）测线12。灌浆廊道中，渗水点附近，廊道侧壁上游面。

测线布置详图如图3-34所示。

3.2.3 电磁法检测结果

3.2.3.1 右坝肩公路（上下游）检测结果

右坝肩公路包括上游公路（测线7）和下游公路（测线8），其中坝轴线与公路交界点为零点，上游桩号为负，下游桩号为正，测线总长400m，检测结果解读如下：

1. 大地电导率仪EM34-3检测结果

右坎肩上游公路测线7（桩号0+000.00～0-200.00）大地电导率仪EM34-3的检测结果绘于图3-35。

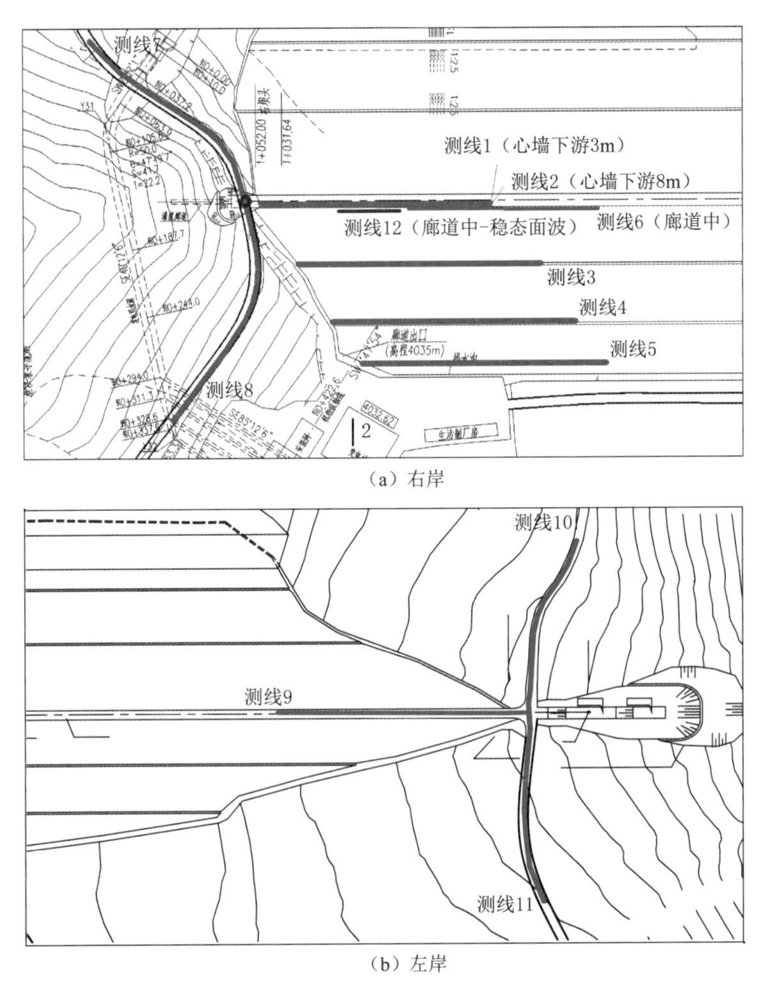

（a）右岸

（b）左岸

图3-34 大坝渗漏检测测线布置示意图

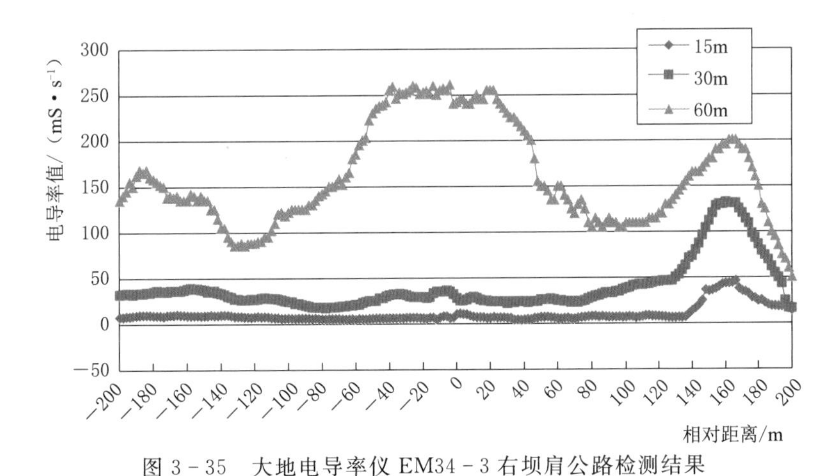

图3-35 大地电导率仪EM34-3右坝肩公路检测结果

60m测线相对距离0～－104m范围内电导率偏高，特别是0～－54m范围内，电导率均大于200mS/m，表明此范围内电导率明显异常高。其中－12～－30m区域内检测数据超过250mS/m，表明深处存在铁磁物质。根据大坝结构和工程地质情况解读，主要受钢筋混凝土廊道内钢筋网和电缆沟的影响。60m测线－140～－194m区域内电导率为80～175mS/m，是由于受发电厂深埋引水管金属物影响。

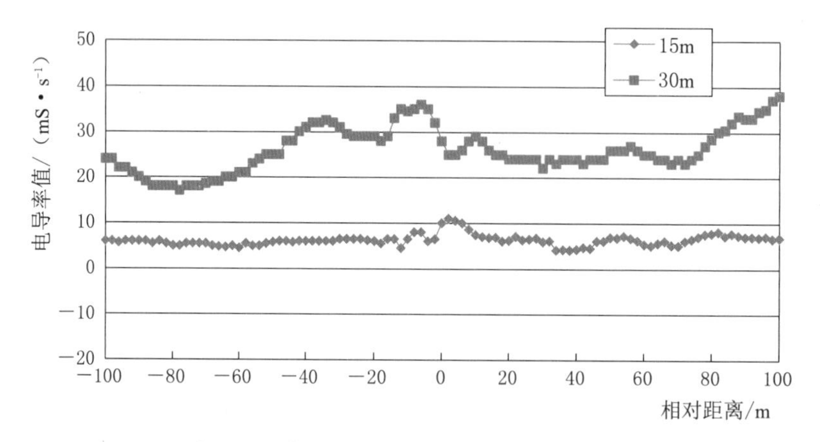

图3－36　大地电导率仪EM34－3右坝肩公路（局部）检测结果

30m测线相对距离0～－56m范围内，根据图3－36所示的局部检测结果，电导率变化范围为22～36mS/m，变化范围较宽，表明可能存在地质构造。相对距离－140～－194m区域内电导率为30～40mS/m，根据现场情况分析主要受发电厂引水管金属物影响，此外，此部分山体可能存在地质构造，含水量较大。

15m测线相对距离0～－14m区域内数据波动范围为5～10mS/m，表明此区域内山体岩石破碎。其余未发现异常。

三条测线从相对距离－132m开始直到－200m，均表现出先升后降的趋势，表明该范围内存在地质异常体或破碎带，并受发电厂深埋引水管金属物影响所致。

右坎肩下游公路测线8（桩号0＋000.00～0＋200.00）的检测结果绘于图3－36。

通过三条曲线比较，总的趋势是电导率随检测深度增加而增加，异常范围在相对距离138～186m，最大异常值范围在相对距离154～166m，表明此范围内存在地质异常体。该区域已接近下游第二马道，与坝基廊道渗漏无关。

60m测深曲线显示，在相对距离0～96m范围内，曲线呈锯齿状，电导率变化范围154～104mS/m，表明深部存在地质破碎带。

与上游比较，60m测线在坝轴线附近是连接在一起的，相对距离范围－54～90m，即是同一个宽大的地质破碎带。

2. 瞬变电磁仪GDP32在右岸坝肩公路测线检测结果

瞬变电磁仪GDP32在右岸坝肩上下游公路检测的结果绘于图3－37。

（1）右坝肩上游公路测线7（桩号0＋000.00～0＋200.00）。

在埋深－30～－76m范围内，存在两个主要的地质构造，地质构造1位于相对距离－140～170m，深度－20～－40m范围内，地质构造2位于相对距离180～200m，深度－52～－70m范围内，上述情况表明右岸山体出露部分较破碎，上游部分直接与库水相连，成为库水渗漏的路径，具备向廊道渗漏点供水的条件。

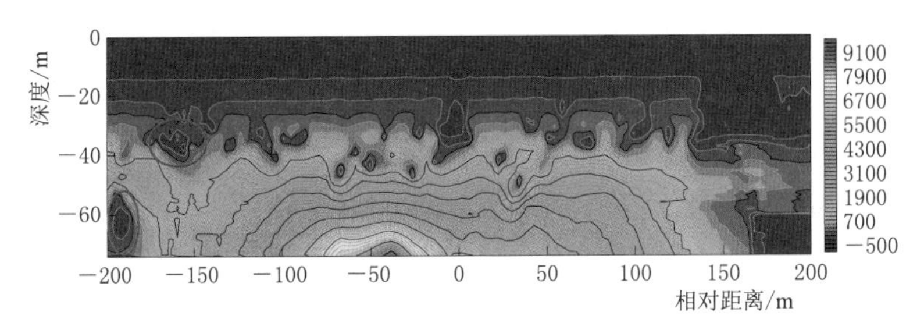

图 3-37 右岸坝肩上下游公路瞬变电磁仪 GDP32 检测结果图

由于瞬变电磁仪 GDP32 在检测深度 0～20m 范围内存在盲区，无法检测到该深度范围内存在的异常点。由此，不排除在检测深度 0～20m 范围内存在地质异常的可能性。

(2) 右坝肩下游公路测线 8（桩号 0+000.00～0+200.00)。

相对距离-130～150m，埋深 50～70m 范围内，均为高电阻率区，表明该处山体地质构造完整，不具备渗漏条件。从坝轴线位置（测线“0”点）到测距-120m，深度-20～-45m处，存在一个电阻率较低的地质构造，该地质构造与右坝肩下游公路 GDP32 检测结果图连成一片属于同一个地质构造，该构造存在许多破碎带。

在相对距离 135～200m 范围内，不同深度范围存在两个主要的视电阻率异常值，一个深度较浅，埋深-20～-40m，另一个埋深-60～-70m，异常特性为电阻率值偏低，通过比对设计图纸和现场环境，这两个低阻区是由山体中的渗水和深部的引水发电洞的影响所致，远离坝轴线下游的渗漏，对基础廊道渗漏没有影响。

综合大地电导率仪 EM34-3 和瞬变电磁仪 GDP32 的检测结果，右坝肩上游公路相对距离 0～54m 范围内，电导率明显异常高，可能由钢筋混凝土廊道内的钢筋网和存在地质异常体所致，不排除存在地质异常体的可能；在坝轴线附近，从上游相对距离-36m 到下游相对距离 12m，埋深小于 63m 区域，存在破碎带，渗漏可能性很大。相对距离-36～-200m 范围内，一些较小的地质异常区域也具备库水渗漏条件。

综上分析，综合大坝右岸沿公路检测结果图 3-35～图 3-37，可以明显看出坝轴线附近从上游相对距离-36m 到下游相对距离 42m，埋深小于 50～110m 区域，存在破碎带，该破碎带与库水接触，出现渗漏可能性较大。

3.2.3.2 右岸坝顶坝轴线下游平行线 1 检测结果

对坝顶沿坝轴线下游平行线 1（测线 1）的检测结果解读如下：

1. 大地电导率仪 EM34-3 检测结果

大地电导率仪 EM34-3 在右岸坝顶沿轴线下游平行线 1 检测结果绘于图 3-38。图中横坐标 0 点在右岸山脚。图 3-38 中显示，60m 测线相对距离 14～30m 和 30m 测线相对距离 4～26m 范围内电导率曲线陡升陡降，变化幅度很大，并且出现负值。15m 测线在相对距离 4～16m 范围内曲线出现趋势相同的变化。三条曲线均表明此处存在较大裂隙，具有渗漏条件。

60m 测线相对距离 30～106m 电导率均大于 300mS/m，表明此范围内电导率明显异常高，其原因是检测到廊道斜坡段，受廊道内钢筋网影响所致。30m 和 15m 测线也表现出相同的变化趋势。

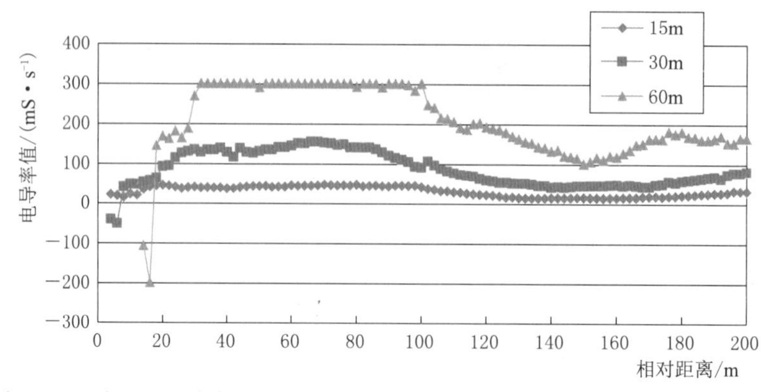

图3-38　大地电导率仪EM34-3在右岸坝顶沿坝轴线下游平行线1检测结果

三条曲线均表现出相对距离超过150m或160m填料的电导率均有所上升，表明填料的含水量有所增加。

2. 瞬变电磁仪GDP32在坝顶沿坝轴线下游平行线1检测结果

瞬变电磁仪GDP32在右岸坝顶沿坝轴线下游平行线1检测结果绘于图3-39。

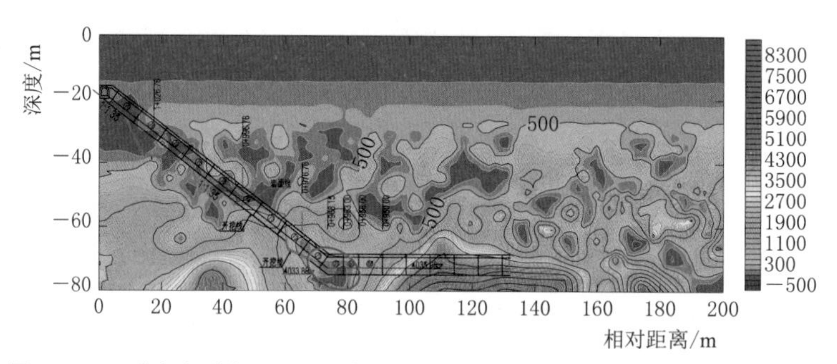

图3-39　瞬变电磁仪GDP32在右岸坝顶沿坝轴线下游平行线1检测结果

在相对距离0～20m，埋深－20～－38m范围内，存在一个范围较大的连续低电阻率异常区，通过对照施工图，该部位对应右岸山体，表明该部位的山体存在地质构造，含有较多的裂隙水。

在相对距离72～82m（对应到大坝桩号为0＋958.00～0＋968.00），埋深－68～－78m范围内，也存在1个较明显的低电阻率异常区。通过对比沥青心墙结构布置图，该部位恰好位于廊道渗水点的底板以下部位，说明廊道渗漏水很可能主要来源于该低阻区。

相对距离20～130m，埋深－30～－60m范围内，存在多个低电阻率异常区，该区域为坝体填料区，低电阻率表明这些部位可能存在局部的孔隙水，由于这些区域均位于0～－65.6m范围内，具备向基础廊道渗漏点渗漏的条件。

综合大地电导率仪EM34-3和瞬变电磁仪GDP32检测结果，在检测范围内存在若干低阻区，表明这些区域含水量较多，特别是在右坝顶沿坝轴线相对距离72～82m，埋深－68～－78m范围内，存在1个较明显的地质构造，位于廊道渗水点底板以下，具备向基础廊道渗漏点渗漏的条件。

3.2.3.3　右岸坝顶坝轴线下游平行线2检测结果

右岸坝顶坝轴线下游平行线2（测线2）检测的目的物为大坝堆石体及其基础，其检测结果解读如下：

1. 大地电导率仪 EM34－3 检测结果

大地电导率仪 EM34－3 在右岸坝顶坝轴线下游平行线 2 检测结果绘于图 3－40。图 3－40 中横坐标 0 点在右岸山脚，60m 测线相对距离 6～26m 范围内电导率曲线陡升陡降，变化幅度很大，并且出现负值。这表明此处存在较大裂隙，存在渗漏条件。

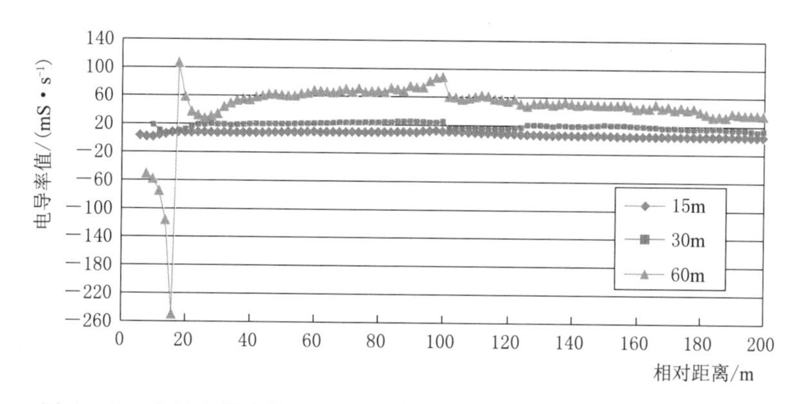

图 3－40 大地电导率仪 EM34－3 岸坝顶坝轴线下游平行线 2 检测结果

30m 测线相对距离 8～26m 范围内电导率曲线也有先降后升趋势，表明此处存在地质构造。15m 测线在相对距离 6～10m 范围内电导率为 0，异常低下，也与此处存在地质构造有关。

60m 测线和 30m 曲线在相对距离 28～104m 范围内，电导率均增加较多，其原因是受廊道斜坡段影响所致。

2. 瞬变电磁仪 GDP32 在右岸坝顶坝轴线下游平行线 2 检测结果

瞬变电磁仪 GDP32 右岸坝顶坝轴线下游平行线 2 检测结果绘于图 3－41，在相对距离 0～20m、埋深－30～－42m 范围内，以及相对距离 43～65m、埋深－50～－65m 范围内，各存在 1 个较明显的地质构造，两个地质构造均呈低阻态，表明可能存在渗漏通道，且两个地质构造的埋深在大于－63m 以内，可能具备渗漏条件。

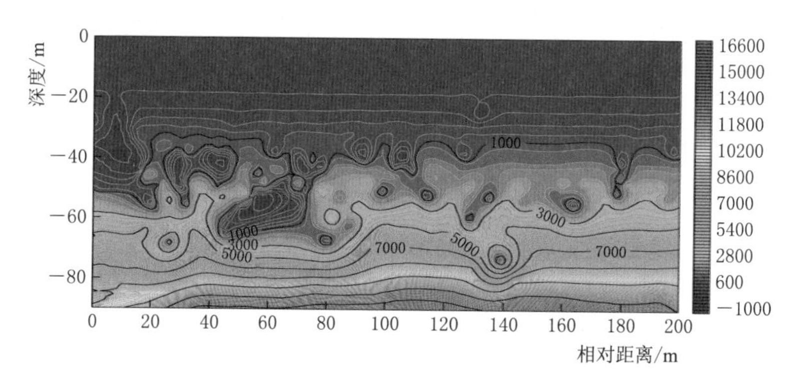

图 3－41 瞬变电磁仪 GDP32 在右岸坝顶坝轴线下游平行线 2 检测结果

3.2.3.4 右岸一级马道检测结果

右岸一级马道测线（测线 3）检测的目的物是堆石体及其基础，其检测结果解读如下：

1. 大地电导率仪 EM34－3 检测结果

右岸一级马道的检测目标是主堆石体及其基础。

大地电导率仪 EM34－3 右岸一级马道检测结果绘于图 3－42。图中横坐标 0 点在右岸山脚。图 3－42 中显示，60m 测线相对距离 20～34m 范围内电导率曲线为正值，表明此处检测深部仍在右岸山坡。当电导率值变为负值，表明检测已经进入河床段。测线的电导率在4～－2.8mS/m 之间，负电导率表明地层产生的电磁场达到接收线圈时与二次场反向，且幅值大于二次场。

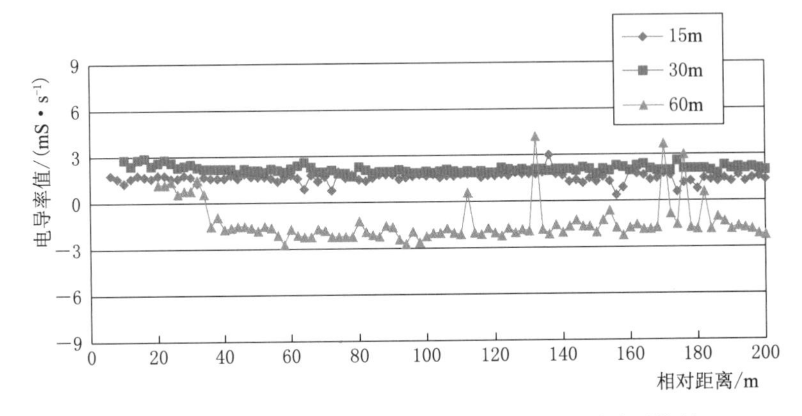

图 3－42　大地电导率仪 EM34－3 右岸一级马道检测结果

30m 测线和 15m 测线检测主体为堆石体。两条曲线显示的电导率波动不大，表明堆石体比较均匀，且含水量少。

2. 瞬变电磁仪 GDP32 右岸一级马道检测结果

图 3－43 绘出瞬变电磁仪 GDP32 在一级马道检测结果。图中虚红线标出沥青混凝土防渗心墙基础的高程 4034.90（测深－40.10m）。由图 3－43 可以看出，在虚红线以上图像很均匀，表明该部分主堆石填料很均匀。

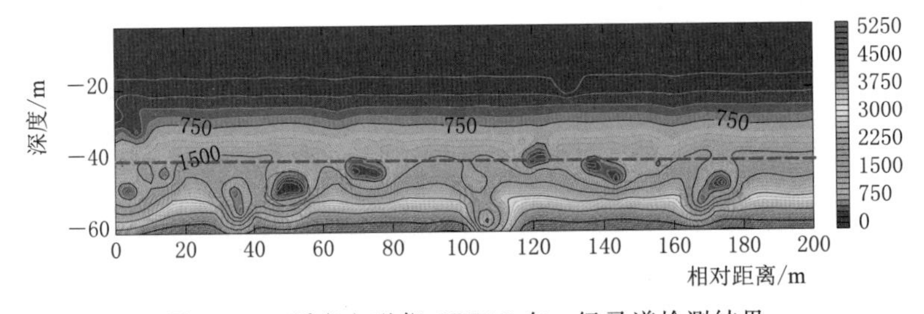

图 3－43　瞬变电磁仪 GDP32 在一级马道检测结果

在虚红线沥青混凝土防渗心墙下游，心墙基础以下河床内，存在 5 个低阻区，表明这些部位含细颗粒土较多。

对比分析图 3－41 与图 3－43，可以看出地质构造属于同一地质构造，该构造存在许多破碎带。这些破碎带的部分埋深小于 63.40m（高程大于 4037.10m，如图 3－43 中红色虚线所示），具备库水渗漏条件。其他部位与上下探测断面结果图进行对照，不构成渗漏通道，因此不具备渗漏条件。

3.2.3.5 右岸二级马道检测结果

右岸二级马道测线（测线 4）检测的目的物是堆石体及其基础，其检测结果解读如下：

1. 大地电导率仪 EM34-3 检测结果

右岸二级马道的检测目标是主堆石体及其基础。大地电导率仪 EM34-3 右岸二级马道检测结果绘于图 3-44，图中横坐标 0 点在右岸山脚。图 3-44 中显示，60m 测线相对距离 20～22m 范围内电导率曲线为正值，表明此处检测深部仍在右岸山坡。当电导率值变为负值，表明检测已经进入河床段。测线的电导率在－1.0～－3.6mS/m 之间，电导率较高的区域含细颗粒土较多。

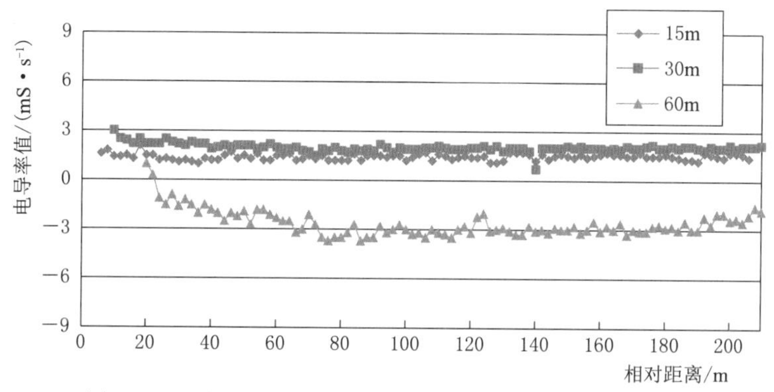

图 3-44 大地电导率仪 EM34-3 右岸二级马道检测结果

30m 测线和 15m 测线检测主体为堆石体。两条曲线显示的电导率波动不大，表明堆石体比较均匀。30m 测线在相对距离 136～142m 之间电导率由 2mS/m 降为 0.6mS/m，表明该处存在较大堆石体、含细颗粒土较少。

2. 瞬变电磁仪 GDP32 右岸二级马道检测结果

图 3-45 绘出瞬变电磁仪 GDP32 在二级马道检测结果。图中虚红线标出沥青混凝土防渗心墙基础的高程 4034.90（测深－17.10m）。由图 3-45 可以看出，在虚红线以上图像很均匀，表明该部分主堆石体填料很均匀。

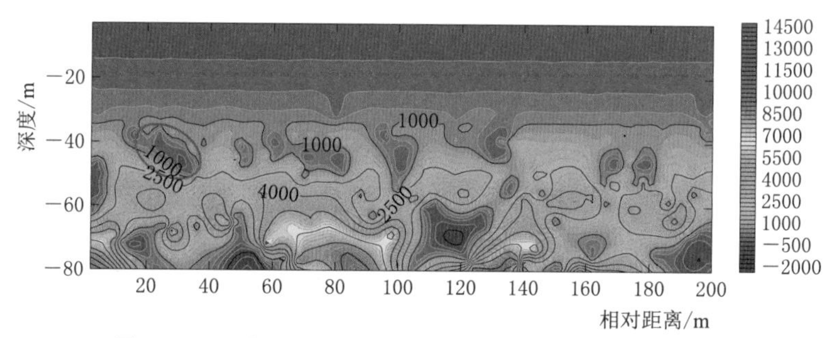

图 3-45 瞬变电磁仪 GDP32 在右岸二级马道检测结果

在虚红线沥青混凝土防渗心墙下游，心墙基础以下河床内，存在 3 个较大地质构造和若干较小的低阻区，表明该处含细颗粒土较多，它们的埋深均在虚红线沥青混凝土防渗心墙基础 30m 以下，与大坝挡水建筑物是否渗漏无关。

在相对距离 46～58m，埋深－70～－80m 范围内，以及相对距离 110～125m，埋深

－65～－75m范围内，各存在1个较明显的地质构造，两个地质构造均呈低阻态，表明该部位可能存在渗漏点。

3.2.3.6　左岸坝顶轴线下游平行线检测结果

左岸坝顶轴线下游平行线（测线9）的检测结果解读如下：

1. 大地电导率仪EM34－3检测结果

大地电导率仪EM34－3左岸坝顶轴线检测结果绘于图3－46。检测以坝轴线0点为0点，图中横坐标0点在左岸山脚。

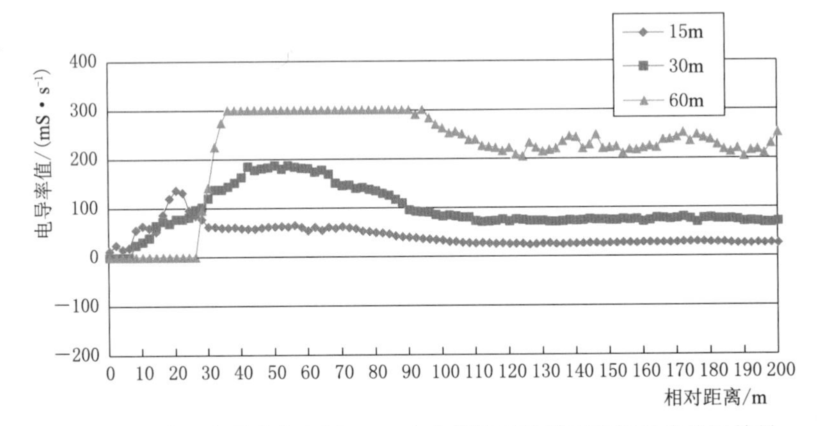

图3－46　大地电导率仪EM34－3在左岸坝顶轴线下游平行线检测结果

图3－46中显示，60m测线相对距离26～116m和30m测线相对距离8～110m范围内电导率曲线陡升陡降，而且变化幅度很大。其原因是该处地下为廊道斜坡段，受廊道内钢筋网影响所致。

15m测线在相对距离0～22m范围内曲线总趋势升高，也是受廊道内钢筋网影响所致。其间电导率有些许波动，表明左岸山体浅层存在地质结构。

2. 瞬变电磁仪GDP32在左岸坝顶轴线下游平行线检测结果

在左岸坝顶坝轴线相对距离0～80m，埋深－20～－60m范围内，存在1个较明显的地质构造，该地质构造呈连续状，与图3－47瞬变电磁仪GDP32在左坝肩上游公路检测结果所示地质构造属于同一地质断裂带。该断裂带的部分埋深小于－65.60m（高程大于4034.90m，如图3－47所示），具备库水渗漏条件。但是，由于左岸离右岸廊道渗漏点太远，不会对右岸廊道渗漏产生影响，渗漏水通过左岸绕坝渗流通道流向下游河道。

由于瞬变电磁仪GDP32在检测深度0～20m范围内存在盲区，无法检测到该深度范围内存在的异常点。

3.2.3.7　左岸坝肩公路（上下游）检测结果

左坝肩公路包括上游公路（测线10）和下游公路（测线11），其中坝轴线与公路交界点为零点，上游桩号为负，下游桩号为正，测线总长400m，检测结果解读如下：

1. 大地电导率仪EM34－3左岸坝肩公路（上下游）检测结果

大地电导率仪EM34－3左岸坝顶轴线检测结果绘于图3－48。以坝轴线为检测0点，图中横坐标0点在左岸山脚。

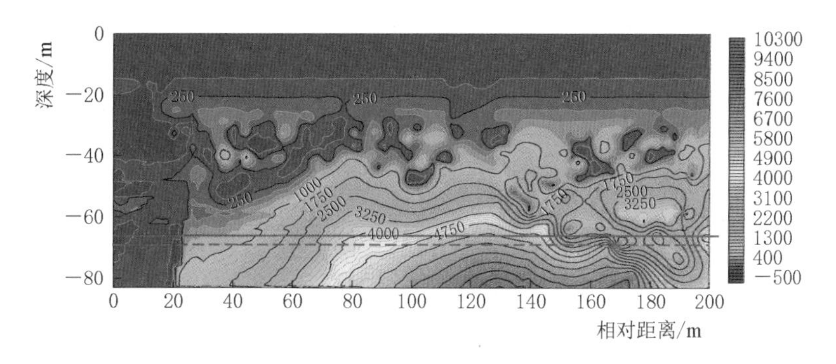

图 3-47 瞬变电磁仪 GDP32 在左岸坝顶轴线下游平行线检测结果

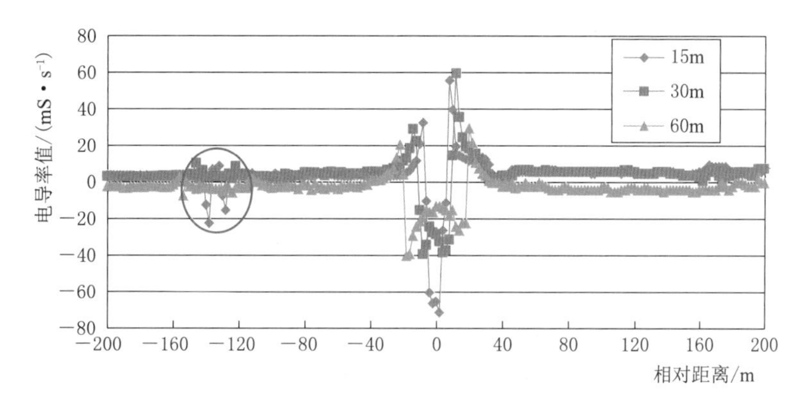

图 3-48 大地电导率仪 EM34-3 左岸坝肩公路（上下游）检测结果

图 3-48 中显示，三条测线在相对距离－126～－148m 和－30～32m 范围内电导率曲线陡升陡降，而且变化幅度很大，并且出现负值，表明此范围内存在地质断裂带，明显具有渗漏条件。

2. 瞬变电磁仪 GDP32 左坝肩公路（上下游）检测结果

图 3-49 绘出瞬变电磁仪 GDP32 检测结果。整个视图显示在检测范围内左岸山体存在许多大小不等的地质构造，其中在相对距离 120～150m、测深－50～－65m 处以下存在一个低电阻率异常区，这与图 3-48 的 EM34-3 的结果相吻合，表明该部位可能存在地质构造。这些地质构造的高程均在库水位以下，具备渗漏条件。

在埋深－76m 以下，存在 1 个高阻地质异常区，表明该处山体较完整。

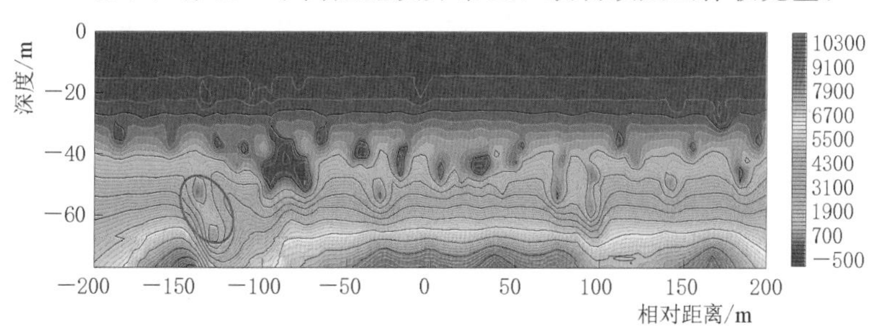

图 3-49 瞬变电磁仪 GDP32 在左坝肩公路（上下游）检测结果

由于瞬变电磁仪 GDP32 在检测深度 0～20m 范围内存在盲区，无法检测到该深度范围内存在的异常点。由此，不排除在检测深度 0～20m 范围内存在地质异常的可能性。

综上所述，根据大地电导率仪和瞬变电磁仪在左岸坝轴线和左岸上游公路检测结果，可以得出如下结论：在沿公路－126～－148m 和－30～32m 范围内存在地质异常带，具备渗漏条件。

3.2.3.8　大坝右岸下游坝脚检测结果

右岸下游坝脚测线检测（测线 10）结果解读如下：

1. 大地电导率仪 EM34－3 检测结果

大地电导率仪 EM34－3 左岸坝顶轴线检测结果绘于图 3－50。以右岸坝脚压重平台与右岸山体交点为检测 0 点，图中横坐标 0 点在右岸山脚。

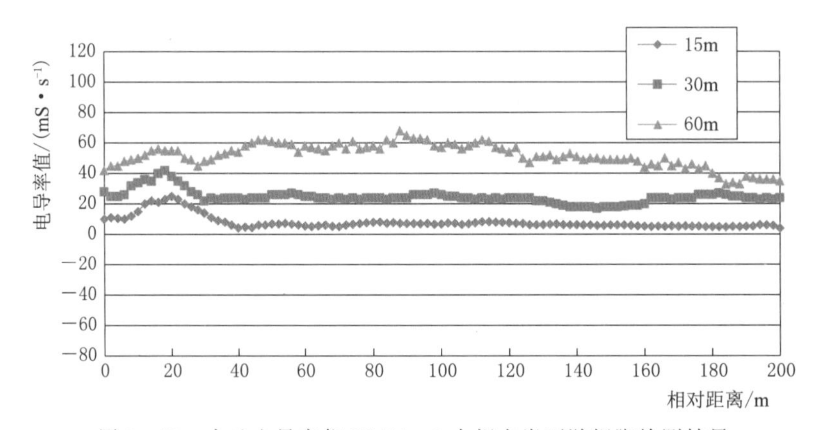

图 3－50　大地电导率仪 EM34－3 大坝右岸下游坝脚检测结果

图 3－50 中显示，三条测线在相对距离 6～30m 范围内电导率曲线有明显变化，表明此范围内存在地质断裂带，具有渗漏条件。

2. 瞬变电磁仪 GDP32 大坝右岸坝脚检测结果

图 3－51 绘出瞬变电磁仪 GDP32 检测结果。

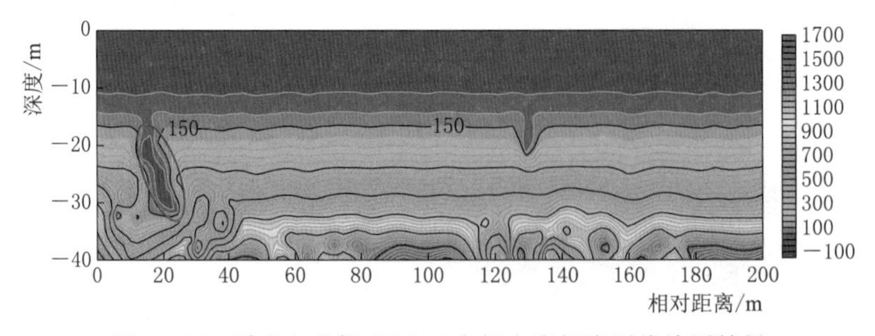

图 3－51　瞬变电磁仪 GDP32 大坝右岸坝脚测线检测结果

检测结果显示，整个视图都显示在检测范围内，相对距离 12～23m、测深－16～－32m 范围内存在一个低阻异常区，这与图 3－50 所示 EM34－3 的检测结果一致，表明该部位可能存在渗漏通道。

综上分析，根据大地电导率仪和瞬变电磁仪在大坝右岸坝脚的检测结果，可以明显看出在右岸坝脚处相对距离12～23m、测深－16～－32m范围内存在一个低阻异常区，即左侧廊道渗漏点的廊道底部区域存在一个低阻异常区，具备库水渗漏条件。

3.2.4 弹性波法检测结果

3.2.4.1 廊道内稳态表面波法检测结果

为查明右岸廊道上游面渗水点与心墙之间是否存在脱空区域，采用稳态表面波法在右岸廊道侧壁布置一条测线，测线位于灌浆廊道渗水点附近，廊道侧壁上游面。

根据现场采集记录的波形和表面波走时，计算测点表面以下等效传播深度范围内R波（瑞利波）波速平均值。这个速度反映的是表面以下特定深度处两个拾振点P1和P2之间混凝土的平均特性。针对现场检测到的各种不同频率与表面波走时曲线，应用以下评判方法来确定廊道与沥青心墙之间是否存在不密实区。

随着测试频率的降低，测试深度的增加，出现测试点的远端拾振器接收信号衰减很大，甚至无法接受到测试信号。通过计算表面波波速，会出现低速异常区。这表明该测试点存在内部脱空区或内部存在较大裂隙区。典型波形如图3－52所示，图中记录了现场同时采集的四道波形分别是A1、A2测点近接收传感器波形、远接收传感器波形，图中为近表面层1.0m以上的现场测试波形，波形均属正常。

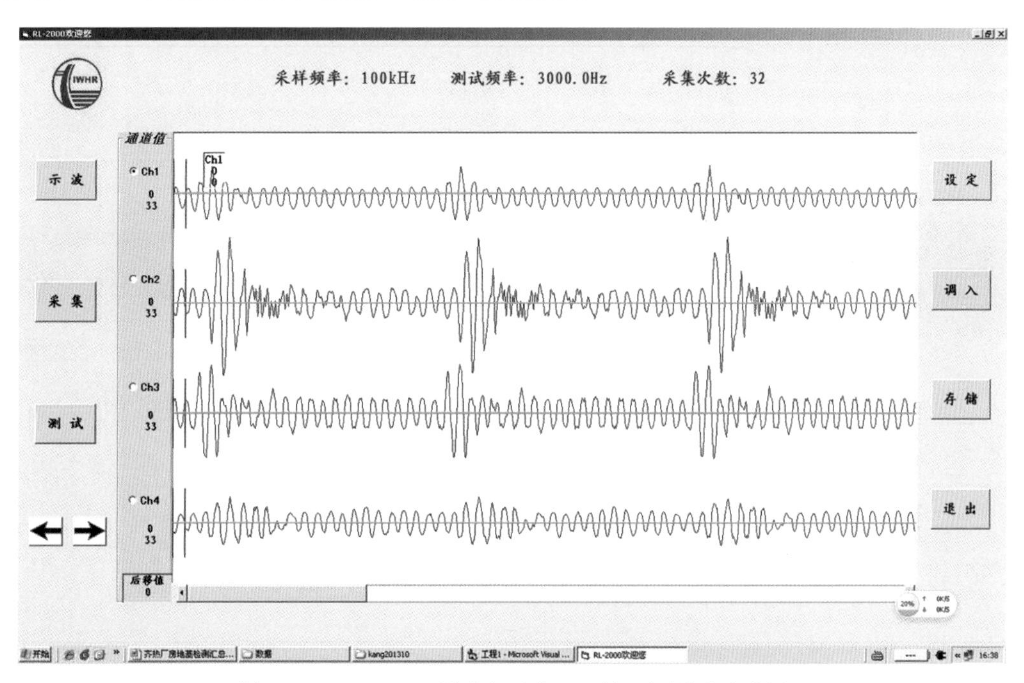

图3－52 A1、A2测试点近表面区域现场测试波形图

当测试频率下降至980～1020Hz时，传感器接收的波形变小，特别是两个远接收传感器的波形显著变小并出现畸变，说明表面波的传播深度已深入1.0m以下范围。且声时由550μS突然增大至1000～1100μS，说明表面波的传播介质发生变化，表面波波速从2200m/s减小至1200～1300m/s，对照廊道结构图和施工过程，廊道侧壁厚度为1.0m，

1.0～1.4m范围内为回填过渡料，说明检测结果与实际相符。对应波形如图3-53所示。测试点A1和A2的频散图如图3-54、图3-55所示。

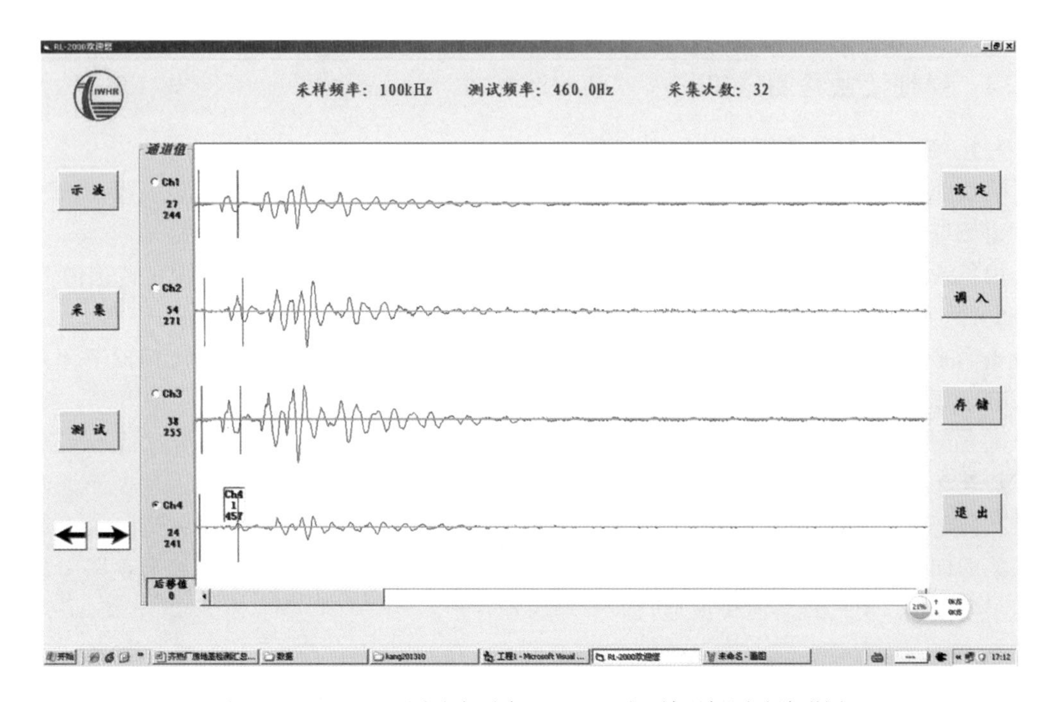

图3-53　A1、A2测试点平台1.0m以下区域现场测试波形图

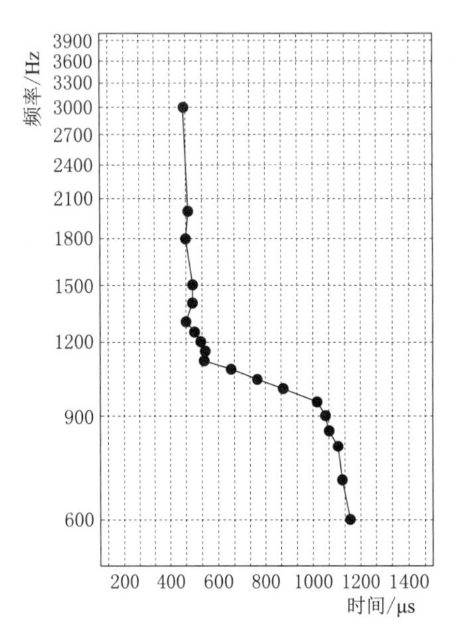

图3-54　A1测试点频散图

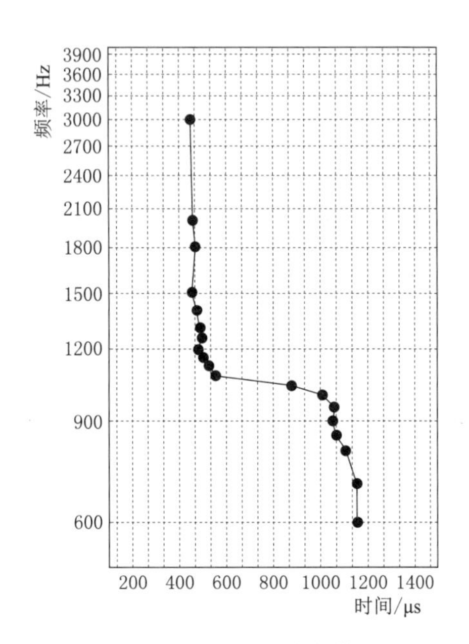

图3-55　A2测试点频散图

如果廊道侧壁与过渡料之间存在脱空，考虑到该部位的具体位置，则脱空部分被水填充，表面波通过介质的顺序为混凝土—水—过渡料，由于表面波在水中的波速低于在过渡

料中的波速，因此表面波波速将先降低，后升高。因此，可通过频率—时间曲线的形态来判断是否存在脱空。

由于篇幅所限，不能将所有测试点的分析过程一一呈现。其他测试点的分析工作均按照以上标准进行，得到最终的测试分析结果。

综上分析，根据稳态表面波法在右岸廊道侧壁的检测结果，25 个表面波测点均未发现脱空现象，表明在右岸廊道上游面渗漏出水点的廊道侧壁与心墙之间未发现脱空区域。

3.2.4.2 右岸绕坝测线瞬态面波检测结果

右坝肩公路包括上游公路（测线 7）和下游公路（测线 8），其中坝轴线与公路交界点为零点，上游桩号为负，下游桩号为正，测线总长 400m，瞬态面波法在右坝间公路上下游的检测结果如图 3-56 所示。

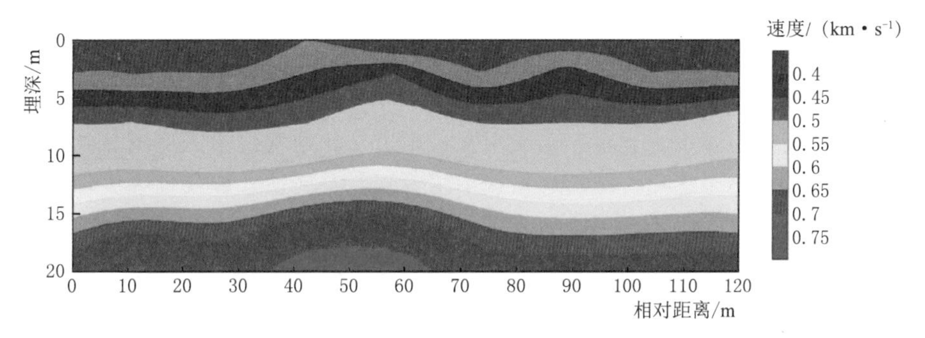

图 3-56 右岸坝肩部分测点波速剖面图

对各个测点进行数据处理、分析，得到各测点的频散曲线，然后生成各条测线的面波速度剖面图，由频散曲线和面波速度剖面可得到如下解释：

右坝肩测线勘探深度范围内面波速度普遍较低，可能由填土层和破碎岩石引起。在地表至地下 5m 附近，面波速度范围为 350～450m/s；在地下 5m 至地下 20m 附近，面波速度范围为 500～750m/s。在地表以下 15m 附近，频散曲线出现小拐点，面波速度有局部异常，但变化不大。

在面波速度剖面图中，面波波速的变化均匀，呈层状分布，大体上与地形线平行，不存在局部突然变化等现象。

3.2.5 结论

采用 EM34-3 型大地电导率仪、GDP32 型瞬变电磁仪、稳态表面波仪和瞬态表面波仪等仪器对该水利枢纽大坝渗漏、左右岸绕坝渗流及廊道基础进行了现场检测，并结合观测资料进行廊道渗漏综合分析，得到如下结论：

（1）根据右坝肩公路测线的检测结果，坝轴线附近从上游相对距离－36m 到下游相对距离 42m，埋深小于 50～110m 区域，存在破碎带，该破碎带与库水接触，渗漏可能性大。

（2）根据右岸坝顶轴线平行线测线 1 的检测结果，显示右岸山体与防渗墙顶部基座的结合部（廊道拐角处）存在一个明显的低阻异常，该部位在廊道渗水点底板以下，具备向基础廊道渗漏点渗漏的条件。

（3）根据右岸坝顶轴线平行线测线2，右岸一级马道和右岸二级马道的检测结果，均在坝体与右岸山体的结合部发现低阻异常区，表明该部位可能存在渗漏点。

（4）根据在大坝右岸坝脚的检测结果，右岸坝脚处相对距离12～23m、测深－16～－32m范围内存在一个低阻异常区，具备库水渗漏条件。

（5）根据电磁法探测结果，表明在廊道桩号0＋958.00～0＋968.00，渗漏点底板以下高程4024.00～4034.00m范围内存在低阻异常区，表明该处含水量高，电阻率低，推测是由于基础防渗墙与帷幕灌浆结合部存在薄弱部位，导致库水经右岸山体和该薄弱部位渗透至廊道底板，后经施工缝渗出。

（6）根据稳态表面波法在右岸廊道侧壁的检测结果，25个表面波测点均未发现脱空现象，表明在右岸廊道上游面渗漏出水点的廊道侧壁与心墙之间未发现脱空区域。

（7）根据瞬态面波法在廊道内部和右岸绕坝测线的检测结果，在廊道内和右岸绕坝测线面波速度剖面图中，面波波速的变化均匀，呈层状分布，大体上与地形线平行，不存在局部突然变化等现象。

综上分析，廊道渗漏水主要由库水或山水经廊道基础结构缝进入廊道，渗水清澈，渗水量稳定，且廊道与心墙之间，廊道底板以下未发现脱空区域。建议加强大坝右岸部位的安全监测，根据监测数据研究下一步的处理方案。

3.3　水电站引航道围堰防渗墙渗漏检测

3.3.1　工程概况

某水电站枢纽工程由挡水建筑物、泄水建筑物、引水建筑物、厂房及升压变电设备、通航建筑物组成。拦河坝为碾压混凝土重力坝，坝高110m，坝顶高程612.00m。正常蓄水位602.00m，总库容11.39亿m^3。工程以发电为主，安装5台水轮发电机组，单机额定容量350MW，总装机容量1750MW。

施工过程中，发现引航道围堰存在几处集中渗漏点，渗漏量较大。渗漏点的存在不仅阻碍基坑的开挖，排水工作量增大，还时刻危害着围堰的基础稳定和安全度汛，延误工期。

为查明围堰存在渗漏集中区的原因及位置，为围堰渗漏处理方案提供依据，保证工程按进度施工，作者采用瞬变电磁仪GDP－32^{II}和EM34－3型大地电导率仪，对水电站下游引航道围堰长度约250m范围内的防渗墙进行渗漏探测。

3.3.2　现场检测

根据要求，对引航道围堰防渗墙分4段依次进行检测，测线长度分别为65m、56.5m、62m、45m，测线布置及起始点如图3－57所示。

3.3.3　检测结果

根据测线布置图，在2010年3月3—7日，利用瞬变电磁仪和大地电导率仪对引航道围堰进行了分段探测，探测到的数据经分析处理得到如图3－58～图3－61所示的探测结果图。

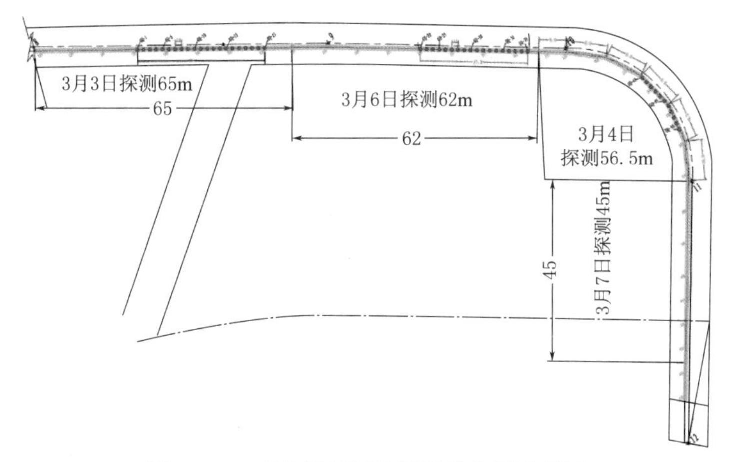

图 3-57 引航道围堰检测测线布置示意图

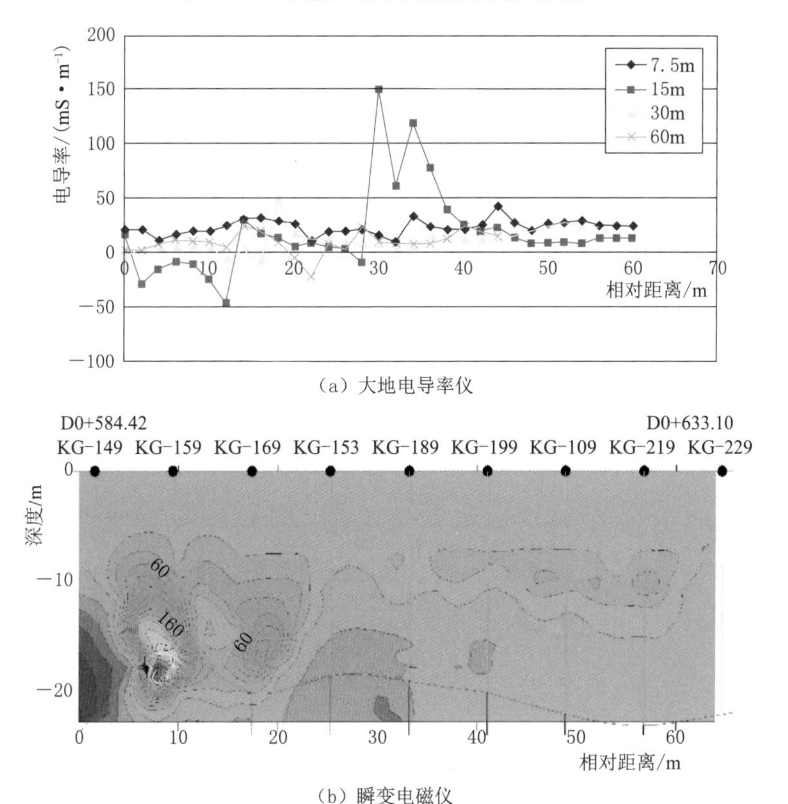

(a) 大地电导率仪

(b) 瞬变电磁仪

图 3-58 防渗墙大地电导率仪、瞬变电磁仪检测结果剖面图（桩号 D0+584.42～D0+633.10）

图 3-58～图 3-61 所示探测结果剖面图中，纵坐标表示由堰顶计算的深度；横坐标表示由纵向围堰左边沿计算的桩号。大地电导率法检测结果叠加了高喷墙施工纵剖面图，以便准确确定渗漏部位的坐标位置，便于灌浆封堵。

由图 3-59 可以看出在相对距离 20～23m（桩号 0+653.00～0+656.00）、深度 17～20m 范围和相对距离 47～52m（桩号0+680.00～0+685.00）、深度 15～20m 范围的高喷墙内存在电阻率异常区，提示可能存在渗漏区。

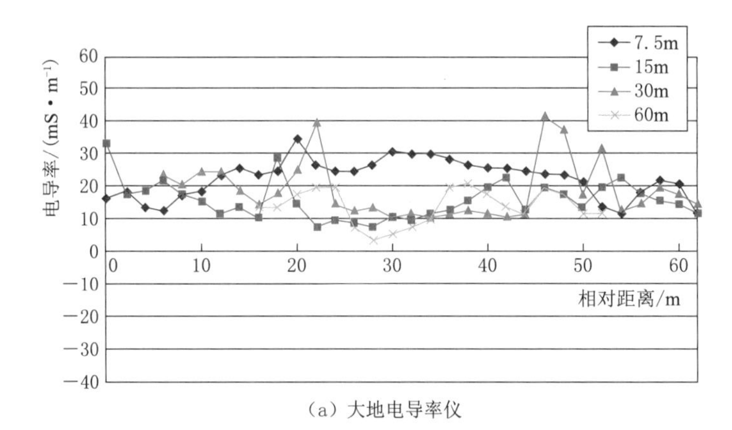

(a) 大地电导率仪

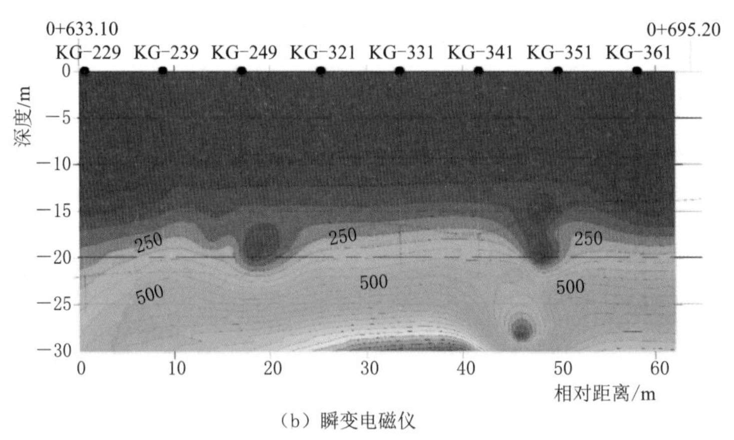

(b) 瞬变电磁仪

图3-59　防渗墙大地电导率仪、瞬变电磁仪检测结果剖面图
(桩号0+633.10～0+695.20)

图3-61在相对距离3～8m(桩号0+726.00～0+731.00)、深度10～15m范围和(桩号0+743.00～0+744.00)、深度12～13m范围的基岩里存在明显异常区，提示可能存在严重渗漏区域。

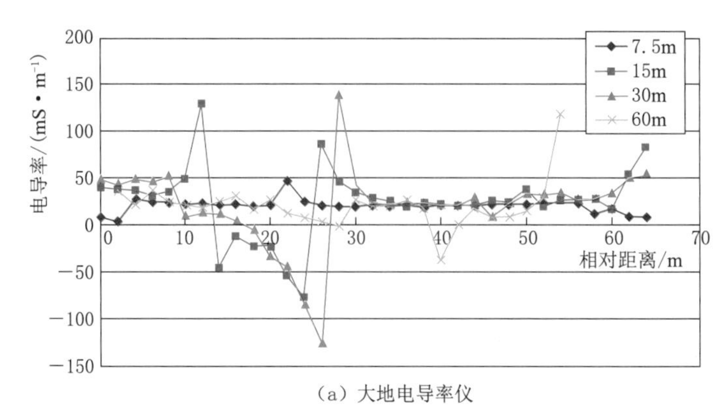

(a) 大地电导率仪

图3-60(一)　防渗墙大地电导率仪、瞬变电磁仪检测结果剖面图
(桩号0+695.20～0+723.25)

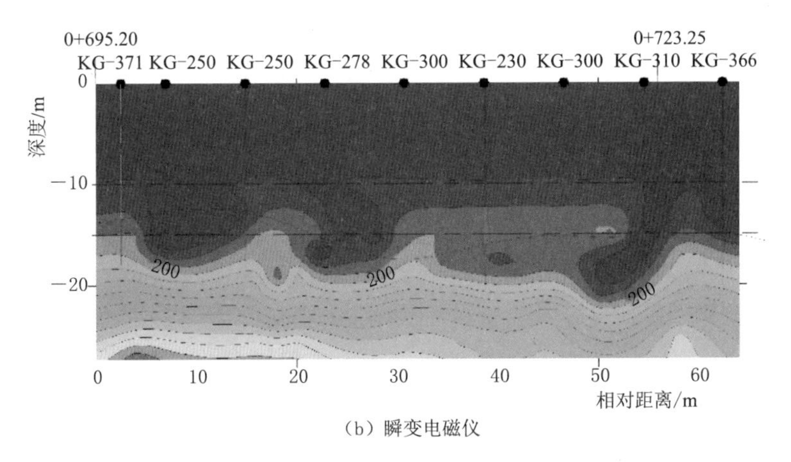

（b）瞬变电磁仪

图 3-60（二） 防渗墙大地电导率仪、瞬变电磁仪检测结果剖面图

（桩号 0＋695.20～0＋723.25）

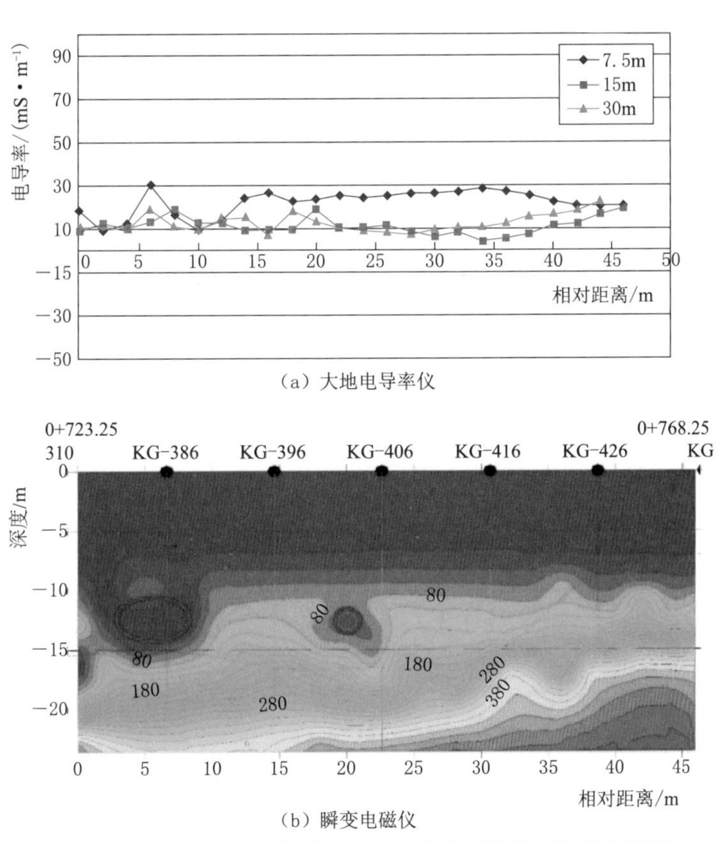

（a）大地电导率仪

（b）瞬变电磁仪

图 3-61 防渗墙大地电导率仪、瞬变电磁仪检测结果剖面图

（桩号 0＋723.25～0＋768.25）

3.3.4 结论

应用瞬变电磁仪 GDP-32Ⅱ 和大地电导率仪 EM34-3 对水电站引航道围堰防渗墙进

行渗漏综合探测。探测结果表明：

（1）引航道围堰防渗墙的质量，除个别部位较不均匀外，总体质量较好。

（2）引航道围堰主要渗漏区在桩号0+726.00～0+731.00、深度10～15m的区域。

3.4 水电站围堰渗漏检测

3.4.1 工程概况

某水电站二期上游围堰为碾压式斜墙堆石坝，采用复合土工膜斜墙与普通混凝土防渗墙防渗。围堰堰顶高程3280.00m，最大堰高40m。底部采用30cm垫层料和200cm过渡料进行保护；表面采用10cm厚C20混凝土进行保护。堰基防渗采用全封闭式普通混凝土防渗墙，墙厚0.8m，防渗墙嵌入基岩1m，最大深度约55m。对堰基及堰肩部位进行单排帷幕灌浆，深入Ⅱ类围岩1m，孔间距2m。

下游围堰为碾压式心墙堆石坝，采用复合土工膜心墙与普通混凝土防渗墙防渗。围堰堰顶高程为3260.00m，最大堰高16m。基础防渗采用全封闭式普通混凝土防渗墙，防渗墙施工平台高程为3250.00m，防渗墙嵌入基岩1m，最大深度约51m，墙厚0.8m。对堰基部位进行单排帷幕灌浆，深入Ⅱ类围岩1m，孔间距2m。

电站成功截流后，上游围堰堰脚右侧和中部、下游围堰齿槽右侧、基坑上游左侧陆续出现多个渗水点。

为检测出围堰存在渗漏集中区的原因及位置，为围堰渗漏处理方案提供依据，保证工程按进度施工，采用瞬变电磁仪GDP-32Ⅱ和EM34-3型大地电导率仪两种物探仪器，对该水电站二期上、下游围堰防渗墙渗漏进行综合探测。

3.4.2 现场检测

根据现场情况，在上游围堰布置5条测线，下游围堰布置2条测线，测线1～4的零桩号为上游围堰防渗墙的零桩号，测线5～6的零桩号为下游围堰防渗墙与导流明渠的相交点。测线布置如图3-62所示。

上游围堰5条测线具体位置叙述如下：

（1）测线1。防渗墙轴线上，测线长度206m。

（2）测线2。与防渗墙轴线平行，距防渗墙轴线下游2m，测线长度206m。

（3）测线3。堰顶轴线上，测线长度226。

（4）测线3-绕坝。沿公路从上游至下游，测线长度118m。

（5）测线4。下游马道上，测线长度236m。

测线1～4的零桩号为上游围堰防渗墙的零桩号。

下游围堰2条测线具体位置叙述如下：

（6）测线5。与下游围堰防渗墙轴线平行，距防渗墙轴线上游6m，测线长度200m。

（7）测线6。与下游围堰防渗墙轴线平行，距防渗墙轴线上游2m，下游马道上，测线长度216m。

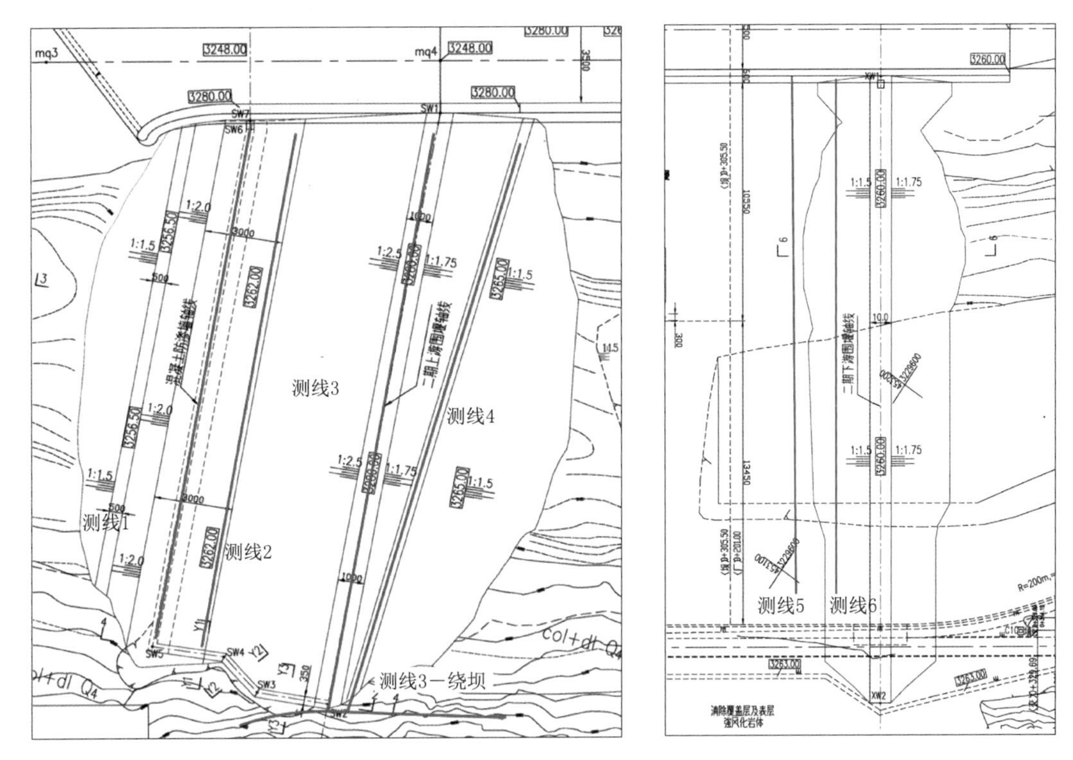

图 3-62 二期上、下游围堰防渗墙渗漏检测测线布置图

测线 5～6 的零相对距离为上游围堰防渗墙与导流明渠相交点。

3.4.3 典型数据

3.4.3.1 上游围堰检测结果图

图 3-63 表示 EM34-3 型大地电导率仪在上游围堰防渗墙下游测线 2 的检测结果，测线 2 位于防渗墙下游 2m。检测结果表明：在河床段检测深度越深，电导率越大；在靠近右岸部位，深部岩体较完整，含水量较少，电导率较小，而浅部的电导率较大。相对距离3～45m 区域内，15m、30m、60m 三条测深曲线交错，表明地层可能存在渗漏异常区，

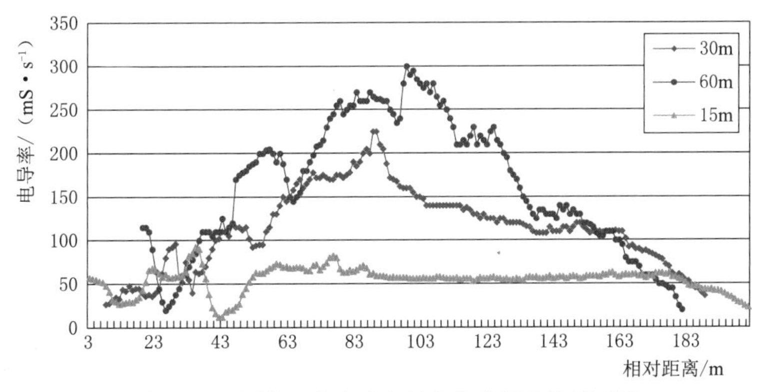

图 3-63 测线 2 的大地电导率仪检测结果剖面图

如果在此区域内防渗体不完整，可能产生渗漏。此外，三条曲线的测值偏大，并且呈不平滑状，这是受检测区域内存在钢筋混凝土导墙和施工机械等铁磁性物质的影响所致。

图3-64表示瞬变电磁仪在上游围堰防渗墙下游测线2的检测结果，图中叠加了防渗墙的轮廓图。图3-64中显示，在相对距离10～50m区域内和相对距离168～198m区域内，防渗墙底部存在低阻区，这两个区域存在渗漏的可能性较大。

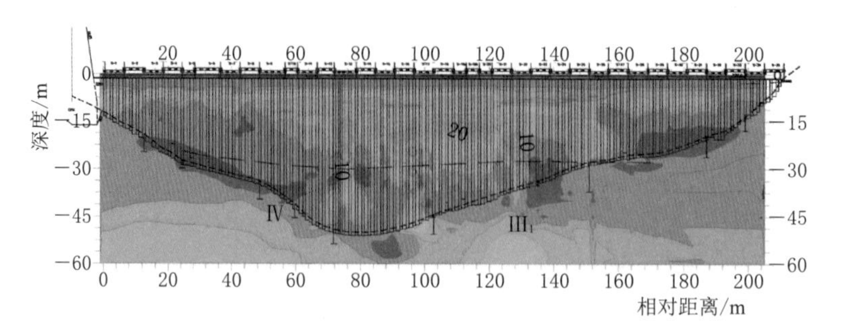

图3-64　测线2的瞬变电磁仪探测结果剖面图

图3-65表示EM34-3型大地电导率仪在上游围堰堰顶测线3的检测结果。在相对距离10～134m区域内，60m深测线的电导率测值略大于30m深测线的电导率测值。而在相对距离138～180m区域内，图形显示存在渗漏异常区，该渗漏异常区的深部走向指向大桩号。

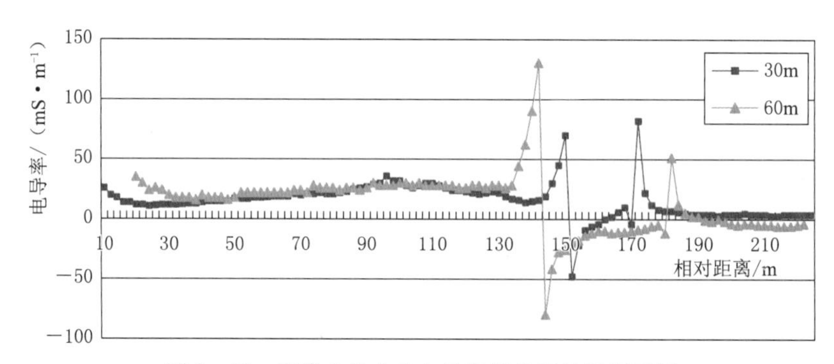

图3-65　测线3的大地电导率仪检测结果剖面图

图3-66表示瞬变电磁仪在上游围堰堰顶测线3的检测结果。图3-66中显示在相对距离142～226m区域内，在深度约55m以下，电阻率较低，表明该区域可能存在渗漏异常区。这一检测结果，与图3-65中EM34-3型大地电导率仪的检测结果相符合：该区域存在渗漏异常区，其深部走向指向大桩号。

图3-67表示EM34-3型大地电导率仪在上游围堰堰顶测线3（绕坝测线）的检测结果。在相对距离−20～36m区域内，60m深测线的电导率测值略低于30m深测线的电导率测值，而在相对距离36～76m区域内，图形显示存在渗漏异常区，该渗漏异常区的深部走向指向下游方向。

图3-68表示瞬变电磁仪在上游围堰堰顶测线3（绕坝测线）的检测结果。图3-68中显示在相对距离36～88m区域内，在深度约40m以下，电阻率较低，表明该区域内可能存在渗漏异常区。这一检测结果，与图3-67中EM34-3型大地电导率仪的检测结果相符合。

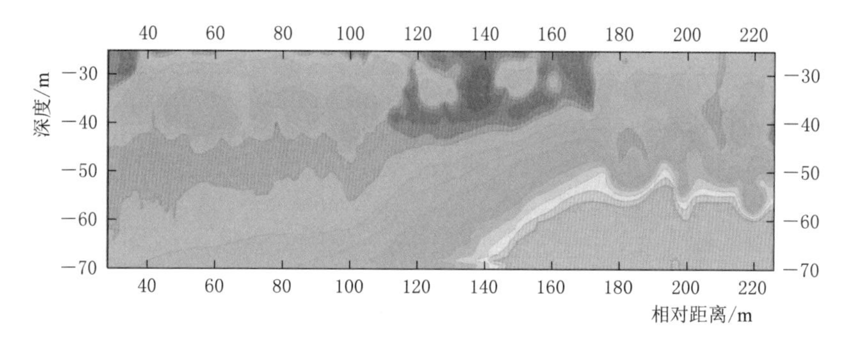

图 3-66　测线 3 的瞬变电磁仪探测结果剖面图

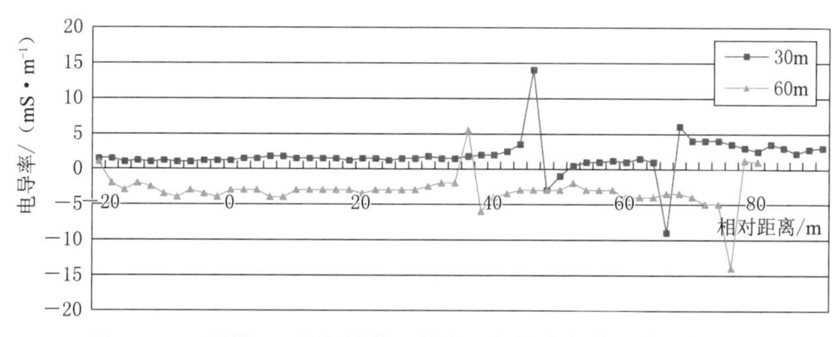

图 3-67　测线 3（绕坝测线）的大地电导率仪检测结果剖面图

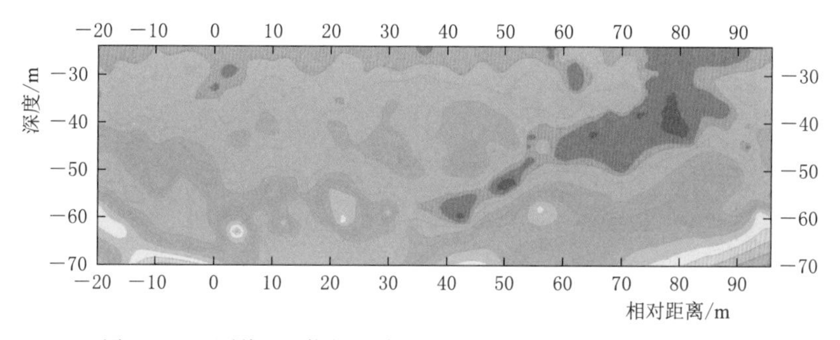

图 3-68　测线 3（绕坝测线）的瞬变电磁仪检测结果剖面图

图 3-69 表示 EM34-3 型大地电导率仪在上游围堰堰后马道的检测结果。在相对距离30～174m 区域内，60m 深测线的电导率测值略低于 30m 深测线的电导率测值，而在相对距离 174～216m 区域内，图形显示存在渗漏异常区，该渗漏异常区的深部走向指向大桩号方向。

图 3-70 表示瞬变电磁仪在上游围堰堰后马道测线 4 的检测结果。图 3-70 中显示在相对距离 164～226m 区域内，在深度约 55m 以下，电阻率较低，表明该区域内含水量比其他区域大，可能存在渗漏异常区。这一检测结果，与图 3-69 中 EM34-3 型大地电导率仪的检测结果相符合：该区域存在渗漏异常区，深部渗漏水可能经过该渗漏异常区流向下游。

综合图 3-63～图 3-70 的检测结果分析，可以得出结论：在上游围堰的检测范围内，推断存在如图 3-71 红色虚线所示的异常区域，渗漏水可能经过该渗漏异常区流向下游。

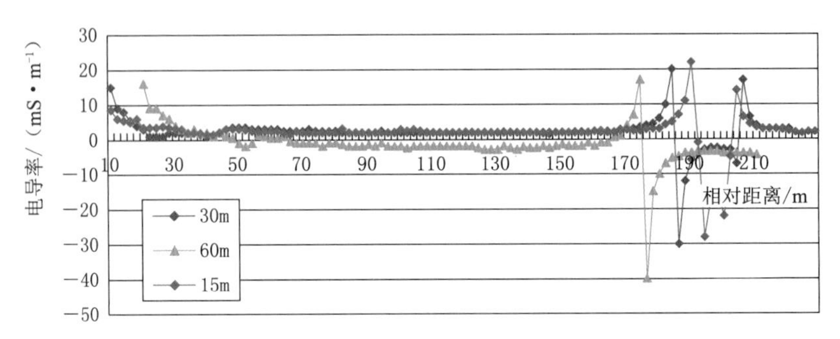

图3-69　测线4的大地电导率仪检测结果剖面图

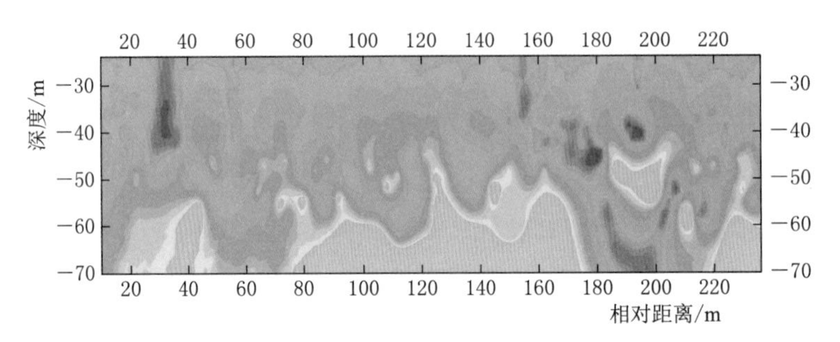

图3-70　测线4的瞬变电磁仪探测结果剖面图

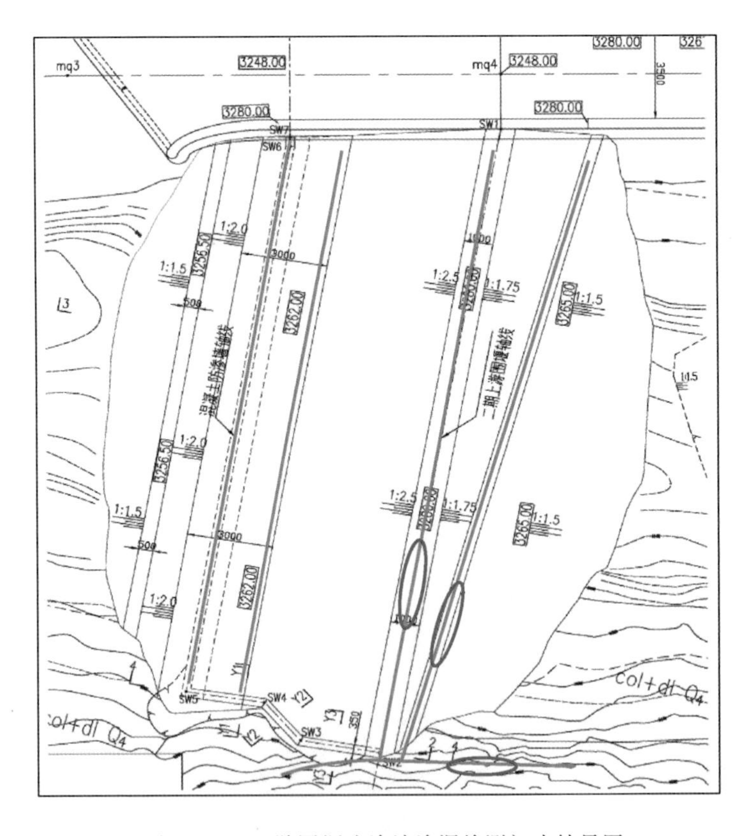

图3-71　上游围堰防渗墙渗漏检测初步结果图

依据图 3-64 表示瞬变电磁仪在上游围堰防渗墙测线 2 的检测结果，在相对距离 10～50m 区域内和相对距离 168～198m 区域内，防渗墙底部存在低阻区，推断这两个区域存在渗漏的可能性较大。

3.4.3.2 下游围堰检测结果图

根据下游围堰测线布置图，利用瞬变电磁仪和大地电导率仪对测线分别进行了分段探测，探测结果经数据处理得到如图 3-72～图 3-75 所示的探测结果图。

图 3-72 表示 EM34-3 型大地电导率仪在下游围堰堰顶测线 5 的检测结果。在相对距离 4～138m 区域内，15m 深测线的电导率测值略低于 30m 深测线的电导率测值，而在相对距离 140～156m 区域内，图形显示存在异常区。

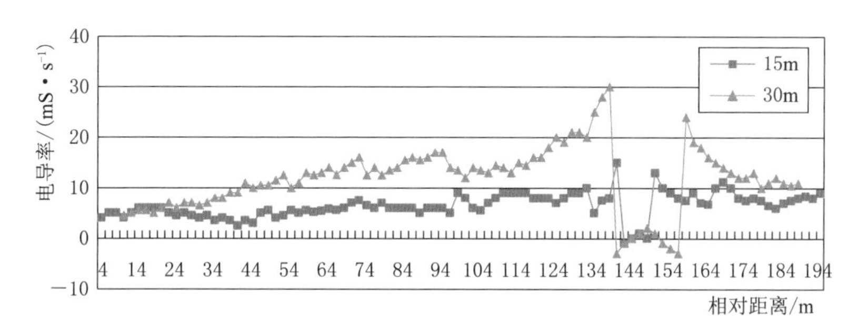

图 3-72 测线 5 的大地电导率仪检测结果剖面图

图 3-73 表示瞬变电磁仪在下游围堰测线 5 的检测结果。图 3-73 中显示在相对距离 138～158m 区域内，在深度约 10m 以下，电阻率较低，表明该区域内可能存在渗漏异常区。这一检测结果与图 3-72 中 EM34-3 型大地电导率仪的检测结果相符合。

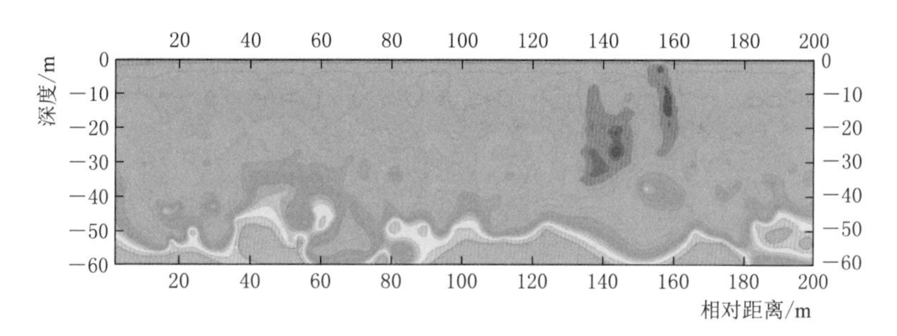

图 3-73 测线 5 的瞬变电磁仪探测结果剖面图

图 3-74 表示 EM34-3 型大地电导率仪在下游围堰测线 6 的检测结果。在相对距离 58～70m 和相对距离 94～114m 两个区域内，电导率曲线出现异常，异常区域性质不确定；在相对距离 154～174m 区域内，图形显示存在异常区，推断该异常区存在地质异常体。

图 3-75 表示瞬变电磁仪在下游围堰测线 6 的检测结果。图 3-75 中显示在相对距离 58～62m 和相对距离 150～170m 区域，在深度 5～15m 的范围内，电阻率较低，表明该区域内可能存在异常区。这一检测结果，与图 3-74 EM34-3 型大地电导率仪的检测结果相符合。

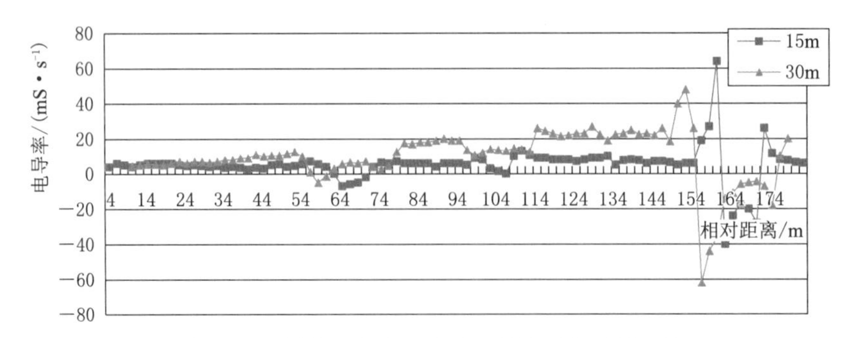

图3-74　测线6的大地电导率仪检测结果剖面图

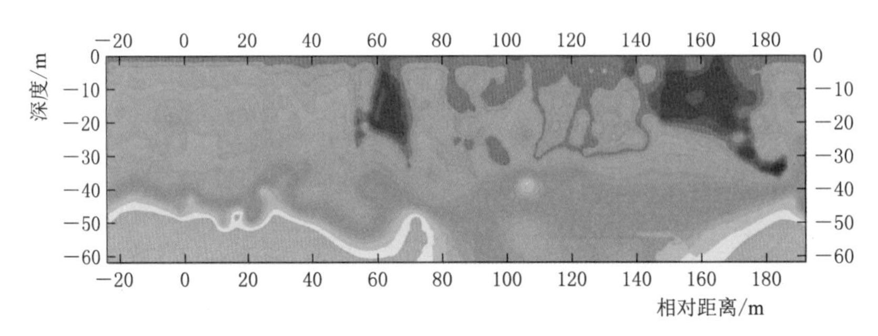

图3-75　测线6的瞬变电磁仪探测结果剖面图

综合图3-72～图3-75的检测结果分析，可以得出结论：在下游围堰的检测范围内，推断可能存在如图3-76红色虚线所示的异常区域，渗漏水可能经过该渗漏异常区流向上游。

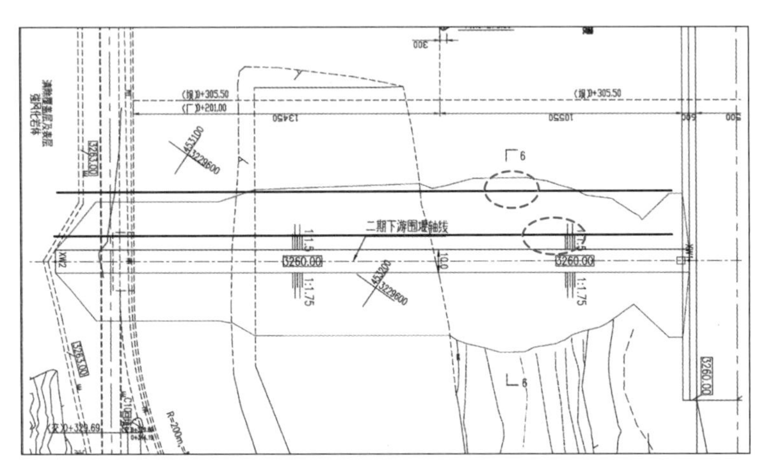

图3-76　推断可能存在的异常区域（图中红色虚线框）

3.4.4　结论

应用瞬变电磁仪GDP-32Ⅱ和大地电导率仪EM34-3对该水电站二期围堰防渗墙进行渗漏综合探测，探测结果表明：

（1）二期上游围堰在相对距离10～50m区域内和桩号168～198m区域内，防渗墙底部存在渗漏的可能性较大。

（2）二期下游围堰在相对距离150～170m区域内防渗墙底部存在渗漏的可能性较大。

3.5　土石坝渗漏检测

3.5.1　工程概况

某水库正常蓄水位239.50m，总库容1095万m^3，设计灌溉面积1万亩，电站装机容量2380kW，是一座以灌溉为主，兼顾防洪、发电、养殖等综合效益的中型水库。枢纽工程由大坝、溢洪道、坝下放空涵管、灌溉发电隧洞、泄洪隧洞、坝后电站、灌溉渠道等建筑物组成。大坝为土石坝，上游为均质土体，下游为堆石体，坝轴线呈上凸弧形，坝顶高程245.50m，坝顶长270m、坝顶宽4.50m、最大坝高41.50m。

坝址区的地形地貌以岩溶地貌为主，地表见有溶沟、溶槽、溶洞，左坝肩见有石笋、石芽；在开凿灌溉发电洞、泄洪洞和勘探钻孔时都遇见溶洞。现场地质钻探资料显示，坝址区岩溶极其发育。

自大坝建成后，经多次岩溶渗漏处理，大坝仍然存在明显渗漏。库水位222.00m时，实际测量下游坝脚渗漏流量为44.3L/s。2009年4月5日开始防渗工程施工，2010年1月19日完成防渗墙施工；2010年4月4日完成帷幕灌浆施工，在库水位216.60m时，下游坝脚实测渗漏流量仍达4.65L/s；2010年8月2日，完成高喷补强施工，在库水位218.80m时，下游坝脚实测渗漏流量仍达4.21L/s。

大坝进行多次防渗加固处理，虽然取得一定的成效，但在上游库水位较低的情况下，实测渗流量明显过大；在上游库水位升高时，渗流量会进一步加大，不仅影响水库经济效益的发挥，很可能引起大坝坝体或坝基破坏。基于水库的渗漏现状，为保证水库除险加固方案的有效性，需要对大坝防渗墙质量及渗漏情况进行综合检测，查明大坝坝脚渗漏水的主要来源，同时对大坝渗水原因进行分析，确保大坝的安全稳定运行。

3.5.2　现场检测

根据现场情况，此次检测采用EM34-3型大地电导率仪、GDP-32Ⅱ型瞬变电磁仪和探地雷达三种仪器，对水库大坝防渗墙、帷幕灌浆质量及坝体、坝基渗漏及绕坝渗流进行了综合物探检测，共布置8条测线（图3-77），各条测线位置及检测目的如下：

（1）测线1。测线1位于大坝防渗墙轴线上，长度270m，主要检测防渗墙均匀性、完整性及坝体、坝基渗漏情况。

（2）测线2。测线2位于大坝防渗墙轴线向下游方向1.5m处，与测线1平行，长度270m，主要检测坝体及坝基渗漏情况。

（3）测线3。测线3位于上游马道轴线及其延长线上，以上游马道左岸排水沟转弯处为0点，长度380m，主要检测坝体和基础渗漏情况。

（4）测线4。测线4位于下游马道轴线及其延长线上，以下游马道左岸排水沟右边墙为0点，长度180m，主要检测坝体和基础渗漏情况。

（5）测线5。测线5在左岸上坝公路上，以坝轴线0桩号为零点，长度135m，主要检测大坝左岸绕坝渗流情况。

（6）测线6。测线6为右岸公路，以溢洪道桥东边第一个栏杆东侧为0点，长度130m，主要检测大坝右岸绕坝渗流情况。

（7）测线7。测线7在上游一级电站公路上，长度150m，主要检测大坝左岸绕坝渗流情况。

（8）测线8。测线8为补充测线，位于上游坝坡马道下面的下马道高程220.00处，相对距离220～410m，长度190m，主要检测坝基渗漏及右岸绕坝渗流情况。

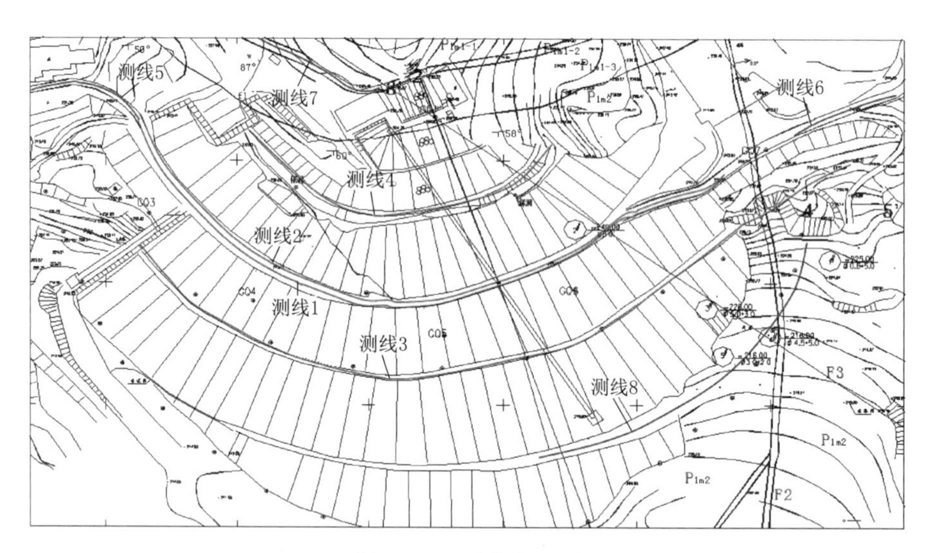

图3-77　测线布置图

3.5.3　检测结果

3.5.3.1　防渗墙、坝体及坝基检测结果

图3-78为EM34-3型大地电导率仪在测线1的检测结果。由于相对距离280处为溢洪道交通桥，受桥上钢筋和溢洪道空间综合影响，相对距离260～275m，30m、60m两条测深曲线受其影响，数值偏大。去除上述影响外，相对距离15～270m三条曲线均较平稳，表明

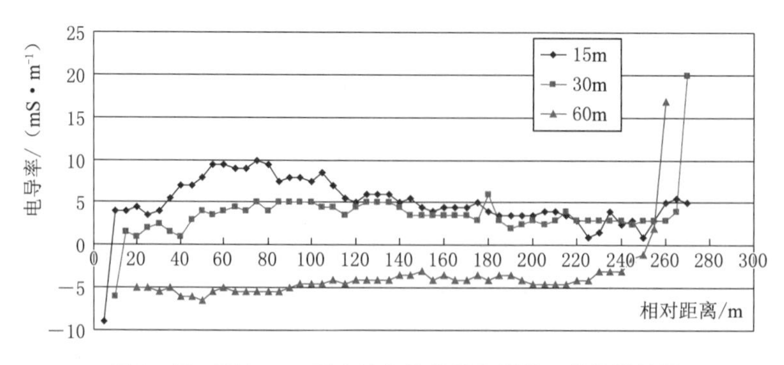

图3-78　EM34-3型大地电导率仪在测线1的检测结果

防渗墙及其基础不存在渗漏通道。相对距离 0～15m 范围内，15m、30m 两条测深曲线波动较大，表明该区域存在地质构造或地下水工建筑物。

图 3-79 表示探地雷达在测线 1 的检测结果。在相对距离 28m、76m、125m、174m、222.5m 位置均有坝顶铁质路灯柱，受其影响，探地雷达检测结果在对应的位置上显示较强的反射信号。此外，探测信号还受引水闸门桥柱影响，在距桥柱较近的相对距离 28m 位置上影响最大，随着距离增加，影响逐渐减小。其余未见异常，表明防渗墙没有结构性的缺陷。

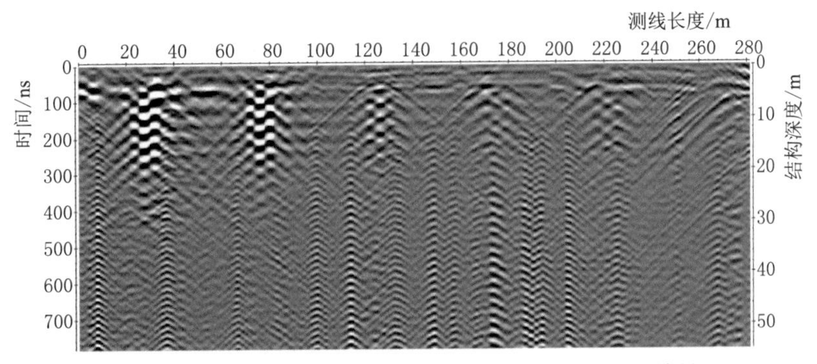

图 3-79 探地雷达在测线 1（防渗墙轴线）的检测结果

测线 2 大地电导率仪检测曲线总的趋势与测线 1 相似。由于相对距离 280m 处为溢洪道交通桥，受桥上钢筋和溢洪道空间综合影响，相对距离 260～275m，30m、60m 两条测深曲线受其影响，数值偏大。去除上述影响外，相对距离 15～270m 三条曲线均较平稳，表明防渗墙及其基础不存在渗漏通道。相对距离 0～15m 范围内，15m、30m 两条测深曲线波动较大，表明该区域存在地质构造或地下水工建筑物。相对距离 250m 处，30m 测深曲线显示深度为 15～30m 范围内可能存在地质构造。

图 3-81 表示 GDP-32Ⅱ型瞬变电磁仪在测线 2 的检测结果。图 3-81 中显示相对距离 0～10m，深度 33～43m 范围内，信号出现异常，与图 3-80 所示 15m 测深和 30m 测深曲线相对应，表明该处可能存在地质构造或地下水工建筑物。相对距离 90～110m，深度 25～35m 范围内，信号出现异常，显示该范围内原坝料不均匀。相对距离 185～198m，深度 25～35m 范围内，信号出现异常，表明该范围内覆盖层含水量大于其他部位。该处在防渗墙下游处，与防渗墙质量无关。相对距离 220～275m，深度 20～50m 范围内，显示不同颜色的交错图案，表明该处的地质构造比较复杂，图形的右下角高阻区显示该处岩石比较完整。

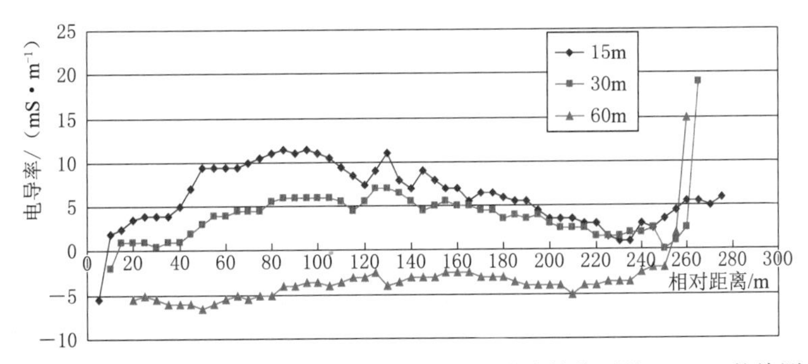

图 3-80 EM34-3 型大地电导率仪在测线 2（防渗墙轴线下游 1.5m）的检测结果

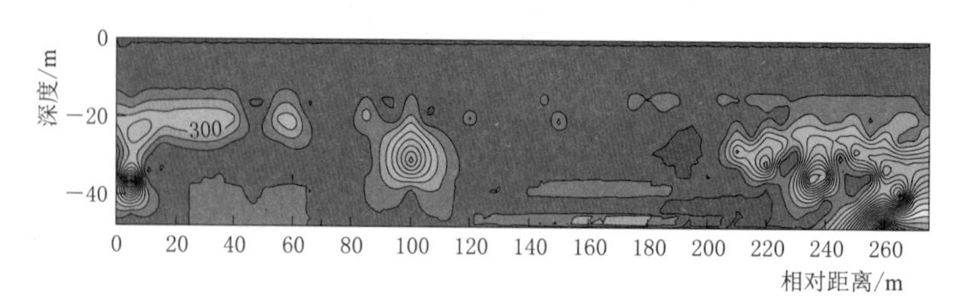

图3-81　GDP-32Ⅱ型瞬变电磁仪在测线2的检测结果

图3-82为探地雷达在测线2的检测结果。相对距离8～32m、深度2～6m范围内，相对距离64～80m、深度4～8m范围内，相对距离104～124m、深度3～7m范围内，相对距离140～148m、深度3～7m范围内，相对距离168～184m、深度3～7m范围内，196～224m、深度2～6m范围内，出现反射信号，表明该处坝体填料不均匀。其余地方未见明显异常。

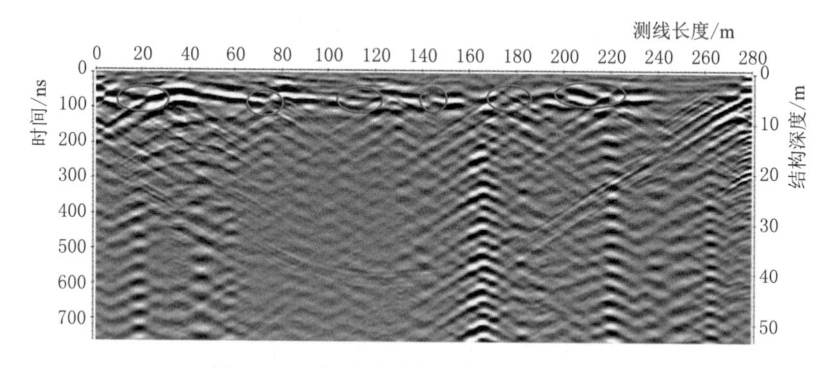

图3-82　探地雷达在测线2的检测结果

图3-83为EM34-3型大地电导率仪在测线3的检测结果。相对距离5～345m三条曲线均较平稳，表明坝体及其基础不存在渗漏通道。相对距离345～385m范围内，30m测深曲线显示电导率大于15m测深曲线，出现了异常现象，表明该区域存在含细颗粒土较多，或含水量较大的地质构造。

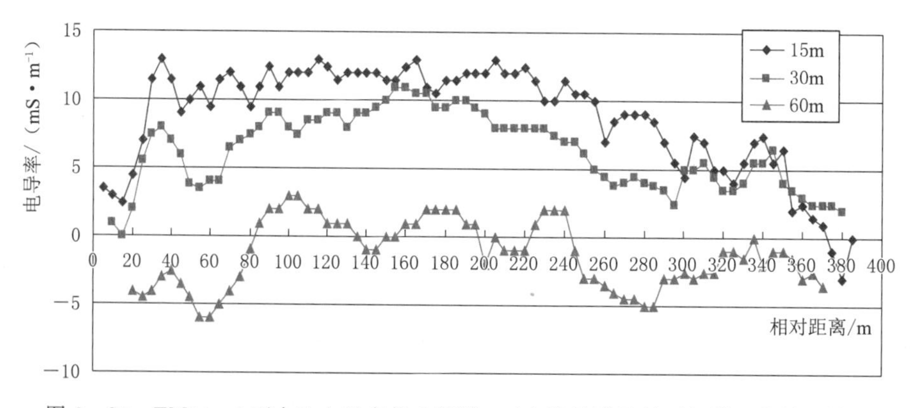

图3-83　EM34-3型大地电导率仪在测线3（上游马道及其延长线）的检测结果

图3－84表示探地雷达在测线3的检测结果。图3－84中显示在相对距离8～52m，深度4～18m范围内，出现强烈反射信号，这是受引水洞桥柱及其多次反射影响的结果。相对距离88～108m、深度4～8m范围内，相对距离140～160m、深度2～6m范围内，相对距离280～288m、深度1～6m范围内，相对距离300～320m、深度1～6m范围内，出现反射信号，表明该处坝体填料不均匀。其余地方未见明显异常。

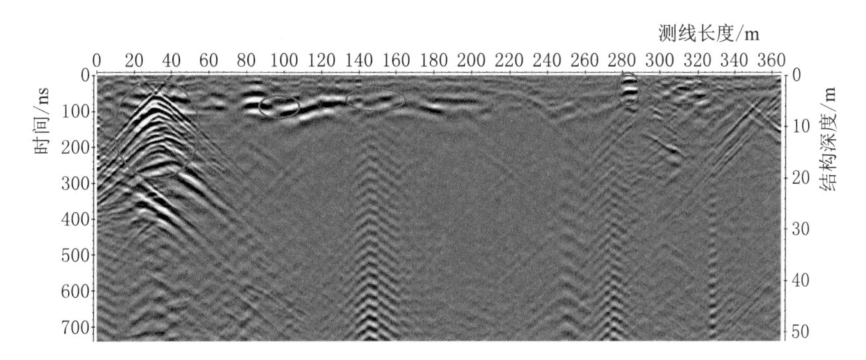

图3－84 探地雷达在测线3的检测结果

图3－85表示EM34－3型大地电导率仪在测线4的检测结果。相对距离53～83m范围内，7.5m测深曲线显示电导率异常，表明下游马道在该范围内含细颗粒土较多，15m测深曲线显示电导率低于30m测深曲线电导率，出现明显异常，表明该处填料不均匀。相对距离135～155m范围内，7.5m、15m、30m、60m四条测深曲线显示电导率异常，电导率偏低，可能由于该范围进行过浇灌混凝土和水泥砂浆所致。三条曲线其余部分较平稳，表明坝体及其基础不存在渗漏通道。

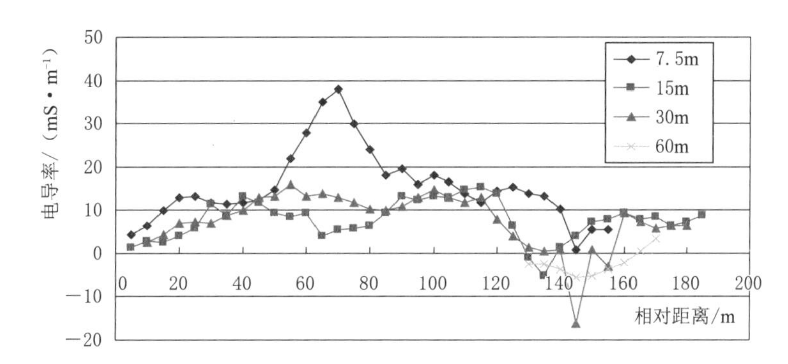

图3－85 EM34－3型大地电导率仪在测线4（下马道及延长线）的检测结果

图3－86表示探地雷达在测线4的检测结果。图3－86中显示在相对距离0～8m、深度2～10m范围内，相对距离28～48m、深度2～8m范围内，相对距离90～120m、深度2～14m范围内，出现反射信号，表明该处填料不均匀。其余地方未见明显异常。

3.5.3.2 绕坝渗流检测结果

图3－87为EM34－3型大地电导率仪在测线5的检测结果。图3－87中显示在相对距离－100～－120m范围内，60m测深曲线显示电导率异常，在相对距离－120m以远范围内，30m测深曲线显示电导率异常，表明该处可能存在地质构造。在相对距离0～－10m

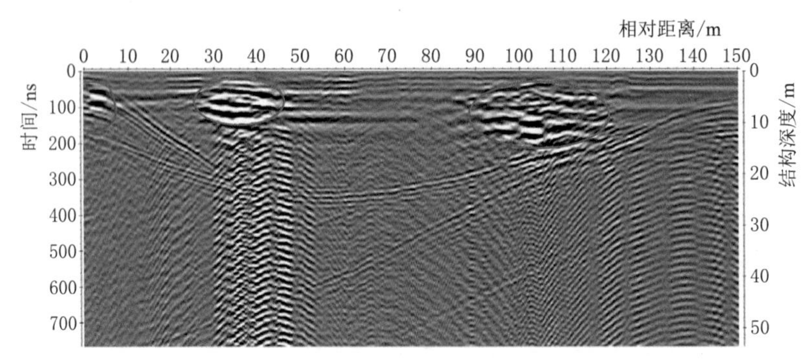

图 3-86 探地雷达在测线 4（下游马道及延长线）的检测结果

范围内，30m 测深曲线明显下降，60m 测深曲线也有下降趋势，表明该处指向坝轴线的零桩号附近，曲线的下降趋势位置与测线 1 坝轴线附近曲线下降指向同一位置，故两曲线的异常可能指向同一个地质构造或地下水工建筑物。

为此，将图 3-78 和图 3-87 合并，绘作图 3-88。由图 3-88 中可以明显看出，相对距离—50～20m 范围内，三条曲线均出现明显下降，表明该处可能存在地质构造或地下水工建筑物。

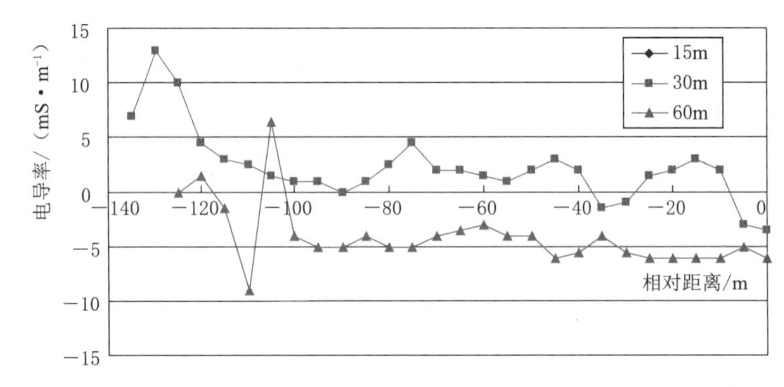

图 3-87 EM34-3 型大地电导率仪在测线 5（左岸公路）的检测结果

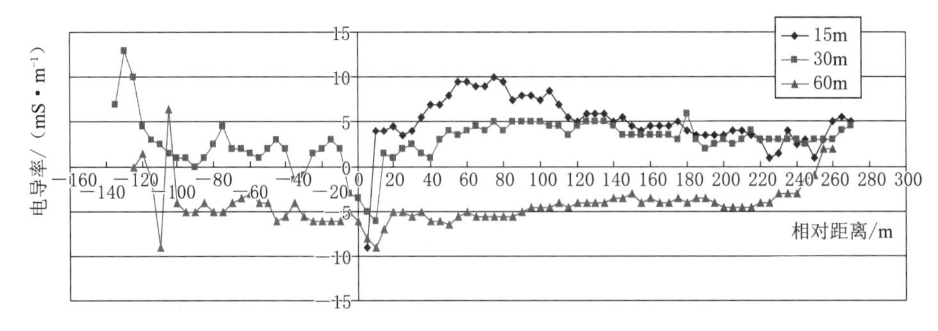

图 3-88 EM34-3 型大地电导率仪在防渗墙轴线及左坝肩公路的检测结果

图 3-89 表示 GDP-32Ⅱ 型瞬变电磁仪在测线 5 的检测结果。图 3-89 中显示相对距离 0～140m、深度 20m 以下范围内，出现不同颜色的交错图案，显示该处的地质构造比

较复杂。其中，相对距离−18～−32m、深度55～65m范围内，信号出现异常高阻区，显示该处岩石较为完整。相对距离−100m、深度50m，相对距离−120m、深度35m开始，出现明显的低阻区，表明该处的地质构造较复杂，含水量较大，与图3-87相符合。

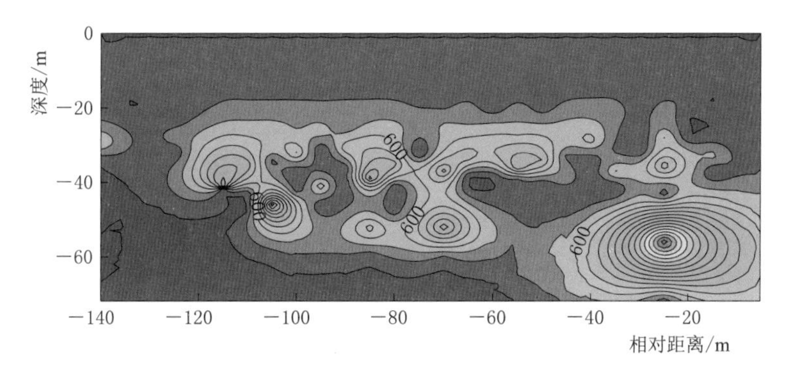

图3-89 GDP-32Ⅱ型瞬变电磁仪在测线5（左岸公路）的检测结果

图3-90为探地雷达在测线5的检测结果。图3-90中显示在相对距离−45～−55m位置存在泄洪闸桥面和桥柱、路边巨石和路边房子，受其影响，探地雷达检测结果在对应的位置上，深度2～30m范围内，显示较强的反射信号。相对距离−14～−24m、深度6～10m范围内，相对距离−26～−36m、深度5～8m范围内，相对距离−82～−92m、深度12～20m范围内，出现反射信号，表明该处存在溶洞的可能性较大。此外，在相对距离0m及相对距离−114m附近，较浅部位，存在溶洞的可能性较大。

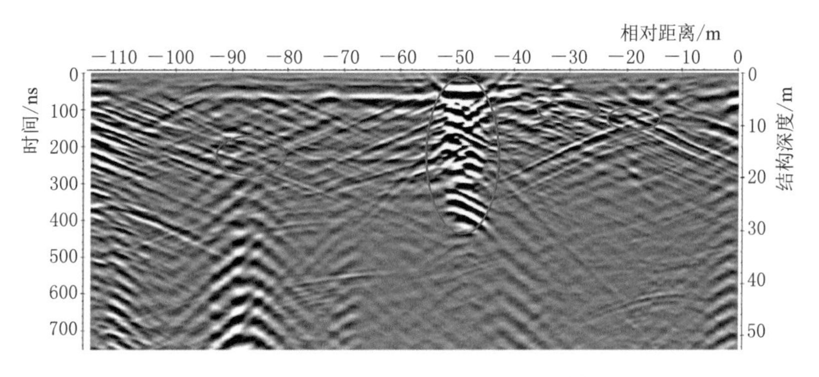

图3-90 探地雷达在测线5的检测结果

图3-91（a）表示EM34-3型大地电导率仪在测线6的检测结果。由于相对距离0m处为溢洪道交通桥，受桥上钢筋和溢洪道空间综合影响，相对距离10～35m，30m、60m两条测深曲线受其影响，数值偏大。去除上述影响外，相对距离35～140m两条曲线均较平稳，无明显异常。30m测深曲线电导率值大于60m测深曲线电导率值，这是由于30m测深曲线覆盖层对测量数据所占权重较大所致。

图3-91（b）表示探地雷达在测线6的检测结果。图3-91（b）中显示相对距离26～40m、深度4～8m范围内，出现多次杂乱反射信号，表明该处基岩不完整。

图3-92（a）表示EM34-3型大地电导率仪在测线7的检测结果。相对距离80～

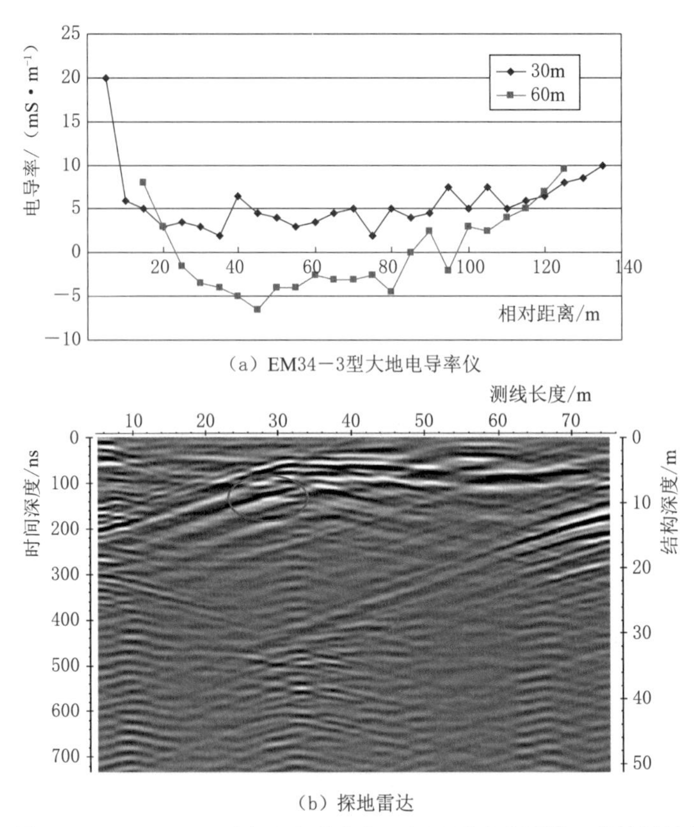

（a）EM34－3型大地电导率仪

（b）探地雷达

图 3－91　EM34－3 型大地电导率仪、探地雷达在测线 6 的检测结果

110m 范围内，15m、30m、60m 三条测深曲线均有下降趋势，15m、30m 两条测深曲线尤为明显，表明该范围可能存在地质构造。相对距离 115～155m 范围内，三条测深曲线均有明显上升趋势，可能是下游二级电站的引水涵管钢筋影响所致。

图 3－92（b）表示探地雷达在测线 7 的检测结果。图 3－92（b）中显示相对距离 6～42m、深度 2～10m 范围内，相对距离 90～108m、深度 2～8m 范围内，相对距离 114～144m、深度 2～8m 范围内，出现多次杂乱反射信号，表明该处山体岩石不完整。相对距离 114～120m、深度 42～46m 范围内，出现反射信号，表明该处存在溶洞的可能性较大。相对距离 0～40m、深度 12～18m 范围内，出现清晰强烈反射信号，可能是受上游一级电站引水涵洞影响产生的干扰信号所致。

图 3－93 表示 EM34－3 型大地电导率仪在测线 8 的检测结果。相对距离 50～60m 范围内，15m 测深曲线明显急剧下降，表明该处可能存在大漂石或基岩隆起。相对距离80～190m 范围内，15m 测深曲线和 30m 测深曲线多处交错，表明该范围内地层水平分层不均匀，出现有明显的凹凸现象或存在地质构造。60m 测深曲线较平稳，无明显异常存在。

图 3－94 表示 GDP－32Ⅱ 型瞬变电磁仪在测线 8 的检测结果。图 3－94 中显示深度 0～30m 坝脚到坝前的沉积区内，出现不同颜色的交错图案，显示该处的地质构造比较复杂。相对距离 10～95m、深度 40～70m 范围内，显示基岩比较完整。相对距离 95～180m、深度 35～70m 范围内，显示较低的电导率，表明该范围内含有较多的细颗粒土，而且含水量较

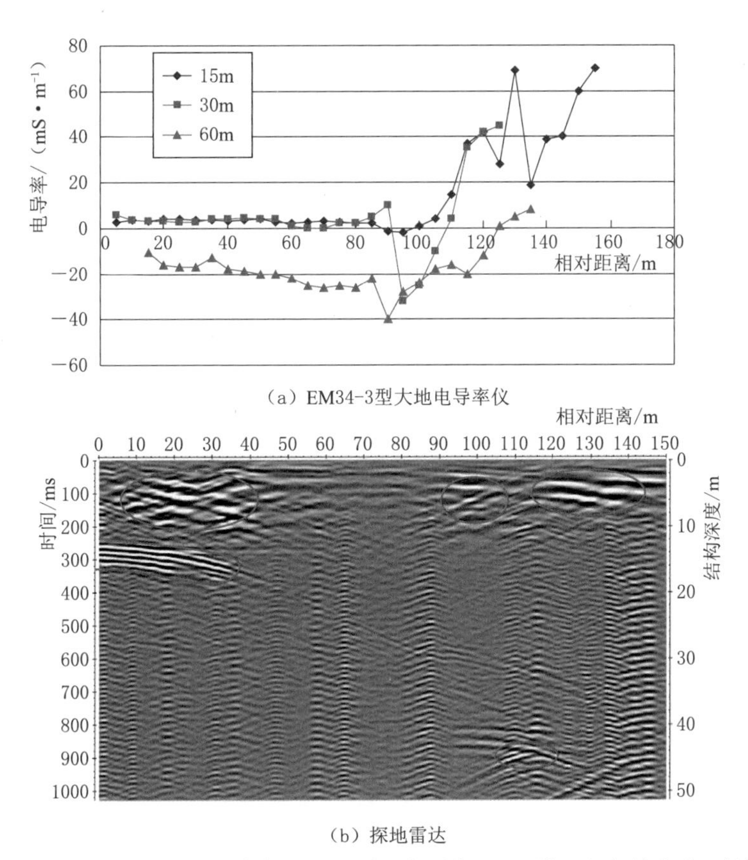

（a）EM34-3型大地电导率仪

（b）探地雷达

图 3-92　EM34-3 型大地电导率仪、探地雷达在测线 7（上游一级电站公路）的检测结果

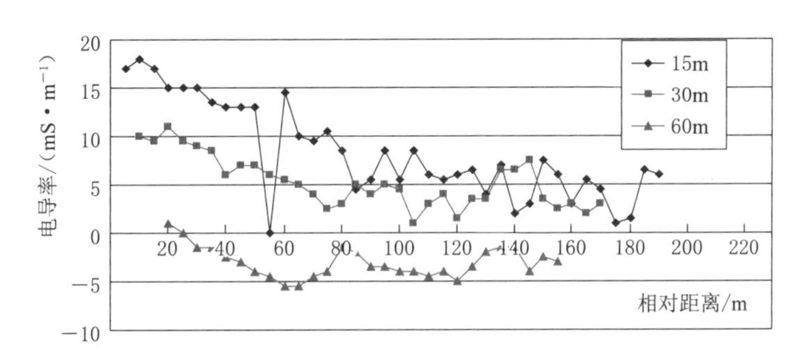

图 3-93　EM34-3 型大地电导率仪在测线 8（上游下平台）的检测结果

大。其中，相对距离 140～145m、深度 35～45m 范围内，信号异常，显示有岩石横向突出。

图 3-95 表示探地雷达在测线 8 的检测结果。图 3-95 中显示相对距离 18～30m、深度 2～4m 范围内，相对距离 40～54m、深度 3～5m 范围内，相对距离 66～72m、深度 2～7m 范围内，出现强烈反射信号，表明该处坝体填料不均匀。相对距离 78～112m、深度 0～4m 范围内，无反射信号存在，表明该处是坝前沉积区。相对距离 82～86m、深度 3～6m 范围内，相对距离 98～108m、深度 3～6.5m 范围内，出现较强反射信号，表明该处存在基岩构造。

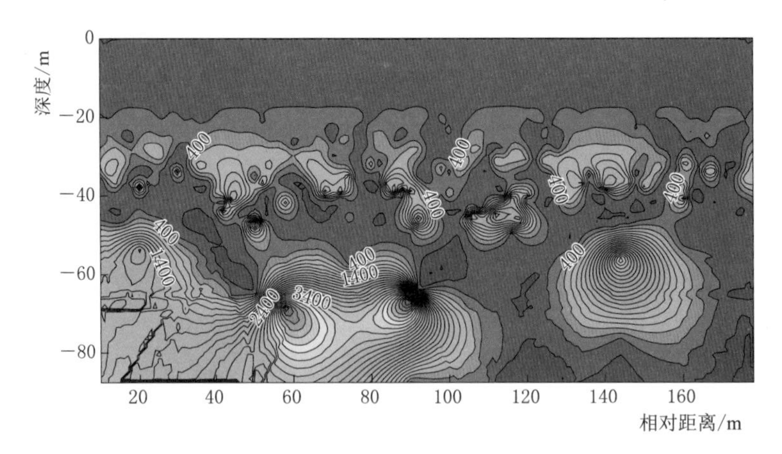

图3-94　GDP-32Ⅱ型瞬变电磁仪在测线8的检测结果

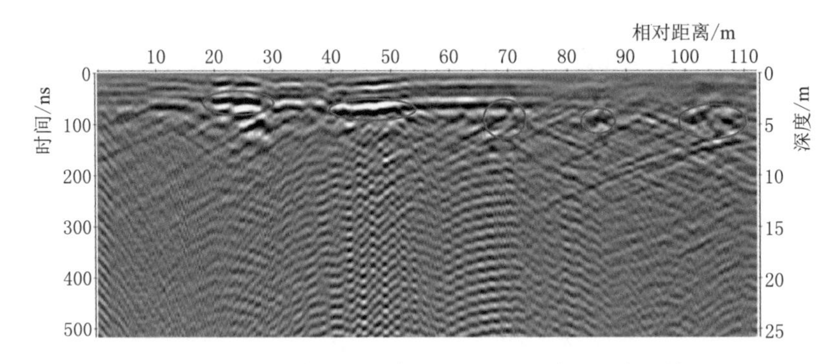

图3-95　探地雷达在测线8（上游下马道）的检测结果

3.5.4　结论

检测出的各条测线地下存在的异常位置示意如图3-96所示（用绿色虚线圈出），分析检测结果，得到以下结论：

（1）混凝土防渗墙质量良好，未发现可能引起渗漏的缺陷。

（2）基础灌浆质量良好，未发现可能引起渗漏的缺陷。

（3）防渗墙下游坝体内存在多处填料不均匀区，其中下游马道附近存在两处较大范围填料不均匀区。

（4）左岸坝肩和右岸坝肩均存在明显的地质构造。

（5）左岸山体存在多处地质构造。

（6）右岸山体未发现明显的地质构造。

（7）坝体上游下马道右岸延长线对应溢洪道入口附近，存在复杂地质构造。

（8）上游一级电站道路边山体存在地质构造。

上述山体存在地质构造的地方，有些可能已经形成地下河；当库水位较高时，可能形成渗流通道。

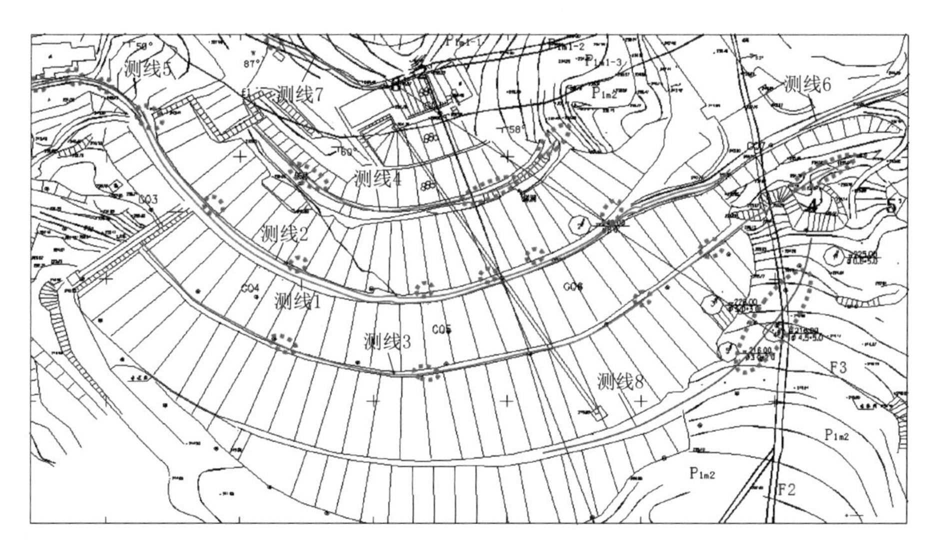

图 3-96 检测异常范围

3.6 水库渗漏综合检测

3.6.1 工程概况

某水库枢纽工程是一座以灌溉为主，兼有防洪、发电和水产养殖等综合利用的中型水库。坝址以上集雨面积 290km²，水库总库容 13230 万 m³，主要建筑物包括：非溢流浆砌石重力坝、浆砌石溢流坝、均质土坝、坝身输水涵管及坝后式电站。工程主体建筑物为 3 级，洪水标准为 100 年一遇设计，2000 年一遇校核。

原工程初步设计定为大（2）型水库工程，由于资金缺口大，按两期开发，第一期工程为库容 9800 万 m³，设计灌溉面积 4.16 万亩，是一座以灌溉为主，兼有防洪、发电和水产养殖等综合利用效益的中型水库。水库投入运行以来，对发展当地的工农业生产发挥了很好的作用，但也存在漏水严重、防洪不安全等诸多问题。

2005 年 5 月—2007 年 6 月，相关单位完成了右岸土坝加高培厚和坝体坝基防渗、左岸非溢流坝加高培厚及坝基坝体灌浆等除险加固工程，随后验收交付使用。受当地市水务局委托，作者采用综合地球物理方法对右岸土坝加高培厚质量、左右岸非溢流浆砌石坝段加高培厚质量和坝体渗漏情况进行检测，评价已实施除险加固部位的施工质量，为水库的安全运行提供技术支撑。

3.6.2 现场检测

坝体渗漏检测主要采用瞬变电磁仪、大地电导率仪和 50MHz 地质雷达，主要内容包括：①右岸土坝坝体渗漏检测；②左岸及右岸非溢流坝坝体渗漏检测。

根据现场查看情况，结合以往的渗漏检测经验，在坝体各部位布置 5 条测线，可对左坝及右坝的渗漏情况进行较为全面的检测，此外，还布设测线5，检测右坝防汛公路混凝土质量。测线布置如图3-97所示。

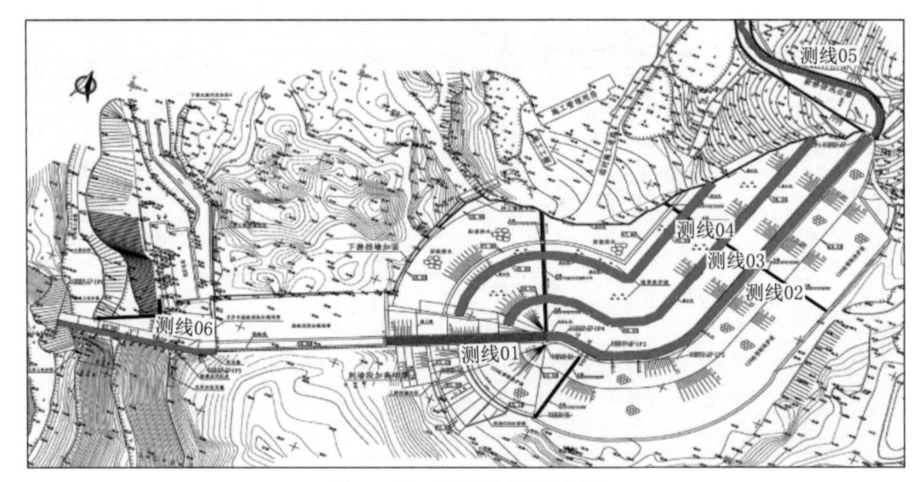

图3-97　测线布置示意图

5条测线具体位置叙述如下：

(1) 测线1。测线1位于右岸非溢流浆砌石坝坝顶，测线长度80m，检测右岸非溢流浆砌石坝坝体及坝基渗漏。

(2) 测线2。测线2位于右岸土坝坝顶，与坝轴线平行，测线长度212m，检测土坝坝体及坝基渗漏。

(3) 测线3。测线3位于右岸土坝下游一级马道及排水沟，测线长度202m，检测坝体下游渗漏。

(4) 测线4。测线4位于右岸土坝下游二级马道及排水沟，测线长度168m，检测坝体下游渗漏。

(5) 测线6。测线6位于左岸非溢流浆砌石坝坝顶，测线长度71m，检测左岸非溢流浆砌石坝坝体及坝基渗漏。

测点布置：采用逐序加密方式。EM34-3型大地电导率仪分7.5m、15m、30m、60m不同测深，按照测点间距2m进行检测；瞬变电磁仪GDP-32Ⅱ按照测点间距2m进行检测。对检测异常区域测点间距加密至1m；地质雷达按照测点间距0.2m进行检测。

3.6.3 检测结果

3.6.3.1 右岸非溢流坝坝顶（测线1）检测结果

采用瞬变电磁仪、大地电导率仪及50MHz地质雷达对右岸非溢流坝坝顶进行检测。测线1的零点为右岸非溢流浆砌石坝坝顶左端。

大地电导率检测结果如图3-98 (a) 所示，从图中可知，7.5m测深曲线电导率位于0～20mS/m之间，表示为正常探测曲线值。而15m、30m、60m测深曲线电导率在相对距离35～60m范围内，电导率值偏高，说明该区域内含水率较高。

图3-98 (b) 是瞬变电磁仪在测线1的检测结果。从图3-98 (b) 中可知，浅层电

阻率值较均匀，在相对距离 20～50m、60～70m 范围内，电阻率值较低，电导率值较高，表明该区域内含水率较高，与大地电导率仪检测结果相吻合。

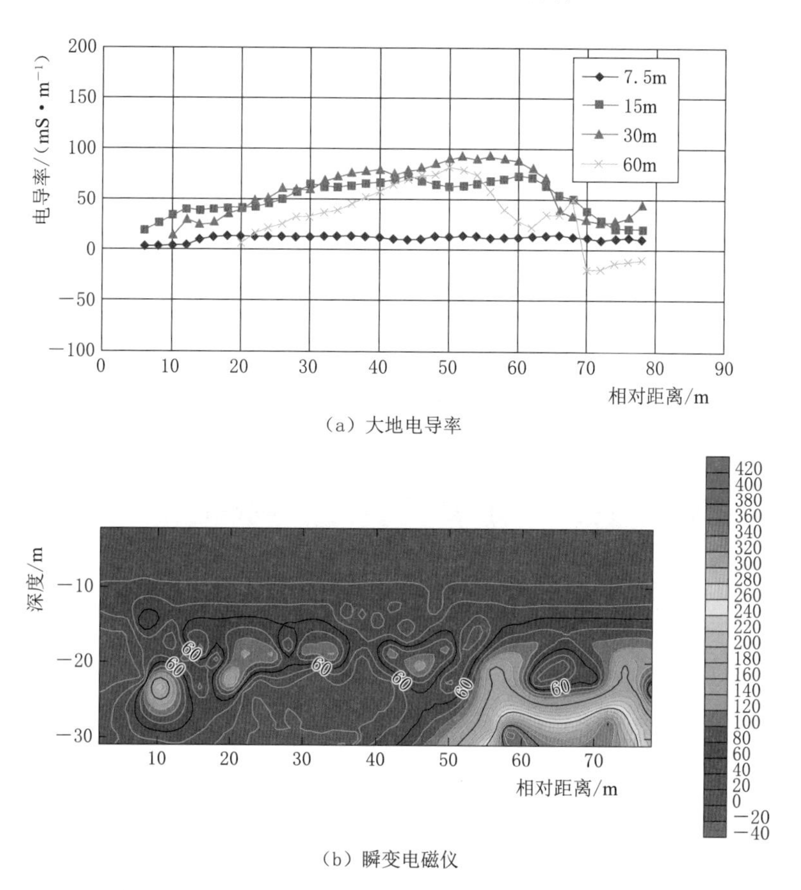

（a）大地电导率

（b）瞬变电磁仪

图 3-98 大地电导率仪、瞬变电磁仪测线 1 检测结果

3.6.3.2 土坝坝顶（测线 2）检测结果

采用瞬变电磁仪、大地电导率仪及 50MHz 地质雷达对右岸土坝坝顶进行检测。测线 2 与测线 1 相连。大地电导率仪在测线 2 的检测结果如图 3-99（a）所示，从图中可知，在相对距离 118～292m 范围内电导率值在正常范围内，没有发现明显的低阻异常。但是在相对距离 80～116m 范围内，15m、30m 和 60m 测线均出现电导率值跳变异常，说明该部位可能存在渗漏区域。7.5m 测深曲线电导率位于 0～20mS/m 之间，表示为正常探测曲线值，表明土坝浅层坝体无明显渗漏区域。

图 3-99（b）是瞬变电磁仪在测线 2 的检测结果，从图中可知，浅层电阻率值较均匀，表明土坝坝体填筑较均匀，无明显渗漏区域。在相对距离 80～100m、深度 20～30m 范围内，存在视电阻率异常，与大地电导率仪检测结果相吻合，表明该部位可能存在渗漏区域。

地质雷达在测线 1 及测线 2 的检测结果如图 3-100 所示。从图 3-100 中可知，在深度约 4m 处，存在一明显反射界面。经与设计资料对比，推断虚线上部为除险加固时加高培厚部位，雷达检测结果图中显示该部位无明显反射信号，表明加高培厚部分填筑密实、均匀性较好。在相对距离 80m 和相对距离 290m 附近，可见较强的反射信号，推断为土坝

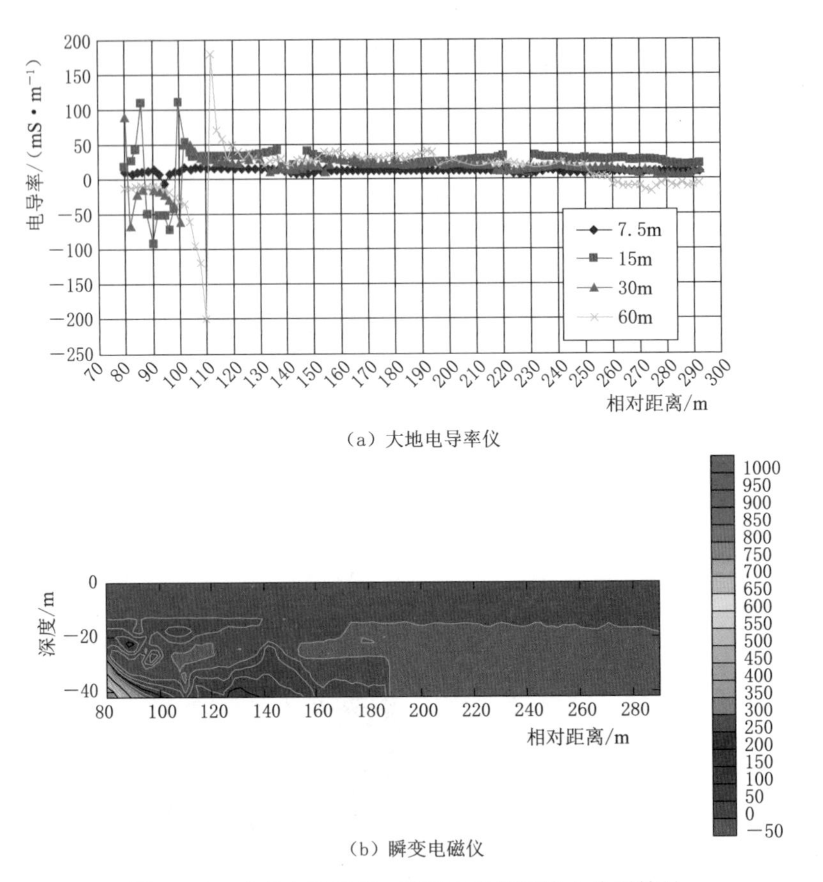

(a) 大地电导率仪

(b) 瞬变电磁仪

图3-99 大地电导率仪、瞬变电磁仪测线2检测结果

与浆砌石坝交界处摄像头金属灯杆和右坝头摄像头金属灯杆及高压电线干扰信号所致，其他区域未见明显异常，表明探测区域内无明显渗漏区域。

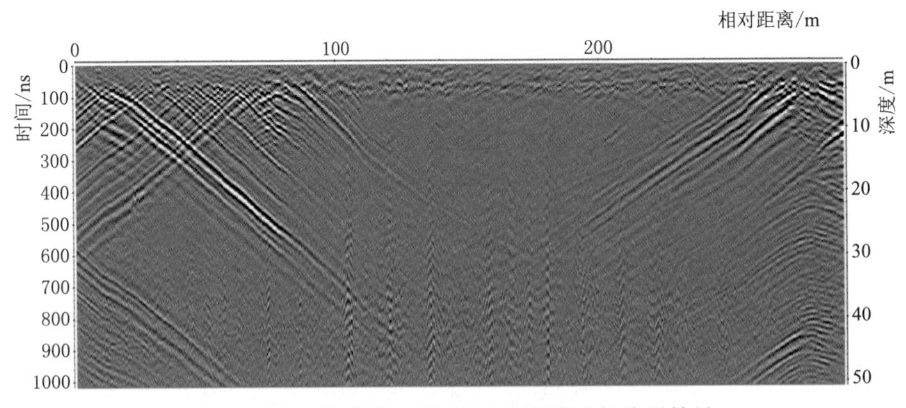

图3-100 地质雷达在测线1及测线2的检测结果

3.6.3.3 右岸土坝下游一级马道（测线3）检测结果

采用大地电导率仪及50MHz地质雷达对右岸土坝下游一级马道进行检测。测线3的零点为锥体与右岸非溢流浆砌石坝相交处。

经过现场检查，发现在土坝下游坡存在一渗水区，位置位于土坝下游二级马道相对距离 76m 附近，由二级马道向上游 13m 处，面积约为 $1m^2$。2016 年 10 月 18 日暴雨过后，渗水部位积水量较平时大，但范围未见明显增加。

由于采用大地电导率仪检测一级马道时，发现测值绝大部分超过仪器量程，无有效数据，可能是受排水沟内电缆影响。为了得到有效的测量数据，将测线移至一级马道上游 8m 处，检测结果如图 3-101 所示。

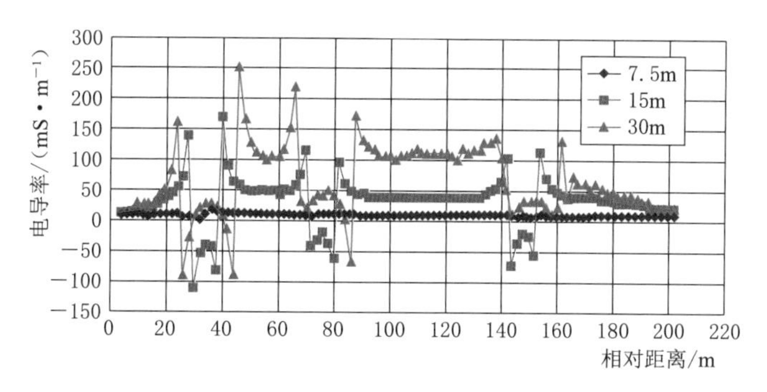

图 3-101 大地电导率仪在测线 3 的检测结果

从图 3-101 中可知，7.5m 测深曲线电导率值位于 0～20mS/m 之间，表示为正常测值，表明土坝浅层坝体无明显渗漏区域。在相对距离 24～40m、相对距离 66～88m、相对距离 140～154m 三个区域内，15m 和 30m 测深曲线均出现电导率异常区域，表明该处可能存在渗漏异常体。

图 3-102、图 3-103 是地质雷达在测线 3 的检测结果，从图中可知，在相对距离 25m 附近，出现比较强的反射信号，如红圈所示，为土坝下游一级马道与上坝台阶相交处排水沟上所盖钢筋混凝土盖板所致。其他区域未见明显异常，表明所检测部位未见地质异常反射区。

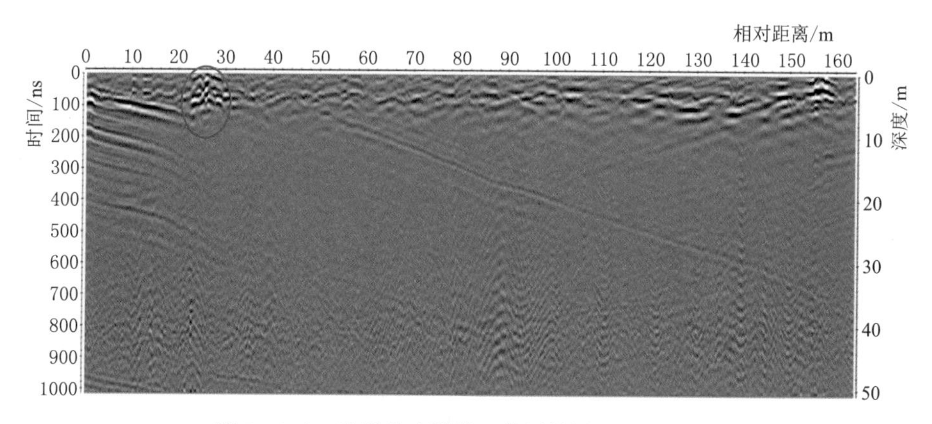

图 3-102 地质雷达测线 3 检测结果（3～164m）

3.6.3.4 右岸土坝下游二级马道（测线 4）检测结果

采用瞬变电磁仪、大地电导率仪及 50MHz 地质雷达对右岸土坝下游二级马道进行检测。测线 4 的零点为锥体与右岸非溢流浆砌石坝相交处。

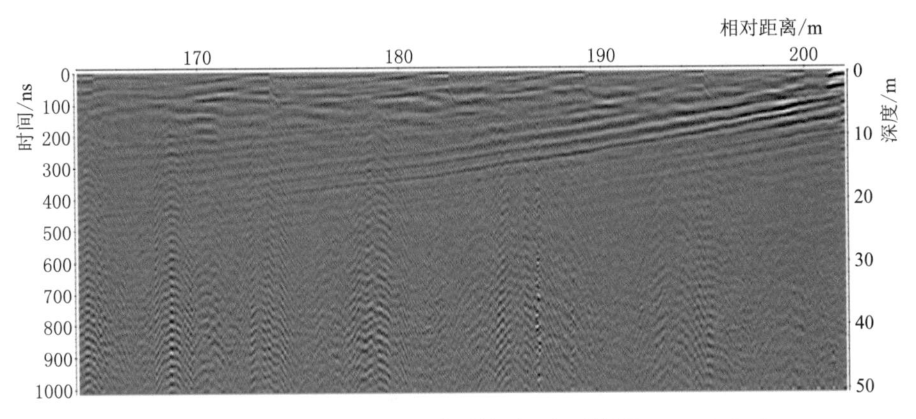

图3-103　地质雷达测线3检测结果（相对距离164～202m）

大地电导率仪在测线4的检测结果如图3-104（a）所示，从图中可知，7.5m和15m测深曲线在相对距离6～82m及相对距离98～154m范围内电导率值在正常范围内，表明没有明显渗漏现象。15m测深曲线在相对距离156～168m出现电导率异常区。相对距离84～96m范围内，7.5m和15m测深曲线均出现超量程的现象，但瞬变电磁仪的检测结果在该范围内未见异常，说明该处异常值很可能由于环境干扰影响所致。

图3-104（b）是瞬变电磁仪在测线4的检测结果，从图中可知，相对距离150～168m、深度20～30m范围内，出现电阻率高阻区。其他区域视电阻率值较均匀，表明土坝坝体内含水率较均匀，无明显渗漏异常区域，与大地电导率仪检测结果相吻合。

图3-105是地质雷达在测线4的检测结果，从图中可知，在相对距离56m及相对距离150m附近，可见比较强的反射信号，如红圈所示，为土坝下游二级马道与上坝台阶相交处排水沟上所盖钢筋混凝土盖板所致。其他区域未见明显异常，表明所检测部位未见地质异常反射区。

根据大地电导率仪、瞬变电磁仪以及地质雷达在测线1至测线4的渗漏探测结果，在右岸发现如下异常区域：

（1）测线1在相对距离35～50m、深度15～30m范围内，发现坝体内电导率值偏高，说明该区域内坝体含水率较高。

（2）测线2在相对距离80～100m、深度20～30m范围内，发现电阻率异常部位，该区域内坝体含水率高。

（3）测线3在相对距离24～40m、相对距离66～88m、相对距离140～154m三个区域发现了电导率异常。

（4）测线4在相对距离156～168m、深度15～30m范围内，出现电导率异常区。

（5）在测线3下方，测线4上方发现一渗水区。

电导率异常区及渗水区如图3-106中红色标识区。

综合分析上述可能存在渗漏的检测值异常区域，根据相对位置关系判断：上述电导率异常部位呈分散状分布，各异常区域没有呈带状或面状分布，没有形成渗漏通道，故坝体和坝基的整体防渗效果较好。但从已发现的坝后渗水区的位置分析，右岸浆砌石坝段和右岸土坝的结合部仍是有可能发生渗漏的薄弱部位。

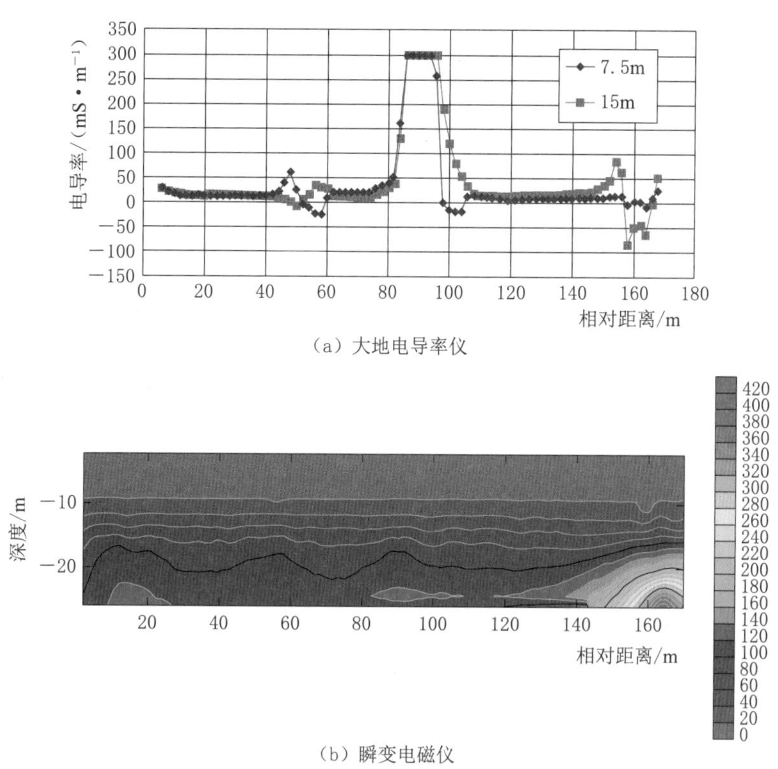

(a) 大地电导率仪

(b) 瞬变电磁仪

图 3-104 大地电导率仪、瞬变电磁仪测线 4 的检测结果

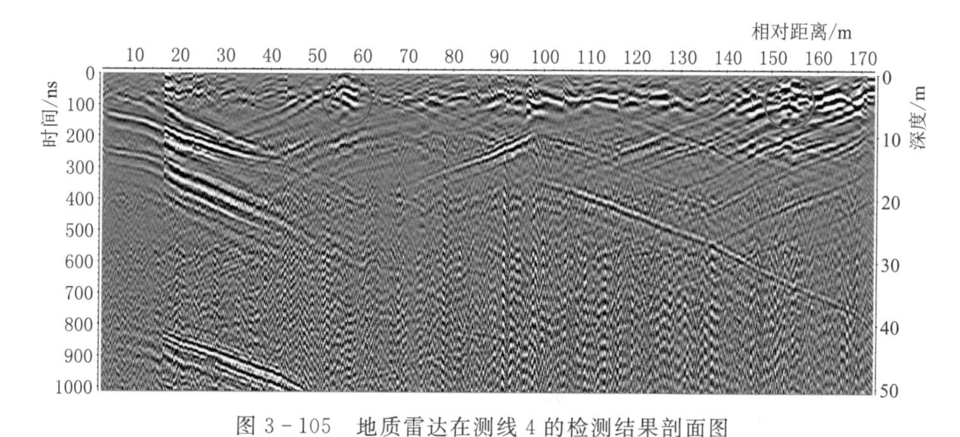

图 3-105 地质雷达在测线 4 的检测结果剖面图

3.6.3.5 左岸非溢流浆砌石坝坝顶（测线 6）检测结果

采用瞬变电磁仪、大地电导率仪对左岸非溢流坝坝顶进行渗漏检测。测线 6 的零点为左岸非溢流浆砌石坝坝顶右端。

测线全长 71m，其中 19～23m 为闸门及启闭机房，29～29.5m 为坝顶铁门。

大地电导率仪检测结果如图 3-107（a）所示，从图中可知，7.5m、15m 及 30m 测深的三条曲线在相对距离 6～32m 范围内，呈现较大异常值，是受上述闸门、启闭机房及坝顶铁门影响所致。而相对距离 32～68m 范围内，三条曲线较为平稳，无明显异常，表明

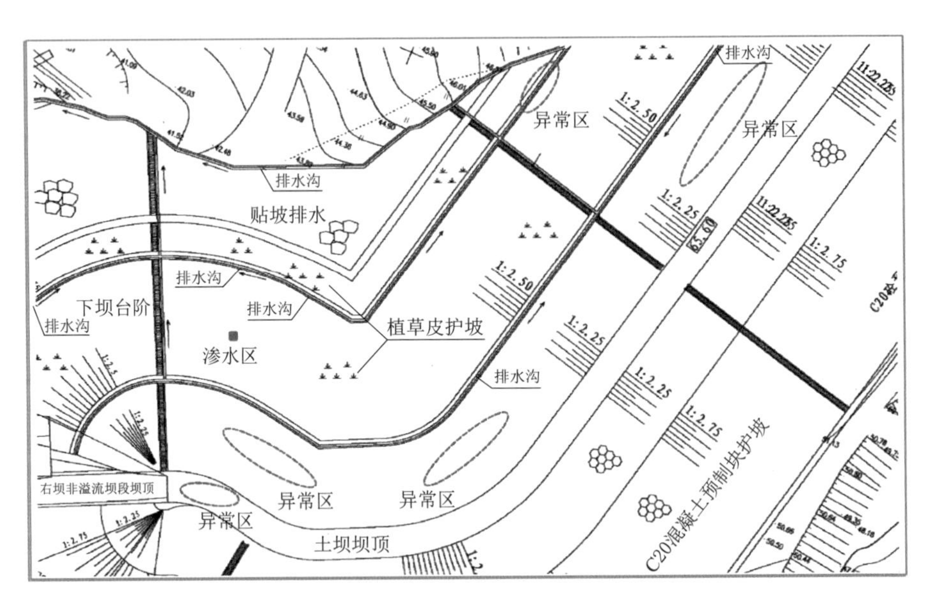

图3-106　电导率异常区及渗水区示意图

左坝无明显渗漏通道。

图3-107（b）是瞬变电磁仪在测线6的检测结果。由于受左坝坝顶铁门及闸门启闭机影响，瞬变电磁仪只能检测相对距离32～70m的范围。从图3-107（b）中可知，除了

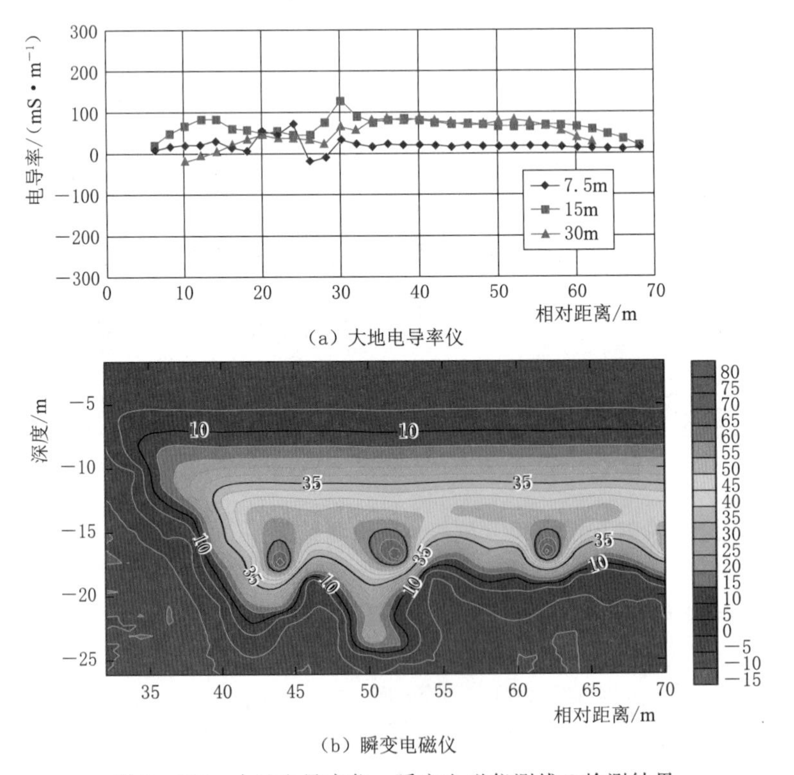

（a）大地电导率仪

（b）瞬变电磁仪

图3-107　大地电导率仪、瞬变电磁仪测线6检测结果

相对距离 32～40m 范围外，电阻率值较低，这是受坝顶铁门的影响。其他桩号的电阻率值较均匀，表明左坝坝体填筑较均匀，无明显渗漏区域，与大地电导率仪检测结果相吻合。

3.6.4 结论

采用瞬变电磁仪、大地电导率仪和 50MHz 地质雷达对水库大坝左、右岸坝体坝基进行渗漏检测，探测结果表明坝体填筑总体较均匀，右岸局部区域存在部分电导率异常区，但未形成渗漏通道，在左岸浆砌石坝内未发现渗漏异常区域。综合所有测线分析，坝体内未形成渗漏通道。

3.7 黏土心墙土石坝渗漏检测

3.7.1 工程概况

某水利枢纽工程主要由主坝、副坝、溢洪道、水电站厂房及灌溉输水洞（管）等建筑物组成，左、右岸副坝为黏土心墙土石坝。工程等别为一等工程，主要建筑为 1 级，地震设防烈度为Ⅶ度。

左副坝位于左岸二级侵蚀堆积阶地上，地面高程 195.00～223.00m，坡度平缓。阶地由上至下分布有厚 2.5～9.5m 的黄土状壤土和厚 10～23m 的黄土状黏土，总厚 16～30m，向上游延伸达 2.5km，相当于天然铺盖。基岩为花岗片麻岩、花岗岩、花岗闪长岩和煌斑岩、闪长岩脉。局部有厚 3～7m 的全风化带，强风化带下限一般在基岩面下 4～16m。基岩面下 5～15m 范围的岩体透水率为 10～15Lu。

右副坝位于右岸白土山台地上，坝顶长度 3998.95m（含溢洪道 170m），溢洪道以左为右副坝 1 段，长 297.45m；溢洪道以右为右副坝 2 段，长 3531.50m。坝基开挖主要是挖除表部厚 0.5～1m 含植物根系的土层及表部较薄的砂、粉砂层等。坝基为黏性土，黏土心墙嵌入黏性土层 2.0m，覆盖层较薄部位，心墙直接建在基岩上。

水库蓄水以来，随着水库水位的升高，左副坝下游渗水量较大，由于坝后渗水未设置排水通道，在桩号 0+700.00～1+160.00 范围下游排水棱体处开始有较大面积积水，地表冬季结成冰面，夏季形成明流，渗水通过过水路面流入下游村庄，随着蓄水高程的增高及蓄水时间的增加，浸没影响问题逐渐突显出来。为了解左副坝及右副坝渗漏情况，查明该坝区的渗漏分布范围和渗漏主要途径，在左右副坝采用综合物探法进行现场检测。

3.7.2 现场检测

根据现场情况，左副坝共布置 3 条测线，右副坝共布置 5 条测线，测线布置如图 3-108、图 3-109 所示。各条测线布置如下：

（1）左副坝测线 1。左副坝测线 1 位于左副坝坝顶，桩号 0+650.00～0+850.00，采用瞬变电磁仪和大地电导率仪检测，测线长度 200m。

（2）左副坝测线 2。左副坝测线 2 位于左副坝坝后护坡，距离坝顶 15m，平行于坝轴线，桩号 0＋600.00～1＋000.00，采用地质雷达检测，测线长度 400m。

（3）左副坝测线 3。左副坝测线 3 位于左副坝坝后护坡，坝后一级马道，平行于坝轴

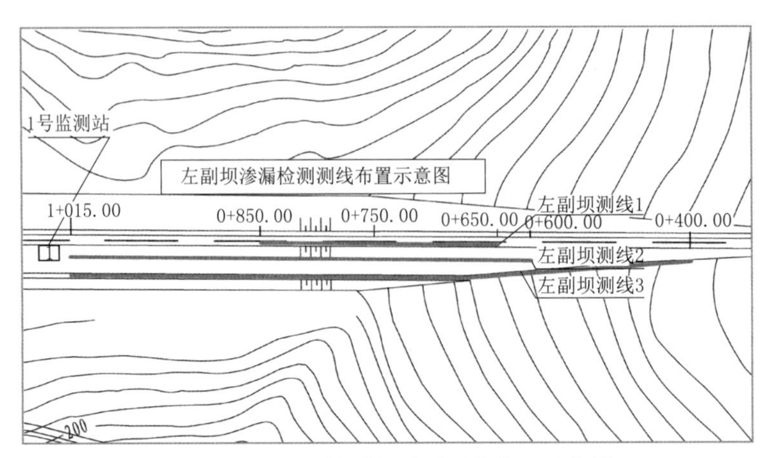

图 3－108　左副坝渗漏检测测线布置示意图

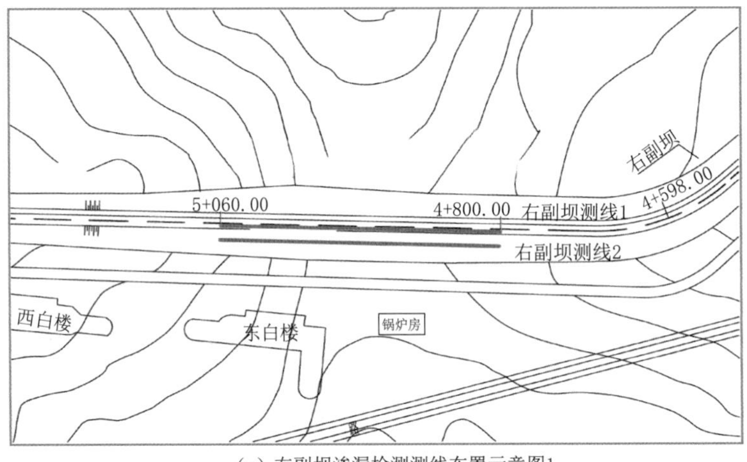

（a）右副坝渗漏检测测线布置示意图1

（b）右副坝渗漏检测测线布置示意图2

图 3－109　右副坝渗漏检测测线布置示意图

线，桩号 0＋400.00～1＋015.00，采用瞬变电磁仪和地质雷达检测，瞬变电磁仪测线长度 200m，地质雷达测线长度 615m。

（4）右副坝测线 1。右副坝测线 1 位于右副坝坝顶，桩号 4＋800.00～5＋060.00，采用地质雷达检测，测线长度 260m。

（5）右副坝测线 2。右副坝测线 2 位于右副坝坝后护坡，距离坝顶 15m，平行于坝轴线，桩号 4＋800.00～5＋060.00，采用地质雷达检测，测线长度 260m。

（6）右副坝测线 3。右副坝坝顶，桩号 6＋340.00～6＋680.00，采用瞬变电磁仪和大地电导率仪进行检测，测线长度 340m。

（7）右副坝测线 4。右副坝坝后护坡，距离坝顶 15m，平行于坝轴线，桩号 6＋340.00～6＋680.00，采用地质雷达检测，测线长度 340m。

（8）右副坝测线 5。右副坝坝后一级马道，桩号 6＋340.00～6＋680.00，采用地质雷达检测，测线长度 340m。

3.7.3 检测结果

3.7.3.1 左副坝测线 1 探测结果

左副坝测线 1 主要采用瞬变电磁法和大地电导率仪进行检测。

根据图 3－110 所示 GDP－32 在左副坝坝顶 0＋650.00～0＋850.00 的检测结果，整条曲线所测电阻率值变化不大，左副坝检测区域坝体填料均匀，无明显异常存在。

根据图 3－111 所示 EM34－3 在左副坝坝顶 0＋650.00～0＋850.00 的检测结果，15m 及 30m 测深电导率值变化不大，左副坝检测区域坝体填料均匀，无明显异常存在。

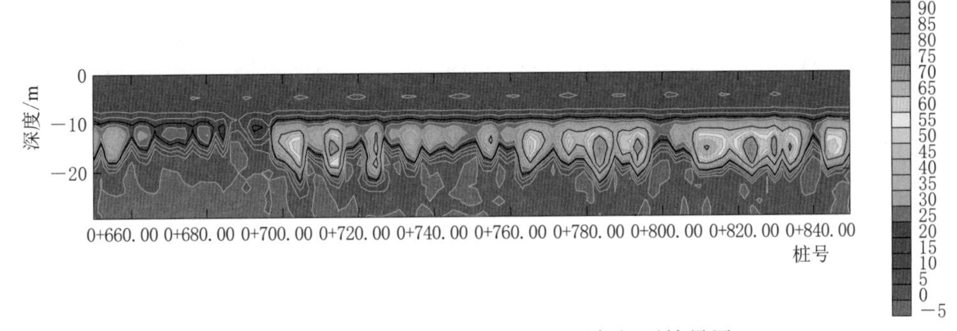

图 3－110 左副坝测线 1 瞬变电磁仪探测结果图

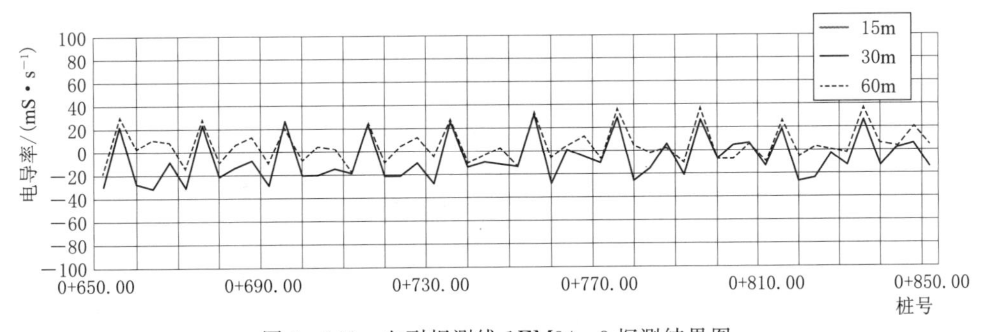

图 3－111 左副坝测线 1EM34－3 探测结果图

3.7.3.2　左副坝测线2探测结果

左副坝测线2主要采用地质雷达法进行检测，检测结果如图3-112所示。

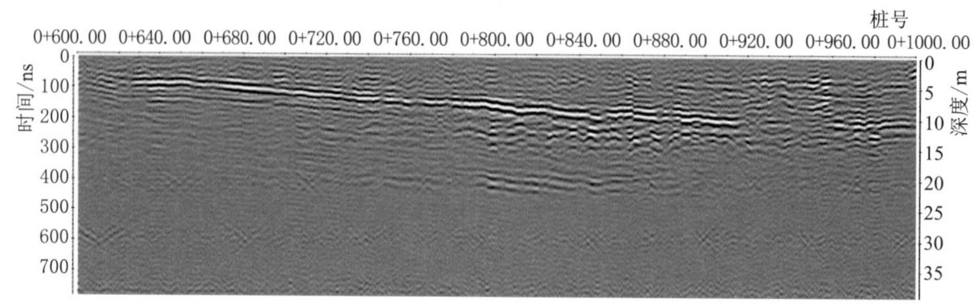

图3-112　右副坝测线2地质雷达检测结果图

根据图3-112所示地质雷达在左副坝坝后护坡桩号0＋600.00～0＋1000.00的检测结果，大坝坝后坡的整体填筑质量较好，其中在左副坝测线2部位的0＋800.00～0＋900.00区域内，深度10～15m测深范围内发现异常区，推测该部位可能存在松散地质体，其他部位无明显异常存在。

3.7.3.3　左副坝测线3探测结果

左副坝测线3主要采用地质雷达法进行检测，检测结果如图3-113所示。

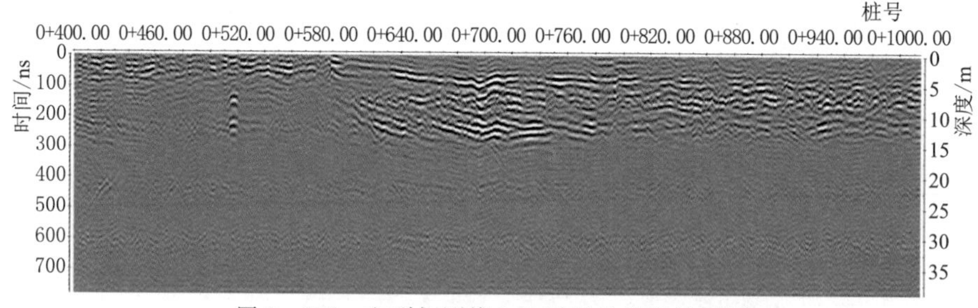

图3-113　左副坝测线3地质雷达检测结果图

根据图3-113所示地质雷达在左副坝坝后护坡桩号0＋400.00～0＋1015.00的检测结果，大坝坝后坡的整体填筑质量较好，其中在左副坝测线3部位的0＋660.00～0＋750.00区域内，深度5～14m测深范围内发现异常区，结合现场的实际填筑情况，发现该部位是堆石体与岸坡接触面，推测该部位可能存在松散地质体，其他部位无明显异常存在。从图3-114～图3-116的分解图中能更清晰地显示上述异常。

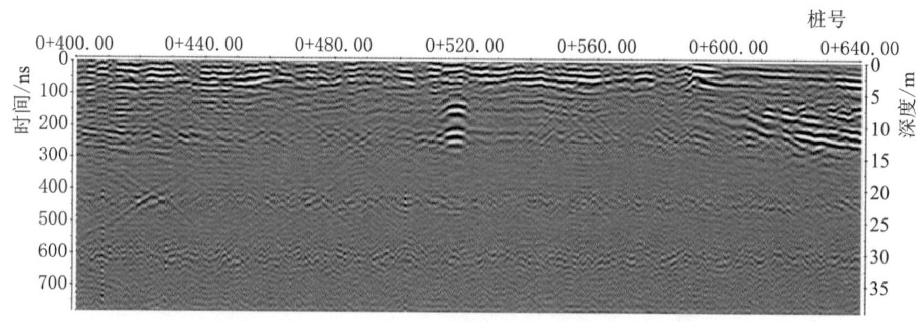

图3-114　左副坝测线3地质雷达检测结果图

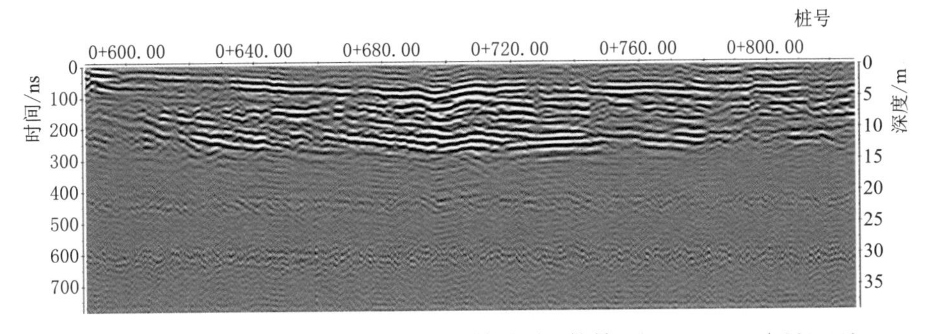

图 3-115　左副坝测线 3 地质雷达检测结果图（桩号 0+600.00～0+820.00）

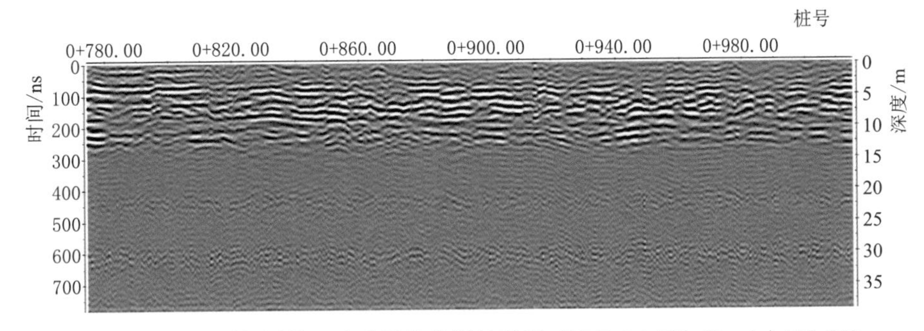

图 3-116　左副坝测线 3 地质雷达检测结果图（桩号 0+780.00～1+015.00）

综合左副坝测线 2 的探测结果，表明该部位为古河床低洼地带，该部位发现的异常区域有可能是造成下游渗漏的部位。

3.7.3.4　右副坝测线 1 探测结果

右副坝测线 1 主要采用瞬变电磁法进行检测，探测结果如图 3-117 所示。

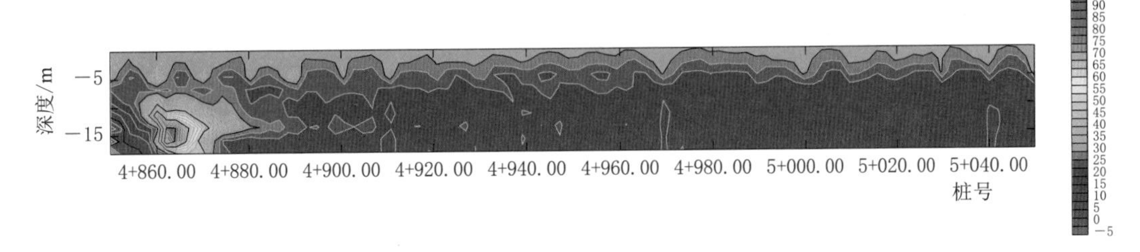

图 3-117　右副坝测线 1 瞬变电磁仪检测结果图

根据图 3-117 所示的 GDP-32 在右副坝坝顶 4+850.00～5+050.00 的检测结果，在桩号 4+860.00～4+880.00、深度 10～20m 之间存在一个明显的高阻区，其他无明显异常。

3.7.3.5　右副坝测线 2 探测结果

右副坝测线 2 主要采用地质雷达进行检测，探测结果如图 3-118 所示。

根据图 3-118 所示地质雷达在左副坝坝后桩号 4+800.00～5+060.00 的检测结果，大坝坝后坡的整体填筑质量较好，其中在右副坝测线 2 部位的 4+920.00～4+960.00 区

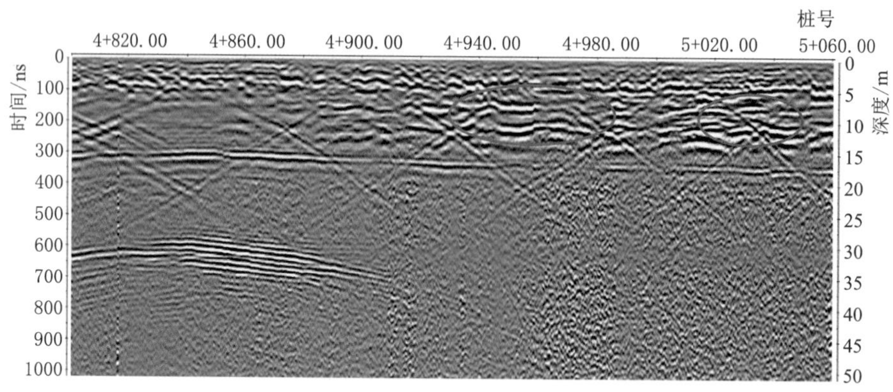

图 3-118 右副坝测线 2 瞬变电磁仪检测结果图（桩号 4+800.00～5+060.00）

域和 5+010.00～5+050.00 范围内，深度 6～15m 测深范围发现较强的电磁波反射带，推测该部位可能存在松散地质体。

3.7.3.6 右副坝测线 3 探测结果

右副坝测线 3 主要采用瞬变电磁仪和大地电导率仪进行检测，其中瞬变电磁仪检测结果如图 3-119 所示，大地电导率仪探测结果如图 3-120 所示。

根据图 3-119 所示瞬变电磁仪在右副坝坝顶 6+350.00～6+650.00 检测结果，桩号 6+510.00～6+530.00 区域内，视电阻率值变小，提示此处存在异常。

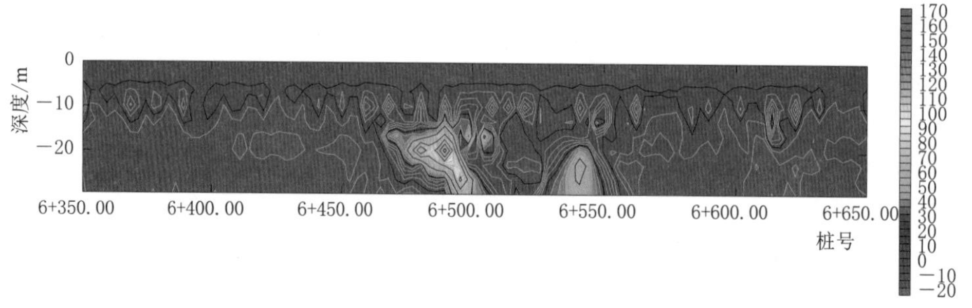

图 3-119 右副坝测线 3 瞬变电磁仪检测结果图（桩号 6+350.00～6+650.00）

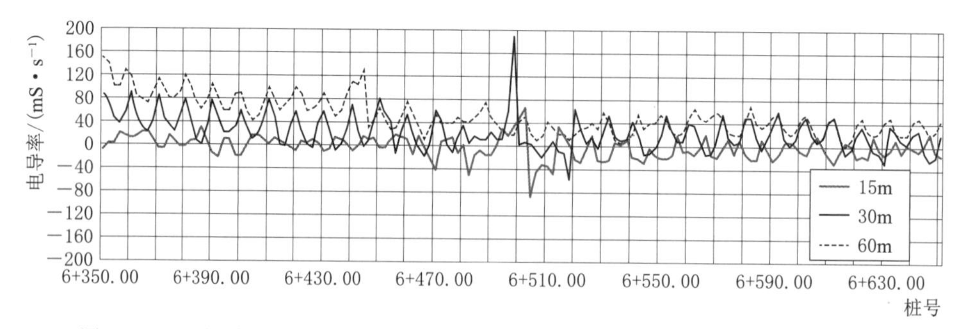

图 3-120 右副坝测线 3 大地电导率仪检测结果（桩号 6+350.00～6+650.00）

根据图 3-120 所示的大地电导率仪在右副坝坝顶 6+350.00～6+650.00 检测结果，15m 测深电导率值基本位于 0～20mS/m 之间，为正常的土体电导率值。而 30m、60m 测深电导率值普遍偏高，判断由于受到坝顶上游侧防浪墙及下游侧导墙内的钢筋影响所致。而在桩号 6+500.00～6+520.00 区域内，电导率值明显变小，提示此处有异常存在。

3.7.3.7 右副坝测线 4 探测结果

右副坝测线 4 主要采用地质雷达进行检测，地质雷达探测结果如图 3-121 所示。

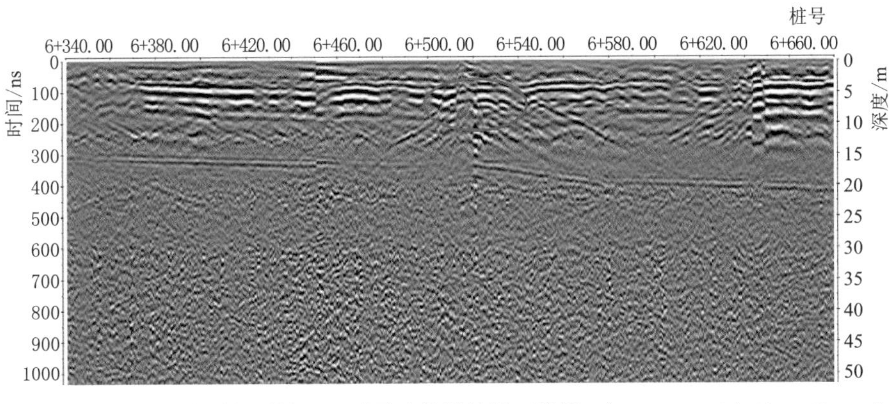

图 3-121 右副坝测线 4 地质雷达检测结果（桩号 6+340.00～6+680.00）

根据图 3-121 所示地质雷达在右副坝坝后坡桩号 6+340.00～6+680.00 的检测结果，大坝坝后坡的整体填筑质量较好，但在桩号 6+500.00～6+540.00 范围内，深度 5～10m 范围内发现异常区，该部位可能存在地质异常区。

3.7.3.8 右副坝测线 5 探测结果

右副坝测线 5 主要采用地质雷达进行检测，地质雷达探测结果如图 3-122 所示。

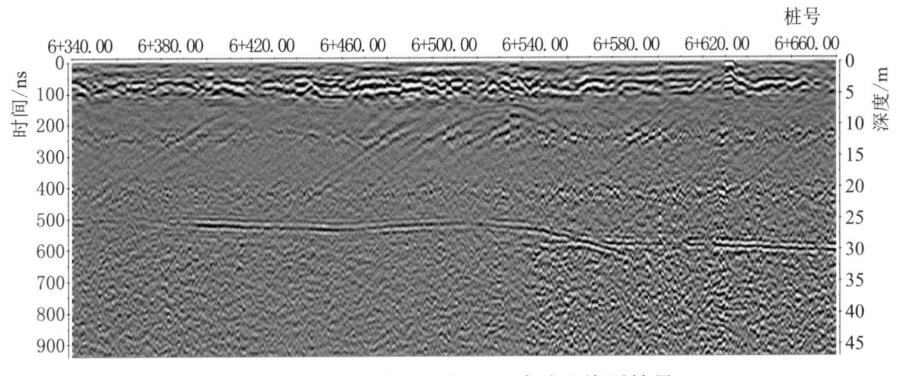

图 3-122 右副坝测线 5 地质雷达检测结果

根据图 3-122 所示地质雷达在右副坝坝脚桩号 6+340.00～6+680.00 的检测结果，大坝坝脚的整体填筑质量较好，其中在局部发现较强的电磁波反射带，推测可能是由于强电变压器的干扰所致。

3.7.4 结论

综上所述，对左右副坝可能存在渗漏区的部位采用瞬变电磁仪、大地电导率仪和地质雷达三种检测设备进行了探测，通过对探测结果进行分析，发现了部分异常区域，主要渗漏异常区如下：

（1）左副坝测线2部位的0＋800.00～0＋900.00区域内，深度10～15m测深范围内发现异常区，推测该部位可能存在松散地质体。

（2）左副坝测线3部位的0＋660.00～0＋750.00区域内，深度5～14m测深范围内发现异常区，推测该部位可能存在松散地质体，结合实际地质资料可知，该部位可能是古河床低洼地带，该部位发现的异常区域有可能造成下游渗漏。

（3）右副坝测线2部位的4＋920.00～4＋960.00区域和5＋010.00～5＋050.00区域内，深度6～15m测深范围发现较强的电磁波反射带，推测该部位可能存在松散地质体。

（4）右副坝测线2部位的6＋500.00～6＋540.00区域内，深度5～10m范围内发现异常区，该部位可能存在地质异常区。

第4章 稳态表面波法检测混凝土结构缺陷及质量

中国水利水电科学研究院于国家“七五”科技攻关期间，自主研发了稳态表面波混凝土质量检测系统，该系统仪器组成及检测原理参见章节2.2.3.2。该项目系统曾荣获国家科技进步二等奖，通过专家鉴定，达到国际领先水平，被列为水利部重点科技推广项目，为三峡大坝、葛洲坝电厂、丰满大坝、南水北调工程、藏木水电站、甘再水电站、二滩水电站等30余个重大工程建设项目提供了技术支撑。该系统主要应用于混凝土结构物裂缝深度及性态检测、混凝土结构物内部蜂窝和空洞检测、混凝土结构物结合面及混凝土与岩基结合形态检测、混凝土结构物表面损坏层厚度检测等。本章主要介绍采用稳态表面波检测系统检测混凝土坝面裂缝深度、厂房基础混凝土破坏情况、压力钢管灌浆质量等方面的典型案例。

4.1 混凝土拱坝坝面裂缝检测

4.1.1 工程概况

某水电站是以发电为主的综合利用水利枢纽。水库正常水位高程1200.00m，总库容58亿m^3，大坝为混凝土双曲拱坝。2000年12月，在大坝下游面右岸33#、34#坝段附近的坝面发现大量裂缝，为了查明混凝土坝体内部裂缝的实际状况、发展情况和对大坝安全的危害程度，作者曾分别于2003年5月和2006年1月两次对大坝下游面右岸33#、34#坝段的裂缝进行了裂缝深度检测。2008年，大坝坝体先后经历了两次地震，为查明震后坝体裂缝的发展情况，2010年1月下旬，作者再次对大坝下游面右岸33#、34#坝段裂缝进行了裂缝深度现场检测。

4.1.2 检测内容

根据合同要求及检测方案，此次大坝右岸坝后裂缝深度检测选取裂缝长度较长、表面缝宽度较大的5条重点关注裂缝，并在每条裂缝上根据缝长及裂缝走向选取测点测量裂缝深度，共检测20个测点，详见表4-1。

表4-1 裂缝检测任务表

序号	编号	所处坝段	缝长/m	表面缝宽/mm	裂缝深度测点数
1	F1	34#	9.25	0.5	2
2	F2	34#	7.40	0.2	3

续表

序号	编号	所处坝段	缝长/m	表面缝宽/mm	裂缝深度测点数
3	F3	34#	13.9	0.35	5
4	F5、F16	33#	13.15	0.6	5
5	F30	33#	9.4	0.55	5

注　F5与F16相连，在该裂缝布置5个测点。

4.1.3　现场检测

4.1.3.1　仪器设备

采用瑞利波法测量裂缝深度，测试仪器为表面波无损检测仪RL-2000系列。RL-2000系列表面波无损检测系统主要用于检测各种混凝土结构物、岩土工程内部的特性及其缺陷。对于大体积混凝土及岩土基础可以应用瑞利波检测；对于板梁结构则可以应用兰姆波（Lamb Wave）进行检测。根据表面波在传播过程中波动参数发生的变化，可对材料内部构造及特性进行检测及诊断，还可广泛应用于大坝、厂房、隧洞、道桥及工民建等工程的测试。该系统由信号发生器、功率放大器及表面波激振器组成发射系统向混凝土发射所需的瑞利波，由拾振器、信号处理器及微机组成接收系统，对接收到的瑞利波信号进行拾取、放大、A/D转换以及有用信息的提取、分析计算，输出检测结果。

4.1.3.2　测点布置

根据测量原理，利用仪器的1个发射系统和4个接收通道同时在裂缝附近和横跨裂缝布置无缝区测量轴线和有缝区测量轴线，检测时布置2条测量轴线，在每个测量轴线上依次布置表面波激振器和两个拾振器，同时进行有缝区和无缝区测量。有缝区测量的测点横跨裂缝布设，且垂直于裂缝断面，依次布置表面波激振器（G）和两个拾震器（P1和P2），三个仪器处于同一直线上（图4-1）。其中表面波激振器（G）与拾振器P1的距离为0.5m，拾振器P1、P2与裂缝的距离均为0.5m。无缝区测量的测点（P3和P4）需布置在同激振器一侧的无缝区，P3与激振器（G）距离0.5m，两个拾振器（P3和P4）间距为1m。

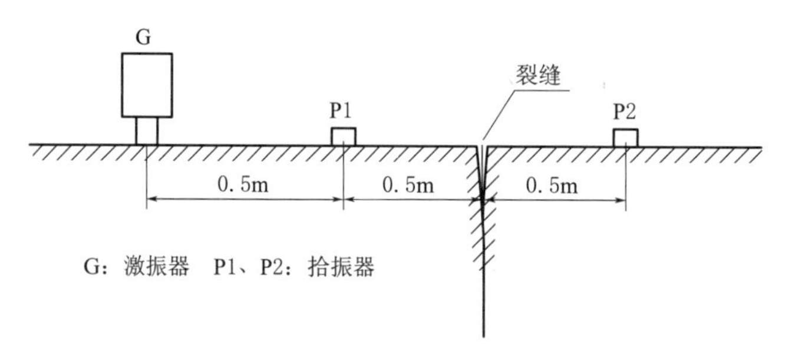

图4-1　测点现场布置示意图

4.1.3.3　检测步骤

检测前，根据裂缝走向及现场脚手架搭建情况选择合理位置布置测点，在各测点布置处用角磨机对表面波激振器、拾振器和坝面的接触点打磨平整，以保证测量精度（图4-2）。

检测时（图 4-3），表面波的发射频率从 5000Hz 开始，逐步降低发射频率，加大检测深度，直至有缝区相频特性曲线和无缝区相频特性曲线相交，得到特征频率 f_0，根据瑞利波检测裂缝的原理计算出裂缝深度。

图 4-2　检测仪器安装

图 4-3　RL-2000 型表面波无损检测系统工作照片

4.1.4　检测结果

4.1.4.1　F1 裂缝检测结果

F1 裂缝在下游坝面 34# 坝段，它是一条斜向裂缝。裂缝从高程 1115.00m 开始，向坝顶延伸，往年裂缝长度：斜缝长 7.25m，水平缝长 2.00m，总长 9.25m。2010 年 1 月检查裂缝右端向右下方以 15°角增长 0.4m，现总长 9.65m。裂缝的表面缝宽约 0.5mm，裂缝表面伴有明显渗水。根据甲方提供的测点布置示意图布置了两个测点。F1 裂缝测点布置如图 4-4 所示。

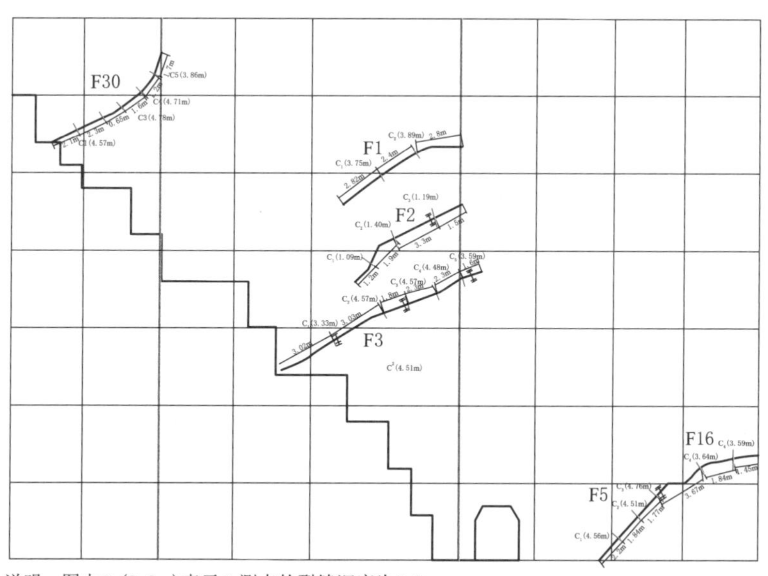

说明：图中C_1(3.2m)表示C_1测点的裂缝深度为3.2m。

图 4-4　大坝右岸坝后裂缝深度检测测点布置示意图

C_1测点检测曲线如图4-5所示，其中C_0为无缝区相频特性曲线，C_1为有缝区相频特性曲线。从图4-5中可得到：特征频率f_0=290Hz，瑞利波在两拾振器之间的传播时间Δt=460μs，瑞利波的传播速度V_R=2174m/s，根据瑞利波检测裂缝的原理计算，裂缝深度为3.75m。

C_2测点检测曲线如图4-6所示，其中C_0为无缝区相频特性曲线，C_2为有缝区相频特性曲线。从图4-6中可得到：特征频率f_0=280Hz，瑞利波在两拾振器之间的传播时间Δt=459μs，瑞利波的传播速度V_R=2179m/s，根据瑞利波检测裂缝的原理计算，裂缝深度为3.89m。

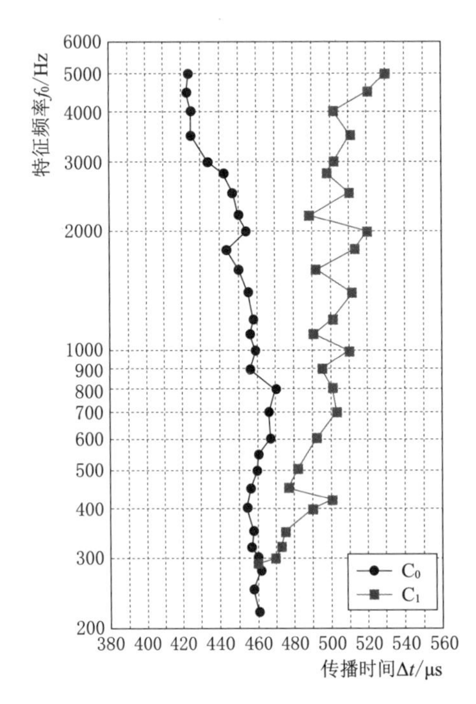

图4-5　F1裂缝C_1测点频散图

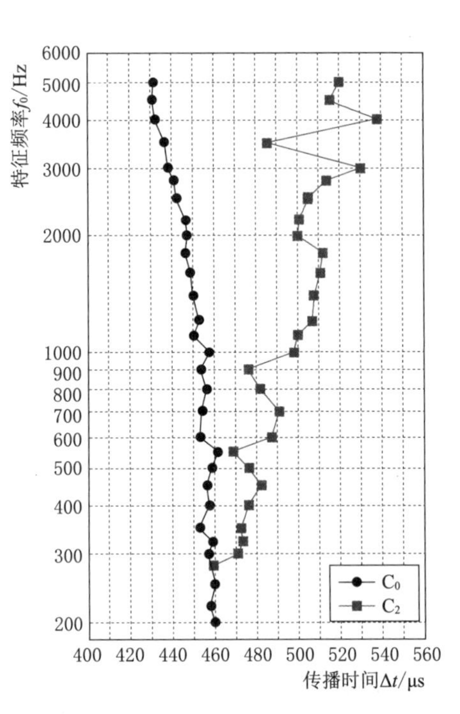

图4-6　F1裂缝C_2测点频散图

4.1.4.2　F2裂缝检测结果

F2裂缝处于下游坝面34#坝段，它是一条斜向裂缝。裂缝从高程1110.50m开始，向坝顶延伸，裂缝表面长度7.40m。裂缝的表面缝宽约0.2mm，右端到2m处出现渗水，并有渗出物存在。F2裂缝测点布置如图4-4所示。

C_1测点检测结果曲线如图4-7所示，其中C_0为无缝区相频特性曲线，C_1为有缝区相频特性曲线。从图4-7中可得到：特征频率f_0=1000Hz，瑞利波在两拾振器之间的传播时间Δt=460μs，瑞利波的传播速度V_R=2174m/s，根据瑞利波检测裂缝的原理计算，裂缝深度为1.09m。

C_2测点检测结果曲线如图4-8所示，其中C_0为无缝区相频特性曲线，C_2为有缝区相频特性曲线。从图4-8中可得到：特征频率f_0=780Hz，瑞利波在两拾振器之间的传播时间Δt=459μs，瑞利波的传播速度V_R=2179m/s，根据瑞利波检测裂缝的原理计算，裂缝深度为1.40m。

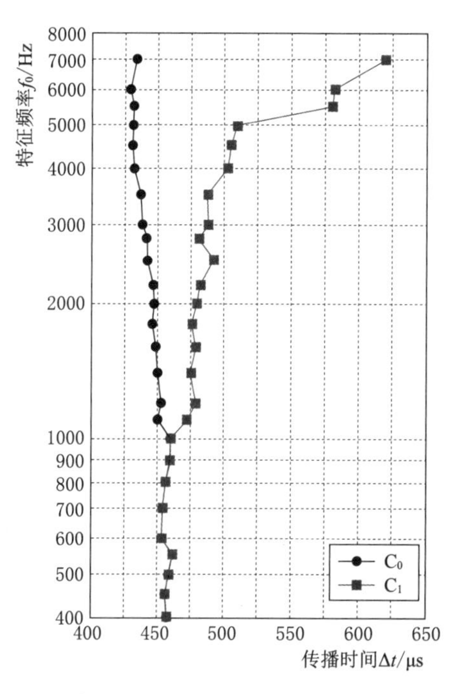

图 4-7　F2 裂缝 C_1 测点频散图

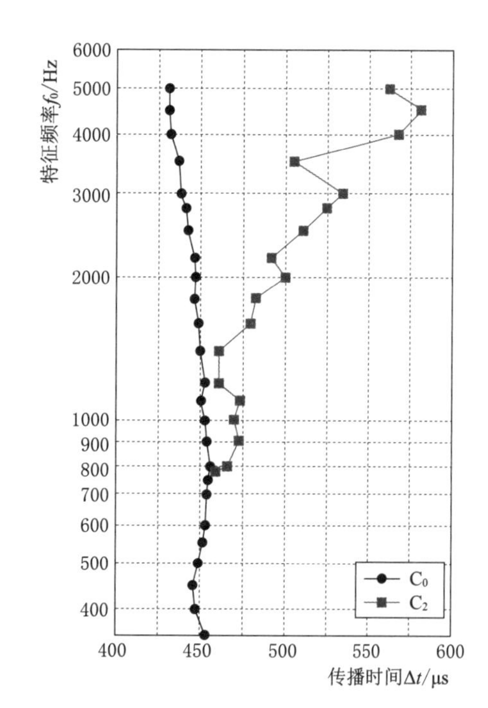

图 4-8　F2 裂缝 C_2 测点频散图

C_3测点检测结果曲线如图 4-9 所示，其中 C_0为无缝区相频特性曲线，C_3为有缝区相频特性曲线。从图 4-9 中可得到：特征频率 f_0=900Hz，瑞利波在两拾振器之间的传播时间 Δt=465μs，瑞利波的传播速度 V_R=2151m/s，根据瑞利波检测裂缝的原理计算，裂缝深度为 1.19m。

4.1.4.3　F3 裂缝检测结果

F3 裂缝处于下游坝面 34# 坝段，它是一条斜向裂缝。裂缝从高程 1102.50m 开始，向坝顶延伸，裂缝表面原总长 13.9m，部分被保温材料覆盖，可见总长 4.5m。裂缝的表面缝宽 0.35mm。裂缝表面存在一些渗出物，但未形成径流。根据测点布置示意图（图 4-4）布置了五个测试点。

C_1 测点检测结果曲线如图 4-10 所示其中，C_0为无缝区相频特性曲线，C_1为有缝区相频特性曲线。从图 4-10 中可得到：特征频率 f_0=330Hz，瑞利波在两拾振器之间的传播时间 Δt=455μs，瑞利波的传播速度 V_R=2198m/s，根据瑞利波检测裂缝的原理计算，裂缝深度为 3.33m。

C_2测点检测结果曲线如图 4-11 所示，其中 C_0为无缝区相频特性曲线，C_2为有缝区相频特性曲线。从图 4-11 中可得到：特征频率 f_0=280Hz，瑞利波在两拾振器之间的传播时间 Δt=443μs，瑞利波的传播速度 V_R=2257m/s，根据瑞利波检测裂缝的原理计算，裂缝深度为 4.03m。

C_3测点检测结果曲线如图 4-12 所示，其中 C_0为无缝区相频特性曲线，C_3为有缝区相频特性曲线。从图 4-12 中可得到：特征频率 f_0=240Hz，瑞利波在两拾振器之间的传播时间 Δt=456μs，瑞利波的传播速度 V_R=2192m/s，根据瑞利波检测裂缝的原理计算，裂缝深度为4.57m。

同理，利用瑞利波检测原理根据 C_4 测点、C_5 测点无缝区和有缝区的相频特性曲线，推算裂缝深度分别为4.48m、3.06m。

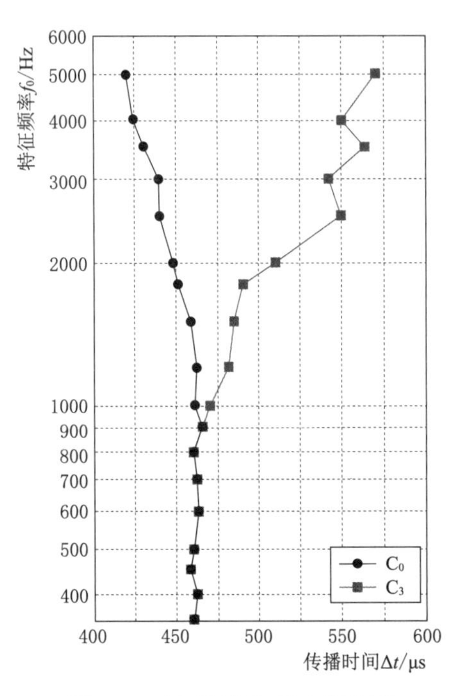

图4-9　F2裂缝 C_3 测点频散图

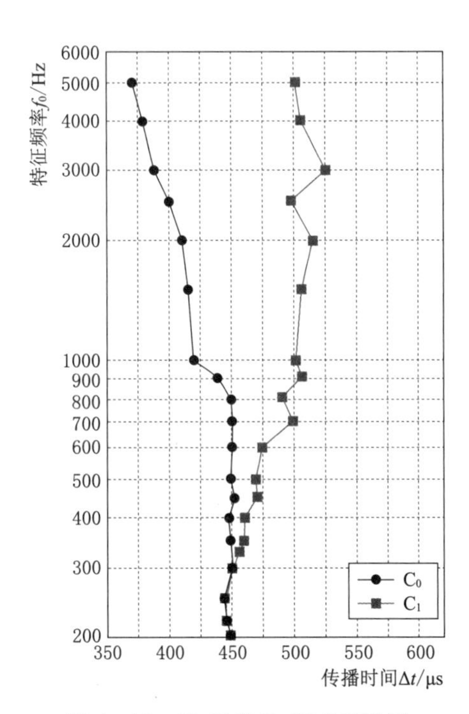

图4-10　F3裂缝 C_1 测点频散图

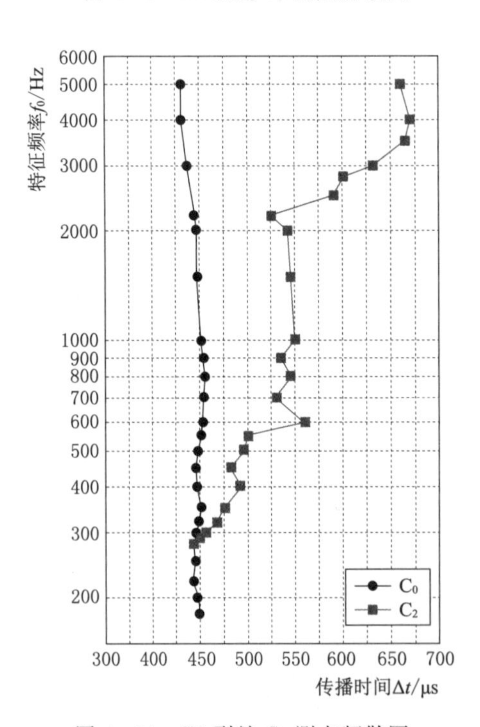

图4-11　F3裂缝 C_2 测点频散图

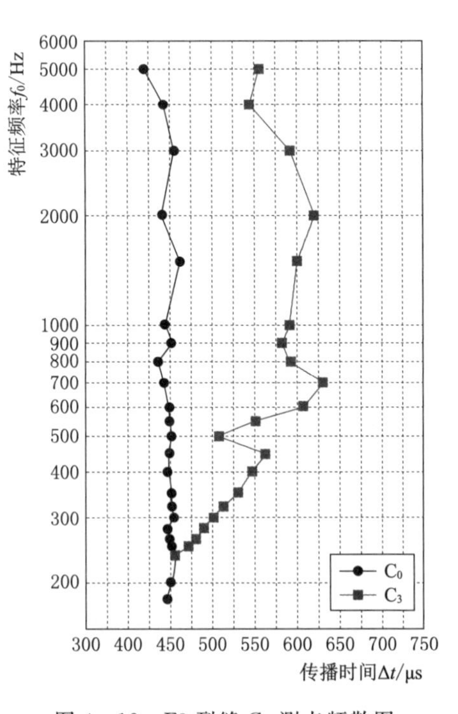

图4-12　F3裂缝 C_3 测点频散图

4.1.4.4 F5 和 F16 裂缝检测结果

F5 和 F16 裂缝处于下游坝面 33# 坝段，它是一条斜向裂缝。裂缝从高程 1091.25m 平台开始，向坝顶延伸，穿过一个修补块与裂缝 F16 相连。F5 与 F16 裂缝表面长度约有 13.15m。裂缝的表面缝宽约 0.6mm。裂缝表面的一些区域有渗水并伴有白色钙析出物。根据测点布置示意图（图 4-4）布置了五个测试点。

C_1测点检测结果曲线如图 4-13 所示，其中 C_0为无缝区相频特性曲线，C_1为有缝区相频特性曲线。从图 4-13 中可得到：特征频率 $f_0=245$Hz，瑞利波在两拾振器之间的传播时间 $\Delta t=448\mu$s，瑞利波的传播速度 $V_R=2232$m/s，根据瑞利波检测裂缝的原理计算，裂缝深度为 4.56m。

C_2测点检测结果曲线如图 4-14 所示，其中 C_0为无缝区相频特性曲线，C_2为有缝区相频特性曲线。从图 4-14 中可得到：特征频率 $f_0=240$Hz，瑞利波在两拾振器之间的传播时间 $\Delta t=462\mu$s，瑞利波的传播速度 $V_R=2165$m/s，根据瑞利波检测裂缝的原理计算，裂缝深度为 4.51m。

同理，利用瑞利波检测原理，根据 C_3 测点、C_4 测点、C_5 测点无缝区和有缝区的相频特性曲线，推算裂缝深度分别为 4.76m、3.64m、3.59m。

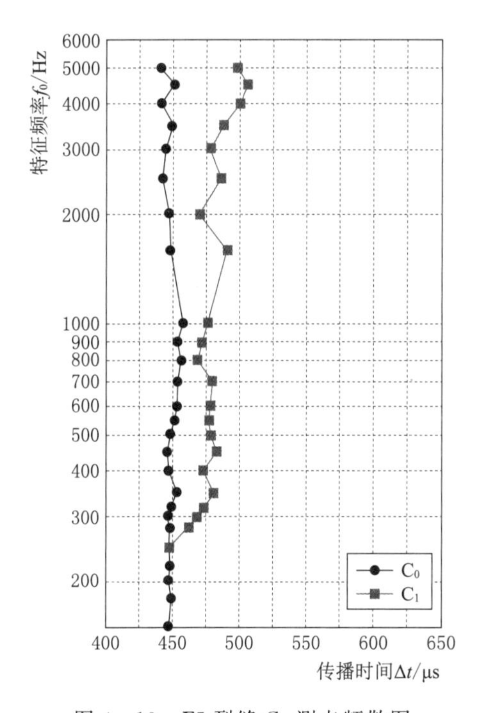

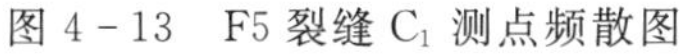
图 4-13　F5 裂缝 C_1 测点频散图

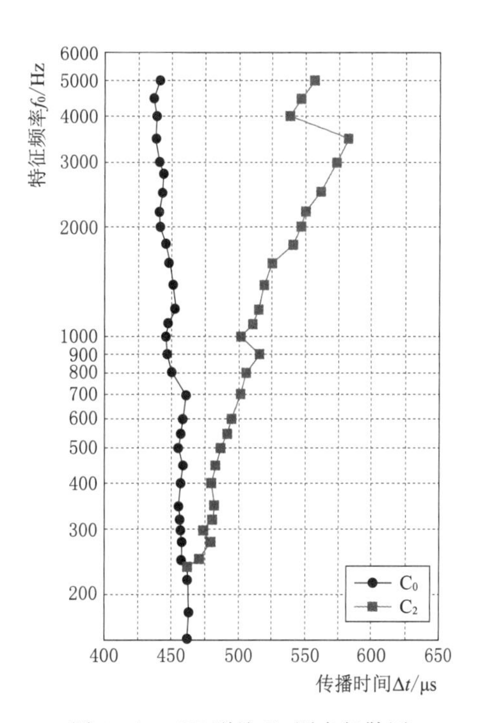

图 4-14　F5 裂缝 C_2 测点频散图

4.1.4.5 F30 裂缝检测结果

F30 裂缝处于下游坝面 35# 坝段，它是一条斜向裂缝。裂缝从高程 1118.25m 开始，向坝顶延伸。裂缝表面长度约有 16m。裂缝的表面缝宽 0.85mm。根据测点布置示意图（图 4-4）布置了五个测试点。

C_1测点检测结果曲线如图 4－15 所示，其中 C_0为无缝区相频特性曲线，C_1为有缝区相频特性曲线。从图 4－15 中可得到：特征频率 $f_0=240$Hz，瑞利波在两拾振器之间的传播时间 $\Delta t=456\mu$s，瑞利波的传播速度 $V_R=2193$m/s，根据瑞利波检测裂缝的原理计算，裂缝深度为 4.57m。

C_2测点检测结果曲线如图 4－16 所示，其中 C_0为无缝区相频特性曲线，C_2为有缝区相频特性曲线。从图 4－16 中可得到：特征频率 $f_0=170$Hz，瑞利波在两拾振器之间的传播时间 $\Delta t=469\mu$s，瑞利波的传播速度 $V_R=2132$m/s，根据瑞利波检测裂缝的原理计算，裂缝深度为 6.27m。

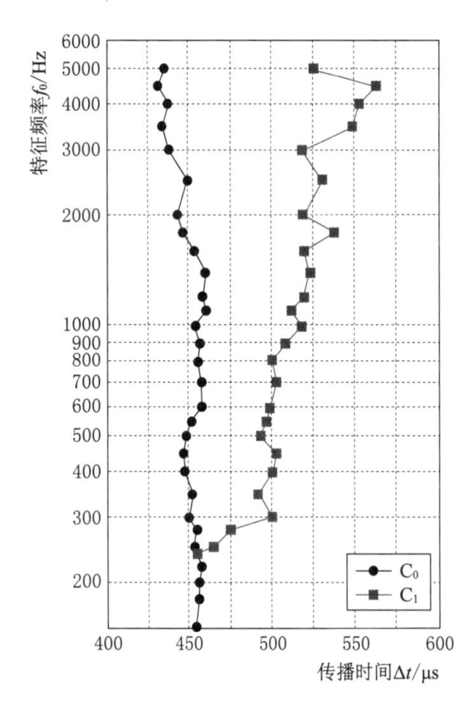

图 4－15 F30 裂缝 C_1 测点频散图

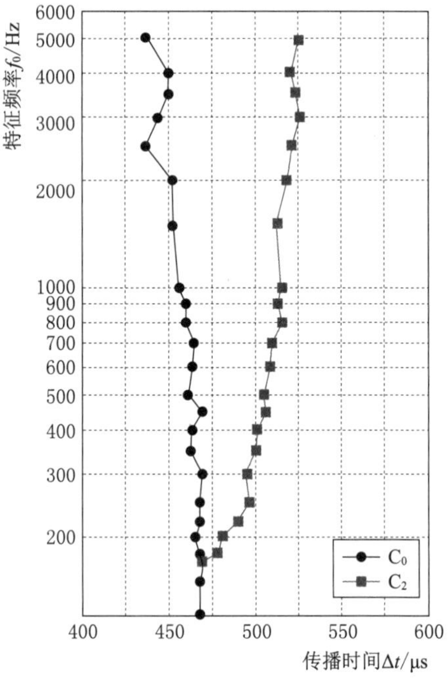

图 4－16 F30 裂缝 C_2 测点频散图

同理，利用瑞利波检测原理，根据 C_3 测点、C_4 测点、C_5 测点无缝区和有缝区的相频特性曲线，推算裂缝深度分别为 4.78m、4.71m、3.89m。

4.1.5 结果对比分析

2010 年 1 月，作者采用瑞利波方法对大坝右岸坝后 33#、34# 坝段的 5 条裂缝进行了深度检测，成功地检测出 20 个测点的裂缝深度。对 2003 年 5 月、2006 年 1 月和 2010 年 1 月 3 次裂缝检测结果进行分析，可以得出表 4－2 所示的裂缝深度变化趋势分析表及图 4－17～图 4－21 所示的裂缝发展趋势图。

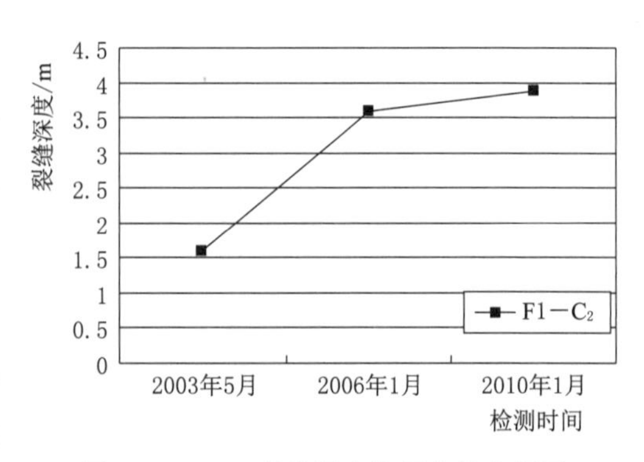

图 4－17 F1 裂缝深度发展趋势分析图

表 4-2 **裂缝深度变化趋势分析表** 单位：m

裂缝	测点	2003 年 5 月		2006 年 1 月		2010 年 1 月		H_2-H_1	变化趋势分析
		深度 H_0	测点位置	深度 H_1	测点位置	深度 H_2	测点位置		
F1	C_1	1.2	3.50	3.4	2.40	3.75	2.82	0.35	裂缝深度有轻微发展
	C_2	1.6	4.60	3.6	5.60	3.89	5.22	0.29	
F2	C_1	1.1	0.80	0.72	1.10	1.09	1.20	0.37	裂缝深度有轻微发展
	C_2	1.8	1.70	1.1	3.60	1.40	3.10	0.30	
	C_3	1.0	4.90	0.9	5.20	1.19	6.40	0.29	
F3	C_1	2.8	2.05	3.2	2.80	3.33	3.02	0.13	裂缝深度增幅较小，基本稳定
	C_2	3.5	6.80	3.8	4.40	4.03	6.05	0.23	
	C_3	3.7	7.95	4.4	6.10	4.57	7.85	0.17	
	C_4	4.3	10.35	4.4	9.60	4.48	10.15	0.08	
	C_5	4.0	12.09	2.9	13.10	3.06	12.45	0.16	
F5	C_1	1.9	1.90	4.5	2.10	4.56	2.20	0.06	裂缝深度增幅较小，基本稳定
	C_2	2.5	3.25	4.4	3.40	4.51	4.04	0.11	
	C_3	3.2	5.60	4.6	5.80	4.76	5.81	0.16	
	C_4	—	—	3.6	9.30	3.64	9.48	0.04	
	C_5	0.38	11.05	3.5	11.00	3.59	11.32	0.09	
F30	C_1	—	—	4.4	2.30	4.57	2.10	0.17	裂缝深度有轻微发展
	C_2	—	—	5.9	4.15	6.27	4.40	0.37	
	C_3	—	—	4.5	5.15	4.78	5.05	0.28	
	C_4	—	—	4.5	6.25	4.71	6.65	0.21	
	C_5	—	—	3.7	7.25	3.89	7.85	0.19	

注 表中“测点位置”表示各测点与裂缝起始点（以各条裂缝海拔较低的端点为起始点）的距离，由于检测现场条件限制，三次检测中测点位置不能保持完全一致。

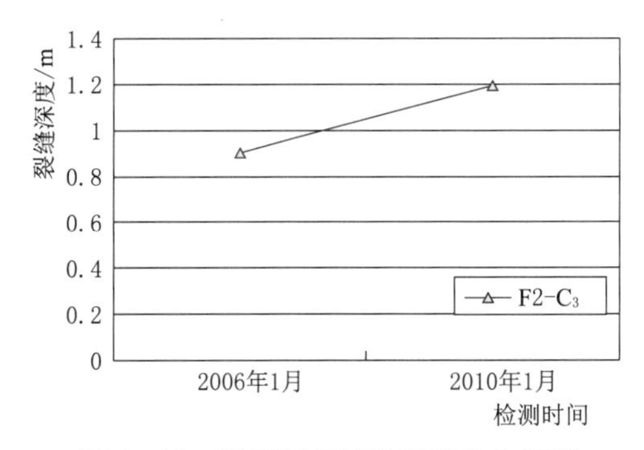

图 4-18 F2 裂缝深度发展趋势分析图

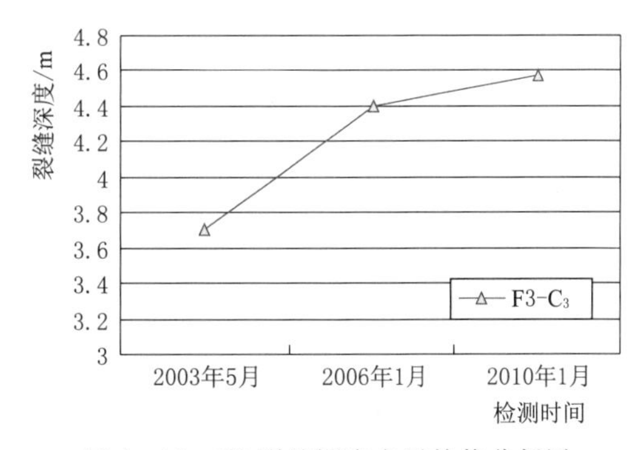

图 4-19 F3 裂缝深度发展趋势分析图

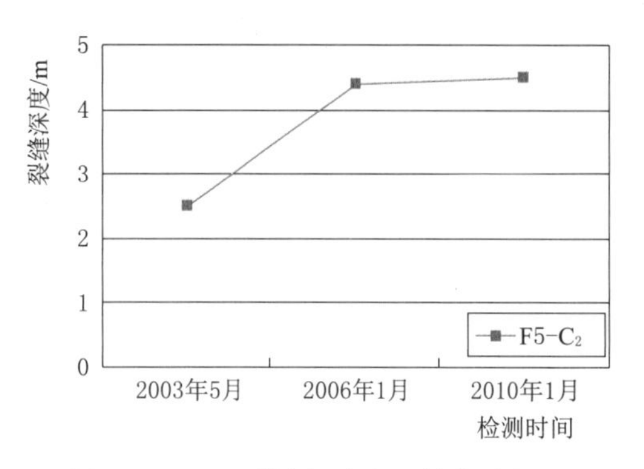

图4-20　F5裂缝深度发展趋势分析图

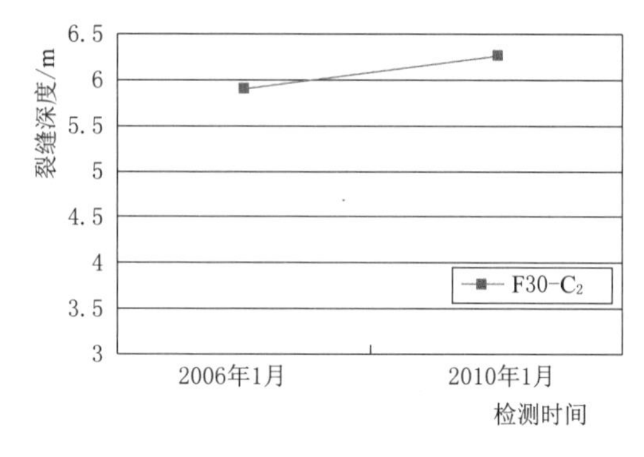

图4-21　F30裂缝深度发展趋势分析图

从上述分析可知，经检测的5条裂缝中，同2003年5月和2006年1月的检测结果相比，F1、F2、F30三条裂缝深度有轻微发展；F3、F5裂缝深度也呈现增加的趋势，但增幅较小，基本稳定。

此外，从图4-17～图4-21中可以看出，从2003年5月到2010年1月，经检测的5条裂缝中，F1、F3和F5三条裂缝的深度呈现出裂缝深度增加，但增幅趋缓的特点。

4.2　混凝土重力坝坝面裂缝检测

4.2.1　工程概况

国外某水电站工程由拦河坝、PH3引水系统和PH3发电厂房等主要建筑物组成。工程等别为二等大（2）型。拦河坝为碾压混凝土重力坝，最大坝高112m。坝轴线在平面上是直线布置，河中溢流坝段基本上与河流垂直，使得泄洪水流与下游河道连接平顺。大坝坝顶高程153.00m，坝底高程41.00m，最大坝高112.00m，坝顶宽度6.0m，坝体上游面高程84.00m以上为竖直面，高程84.00m以下为1∶0.3；下游面为1∶0.75，折坡点高程为145.00m；大坝分10个坝段，横缝间距42～60m；横缝采用通缝布置，每个坝段中部上下游面各设置一条诱导缝。

在水电站运行期间，业主单位发现大坝下游坝面8#坝段出现两条裂缝。K5裂缝桩号为坝右0+231.812～坝右0+239.611，其中坝右0+239.611临近8#与9#坝段结构缝；K6裂缝桩号为坝右0+201.051～坝右0+209.305，其中坝右0+209.305为8#坝段正中诱导缝位置。为查明右岸坝后两条裂缝的深度、表面宽度、走向等，为大坝安全运行及评价提供技术支撑，采用稳态表面波系统、裂缝表面宽度检测仪和激光测距仪等对两条裂缝进行了检测。

4.2.2　现场检测

根据现场实际情况，大坝右岸坝后裂缝深度主要采用稳态表面波法进行检测，裂缝表面宽度采用裂缝表面宽度检测仪检测，裂缝走向及长度采用激光测距仪进行检测。K5和

K6 每条裂缝分别布置 8 个表面波测点，测点位置根据现场情况布置。根据测量原理，同时在裂缝附近和横跨裂缝布置无缝区测量轴线和有缝区测量轴线，在每个测量轴线上依次布置表面波激振器和两个拾振器，同时进行有缝区和无缝区测量。测点布置示意图如图 4－22、图 4－23 所示。

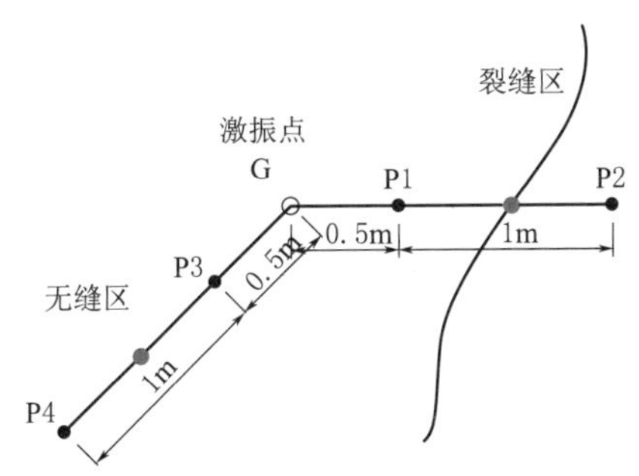

图 4－22　裂缝检测测点布置示意图

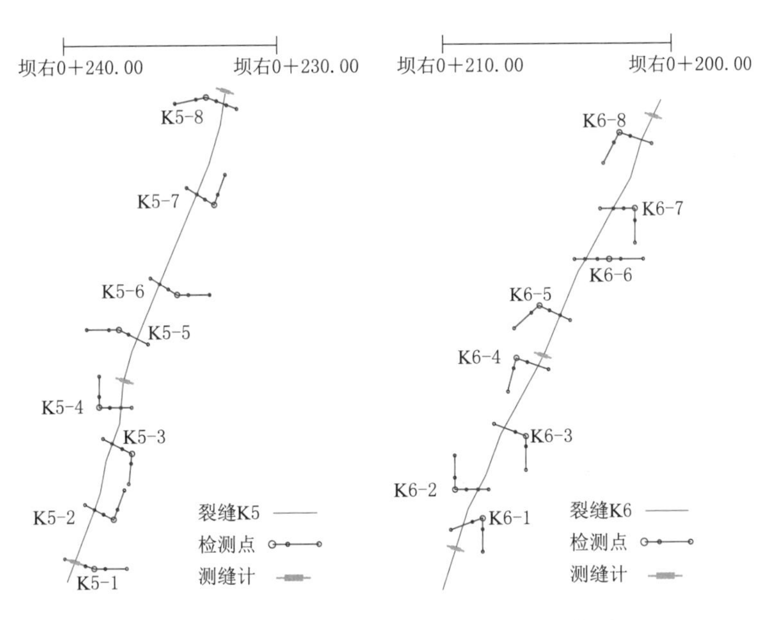

图 4－23　K5、K6 裂缝检测测点布置示意图

4.2.3 检测结果

为了检测裂缝深度，根据现场情况，确定了每个检测点跨缝测线和无缝测线的布置。利用裂缝深度检测仪器从 3000Hz 到 100Hz 进行检测，完成 32 个检测点的现场检测工作，得到两条裂缝不同位置的深度。裂缝表面宽度采用裂缝表面宽度检测仪配合游标卡尺进行测量，裂缝走向采用激光测距仪配合米尺进行测量。

K5 长度约为 32.3m，裂缝检测起点为岸坡小平台附近，检测长度约为 25.1m；K6 裂缝总长度约为 25.4m，检测起点也在岸坡小平台附近，检测长度约为 23.7m。

K5－1 测点检测曲线如图 4－24 所示，其中 K5－1A 为无缝区相频特性曲线，K5－1B 为有缝区相频特性曲线。从图 4－24 中可得到：特征频率 $f_0=140$Hz，瑞利波在两拾振器之间的传播时间 $\Delta t=460\mu$s，瑞利波的传播速度 $V_R=2174$m/s，根据瑞利波检测裂缝的原理计算，裂缝深度为 7.76m。同理，利用瑞利波检测原理，其他测点分别进行分析计算，获取裂缝深度值，K5 及 K6，裂缝深度检测成果见表 4－3。

根据表 4－3 可知：混凝土总体波速偏低，但 K6 裂缝各测点的平均波速比 K5 裂缝各测点的平均波速高；K5 裂缝总长 32.3m，各测点裂缝深度为 3.03～7.76m，裂缝表面宽度为 1.28～5.78mm；K6 裂缝总长 25.4m，各测点裂缝深度为 1.96～3.09m，裂缝表面宽度为 0.34～1.82mm。

从图 4－23 所示的裂缝走向图可知，两条裂缝呈近似平行的状态，K5 裂缝自 8#、9# 坝段结构缝向 8# 坝段方向约 17°，K6 裂缝自 8# 坝段诱导缝向 7# 坝段方向约 24°。

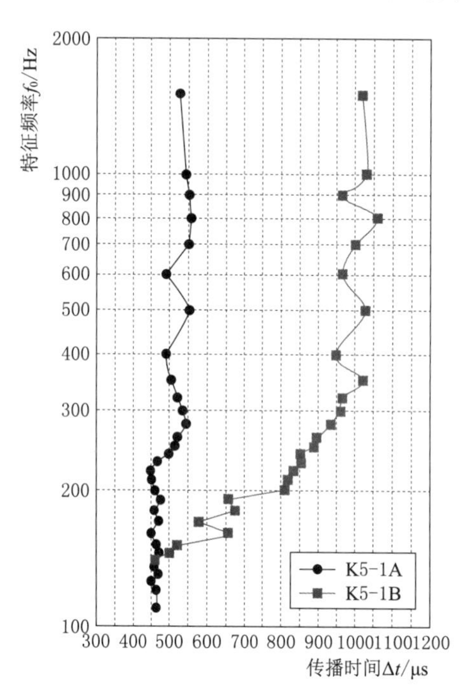

图 4－24　K5－1 测点频散图

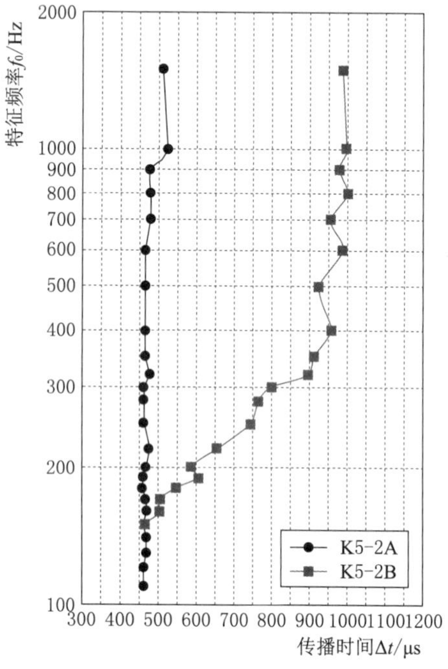

图 4－25　K5－2 测点频散图

表 4－3　　**裂缝检测成果表**

序号	测点编号	特征频率/Hz	特征声时/μs	计算波速/(m·s^{-1})	裂缝深度/m	裂缝表面宽度/mm	对应图
1	K5－1	140	460	2174	7.76	5.78	图 4－24
2	K5－2	150	490	2041	6.80	4.32	图 4－25
3	K5－3	170	502	1992	5.86	3.49	图 4－26
4	K5－4	200	520	1923	4.81	3.29	图 4－27
5	K5－5	220	530	1887	4.29	2.32	图 4－28
6	K5－6	250	498	2008	4.02	2.18	图 4－29

续表

序号	测点编号	特征频率/Hz	特征声时/μs	计算波速/(m·s^{-1})	裂缝深度/m	裂缝表面宽度/mm	对应图
7	K5-7	265	540	1852	3.49	2.02	图4-30
8	K5-8	300	550	1818	3.03	1.28	图4-31
9	K6-1	320	505	1980	3.09	1.82	图4-32
10	K6-2	350	470	2128	3.04	1.65	图4-33
11	K6-3	380	500	2000	2.63	1.22	图4-34
12	K6-4	400	540	1852	2.31	0.92	图4-35
13	K6-5	450	530	1887	2.10	0.85	图4-36
14	K6-6	500	481	2079	2.08	0.52	图4-37
15	K6-7	480	528	1894	1.97	0.41	图4-38
16	K6-8	500	511	1957	1.96	0.34	图4-39

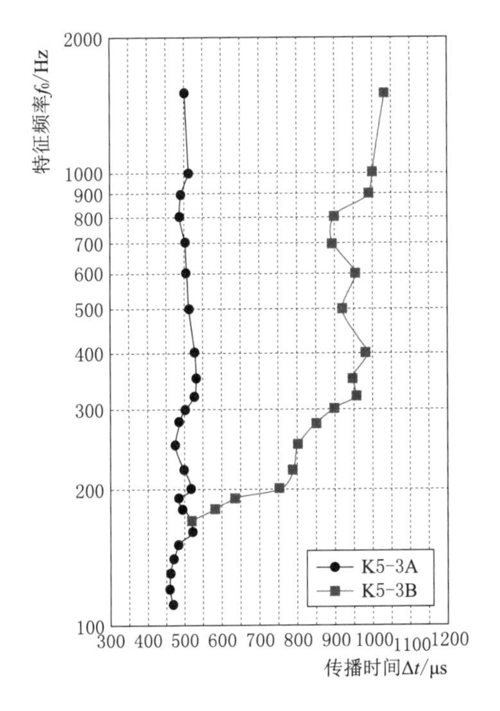

图4-26　K5-3测点频散图

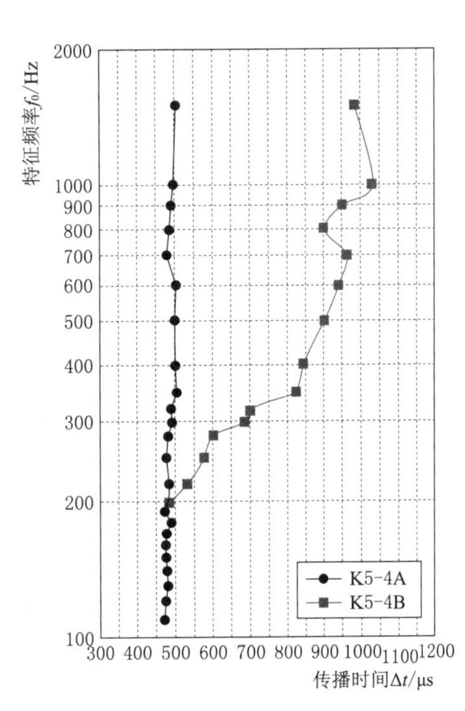

图4-27　K5-4测点频散图

4.2.4　裂缝成因分析

裂缝是混凝土重力坝普遍存在的缺陷，它的产生通常受水泥水化热、环境温度变化、混凝土干缩、碱骨料反应、荷载作用、不均匀沉降等多种因素综合影响。综合以上裂缝检测结果，通过现场查勘，结合安全监测、工程地质资料，初步推测裂缝形成的原因可能受荷载、地质条件等因素影响。

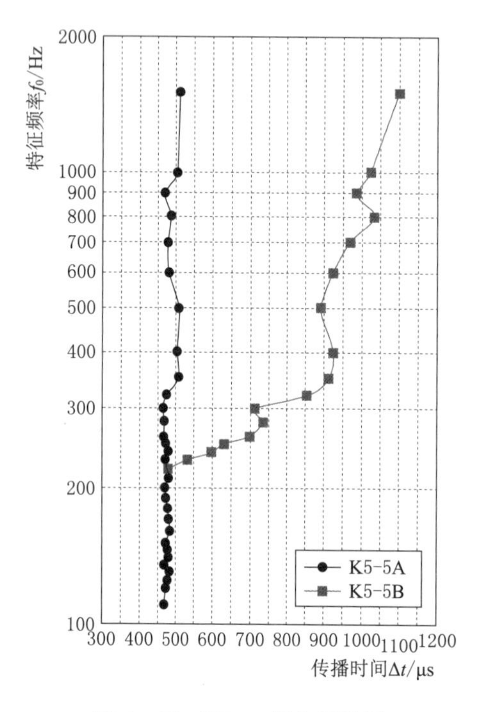

图4-28 K5-5测点频散图

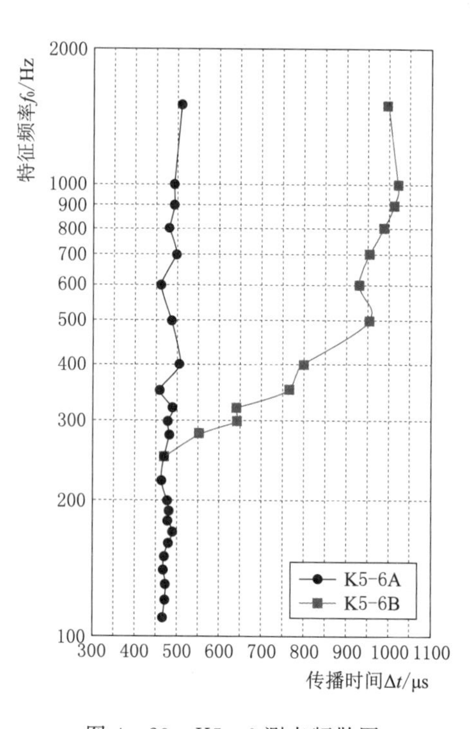

图4-29 K5-6测点频散图

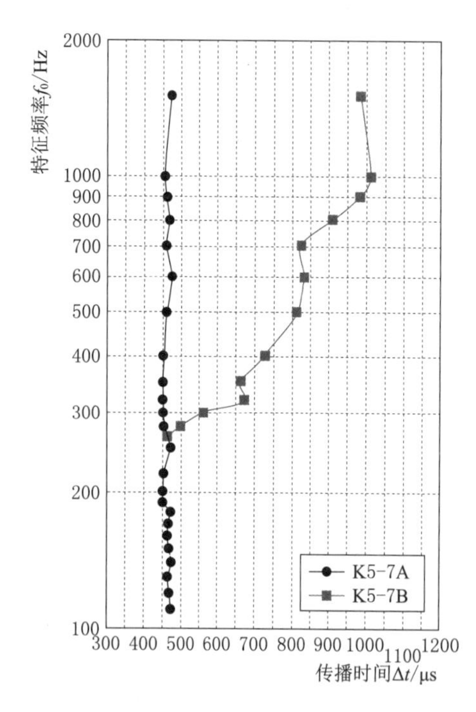

图4-30 K5-7测点频散图

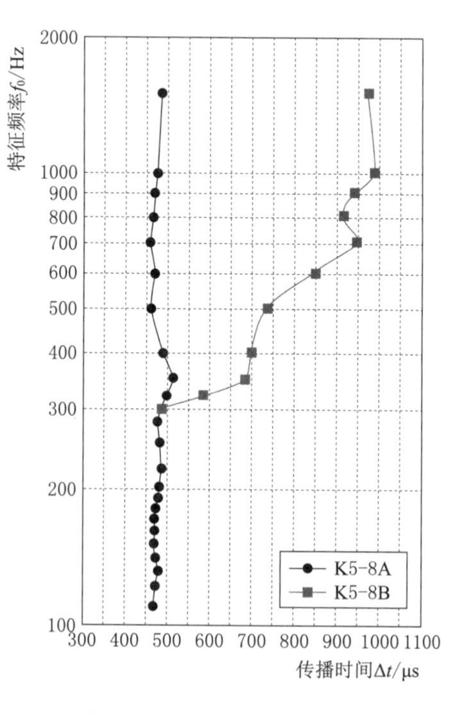

图4-31 K5-8测点频散图

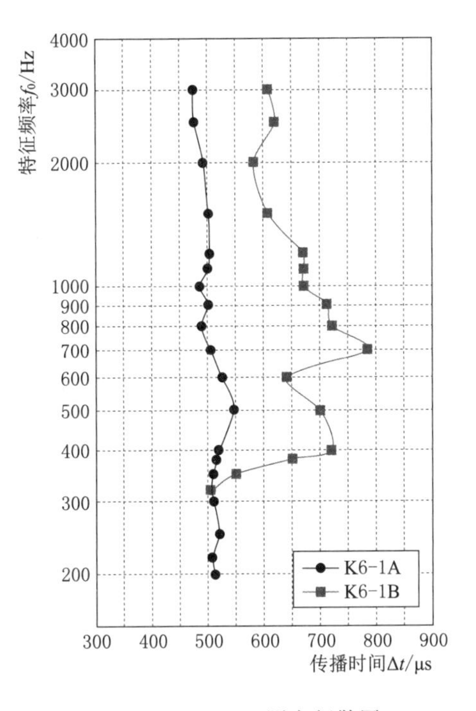

图 4-32 K6-1 测点频散图

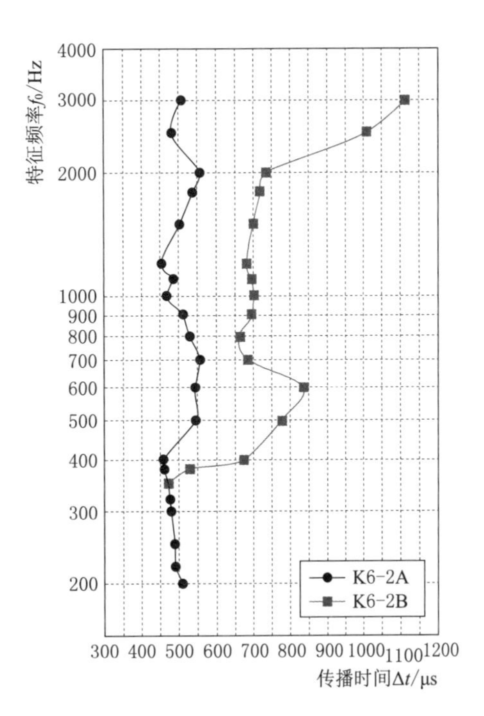

图 4-33 K6-2 测点频散图

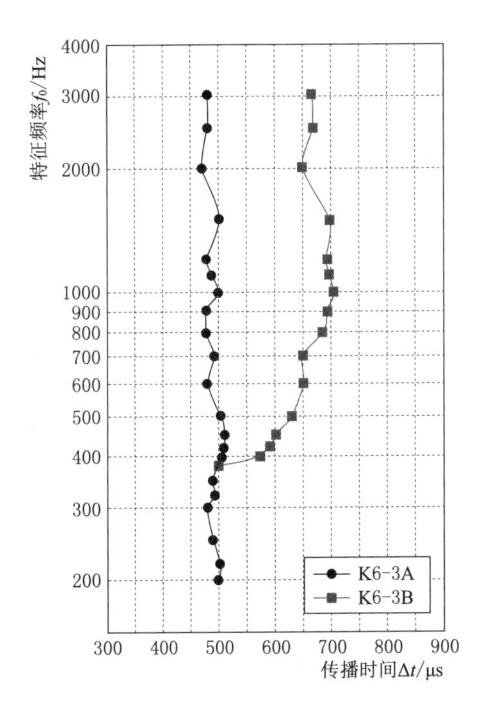

图 4-34 K6-3 测点频散图

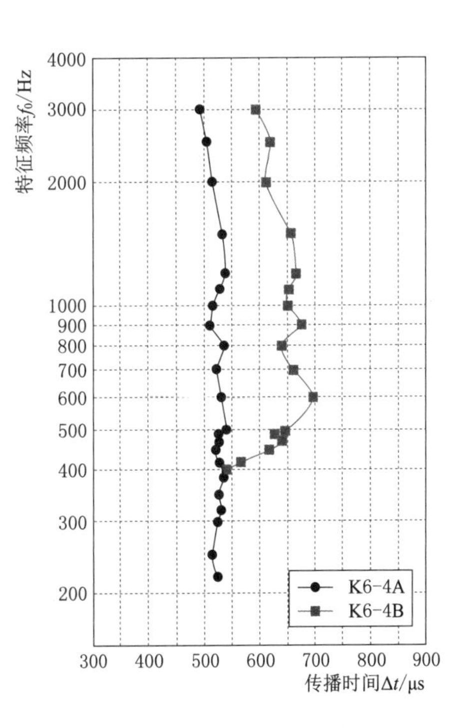

图 4-35 K6-4 测点频散图

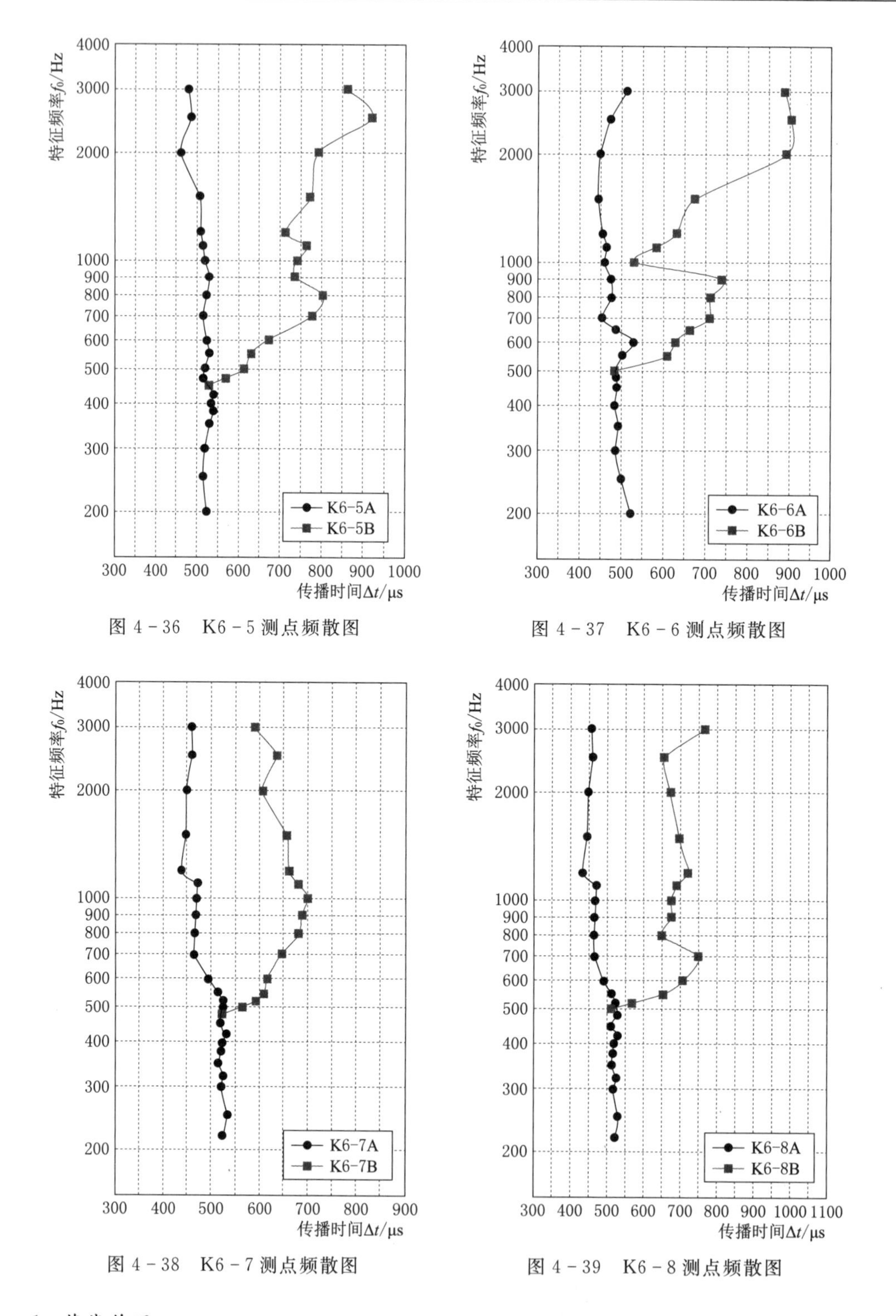

图4-36　K6-5测点频散图

图4-37　K6-6测点频散图

图4-38　K6-7测点频散图

图4-39　K6-8测点频散图

1. 荷载作用

混凝土重力坝受力复杂，包括自重、静水压力、扬压力、动水压力、泥沙压力等，当大坝受到组合荷载作用下的均布荷载或集中荷载将产生内力弯矩，当拉应力超过了大坝混凝土的抗拉强度时，导致结构变形，即在抗拉能力最薄弱处产生荷载裂缝。

根据设计报告，该水电站大坝枢纽由拦河坝、PH3 引水系统和 PH3 发电厂房等主要建筑物组成，拦河坝最大坝高 112m。由于坝基下部存在深层泥岩类夹（岩）层，大坝清基时未进行爆破作业，将坝基面浮石清除，将河床岩石面进行凿毛处理，便回填基础垫层混凝土，且左右岸坝基均采用分台阶开挖形式，易造成应力集中和坝基荷载的不均匀，以致引起坝体的不均匀变形。根据现场查勘，本次现场检测的 K6 裂缝下侧位于高程 118.25m 平台附近，K5 裂缝下侧位于高程 100.00m 平台附近，基本与右岸坝段开挖后的台阶高程重合，说明上述台阶有可能是坝体应力集中的部位，由于坝基荷载不均匀，导致混凝土大坝产生裂缝。

为监测 K5、K6 裂缝开合情况，2017 年 7 月 8—11 日，在大坝 8#、9# 坝段坝后 K5 裂缝高程 133.412m、122.399m、114.805m 分别布设了一支测缝计（安全监测仪器编号分别为 K5－1、K5－2、K5－3），在大坝 8# 坝段坝后 K6 裂缝高程 120.140m、112.869m、106.136m 分别布设了一支测缝计（安全监测仪器编号分别为 K6－1、K6－2、K6－3）。2017 年 7 月 11 日，K5－2、K5－3、K6－3 测缝计分别读取了初值；2017 年 7 月 12 日，K5－1、K6－1、K6－2 测缝计分别读取了初值。

图 4－40 为 K5 裂缝开合度与库水位关系图，图 4－41 为 K5 裂缝开合度与温度关系图。结合监测数据可以看出，截至 2017 年 9 月 18 日，K5 裂缝各监测点变化较为稳定，较大开合度分别为 0.95mm（K5－2，2017 年 7 月 27 日）和 0.94mm（K5－3，2017 年 7 月 27 日）；裂缝开合度整体与库水位呈正相关关系，与温度呈负相关关系。如图 4－41 中 2017 年 8 月 18 至 9 月 1 日，裂缝开合度与温度呈异常对应关系，推测为受库水位影响所致，表明与温度相比，开合度与库水位的相关性更大。

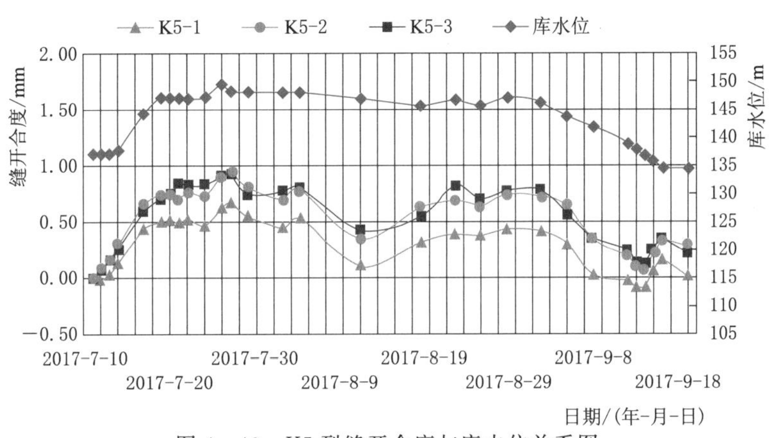

图 4－40 K5 裂缝开合度与库水位关系图

图 4－42 为 K6 裂缝开合度与库水位关系图，图 4－43 为 K6 裂缝开合度与温度关系图。结合监测数据可以看出，截至 2017 年 9 月 18 日，K6 裂缝各监测点变化较为稳定，较大开合度为 0.46mm（K6－3，2017 年 7 月 27 日）；裂缝开合度整体与库水位呈正相关关系，与温度呈负相关关系。如图 4－43 中 2017 年 8 月 22 至 9 月 1 日，裂缝开合度与温度呈异常对应关系，推测为受库水位影响所致，表明与温度相比，开合度与库水位的相关性更大。

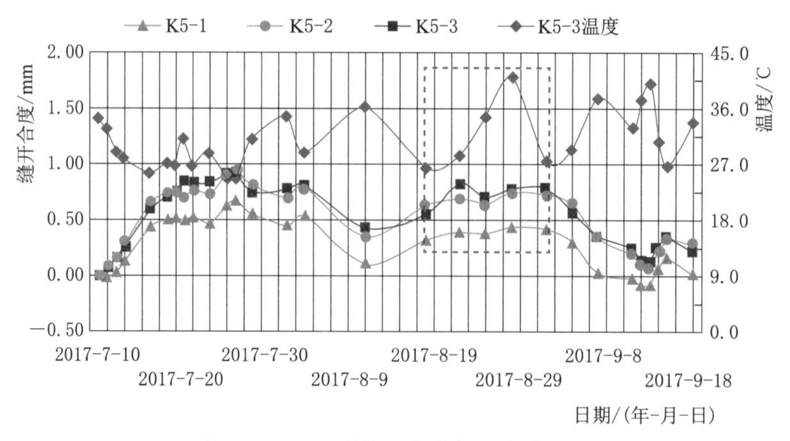

图4-41　K5裂缝开合度与温度关系图

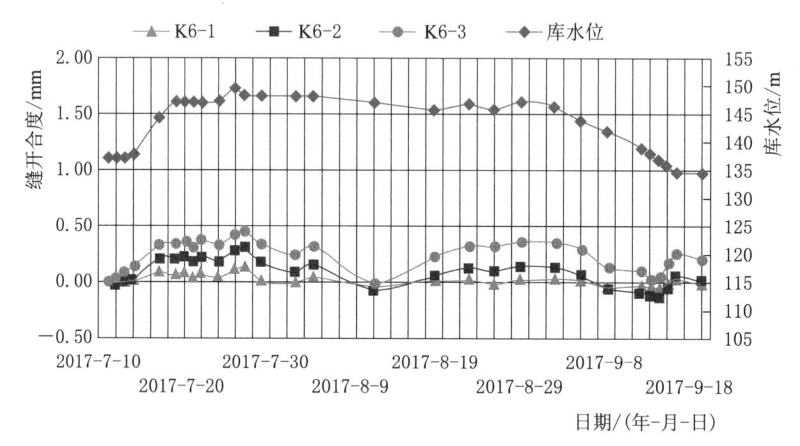

图4-42　K6裂缝开合度与库水位关系图

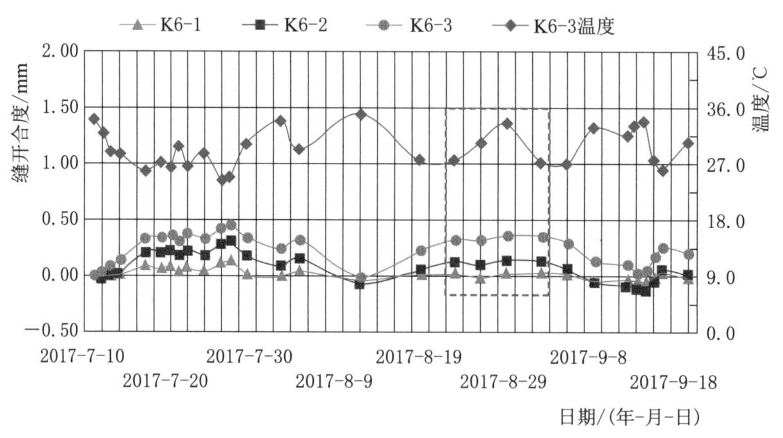

图4-43　K6裂缝开合度与温度关系图

另外，从监测数据中也可以看出，K5裂缝开合度最大的测缝计为K5-3测点，平均开合度为0.55mm，最大开合度为0.94mm；K6裂缝开合度最大的测缝计为K6-3测点，平均开合度为0.26mm，最大开合度为0.46mm。K6裂缝最大开合度约为K5裂缝最大开合度的 2 倍，K6－3 测缝计平均开合度也约为 K5－3 测缝计平均开合度的 2 倍。

2. 基础不均匀沉降作用

当混凝土大坝的基础出现不均匀沉陷时，大坝受到强迫变形，从而使大坝开裂，随着不均匀沉陷的进一步发展，裂缝会进一步扩大。

根据监测资料分析，153.00m 坝顶观测墩上下游方向最大位移量为 26.60mm（5# 坝段、坝右 0＋037.00），左右岸最大位移量为 10.90mm（6# 坝段、坝右 0＋090.00）；右岸坝段变形大于左岸坝段；上下游、左右岸位移量随库水位升降变化，呈周期性摆动，同时多年来一直呈缓慢增大的变化趋势（图 4－44 中红色虚线代表上升趋势）。

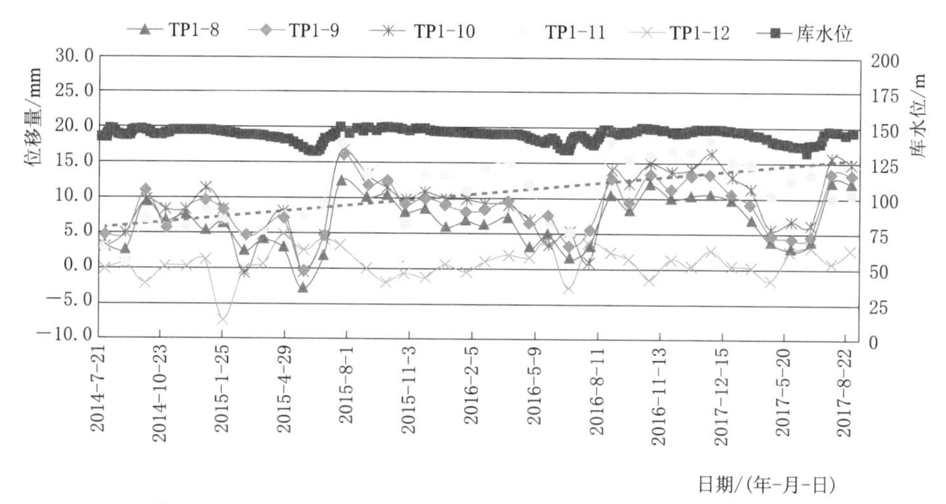

图 4－44 153.00m 坝顶 6#～10# 坝段上下游方向位移时序曲线

根据监测资料分析：上下游方向位移两岸坝基均指向下游，量值较大，最大为 35.91mm（9# 坝段、高程 120.00m），变形规律为右岸大于左岸，位移变化与库水位呈明显正相关。左右岸方向位移两岸坝基均指向河床，左右岸对称分布，量值较小，目前位移变化平稳，但位移仍处于缓慢向河谷方向逐渐增大的变化趋势，如图 4－45 所示。

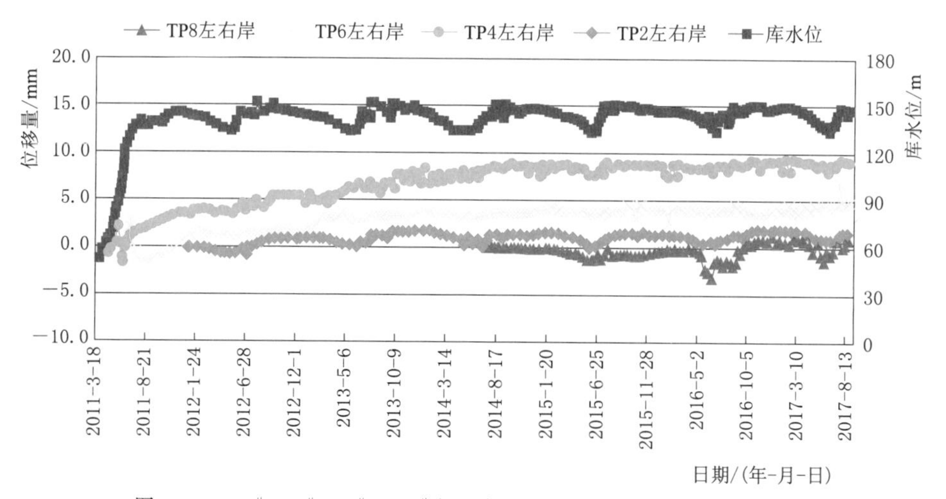

图 4－45 6#、7#、9#、10# 坝段倒垂线左右岸方向位移时序曲线

此外，根据监测成果，大坝5#坝段EM6-3测点2010年12月31日至2017年8月间，累计垂直位移值为45.16mm，EM8-1测点2011年2月17日到2017年5月，累计垂直位移值为40.23mm，各坝段的测点累计垂直位移在45.16～-6.97mm之间，以上数据说明该水电站混凝土重力坝各坝段的不均匀沉降较为严重。

另根据竣工安全鉴定设计报告地质部分揭示，右岸坝轴线上下游分别发育北北东向和近南北向冲沟，右岸坝肩山体显得较为单薄。在风化带中的粉砂质泥岩或泥岩与石英砂岩、细砂岩的接触面上，普遍发现有一定厚度的软弱夹层和泥化夹层，其产状与岩层产状一致，厚度2～5cm，组成物以灰白色泥质为主，层间软弱结构面，一般连通性较好，性状较差。

以上资料表明，8#坝段坝基下存在厚度较大，性状较差的泥岩或泥质软弱岩层，坝基在施工与运行过程中会出现不均匀沉降。实际监测资料也表明，大坝7#、8#坝段与相邻坝段存在较为明显的沉降差异，不同坎段高程88.00m处坝轴线位置在不同时刻的沉降量，如图4-46所示。从图4-46中可看出7#、8#坝段与相邻坝段存在不均匀沉降现象。因此，坝基不均匀沉降也是7#、8#坝段裂缝的成因之一。

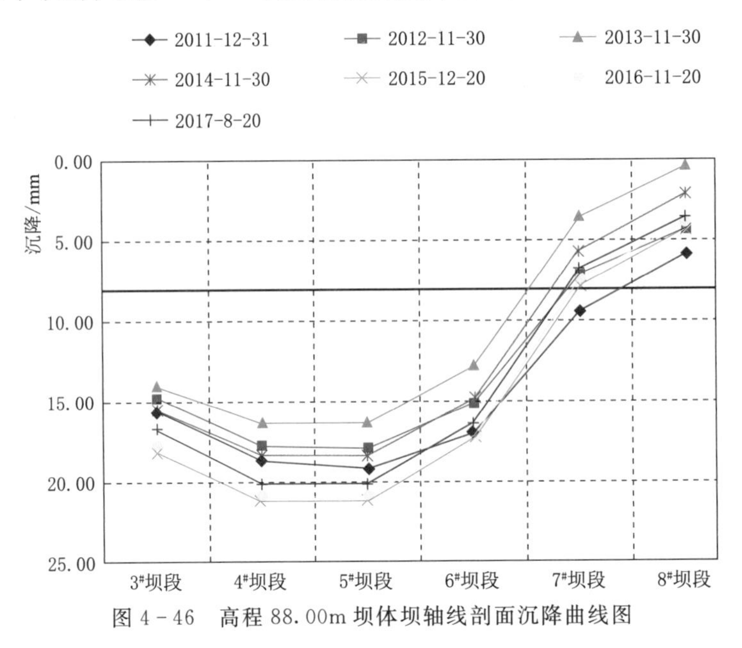

图4-46　高程88.00m坝体坝轴线剖面沉降曲线图

4.2.5　结论与建议

（1）通过本次对K5和K6裂缝的现场检测，查明右岸坝后两条裂缝的深度、表面宽度、走向等。K5裂缝各测点裂缝深度为3.03～7.76m，裂缝表面宽度为1.28～5.78mm；K6裂缝各测点裂缝深度为1.96～3.09m，裂缝表面宽度为0.34～1.82mm。两条裂缝呈近似平行的状态，K5、K6裂缝与坝轴线水平方向夹角分别为73°、66°。

（2）K5裂缝各测点瑞利波的传播速度为1818～2174m/s，K6裂缝各测点瑞利波的传播速度为1852～2128m/s。混凝土总体波速偏低，K6各测点的平均波速比K5各测点的平均波速高，详见表4-4。

表 4-4 裂缝分析统计表

裂缝名称	K5	K6
测点最大缝深/m	7.76	3.09
测点最大表面缝宽/mm	5.78	1.82
测点平均波速/($m \cdot s^{-1}$)	1962	1972
裂缝走向	8#、9#坝段结构缝向8#坝段方向约17°	8#坝段诱导缝向7#坝段方向约24°
裂缝起点	8#、9#坝段结构缝附近	8#坝段诱导缝附近

(3) 通过现场查勘及裂缝检测，结合工程地质资料和监测资料，初步推测坝基存在一定厚度的泥岩夹层、坝基不均匀沉降、温度变化以及右岸建基面存在局部陡坡段引起的应力集中，这是8#坝段下游侧坝面裂缝的主要诱因。以上为裂缝成因的定性分析，定量分析需进行进一步研究。

(4) 为避免裂缝快速向坝体内部继续发展，导致深部混凝土老化速度加快，坝体承载力下降，建议尽快采取相应措施对上述裂缝进行封堵处理，避免空气、雨水和其他杂物通过缝口进入坝体内部。

(5) 水库大坝基础和左右岸地质情况较为复杂，水库长期高水位运行，可能会影响近库岸地区的渗流和坝基抗滑稳定，建议对大坝周边区域实施渗流探测，查明地层间的渗流通道，为大坝和库区的安全运行提供保障，同时为结构稳定及渗流计算提供基础资料。

(6) 目前K5和K6裂缝已分别安装了三支测缝计，在K5裂缝的上方靠近右岸一侧，也发现一条裂缝，建议加装测缝计，并根据变化情况加密观测频次，着重注意裂缝开合度、库水位以及其他监测仪器的关联分析。进一步加强坝体巡视检查及安全监测，必要时增加变形监测设施。

(7) 两条裂缝形成的原因可能受环境与温度作用、荷载作用、基础不均匀沉降作用等因素综合影响，建议开展结构应力计算以及更深入的研究分析，以便确定裂缝形成的机理。

4.3 水电站厂房基础混凝土破坏情况检测

4.3.1 工程概况

某水电站厂房为地下式，装机容量1200MW，布置4台单机容量为300MW的立轴单级混流可逆式水泵—水轮机组，额定水头为640m。建成后在电网中起调峰、填谷、事故备用的作用。

电站厂房系统主要洞室为主厂房和主变室。主厂房开挖尺寸为149.3m×23.5m×49m（长×宽×高），安装场布置在厂房中部，交通洞从下游侧垂直进入安装场。地下厂房洞室内主机间、安装场和副厂房呈“一”字形布置，自左至右依次为副厂房、4#～3#机组段、安装场、2#～1#机组段。主机间共布置四层，自下而上分别为蜗壳层、水轮机层、母线层、发电机层。机组采用一机一缝、安装场和主机间之间、副厂房与主机间之间均设有结构缝。

机墩采用圆筒式混凝土结构，混凝土设计标号为 C25。底部固结在水轮机层蜗壳外包大体积混凝土上，上部与风罩连接，圆筒内径 6800mm，外径 12600mm，机墩壁厚 2900mm，机墩设一宽 1.5m 的机坑通道。定子基础位于圆筒式机墩的顶部，具体布置如图 4－47 所示。定子基础形式：在机墩高程 731.250m 环向均布 6 个基础埋件，每个埋件由 4 个预埋螺栓固定于底部机墩混凝土内，每个基础埋件处均预留有一个 2.1m×1.4m×0.65m（长×宽×高）的二期槽，埋件安装完成后再采用 C60 的无收缩混凝土回填。

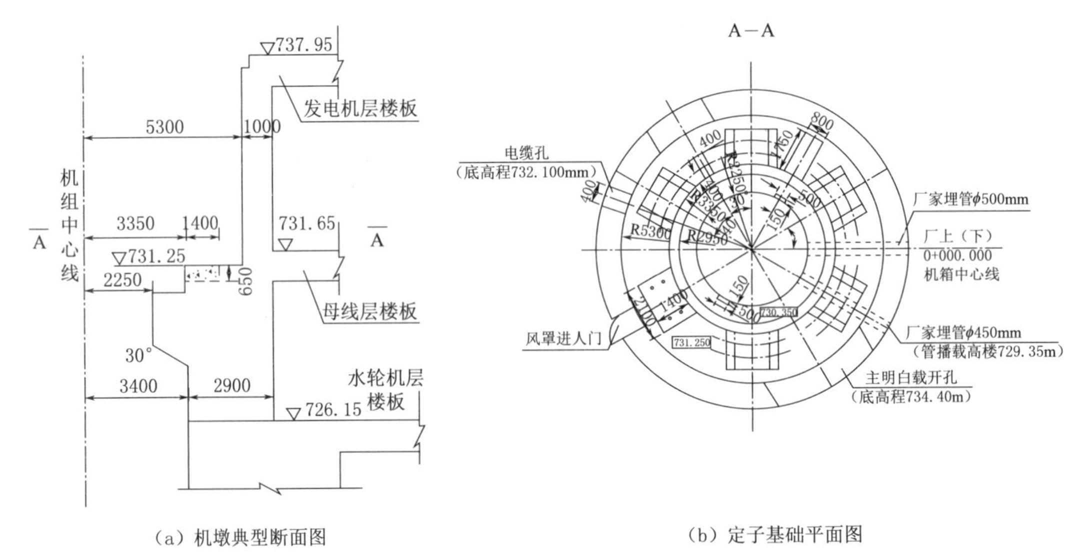

（a）机墩典型断面图　　（b）定子基础平面图

图 4－47　定子基础结构简图

2009 年 10 月 16 日，1#、2# 机组双机甩负荷试验中由于机组设备出现事故，导致 1#、2# 机组定子基础等部位的混凝土受到破坏，在进行修复之前，需进行现场检测，以查清混凝土结构、构件等的实际损伤情况，以便确定修复处理的混凝土范围及处理方案。

4.3.2　1#、2# 机组基础混凝土结构破坏情况现场普查

1. 1# 机组

在现场检测时，1# 机组已破坏的发电机定子及定子基础的钢支墩已被吊出，而且大部分受损的定子基础二期混凝土已被清除，因此从表观上可以对母线层处基础混凝土的破坏状况进行更全面的了解。

从外观上看，6 个由无收缩自流平二期混凝土（砂浆）浇筑的定子基础已完全破坏。由于内部未设置钢筋，该混凝土破碎成大小不等的碎块。有的定子基础底部虽还有一定厚度的二期混凝土，但它与其下部的一期混凝土已经脱开。定子基础侧面二期混凝土和一期混凝土的结合面均暴露出一期混凝土的原始浇筑侧面，表明一期、二期混凝土之间的黏结强度不理想。1# 机组二期混凝土破坏状况如图 4－48 所示。

受到二期混凝土挤压的影响，在 6 个定子基础之间的基础一期混凝土也受到了相当程度的破坏。但从外观上看，破坏均集中发生在一期混凝土未受到基础主结构钢筋约束的钢

筋保护层范围内，破坏的混凝土与钢筋呈现成层剥离的形态。$1^{\#}$机组一期混凝土破坏状况如图 4-49 所示。

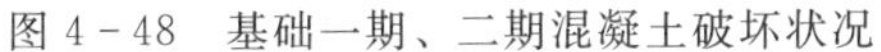

图 4-48　基础一期、二期混凝土破坏状况

图 4-49　基础一期混凝土沿钢筋保护层破坏状况

除了以上所述的母线层处高程 730.35～731.25m 之间的一期和二期混凝土的破坏外，在 $1^{\#}$机组基础的其他部位——下机架牛腿和牛腿以下机墩的外侧面（内侧面因设有钢衬无法观测），母线层以上机组风罩结构的内、外侧面，以及母线层与机组基础相连接的混凝土楼板，都没有发现因机组爆炸事故而引起的混凝土裂缝和其他破坏现象。

2. $2^{\#}$机组

在现场检测时，$2^{\#}$机组已破坏的发电机定子及定子基础的钢支墩未被取出，受损的定子基础二期混凝土未受人为扰动，为观察机组基础因机组爆炸产生的原始破坏状态提供了有利条件。从 $2^{\#}$机组二期混凝土的破坏形态来看，主要是受到定子基础钢支墩两条垂直肋板的横向挤压作用而产生剪切破坏（图 4-50），大部分二期混凝土的破坏均与这两条肋板的横向挤压作用有关。相邻定子基础二期混凝土间的一期混凝土破坏形态与 $1^{\#}$机组相同，从外观上看基本上都是发生在钢筋保护层的范围内（图 4-51）。

图 4-50　基础二期混凝土受钢支墩肋板挤压产生的剪切破坏

图 4-51　基础一期混凝土沿钢筋保护层产生的破坏

与 $1^{\#}$机组相同，除了以上所述的母线层处高程 730.35～731.25m 之间的一期和二期混凝土的破坏外，在 $2^{\#}$机组基础的其他部位——下机架牛腿和牛腿以下机墩的外侧面

（内侧面因设有钢衬无法观测），母线层以上机组风罩结构的内、外侧面，以及母线层与机组基础相连接的混凝土楼板，都没有发现因机组爆炸事故而引起的混凝土裂缝和其他破坏现象。

3. 机组基础破坏成因分析

根据1#、2#机组基础一期、二期混凝土（特别是2#机组二期混凝土）的破坏形态，可以认为造成机组基础破坏的主要原因是发电机高速运转爆炸后对整个圆筒状基础产生的扭矩作用，该扭矩施加在定子基础钢支墩的垂直肋板上，进而以巨大挤压力的形式传递到定子基础的二期混凝土上。由于二期混凝土内没有设置能抵抗此突发荷载的钢筋，最终导致二期混凝土的剪切破坏。而作用在二期混凝土上的荷载又传递到一期混凝土上，由于在此处钢筋保护层较厚（现场实际观察约10cm），保护层内的混凝土缺乏内部钢筋的约束作用，最终在二期混凝土的横向挤压作用下破坏并与内部钢筋层剥离。

4.3.3 现场检测

现场采用稳态表面波混凝土内部缺陷探测方法，对1#、2#机组基础下机架牛腿和牛腿以下机墩混凝土结构内部可能因机组爆炸事故造成的破坏进行检测。检测断面在下机架牛腿部位以机组风洞垂直中心线为圆心基本按30°角布置（每个定子基础附近布置2个），在牛腿以下机墩部位基本按60°角布置，检测断面布置以尽可能涵盖基础可能受损部位为原则，并在检测过程中实现了对机组基础主体混凝土结构和风洞内衬钢板的零损伤。1#、2#机组混凝土结构内、外表面稳态表面波检测点共计60个，其中1#机组基础外表面12个、内表面18个，2#机组基础外表面12个，内表面18个。表面波测点以6条机组定子基础的中心线为基准进行布置，如图4－52～图4－57所示。对于每一个测点，表面波激振器和两个拾振器处于同一直线上。现场激振器、拾振器的典型布置方式如图4－58所示。

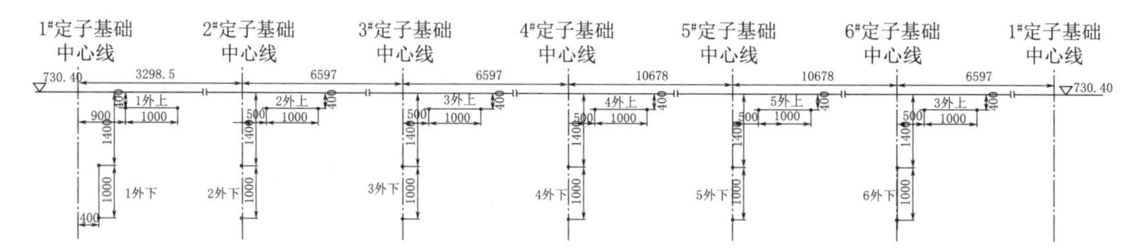

图4－52　1#机组基础下机架牛腿和牛腿下机墩外侧表面波测点布置（立面展开图，单位：mm）

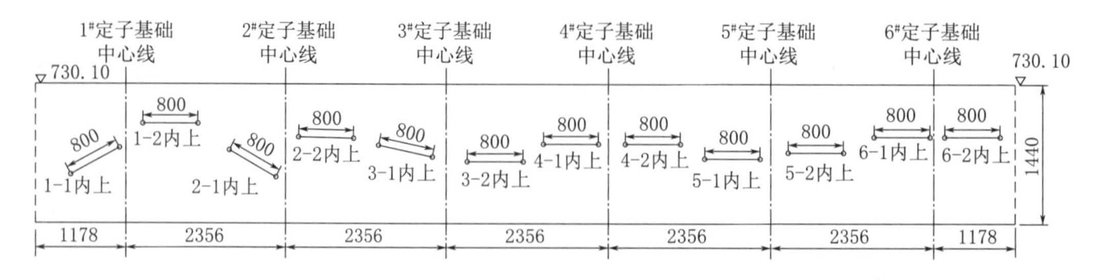

图4－53　1#机组基础下机架牛腿内侧表面波测点布置（立面展开图，单位：mm）

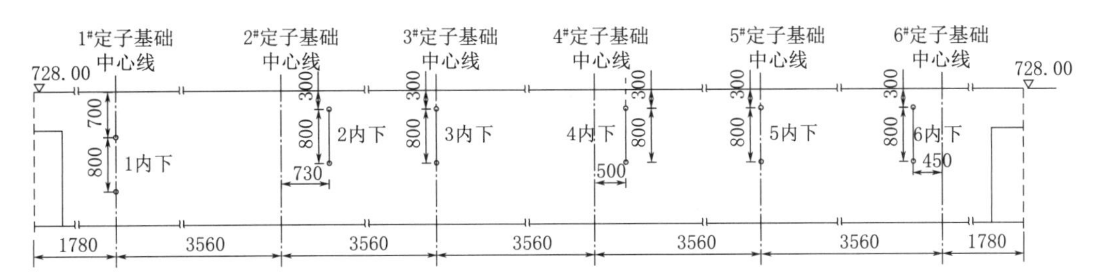

图 4-54 1# 机组基础牛腿下机墩内侧表面波测点布置（立面展开图，单位：mm）

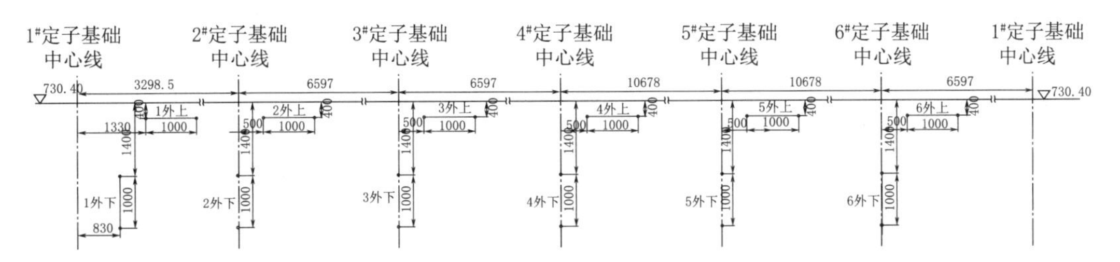

图 4-55 2# 机组基础下机架牛腿和牛腿下机墩外侧表面波测点布置（立面展开图，单位：mm）

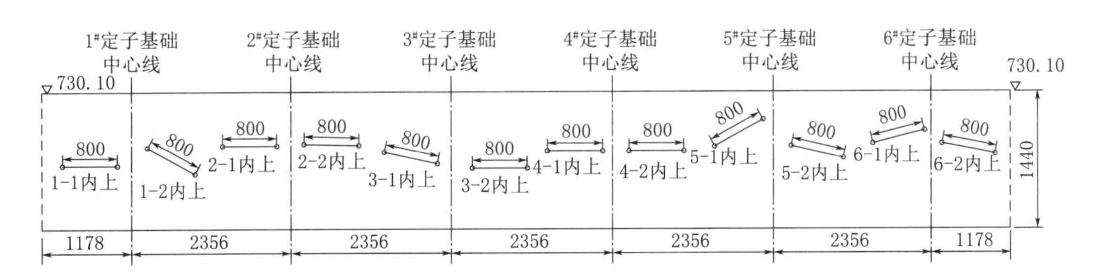

图 4-56 2# 机组基础下机架牛腿内侧表面波测点布置（立面展开图，单位：mm）

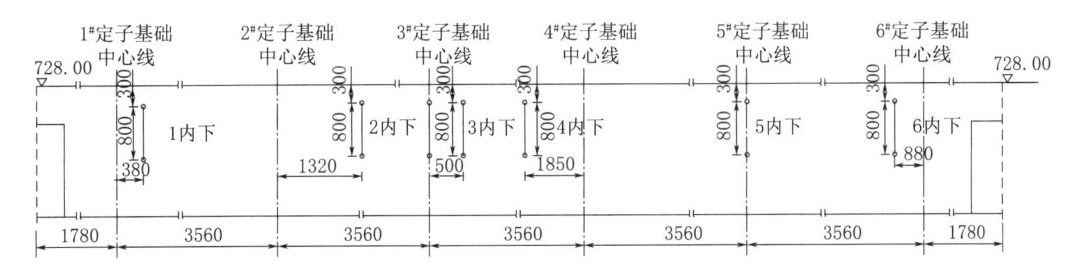

图 4-57 2# 机组基础牛腿下机墩内侧表面波测点布置（立面展开图，单位：mm）

4.3.4 检测结果

1. 1# 机组基础

1# 机组部分测点速度—深度图如图 4-59～图 4-62 所示。图中垂直向下的纵轴代表从混凝土表面向下的深度（单位：m），横轴代表 R 波点速度（单位：m/s）。

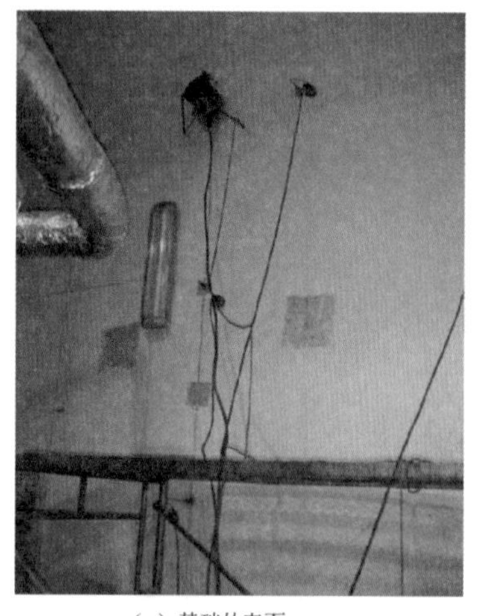

(a) 基础外表面

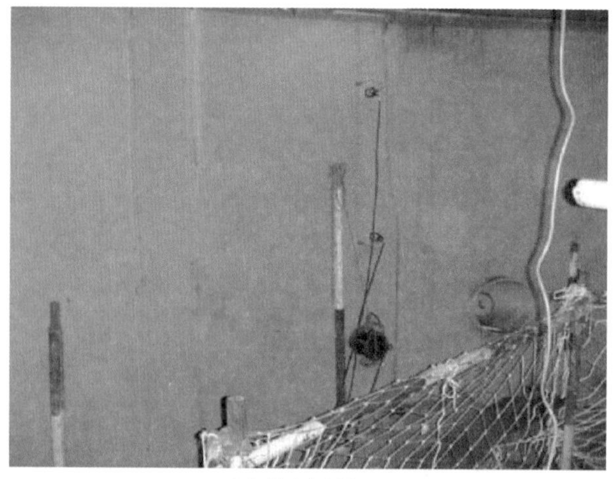

(b) 基础内表面

图 4-58 表面波检测激振器、拾振器的典型布置方式

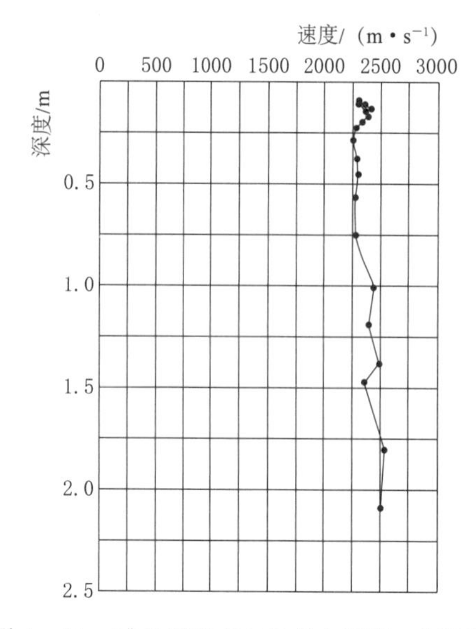

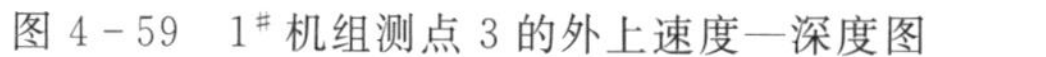

图 4-59 1# 机组测点 3 的外上速度—深度图

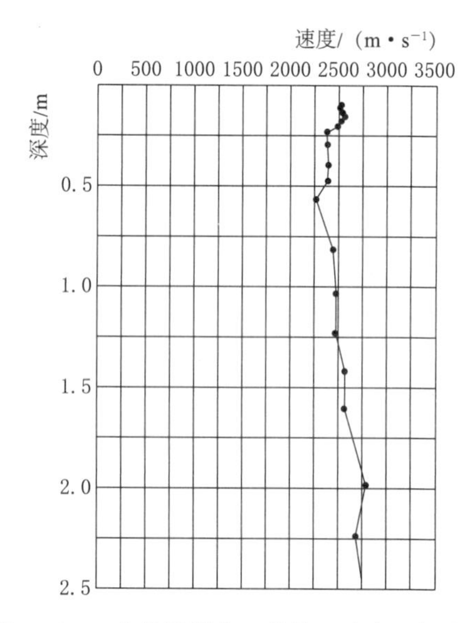

图 4-60 1# 机组测点 4 的外上速度—深度图

2.2# 机组基础

2# 机组部分测点的速度—深度图如图 4-63～图 4-66 所示。若取混凝土泊松比为 0.2，根据混凝土芯样弹性波（P 波）速度检测结果，当混凝土的强度达到 30MPa 以上时，P 波波速应在 4000m/s 以上，当混凝土的强度为 25MPa 时，P 波波速大致处在 3800m/s 的水平上下。由此推算，V_R达到 2230m/s 相应于强度 30MPa，2100m/s 左右相应于强度 25MPa。基于此，我们将检测深度范围内 R 波最低速度超过 2100m/s 且平均速度超过 2230m/s 的混凝土评定为“好”，将 R 波最低速度接近或超过 2100m/s 但平均速度在 2100～2230m/s 之间的评定为“较好”。根据这一分类标准，通过稳态表面波检测对各测点混凝土总体质量进行评定，见表 4-5 和表 4-6。

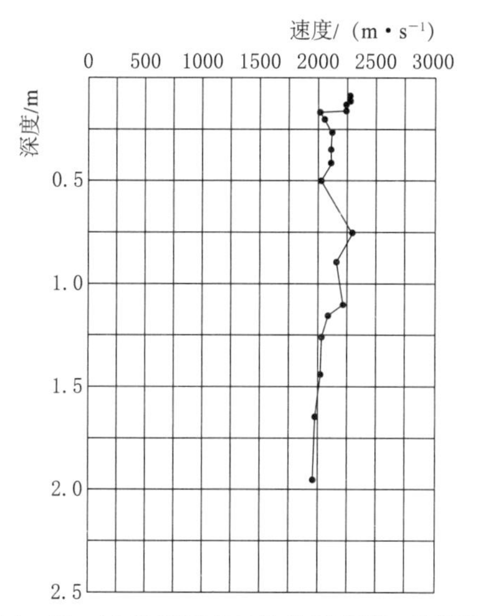

图 4-61 1# 机组测点 5 的外下速度—深度图

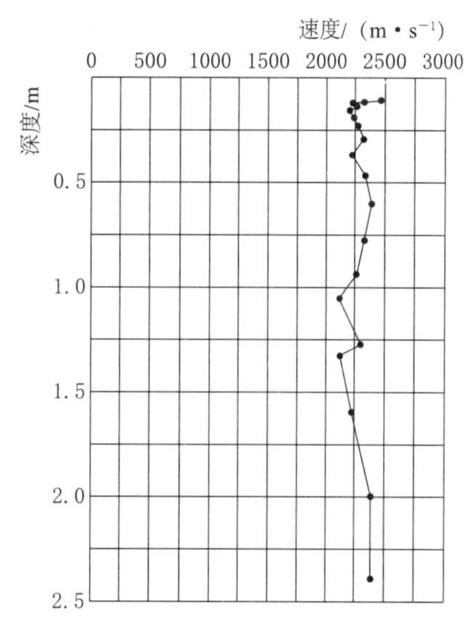

图 4-62 1# 机组测点 6 的外下速度—深度图

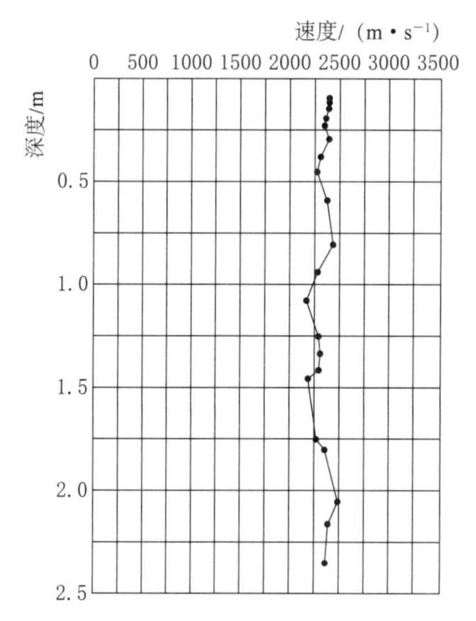

图 4-63 2# 机组测点 1 的外下速度—深度图

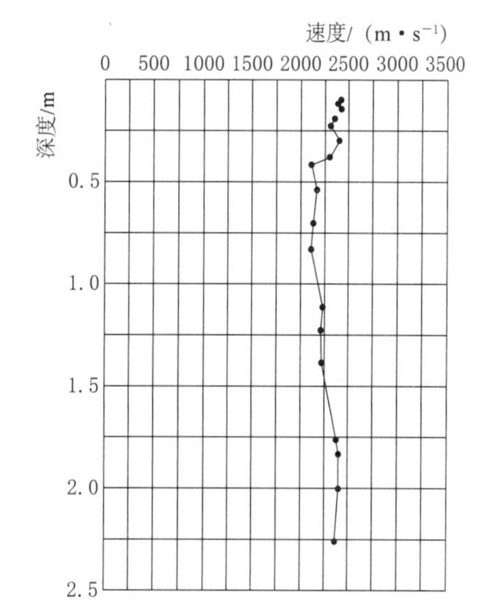

图 4-64 2# 机组测点 2 的外下速度—深度图

表 4-5　　1# 机组各表面波测点处混凝土总体质量评定

测点	位置	测线长度/m	检测深度/m	R 波波速/(m·s⁻¹)			检测深度范围内混凝土质量评定
				最高	最低	平均	
1-内下	牛腿下机墩内侧，在相应定子基础中心线上或附近	0.8	1.88	2424	2168	2273	好，无严重缺陷
2-内下		0.8	1.83	2399	2122	2268	
3-内下		0.8	1.86	2424	2235	2310	
4-内下		0.8	1.83	2417	2111	2300	
5-内下		0.8	2.08	2492	2105	2332	
6-内下		0.8	2.14	2667	2235	2402	

续表

测点	位置	测线长度/m	检测深度/m	R波波速/(m·s^{-1})			检测深度范围内混凝土质量评定
				最高	最低	平均	
1-外下	牛腿下机墩内侧，与以上测点基本相对	1	1.74	2681	2092	2367	较好，无严重缺陷
2-外下		1	2.12	2347	2045	2159	
3-外下		1	1.78	2265	2000	2147	见R波波速较低的原因分析
4-外下		1	2.23	2421	2028	2182	较好，无严重缺陷
5-外下		1	1.95	2283	1953	2117	见R波波速较低的原因分析
6-外下		1	2.39	2469	2110	2292	好，无严重缺陷
1-1内上	下机架牛腿内侧中部，环向布置	0.8	1.8	2291	1797	2119	见R波波速较低的原因分析
1-2内上		0.8	1.95	2274	1894	2035	
2-1内上		0.8	1.77	2184	1979	2109	
2-2内上		0.8	1.68	2140	1830	2015	
3-1内上		0.8	1.63	2470	2215	2335	
3-2内上		0.8	1.65	2349	1979	2202	
4-1内上		0.8	1.83	2192	1984	2112	
4-2内上		0.8	1.83	2192	1814	1962	
5-1内上		0.8	1.42	2210	1829	1991	
5-2内上		0.8	1.38	2114	1813	1948	
6-1内上		0.8	1.4	2328	1966	2100	
6-2内上		0.8	1.34	2427	1981	2145	
1-外上	下机架牛腿外侧，环向布置，高程约730.00m	1	1.56	2558	2206	2378	好，无严重缺陷
2-外上		1	2.07	2502	2256	2375	
3-外上		1	2.09	2532	2241	2356	
4-外上		1	2.84	2841	2271	2513	
5-外上		1	1.8	2437	2102	2238	
6-外上		1	1.7	2399	2121	2244	

表4-6　　2#机组各表面波测点处混凝土总体质量评定

测点	位置	测线长度/m	检测深度/m	R波波速/(m·s^{-1})			检测深度范围内混凝土质量评定
				最高	最低	平均	
1-内下	牛腿下机墩内侧，在相应定子基础中心线上或附近	0.8	2.38	2952	2623	2824	好，无严重缺陷
2-内下		0.8	2.15	2685	2260	2474	
3-内下		0.8	2.14	2694	2178	2399	
4-内下		0.8	1.8	2703	1905	2155	见R波波速较低的原因分析

续表

测点	位置	测线长度/m	检测深度/m	R波波速/(m·s⁻¹)			检测深度范围内混凝土质量评定
				最高	最低	平均	
5-内下	牛腿下机墩内侧，在相应定子基础中心线上或附近	0.8	1.83	2572	2192	2345	好，无严重缺陷
6-内下		0.8	1.76	2477	1928	2174	见R波波速较低的原因分析
1-外下	牛腿下机墩内侧，与以上测点基本相对	1	2.35	2475	2160	2324	好，无严重缺陷
2-外下		1	2.26	2410	2104	2291	
3-外下		1	2.19	2306	2103	2198	较好，无严重缺陷
4-外下		1	2.23	2421	2028	2182	
5-外下		1	2.16	2381	2119	2188	好，无严重缺陷
6-外下		1	2.36	2494	2299	2398	
1-1内上	下机架牛腿内侧中部，环向布置	0.8	1.31	2261	2024	2141	见R波波速较低的原因分析
1-2内上		0.8	1.28	2268	1798	2041	
2-1内上		0.8	1.44	2188	1988	2051	
2-2内上		0.8	1.38	2236	1886	2038	
3-1内上		0.8	1.3	2282	1893	2067	
3-2内上		0.8	1.24	2399	1797	1991	
4-1内上		0.8	1.52	2229	1859	2064	
4-2内上		0.8	1.59	2337	1886	2086	
5-1内上		0.8	1.54	2207	1815	2011	
5-2内上		0.8	1.52	2300	1804	2004	
6-1内上		0.8	1.46	2227	1790	2027	
6-2内上		0.8	1.49	2195	1845	1999	
1-外上	下机架牛腿外侧，环向布置，高程约730.00m	1	2.17	2599	2167	2360	好，无严重缺陷
2-外上		1	2.23	2671	2170	2370	
3-外上		1	2.35	2586	2205	2373	
4-外上		1	2.09	2506	2231	2359	
5-外上		1	2.29	2532	2191	2359	
6-外上		1	2.36	2494	2299	2393	

通过分析表4-5和表4-6中的数据可以发现，绝大多数R波波速最小值小于2100m/s的测点都位于下机架牛腿内侧表面中部（有钢衬），测线基本为水平环向布置。对这些测点数据的分析需要考虑以下两个方面的因素。①前面所述的V_R，V_S和V_P之间的关系是在理想的半无限弹性体表面假设的情况下得出的理论解，半无限弹性体表面须为平

面。但在本工程中，机组基础下机架牛腿内侧面为圆弧曲面，半径仅为 2.25m，曲率较大，不能真实反映 R 波沿平面表面传播的特性。虽然我们也进行了 R 波波速的曲面修正，但是这种理论修正方法对既非线弹性又非各向同性的混凝土——由水泥、掺合料、骨料和水组成复合材料是否有效，目前还没有明确的结论。②本次检测为避免对钢板内衬的损伤，采用无切割直接检测，虽然激振器和拾振器均固定在钢衬表面无明显脱空的部位，但钢衬和内部混凝土的结合紧密程度对表面波的激振、传播和接收还是有一定影响的，在这一点上它与弹性波 CT 检测中所采用的 P 波有所不同。

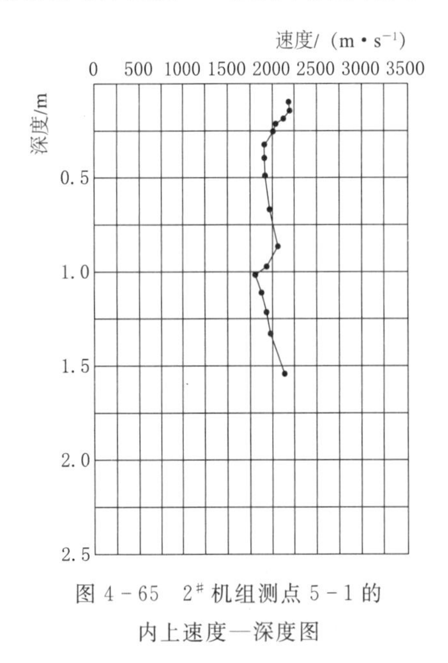

图 4-65　2# 机组测点 5-1 的内上速度—深度图

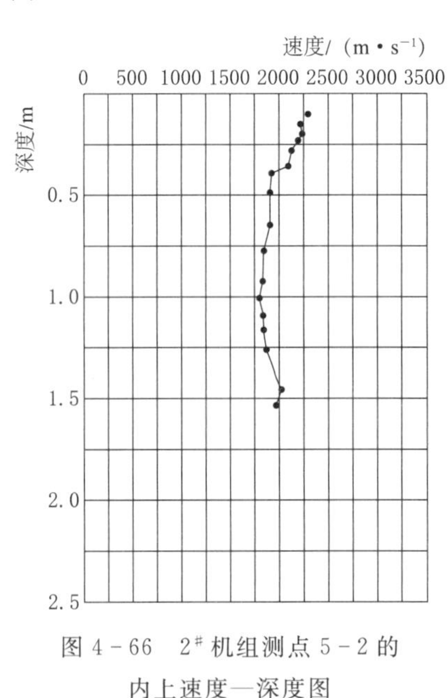

图 4-66　2# 机组测点 5-2 的内上速度—深度图

因此，可以认为以上原因会造成实际测得的 V_R 值与其理论解有一定程度的偏差，在分析过程中，不但要着重看 V_R 值的大小，而且还要考虑 V_R 值在深度范围内变化的规律，并与以往所做的工程数据进行比较，才能得出比较可靠的结论。从以往的测试经验来看，即使是 R 波波速 1800～2000m/s 的混凝土，其质量也是比较好的。而且表 4-5 和表 4-6 中这些有疑问的测点 R 波波速沿深度的分布还是比较均匀的，并没有出现以往检测中发现的由于混凝土内部严重缺陷的存在而导致 R 波波速突变的现象。基于以上分析，并结合弹性波 CT 的检测结果进行综合判断，可以认为这些测点处的混凝土的质量应该也是比较好的，并未产生严重缺陷。1#、2# 机组混凝土基础下机架牛腿和牛腿以下机墩结构的一期混凝土未受到机组甩负荷爆炸事故的影响，结构仍然比较完整，一期的混凝土破坏范围基本应集中在母线层定子基础的高程范围内。

4.4　压力钢管灌浆质量检测

4.4.1　工程概况

某水电站工程为低闸坝长隧洞引水式电站，岸边式地面厂房。工程等别为Ⅲ等，工程规模为中型。枢纽主要建筑物有拦河坝、泄洪排沙闸、发电引水建筑物、电站厂房及开关站等。其中，发电引水建筑物包括隧洞进水口、有压隧洞、调压室、压力管道等。引水隧洞进水口位于泄洪排沙闸左侧，为有压式进水口，其后接压力引水隧洞。有压引水隧洞自进口（进水口渐变段末端）空调压室（竖井中心线）共由5条直线洞段和4条圆弧洞段组成，引水隧洞总长15660.86m。压力管道由上平段、斜井段、下平段、上下2个弯段、2个岔管、3个支管等组成。上平段管道中线高程为2652.05m，下平段管道中线高程为2359.00m，斜井倾角为60°。自调压室竖井中心线至1号岔管中心线压力管道主管长度为784.65m，其中，埋藏式管道长615.40m，明钢管（较差岩体或上覆覆盖层）长169.25m。主管段管径为4.5m。

为检测引水隧洞钢衬砌洞段衬砌与围岩之间是否存在脱空缺陷，采用稳态表面波法，分别对引水洞钢衬段和压力管道下平段进行检测。

4.4.2 现场检测

根据业主单位提供的衬砌洞段统计表、设计图纸，结合现场实际工作情况，本次检测工作位置为压力钢管段管0+389.75～管0+756.50及引水隧洞钢衬砌段Y15+400.00～Y15+620.00，合计586.75m。

2015年9月，采用RL-2000系列表面波无损检测仪，对压力钢管管0+389.748～管0+756.50进行了现场检测。实际检测过程中从岔管到调压竖井方向，以管节为单元，自管节350～管节168，测点号对应管节号，每3个管节检测一次，压力钢管段共布置62个测点。2015年12月，采用RL-2000系列表面波无损检测仪，对引水隧洞钢板衬砌段（桩号：Y15+400.00～Y15+620.00）进行现场检测，测点由大桩号向小桩号布置（即15+620.00～15+400.00），测点号以红色喷漆标示，位于钢板衬砌右侧，引水隧洞钢板衬砌段共布置36个测点。

测线位于拱顶部位，检测部位示意图如图4-67所示，测点布置如图4-68所示，激振器安装及数据采集如图4-69、图4-70所示。

4.4.3 稳态表面波检测结果

根据现场采集记录的波形和测试值，计算测点表面以下等效传播深度范围内R波波速平均值$\overline{V_R}$。这个速度反映的是表面以下特定深度处两个拾振点P_1和P_2之间混凝土的平均特性。根据测点的表面波波形参数、频散特性来评价钢衬砌的混凝土填筑质量。

4.4.3.1 无异常测点

如图4-71、图4-72所示，压力钢管305#测点及308#测点的频散图，随着测试频率的降低，测试深度的增加，通过计算表面波波速，未出现低速异常区间，表明该测点不存在不密实区。

通过对钢衬砌洞段其他测点检测数据的计算分析，大部分测点的频率—时间曲线较为平缓，频率—时间曲线具有类似的曲线特征，未出现低速异常区间，表明这些测点不存在不密实区。

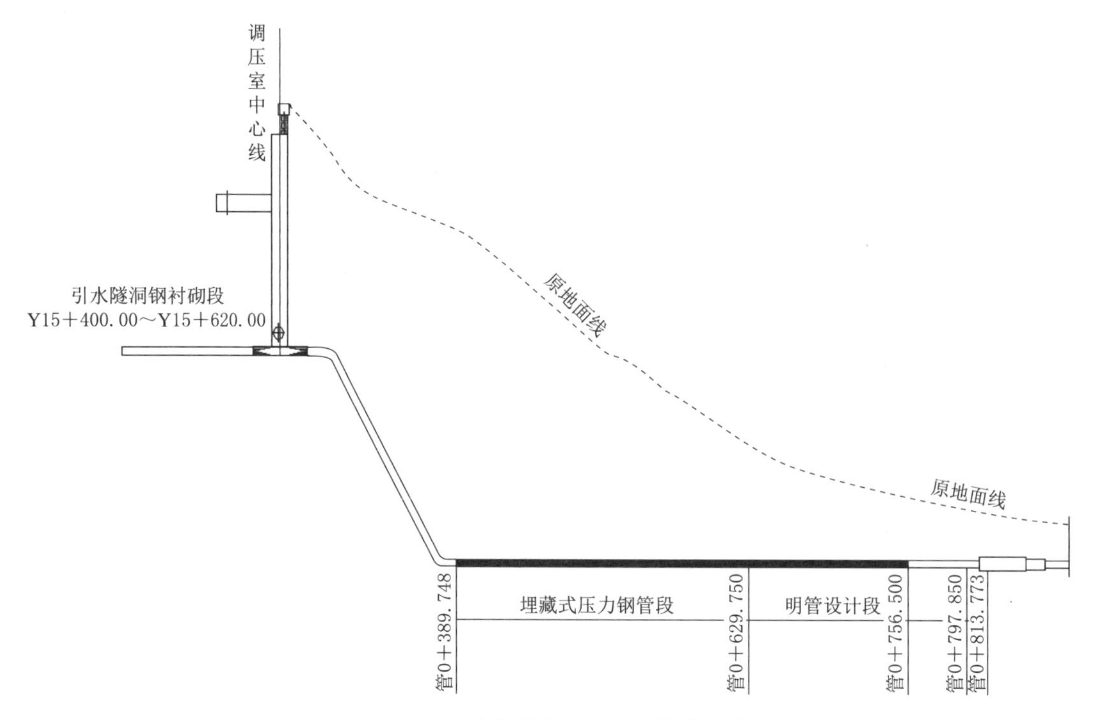

图4-67 压力钢管段衬砌检测部位示意图

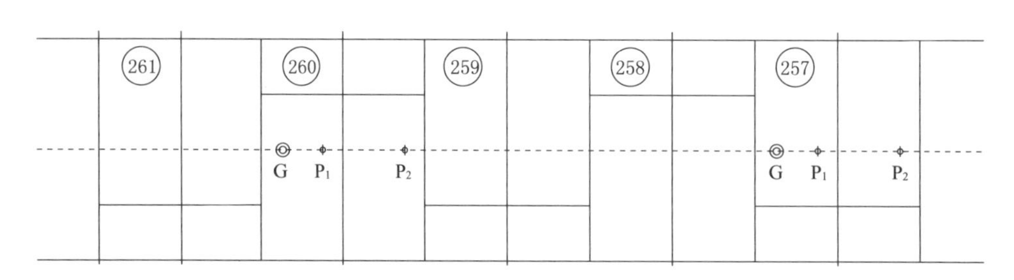

图4-68 压力钢管段衬砌检测测点布置图

图4-69 稳态表面波检测系统——激振器安装

图4-70 稳态表面波检测系统——数据采集

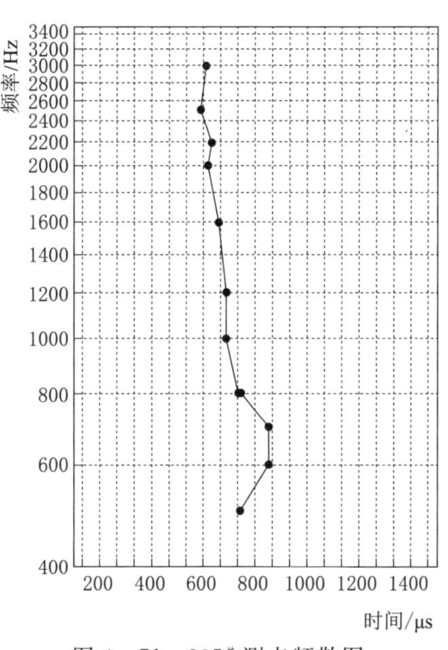

图 4－71　305# 测点频散图

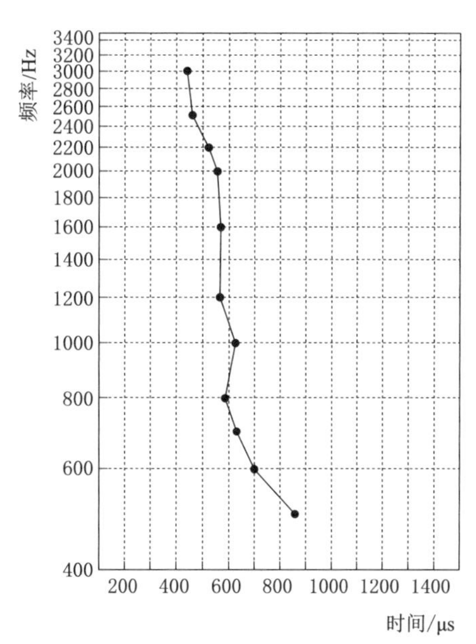

图 4－72　308# 测点频散图

4.4.3.2　异常测点频率—时间曲线

如图 4－73 所示，压力钢管 194# 测点，随着检测频率的降低，检测深度的增加，出现低速异常区间。从图 4－73 中可得到：特征频率 $f_1=1700$Hz，瑞利波在二拾振器之间的传播时间 $\Delta t=658\mu$s；特征频率 $f_2=500$Hz，瑞利波在二拾振器之间的传播时间 $\Delta t=658\mu$s，根据瑞利波检测原理计算，压力钢管 194# 测点 0.45～0.81m 存在不密实区。

如图 4－74 所示，压力钢管 263# 测点，随着检测频率的降低，检测深度的增加，出现低速异常区间。从图 4－74 中可得到：特征频率 $f_1=2200$Hz，瑞利波在二拾振器之间的传播时间 $\Delta t=857\mu$s；特征频率 $f_2=700$Hz，瑞利波在二拾振器之间的传播时间 $\Delta t=866\mu$s，根据瑞利波检测原理计算，压力钢管 263# 测点 0.27～0.78m 存在不密实区。

如图 4－75 所示，引水隧洞钢板衬砌段第 22 测点，随着检测频率的降低，检测深度的增加，出现低速异常区间。从图 4－75 中可得到：特征频率 $f_1=2000$Hz，瑞利波在二拾振器之间的传播时间 $\Delta t=730\mu$s；特征频率 $f_2=1100$Hz，瑞利波在二拾振器之间的传播时间 $\Delta t=758\mu$s，根据瑞利波检测原理计算，引水隧洞钢板衬砌段第 22 测点 0.5～0.7m 存在不密实区。

如图 4－76 所示，引水隧洞钢板衬砌段第 25 测点，随着检测频率的降低，检测深度的增加，出现低速异常区间。从图 4－76 中可得到：特征频率 $f_1=2000$Hz，瑞利波在二拾振器之间的传播时间 $\Delta t=1306\mu$s；特征频率 $f_2=1700$Hz，瑞利波在二拾振器之间的传播时间 $\Delta t=1336\mu$s，根据瑞利波检测原理计算，引水隧洞钢板衬砌段第 25 测点 0.4～0.6m 存在不密实区。

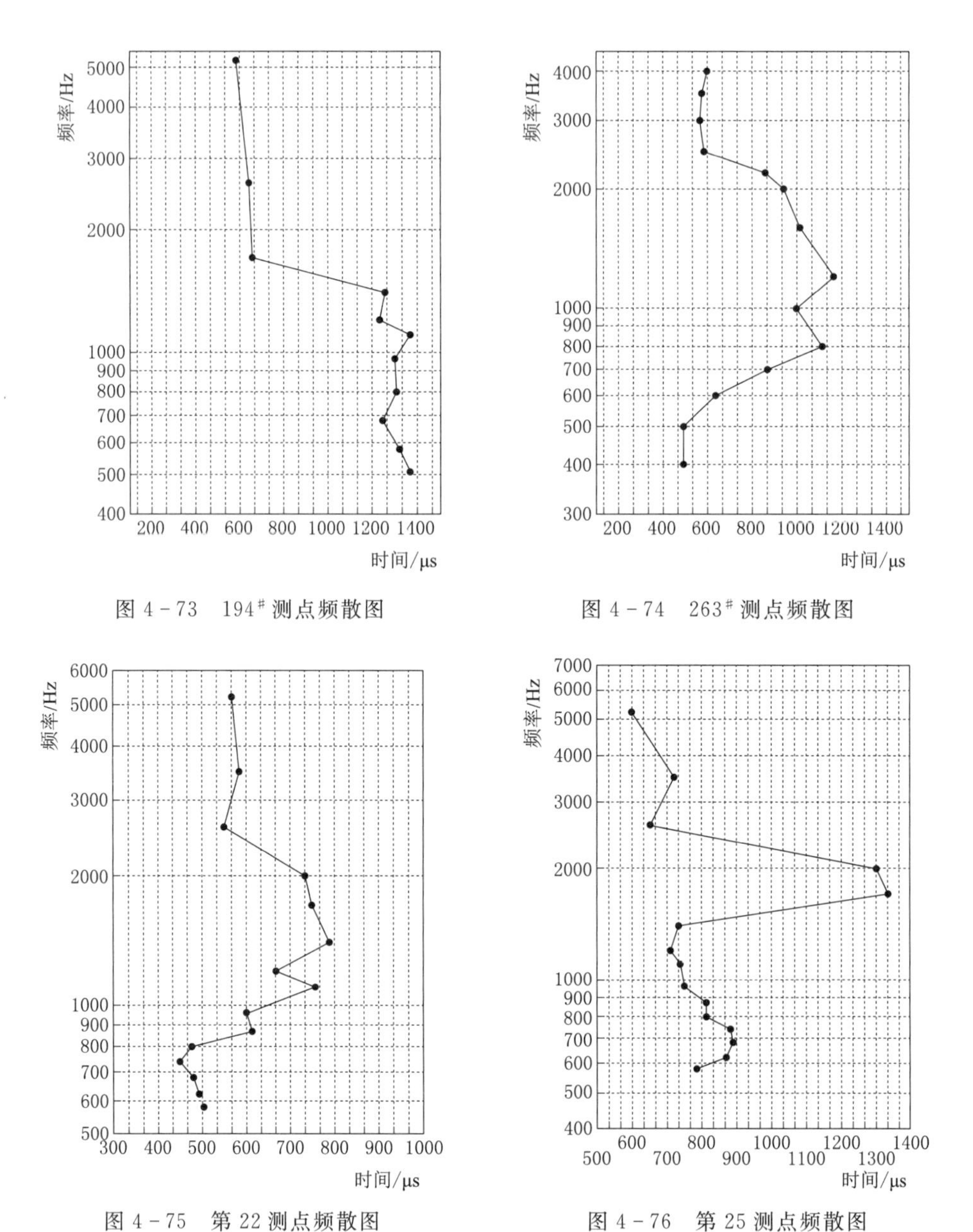

图 4-73　194# 测点频散图

图 4-74　263# 测点频散图

图 4-75　第 22 测点频散图

图 4-76　第 25 测点频散图

如图 4-77～图 4-86 所示，经过现场检测记录和数据分析，根据压力钢管 194# 测点、263# 测点和引水隧洞钢板衬砌段第 22 测点、第 25 测点的判别依据进行判别，引水隧洞钢板衬砌段第 4 测点、第 17 测点、第 33 测点和压力钢管 173# 测点、200# 测点、209# 测点、242# 测点、251# 测点、269# 测点、290# 测点均出现低速异常区间，表明这些测点存在不密实区。

4.4.4　结论

（1）压力钢管下平段管 0＋389.748～管 0＋756.500 共布置了 62 个表面波检测点，通过检测，钢板衬砌洞段衬砌混凝土与围岩间存在不密实区的测点数为 9 个，位置及深度见表 4-7。

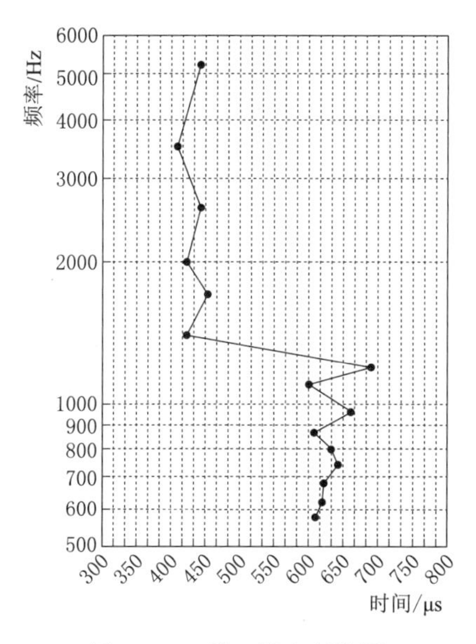

图 4-77　第 4 测点频散图

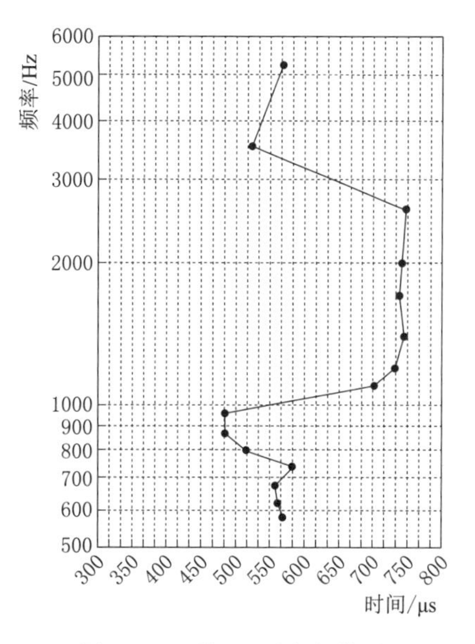

图 4-78　第 17 测点频散图

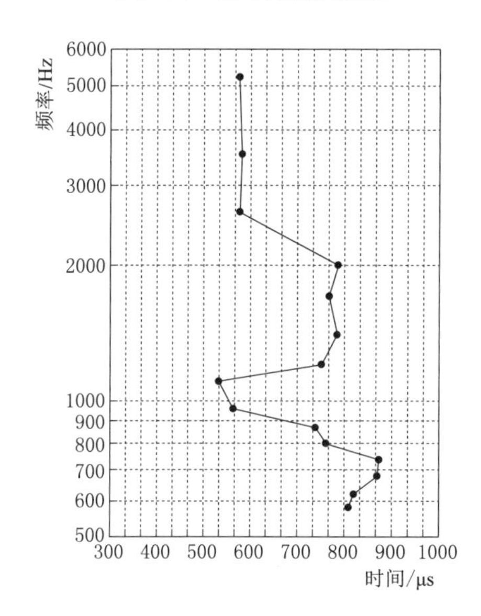

图 4-79　第 33 测点频散图

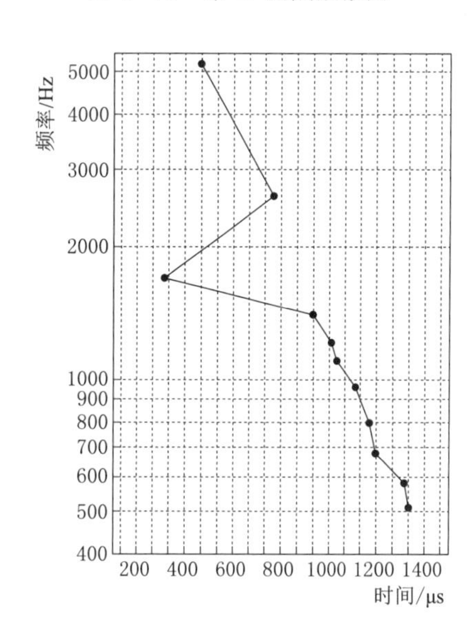

图 4-80　173# 测点频散图

表 4-7　　压力钢管下平段不密实区统计表

序号	管节	测点号	桩　　号	检 测 结 果
1	290	290	管 0+632.25～管 0+634.25	0.63～0.81m 存在不密实区
2	269	269	管 0+590.25～管 0+592.25	0.5～0.83m 存在不密实区
3	263	263	管 0+578.25～管 0+580.25	0.27～0.78m 存在不密实区
4	251	251	管 0+554.25～管 0+556.25	0.48～0.79m 存在不密实区

续表

序号	管节	测点号	桩　　号	检 测 结 果
5	242	242	管 0+536.25～管 0+538.25	0.35～0.78m 存在不密实区
6	209	209	管 0+470.25～管 0+472.25	0.5～0.80m 存在不密实区
7	200	200	管 0+452.25～管 0+454.25	0.34～0.70m 存在不密实区
8	194	194	管 0+440.25～管 0+442.25	0.45～0.81m 存在不密实区
9	173	173	管 0+398.25～管 0+400.25	0.4～0.80m 存在不密实区

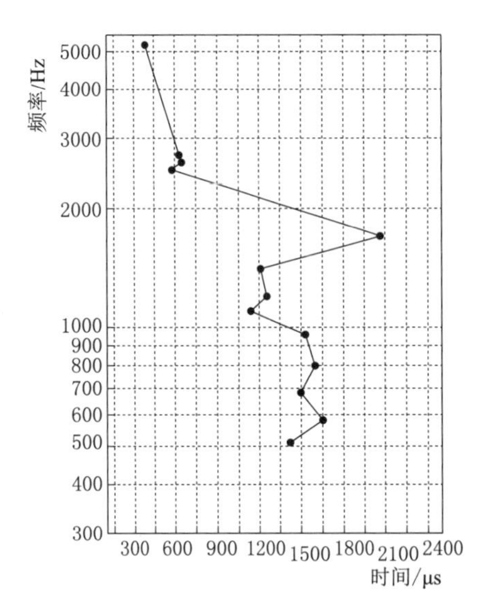

图 4-81　200# 测点频散图

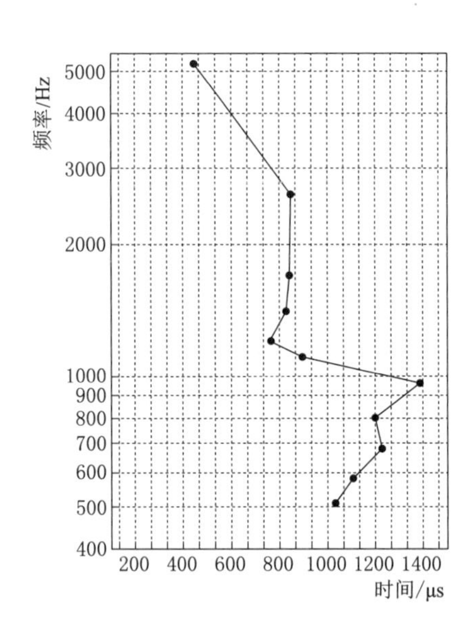

图 4-82　209# 测点频散图

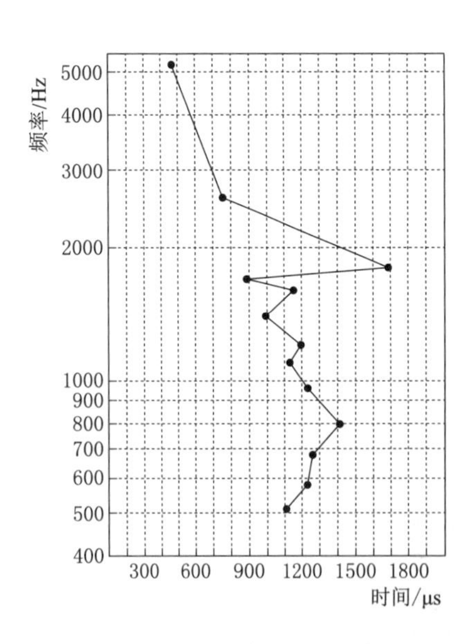

图 4-83　242# 测点频散图

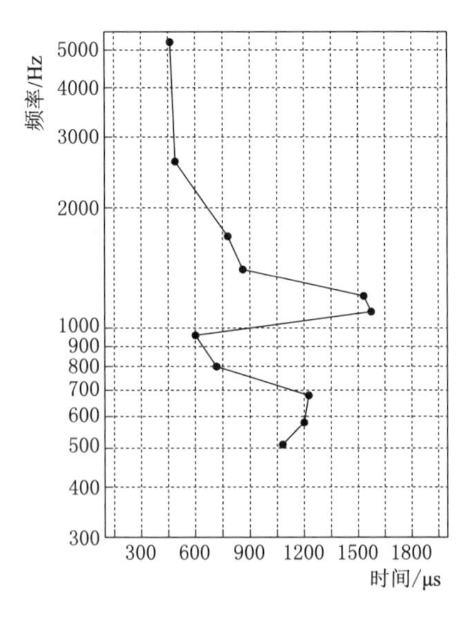

图 4-84　251# 测点频散图

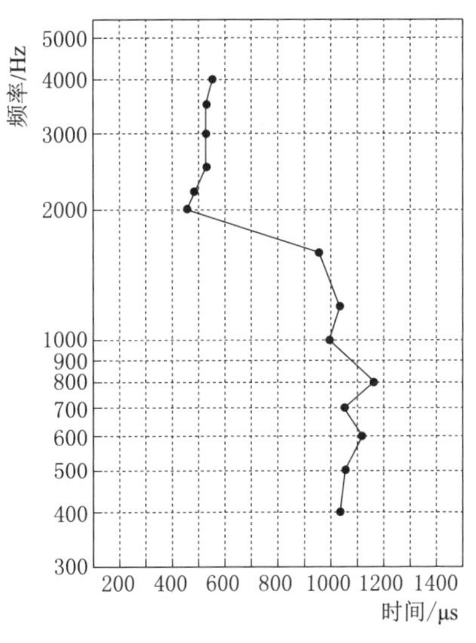

图 4-85 269# 测点频散图

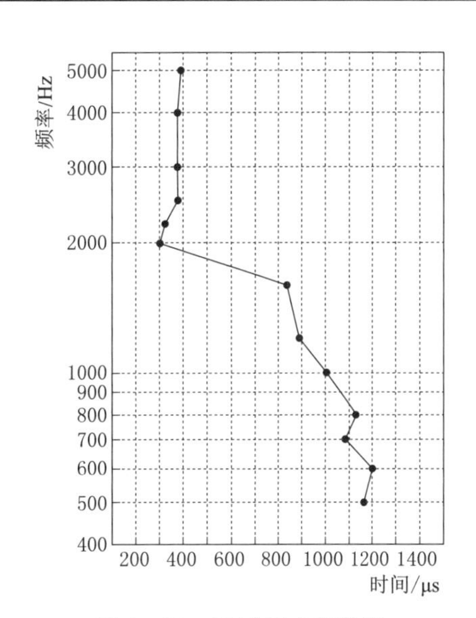

图 4-86 290# 测点频散图

(2) 引水隧洞钢板衬砌段（桩号：Y15+400.00～Y15+620.00）共布置了 36 个表面波检测点，通过检测，钢板衬砌洞段衬砌混凝土与围岩间存在不密实区的测点数为 5 个，位置及深度范围见表 4-8。

表 4-8　引水隧洞钢板衬砌段不密实区统计表

序号	测点号	桩　号	检测结果
1	4	Y15+421.00	0.8～1.05m 存在不密实区
2	17	Y15+499.00	0.4～0.7m 存在不密实区
3	22	Y15+529.00	0.5～0.7m 存在不密实区
4	25	Y15+547.00	0.4～0.6m 存在不密实区
5	33	Y15+595.00	0.6～0.8m 存在不密实区

(3) 在施工阶段，尽早对压力钢管进行衬砌回填密实度检测，可以提高压力钢管抗外压失稳的能力，预防压力钢管破坏和断裂，避免大范围事故。目前，国内针对压力钢管衬砌回填密实度检测的方法均具有一定的适用条件与局限性。在压力钢管表面采用稳态激振，通过调整稳态振源的激振频率来实现不同深度的钢衬混凝土参数的获取，从而实现对混凝土质量的评价。稳态表面波混凝土质量检测方法与其他检测技术相比，具有振源场稳定，抗干扰能力强，检测准确度高等优点，具有广阔的应用前景和实用价值。

4.5 风机基础混凝土质量检测

4.5.1 工程概况

某风机工程于 2011 年 3 月开工建设，2011 年 9 月 22 日风机吊装完成，风电机组基础设计级别 2 级，结构安全等级二级，混凝土环境类别为 2b 类，设计使用年限 50 年。基础形式为板式独立基础，风机基础包括钢筋混凝土主体、素混凝土垫层、细石混凝土后浇带、预应力锚栓组合件。基础垫层混凝土的设计强度等级为 C15，主体为 C35，基础保护层厚度为 50mm。预应力锚栓设计预拉力为 410kN。实际运行中发现部分风机锚栓预拉力难以达到设计值。根据现场实际情况，经设计、施工、监理等多方复核论证，将锚栓预拉力下调至 298kN。

2016 年 6 月，采用 RL－2000 系列表面波无损检测仪对 5 期工程 2#、28# 风机及 8 期工程 131# 风机预应力锚栓基础进行了现场检测，主要目的是查明风机锚栓底部混凝土是否存在缺陷。

4.5.2 现场检测

现场检测时，按照如下步骤进行：

（1）检测面清理。首先对风机基础进行开挖，开挖至出露混凝土基座，开挖示意图如图 4－87 所示，开挖时确保不影响风机稳定，开挖完成后对混凝土基座表面进行清理。

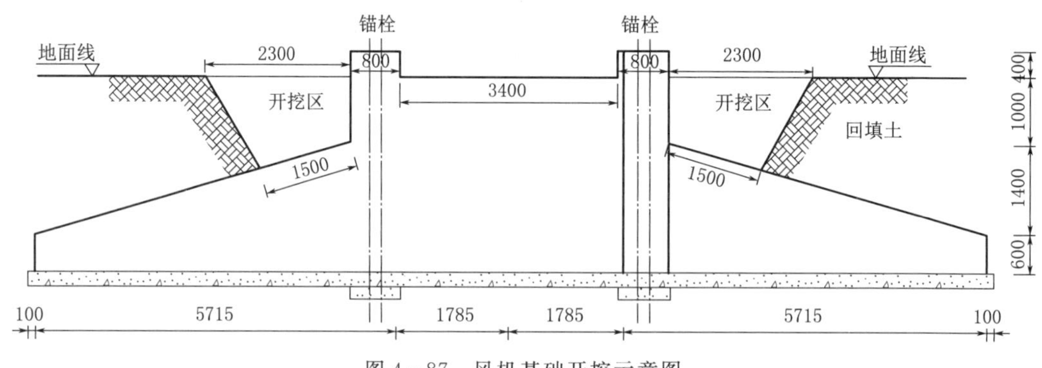

图 4－87 风机基础开挖示意图

（2）测点布置。测点根据各风机现场的实际状况进行布置，检测区域示意图如图 4－88 所示，测点布置示意图如图 4－89 所示。测点布置原则如下：

1）在主风向出现隐患的螺栓两侧均匀布置检测点；同时为了比较不同检测点的特征信息，在其附近未发现隐患的部位适当布置少量测点。每台风机合计布置 10 个检测点。

2）在垂直于主风向两侧或未发现隐患的部位布置校验测点，共布置校验测点 2 个。

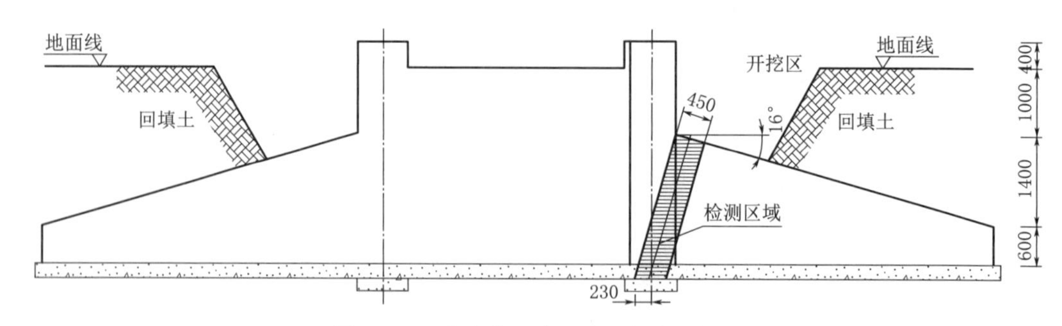

图 4－88 稳态表面波法检测部位示意图

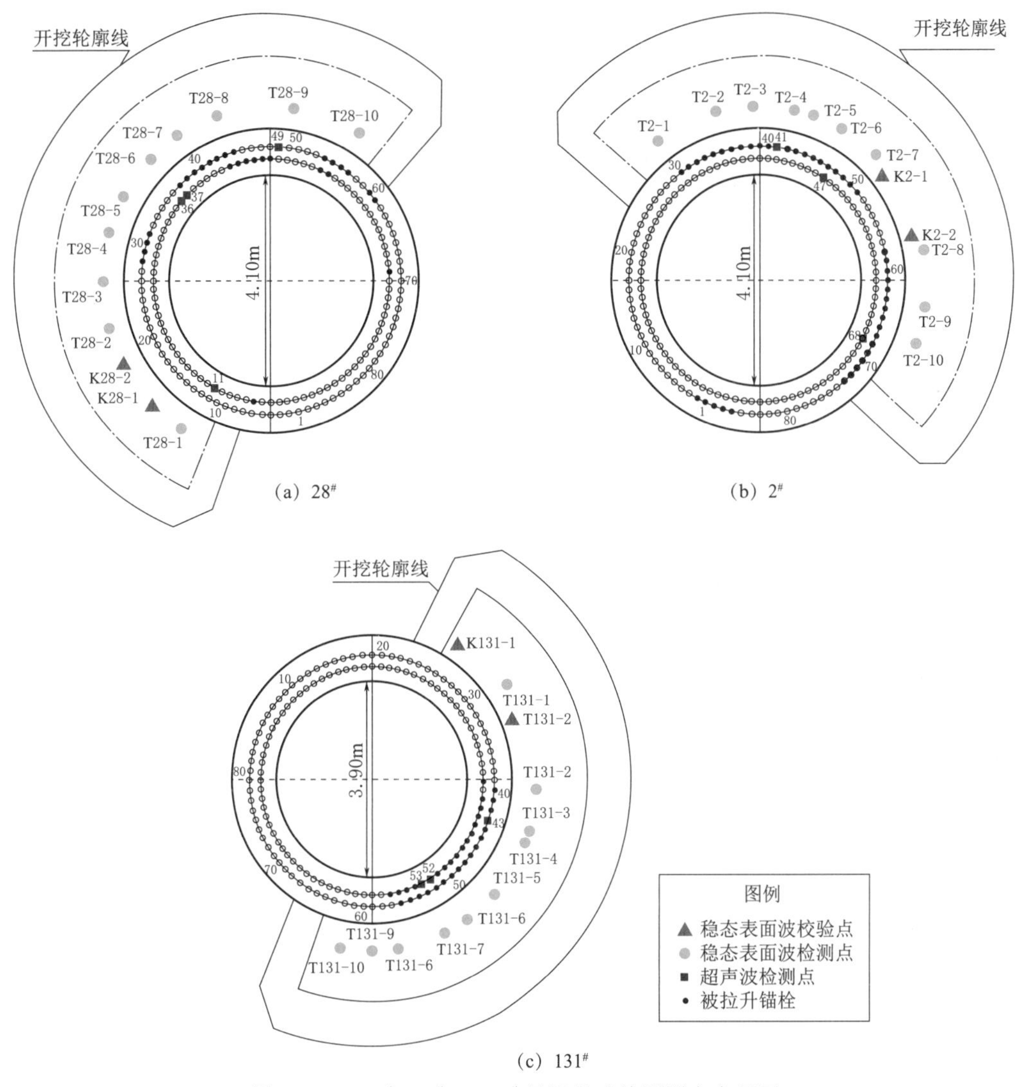

(a) 28#　　(b) 2#

(c) 131#

图 4-89　28#、2#、131#风机基础检测测点布置图

(3) 系统测试。连接监测系统各设备，并做测试，确保系统工作正常。

(4) 校验测点检测。将表面波的发射频率从 4000Hz 开始，逐步降低，实际检测区域由浅至深直至达到螺栓底部混凝土，进行参数率定试验。

(5) 检测点检测。检测点的测试方法同校验测点的试验方法相同，得到各测点随频率变化的稳态表面波测深曲线。

(6) 数据分析。根据得到的表面波走时曲线，计算各频率对应深度的表面波波速，并同校验测点的波速进行比对校验，从而判定不同深度的混凝土质量，进而判别该部位螺栓底部是否存在混凝土缺陷。

4.5.3 稳态表面波检测结果

2016 年 6 月，采用 RL-2000 系列表面波无损检测仪对 5 期工程 2#、28#风机及 8 期工程 131# 风机预应力锚栓基础进行了现场检测，每个风机基础布置 10 个检测点、2 个校验点，合计布置 30 个检测点，6 个校验点。

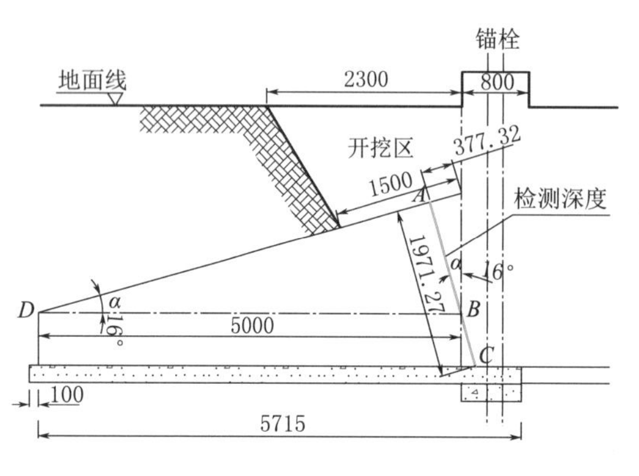

图 4－90　检测深度计算图

如图 4－90 所示（检测深度计算图），D 点为风机基础主体混凝土外延端点，A 点为检测点或校验点（受现场条件限制，实际布置时会有一定的调整），角 α 为检测方向与垂直方向的夹角。通过计算，检测深度约为 1.97m，检测点距离墙壁约为 0.377m。

4.5.3.1　28# 风机基础检测

1. 无异常测点

依照检测方案，首先对 28# 风机锚栓基础的校验点进行了检测，其中 K28－2 测点频散图如图 4－91 所示。从图 4－91 可以看出，该测点信号及测试波形正常，没有出现畸变，频率—时间曲线整体较为平缓。随着测试频率的降低，测试深度的增加，测点的远端拾振器接收信号衰减很小。通过计算表面波波速，该测点没有出现低速异常范围。这表明该测试区域不存在不密实区。

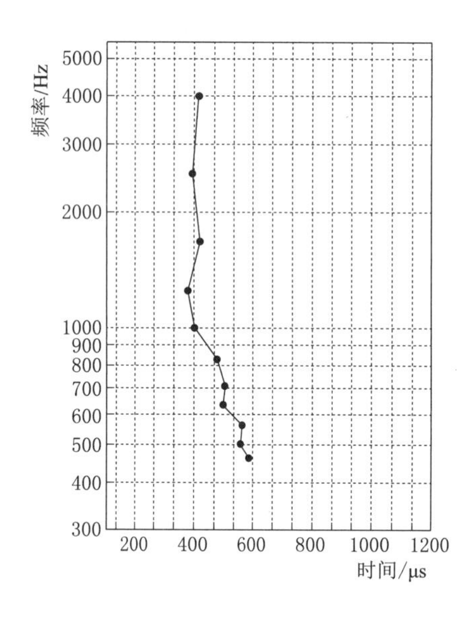

图 4－91　K28－2 测点频散图

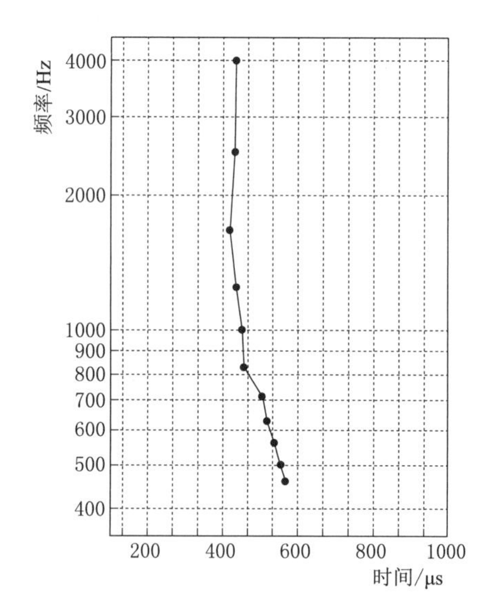

图 4－92　K28－1 测点频散图

结合 K28－1 校验点（图 4－92）的检测，确定了检测参数及测区主体混凝土的特性。

同理，根据相应测点频散图可以看出，T28－1 测点（图 4－93）、T28－4 测点（图 4－94）与 K28－2 校验点类似，测点信号及检测波形正常，没有出现畸变，频率—时间曲线整体较为平缓。随着检测频率的降低，检测深度的增加，测点的远端拾振器接收信号衰减很小。通过计算表面波波速，该测点没有出现低速异常范围。这表明该测试区域不存在不密实区。

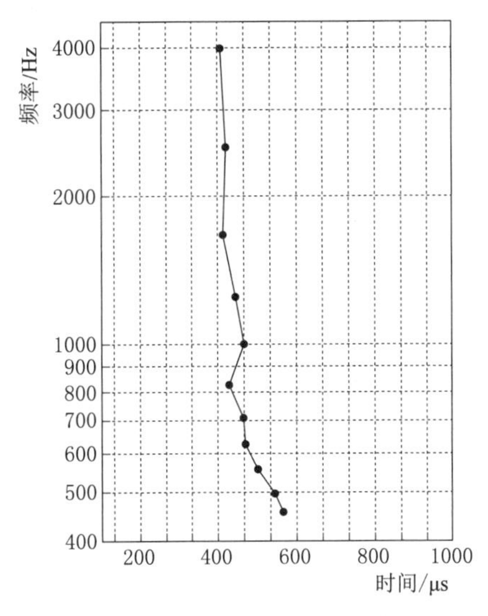

图 4-93　T28-1 测点频散图

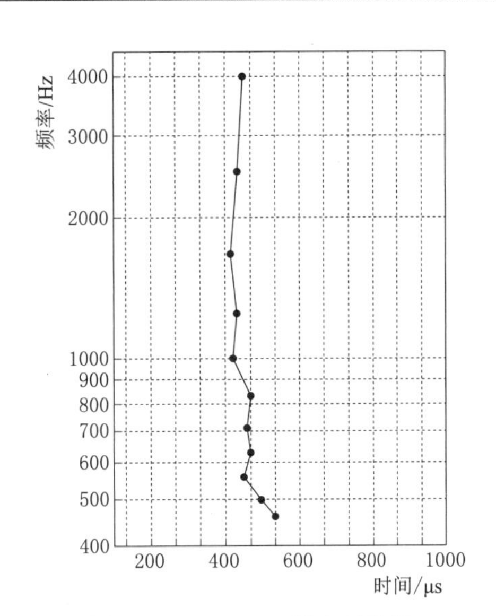

图 4-94　T28-4 测点频散图

2. 异常测点

从图 4-95 可以看出，频率范围在 830～4000Hz 时，T28-2 测点信号及测试波形正常，频率—时间曲线整体较为平缓；当测试频率下降至 710Hz 及 560Hz 时，随着测试频率的降低，测试深度的增加，频率—时间曲线出现异常变化。通过计算表面波波速，发现低速异常范围，这表明该测试区域存在内部不密实区；再根据表面波裂缝检测的原理，计算得该点的裂缝深度，对应测试深度分别为 1.47m、1.85m。

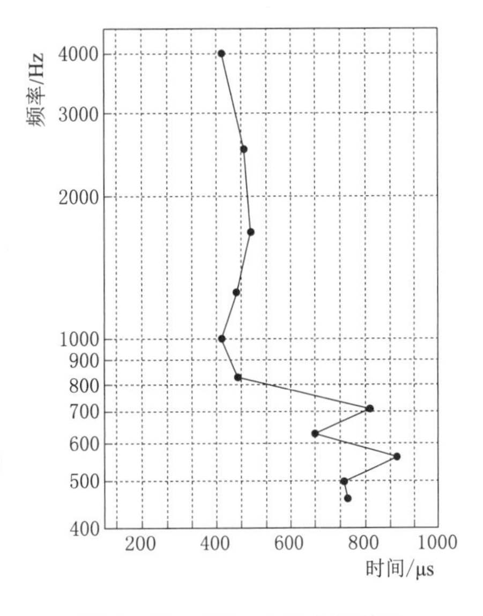

图 4-95　T28-2 测点频散图

从图 4-96 可以看出，频率范围在 630～4000Hz 时，T28-3 测点信号及测试波形正常，频率—时间曲线整体较为平缓；当测试频率下降至 560Hz 时，随着测试频率的降低，测试深度的增加，频率—时间曲线出现异常变化。通过计算表面波波速，发现低速异常范围，这表明该测试区域存在内部不密实区，对应测试深度约 1.85m。

同理，从图 4-97 可以看出，频率范围在 830～4000Hz 时，T28-5 测点信号及测试波形正常，频率—时间曲线整体较为平缓；当测试频率下降至 710Hz 时，随着测试频率的降低，测试深度的增加，频率—时间曲线出现异常变化。通过计算表面波波速，发现低速异常范围，这表明该测试区域存在内部不密实区；再根据表面波裂缝检测的原理，计算得该点的裂缝深度，对应测试深度为 1.47m。

4.5.3.2　2# 风机基础检测

1. 无异常测点

从图 4-98～图 4-101 可以看出，T2-4、T2-6、T2-7、T2-9 测点信号及检测波

形正常，没有出现畸变，频率—时间曲线整体较为平缓。随着检测频率的降低，检测深度的增加，测点的远端拾振器接收信号衰减很小。通过计算表面波波速，该测点没有出现低速异常范围。这表明该检测区域不存在不密实区。

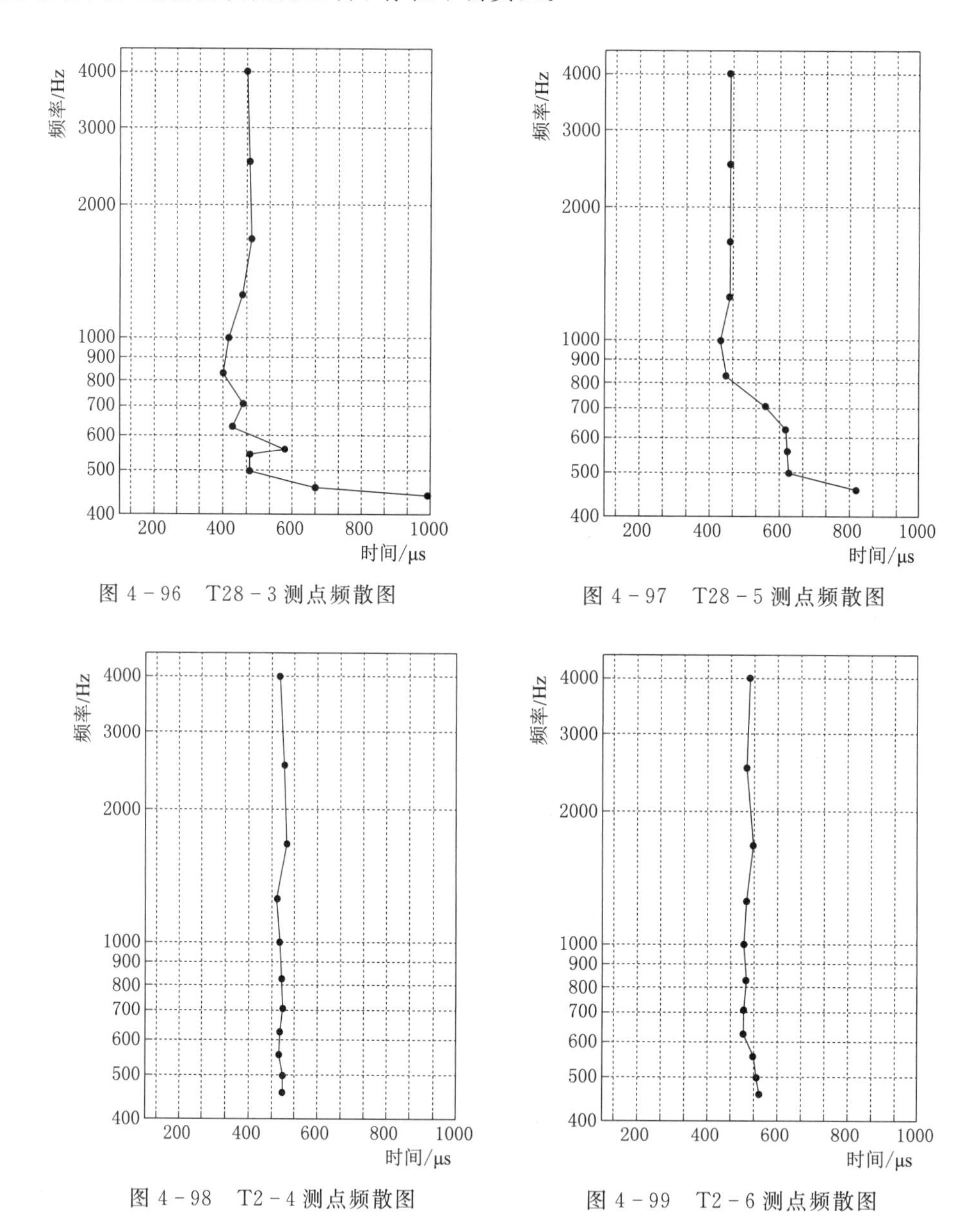

图4-96 T28-3测点频散图

图4-97 T28-5测点频散图

图4-98 T2-4测点频散图

图4-99 T2-6测点频散图

2. 异常测点

从图4-102可以看出，频率范围在630～4000Hz时，T2-1测点信号及检测波形正常，频率—时间曲线整体较为平缓；当检测频率下降至560Hz时，随着检测频率的降低，检测深度的增加，频率—时间曲线出现异常变化。通过计算表面波波速，发现低速异常范围，这表明该测试区域存在内部不密实区；再根据表面波裂缝检测的原理，计算得该点的裂缝深度，对应检测深度约为1.79m。

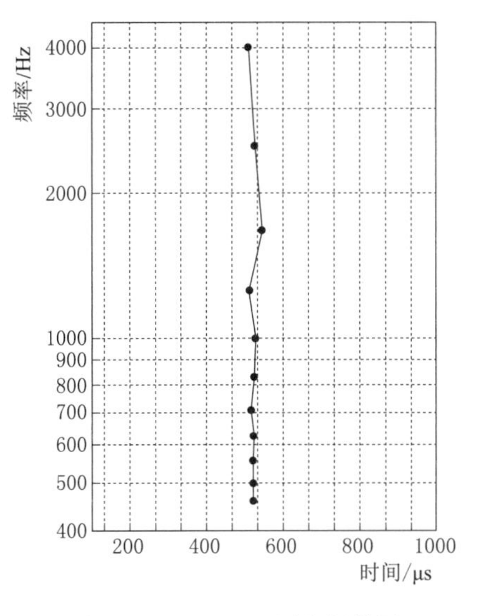

图 4-100 T2-7 测点频散图

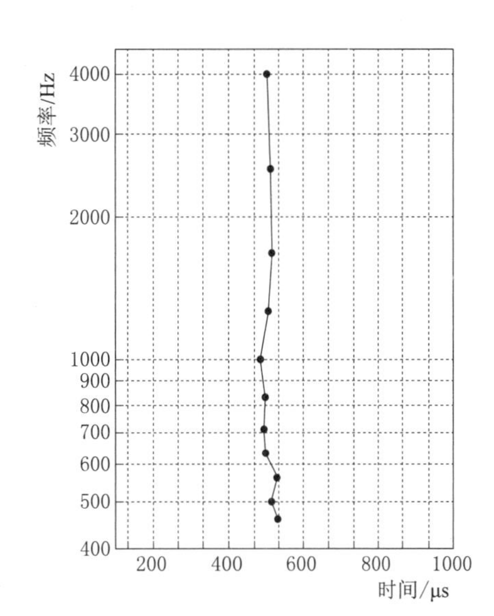

图 4-101 T2-9 测点频散图

从图 4-103 可以看出，频率范围在 560～4000Hz 时，T2-2 测点信号及检测波形正常，频率—时间曲线整体较为平缓；当检测频率下降至 500Hz 时，随着检测频率的降低，检测深度的增加，频率—时间曲线出现异常变化。通过计算表面波波速，发现低速异常范围，这表明该测试区域存在内部不密实区；再根据表面波裂缝检测的原理，计算得该点的裂缝深度，对应检测深度约 2.0m。

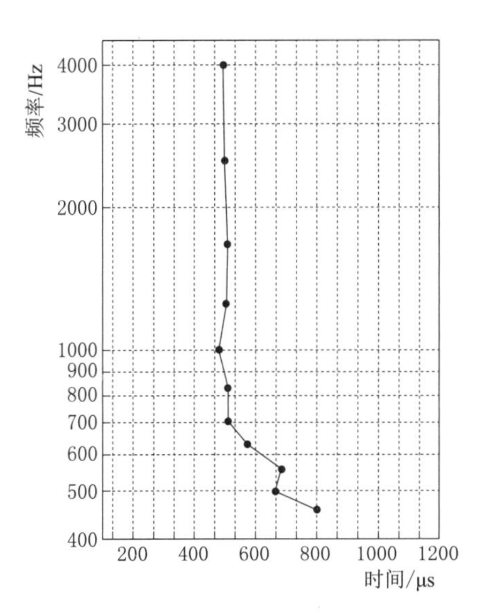

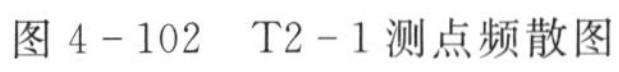
图 4-102 T2-1 测点频散图

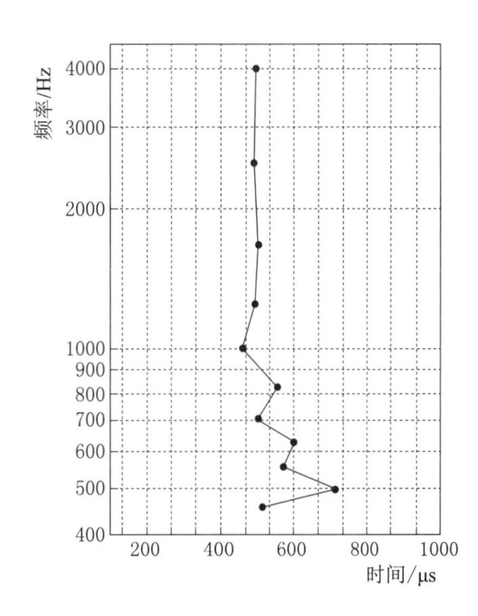

图 4-103 T2-2 测点频散图

从图 4-104、图 4-105 可以看出，频率范围在 830～4000Hz 时，T2-3 及 T2-5 测点信号及检测波形正常，频率—时间曲线整体较为平缓；当检测频率下降至 710Hz 时，随着检测频率的降低，检测深度的增加，频率—时间曲线出现异常变化。通过计算表面波波速，发现低速异常范围，这表明该测试区域存在内部不密实区；再根据表面波裂缝检测的原理，计算得该点的裂缝深度，对应检测深度均为1.41m。

同理，如图4-106、图4-107所示，T2-8测点对应检测深度0.8m、1.41m处存在内部不密实区，T2-10测点对应检测深度1.59m处存在内部不密实区。

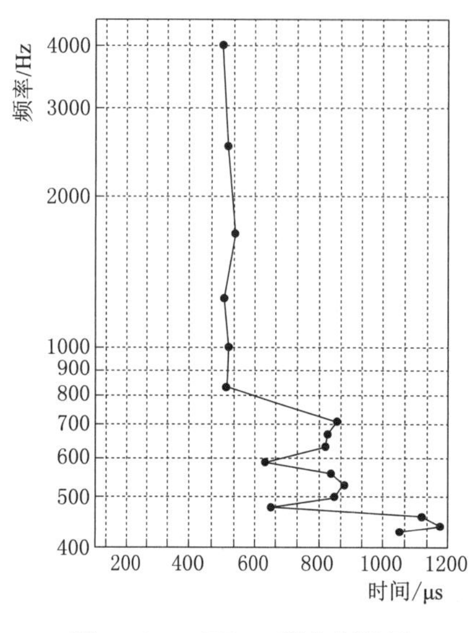

图4-104　T2-3测点频散图

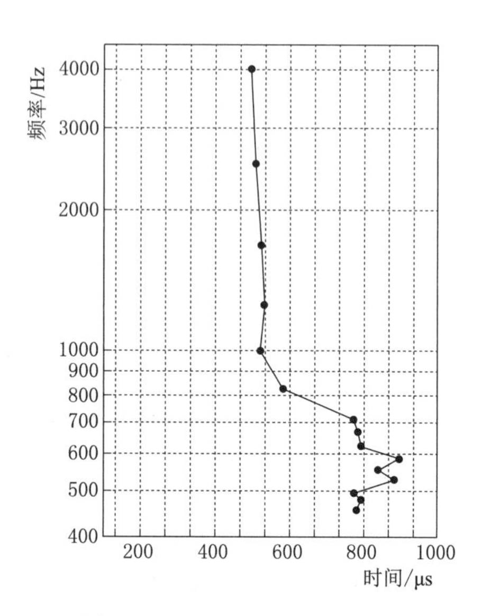

图4-105　T2-5测点频散图

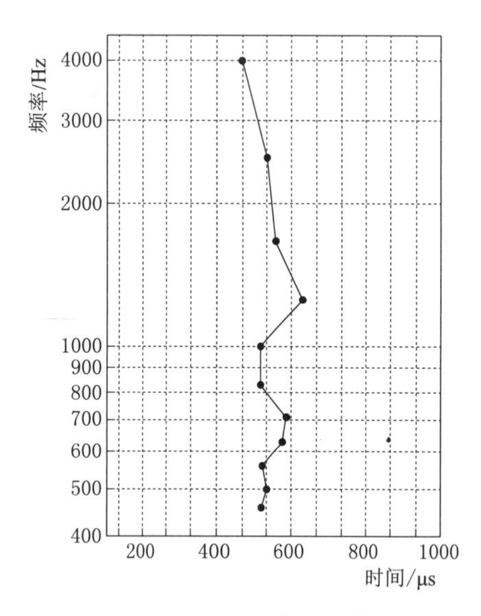

图4-106　T2-8测点频散图

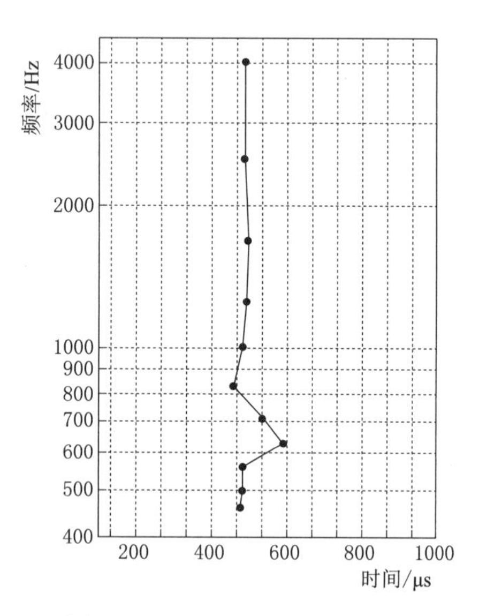

图4-107　T2-10测点频散图

4.5.3.3　131# 风机基础检测

依照检测方案，首先对131#风机锚栓基础的校验点进行了检测，测点T131-1、T131-2频散图如图4-108、图4-109所示。从频散图可以看出，T131-1、T131-2测点信号及检测波形正常，没有出现畸变，频率—时间曲线整体较为平缓。随着检测频率的降低，检测深度的增加，测点的远端拾振器接收信号衰减很小。通过计算表面波波速，该测点没有出现低速异常范围。这表明该检测区域不存在不密实区。同时通过对校验点的检测，确定了检测参数及测区主体混凝土的特性。

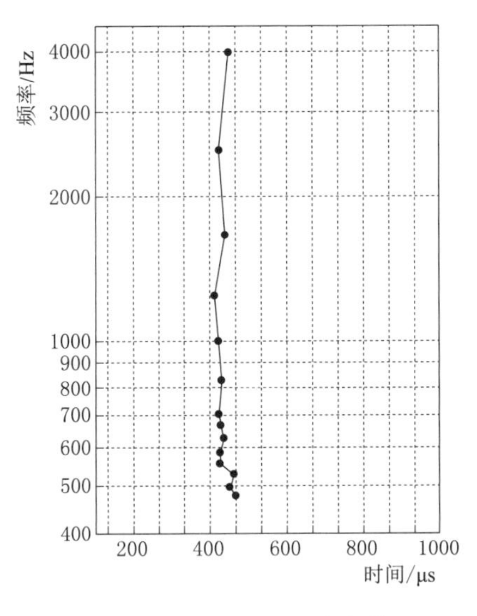

图 4-108 T131-1 测点频散图

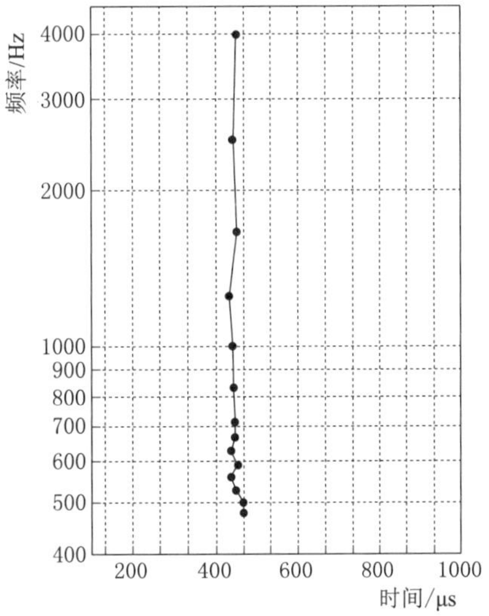

图 4-109 T131-2 测点频散图

根据测点频散图可以看出，T131-1、T131-2 测点信号及测试波形正常，没有出现畸变，频率—时间曲线整体较为平缓。随着检测频率的降低，检测深度的增加，测点的远端拾振器接收信号衰减很小。通过计算表面波波速，该测点没有出现低速异常范围。这表明该检测区域不存在不密实区。

4.5.4 结论

通过对 28$^{\#}$、2$^{\#}$ 及 131$^{\#}$ 三台风机基础进行稳态表面波检测，得出以下初步结果：

(1) 28$^{\#}$ 风机基础的 12 个测点中共发现 4 个不密实区。T28-2 测点在对应检测深度分别约 1.47m 和 1.85m 处存在内部不密实区，T28-3 测点在对应检测深度约 1.85m 处存在内部不密实区，T28-5 测点在对应检测深度约 1.47m 处存在内部不密实区，其他测点未发现不密实区。

(2) 2$^{\#}$ 风机基础的 12 个测点中共发现 7 个不密实区。T2-1 测点在对应检测深度约 1.79m 处存在内部不密实区，T2-2 测点在对应检测深度约 2.0m 处存在内部不密实区，T2-3 及 T2-5 测点在对应检测深度约为 1.41m 处存在内部不密实区，T2-8 测点对应检测深度约为 0.8m、1.41m 处存在内部不密实区，T2-10 测点对应检测深度约为 1.59m 处存在内部不密实区，其他测点未发现不密实区。

(3) 131$^{\#}$ 风机基础各测点未发现不密实区。

检测结果详见表 4-9。

表 4-9　　风机基础稳态表面波检测结果

序　号	风机编号	测点编号	缺陷类型	缺陷深度/m
1	28#	T28-2	不密实区	1.47
2			不密实区	1.85
3		T28-3	不密实区	1.85
4		T28-5	不密实区	1.47
5	2#	T2-1	不密实区	1.79
6		T2-2	不密实区	2
7		T2-3	不密实区	1.41
8		T2-5	不密实区	1.41
9		T2-8	不密实区	0.8
10			不密实区	1.41
11		T2-10	不密实区	1.59

第5章 水工建筑物质量检测及应用

5.1 超深基础防渗墙施工质量检测

5.1.1 工程概况

某水利枢纽工程大坝基础采用混凝土防渗墙防渗，墙体设计厚度1.0m，长度1023m，最大深度158m。墙体上部为C20混凝土，28d抗压强度≥20MPa，180d抗压强度≥25MPa，抗渗等级为W10，弹性模量$E\leqslant28$GPa；下部为C30混凝土，28d抗压强度≥30MPa，180d抗压强度≥36MPa，抗渗等级为W10，弹性模量$E\leqslant31$GPa。防渗墙总面积120000m^2，采用两钻一抓法施工，共设207个槽段，最大槽段深度158.47m。

在基础混凝土防渗墙施工过程中，需对墙体的浇筑质量进行检验与评价。基础混凝土防渗墙施工质量检测的主要内容包括：

（1）基础防渗墙混凝土浇筑质量。

（2）基础防渗墙混凝土浇筑均匀性。

（3）相邻槽段间混凝土结合处是否存在夹泥等可能产生渗漏的结构缺陷。

（4）基础防渗墙混凝土浇筑深度。

5.1.2 检测方案

根据现场情况，采用超声波法和钻孔电视成像法对混凝土防渗墙施工质量进行检测。由于施工期间，基础混凝土防渗墙墙体中预埋有帷幕灌浆用的钢管，可利用已经预埋的灌浆管或检查孔作为超声波法检测管，在不影响现场施工进度的情况下对整个墙体进行施工质量无损检测。在防渗墙质量检测中，根据超声波发射和接收的不同方式，可将超声波法分为跨孔超声波检测、单孔超声波检测和超声波CT法三种。

对比分析以上四种适合于大深度混凝土防渗墙检测的技术方法，不难发现，每种检测方法均有其特点和局限性，对比分析见表5-1。

根据表5-1的分析，为了准确地评价墙体质量，可将以上四种检测技术进行综合运用，充分利用每个检测技术的优势，来提高检测结果的可靠性，并将各种方法的结果进行综合对比分析，以得到准确的检测结果。检测时先采用跨孔超声波法进行普查，再利用超声波CT、单孔超声波法和钻孔电视成像法进行重点部位的详查。

表5-1　大深度混凝土防渗墙质量检测技术对比分析

序号	检测方法	优势	不足
1	跨孔超声波检测	检测效率高，检测面积大，垂向分辨率高	需要两个检测孔，检测深度受限于两检测管的深度，单孔深度较大时只能检测浅部
2	单孔超声波检测	仅需一个检测孔，垂向分辨率高	检测面积较小，检测结果是孔周围墙体质量的综合反映，无法定位缺陷的方位
3	超声波CT检测	检测精度高，缺陷定位准确	工作量较大，效率低，只能进行局部区域的检测
4	钻孔电视成像检测	检测结果直观，准确，能准确直接反映深部墙体的质量情况	必须钻孔，且孔中为清水时才能检测

(1) 跨孔超声波法。管间距离为2～3m，将超声波混凝土质量检测仪的发射探头和接收探头分别放入相邻两个检测管内，就可以检测两管间混凝土的浇筑深度和浇筑质量，主要检测基础防渗墙混凝土浇筑质量、浇筑均匀性、相邻槽段间混凝土结合处是否存在缝隙或夹泥等可能产生渗漏的结构缺陷，以及基础防渗墙混凝土浇筑深度。

(2) 单孔超声波法。利用跨孔超声波法检测时，须具备两根声测管，而由于施工等各方面的原因，两管的扫孔深度不一致时，如采用跨孔法检测，检测深度由深度较小的测管深度决定，而单孔法则不受这一限制，检测范围可以达到各个孔的扫孔深度，但单孔法超声波检测的范围较小。现场检测中选用频率为20kHz的一发双收探头，收发间距20cm，记录深度步距10cm，有效检测范围50cm。

(3) 超声波CT。由于跨孔超声波法检测仅能识别缺陷区域的垂直深度，而无法判别缺陷区域位于两孔之间的水平位置。为此，采用超声波CT检测技术，在跨孔超声波法发现有缺陷的局部区域使用超声波CT检测，通过计算、成图，确定缺陷在两检测孔之间分布的具体位置。超声波CT检测仪器参数设置与跨孔超声波法相同。

(4) 钻孔电视成像法。利用已钻取的检查孔，对钻孔孔壁进行钻孔电视成像，成像结果采用展开式钻孔柱状成图方式表示，直观形象，便于分析孔壁混凝土内空洞、裂隙、离析等缺陷的位置及深度，以便直观地了解防渗墙墙体的混凝土质量。

5.1.3 现场检测

在防渗墙检测试验中，按墙体面积10%的比例，并根据具体施工的槽段位置，利用42个预埋检查孔，每3个孔形成2个检测断面，共28个检测断面，进行综合超声波法无损检测。

实际检测中，依照以下检测步骤进行：

(1) 利用清孔吊垂进行孔深测量，记录各检测孔深度。

(2) 采用跨孔超声波法对被检测槽段进行跨孔超声波检测，全断面扫描槽段内混凝土的质量，实时显示检测结果，通过波列影像图和综合判据法判别疑似缺陷区域。

（3）根据第（2）步的检测结果，对疑似缺陷区域进行局部的超声波 CT 和单孔超声波检测，并对具备条件的检测孔利用钻孔电视成像仪进行孔壁成像，进一步确定疑似缺陷的具体位置。

（4）在可能的条件下，对第（3）步确定的部分缺陷区域进行钻孔取芯，对钻取的芯样进行单轴抗压试验，检测混凝土的实际强度；同时进行非破坏性压水试验，获取墙体的渗透系数。

（5）对跨孔超声波，超声波 CT、单孔超声波，钻孔电视成像等无损检测结果与压水试验和芯样抗压强度试验的直接检测结果进行比对，综合对墙体质量做出准确评价。

预埋检查孔位置明细见表 5－2，布置示意图如图 5－1 所示。

表 5－2　　检查孔位置明细表

序号	孔　号	桩号	槽段编号	槽段深度 /m	扫孔深度 /m	检测深度 /m
1	17	0+397.35	PD－089	152	53	53
	18	0+398.30			58	
2	14	0+336.20	PD－080	152	43	43
	15	0+398.56	PD－081		78	
3	53	0+393.40	PD－088	152	65.4	65.4
	54	0+394.80			70	
4	31	0+646.86	PD－144	152	140	140
	32	0+649.80			144	
5	35	0+690.85	PD－154	134	122.5	122.5
	36	0+693.37			143.0	

5.1.4　检测结果

根据确定的检测流程，检测时先采用跨孔超声波法进行普查，再利用超声波 CT、单孔超声波法和钻孔电视成像法进行重点部位的详查，最后进行钻孔取芯和压水试验等直接检测，验证检测结果的准确性。

下面以 5 个槽段的实际检测为例，介绍综合无损检测的检测结果。

5.1.4.1　PD－088 槽段右侧检测试验

PD－088 槽段右侧利用 53 号和 54 号孔进行检测，孔位布置如图 5－2 所示。

1. 跨孔超声波检测

图 5－3 为 PD－088 槽段右侧跨孔超声波检测波列影像图和波速分布曲线。从波列影像图可以明显看出，超声波的初至时间从上至下逐渐变短，说明检测管在墙体内弯曲幅度较大，两管间距变化较大，因此波速曲线仅反映墙体内部的不均匀性。

PD－088 槽段右侧跨孔超声波检测结果统计详见表 5－3。检测深度 65.4m，其中信号稳定较均匀区域长度 61.7m 占比 94.34%，不均匀区域长度 3.7m 占比 5.66%。

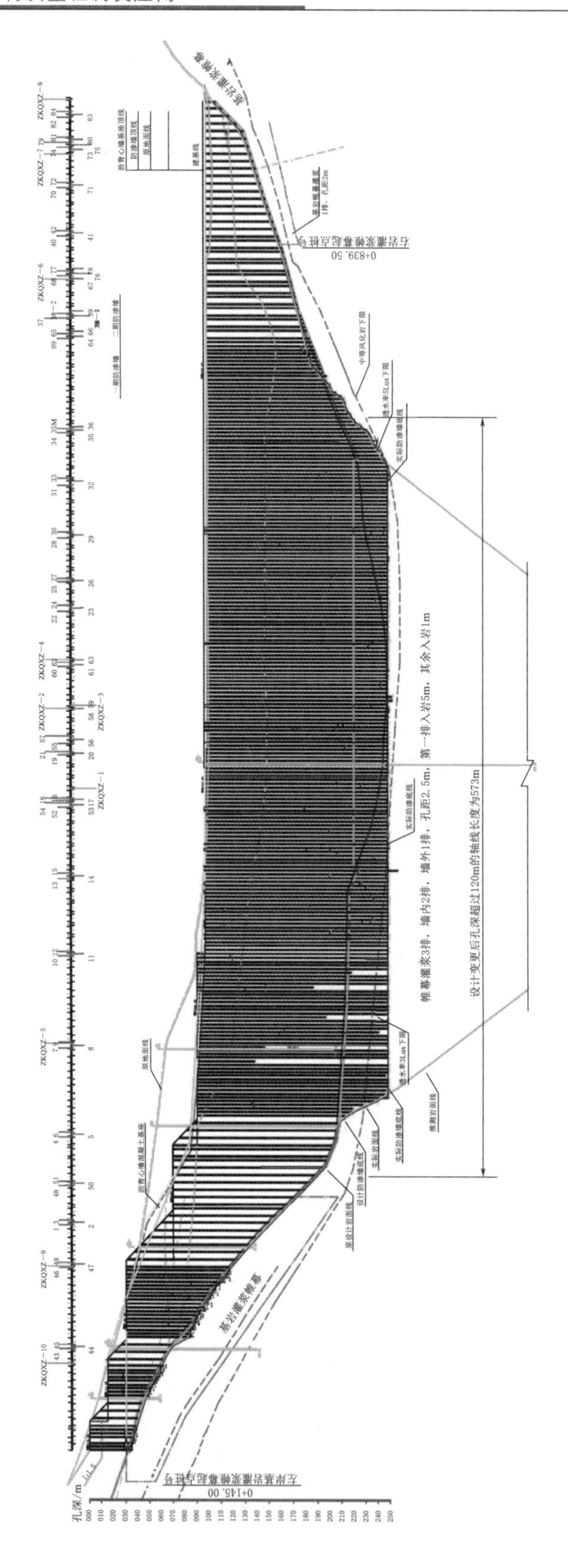

图5-1　现场检测预埋检查孔布置示意图

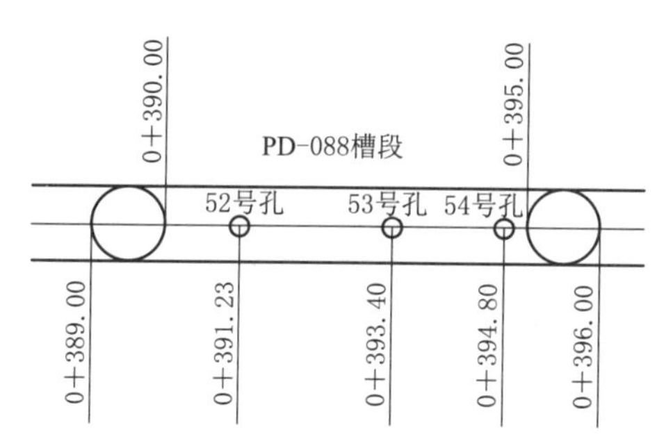

图 5-2 PD-088 槽段检查孔孔位布置图

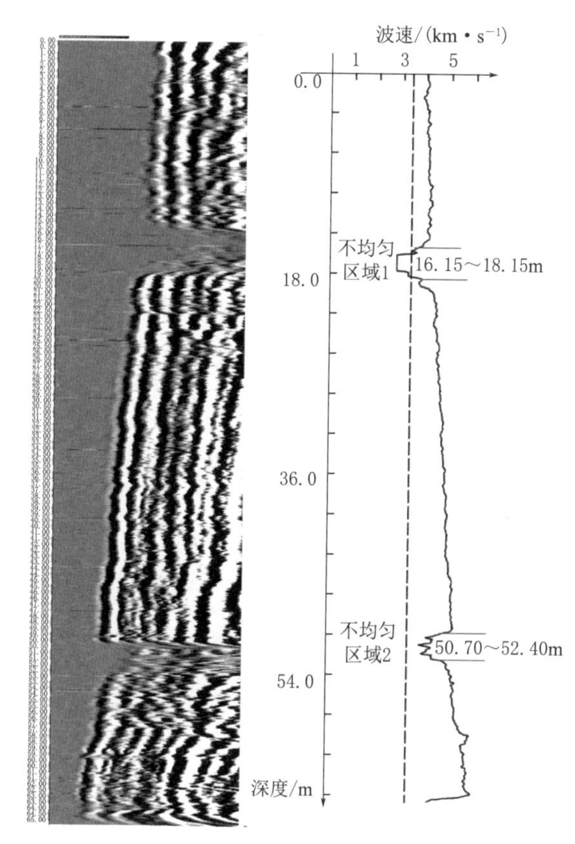

图 5-3 PD-088 槽段右侧跨孔超声波检测结果图

表 5-3 **PD-088 槽段右侧检测结果统计表**

槽段编号	PD-088 槽段右侧		槽段深度	152m	
检测孔		编 号	桩 号	深度/m	净间距/m
	发射孔	53	0+393.40	65.4	1.93
	接收孔	54	0+394.80	70	
分段序号	深度范围/m	分段长度/m	平均波速/($m \cdot s^{-1}$)	描 述	备 注
1	0～16.15	16.15	4000～4100	信号稳定，较均匀	
2	16.15～18.15	2.00	2800～2900	波速较低，波形畸变	不均匀区域
3	18.15～50.70	32.55	4000～4100	信号稳定，较均匀	
4	50.70～52.40	1.70	3100～3200	波速较低，波形畸变	不均匀区域
5	52.4～65.40	13.00	4000～4100	信号稳定，较均匀	

2. 超声波 CT 检测

采用跨孔超声波法，在深度 16.15～18.15m 和 50.70～52.40m 两个部位发现了波速异常区，但异常区域在水平方向 1.93m 范围内分布的具体位置无法确定，为了找出波速异常区的实际位置，对深度范围为 16.15～18.15m 和 50.70～52.40m 的两段进行了超声波 CT 检测，通过数据采集和计算，得到如图 5-4 所示的检测结果图。

从结果图看，图5-4（a）显示：不均匀区域主要存在于深度16.5～18.5m之间，水平位置偏向于接收孔（53号孔，桩号0+393.40）一侧，可在桩号0+393.90处打孔验证。图5-4（b）显示：不均匀区域主要存在于深度51.0～52.0m之间，横向范围靠近发射管和接收管，该不均匀区域未贯穿整个墙段。

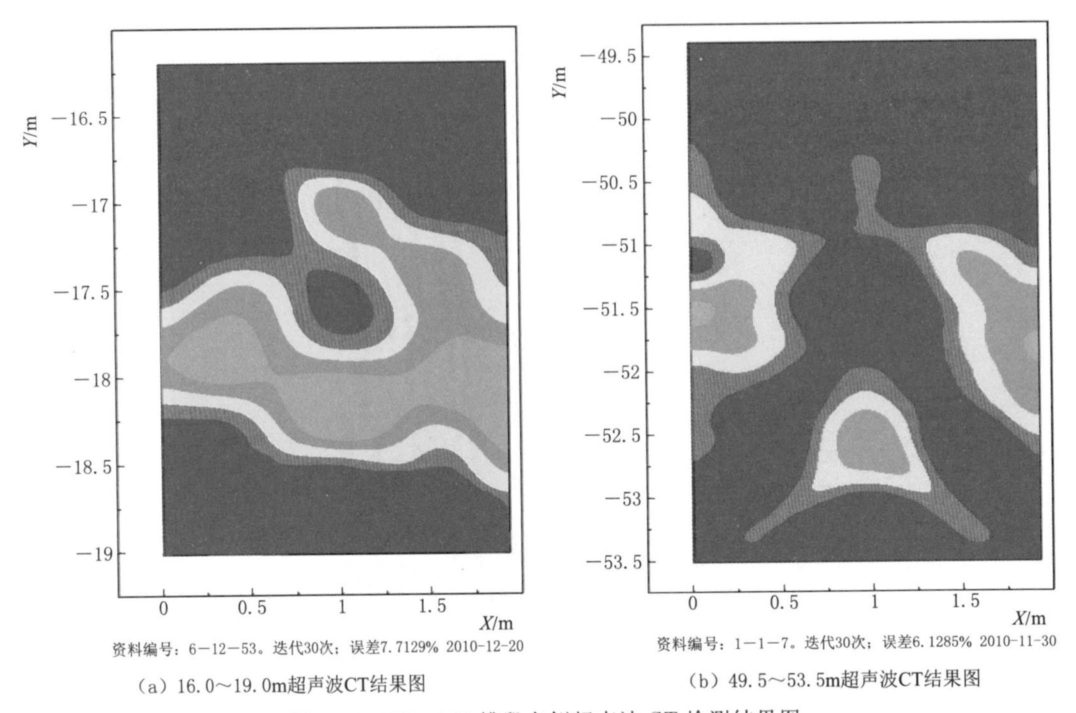

（a）16.0～19.0m超声波CT结果图　（b）49.5～53.5m超声波CT结果图

图5-4　PD-088槽段右侧超声波CT检测结果图

3. 钻孔电视成像检测

为验证跨孔超声波法、超声波CT的检测结果，在两检测管之间靠近接收孔一侧（桩号0+393.90）处进行了钻孔取芯，孔深60m，并对钻孔进行了孔壁成像。部分区段的孔壁成像图如图5-5所示。

从孔壁成像结果图5-5可明显看出，这两个区段内局部区域骨料含量较少，推测该区域内可能存在一定程度的混浆，导致墙体出现不均匀，由于上述两个区域内取芯率较低，因而无法进行进一步的芯样抗压强度试验。

通过以上跨孔超声波法、超声波CT和钻孔电视成像3种方法综合检测，可以确定得出在PD-088槽段右侧两个深度范围内存在不均匀区域，而且3种方法得出的检测结果基本一致，说明使用跨孔超声波法、超声波CT和钻孔电视成像综合检测法检测的结果可靠，精度较高。

5.1.4.2　PD-144槽段检测试验

PD-144槽段利用31号和32号孔进行检测，孔位布置如图5-6所示。

1. 跨孔超声波法检测

图5-7为PD-144槽段跨孔超声波检测波列影像图和波速分布曲线。从波列影像图可以明显看出，超声波的初至时间从上至下先变短后变长，说明检测管在墙体内弯曲幅度

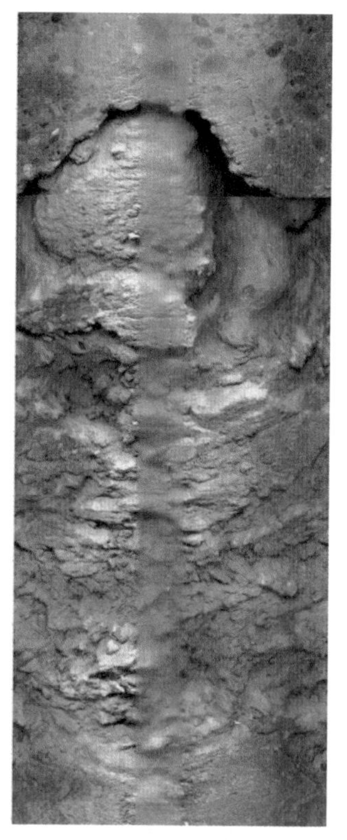

(a) 17.0～18.0m孔壁成像结果图

(b) 51.0～52.0m孔壁成像结果图

图 5-5 PD-088 槽段右侧钻孔电视成像检测结果图

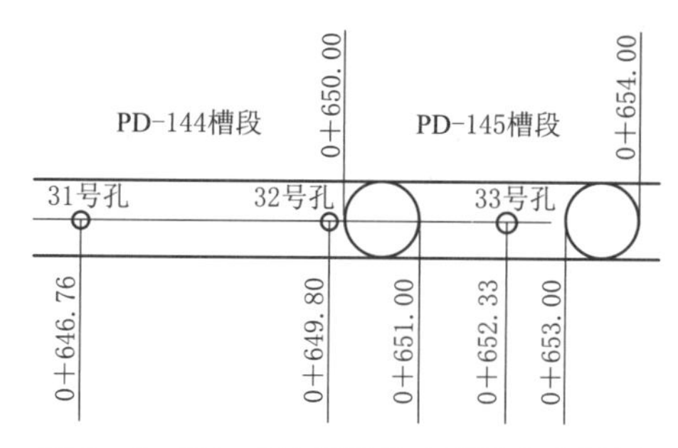

图 5-6 PD-144 槽段检查孔孔位布置图

较大，两管间距变化较大。由于管间距变化，波速以墙顶管口间距来计算会出现波速偏差，因此波速曲线仅反映墙体内部的不均匀性，不代表墙体混凝土的实际波速。

这里截取部分波速异常区域的波列图和波列影像图做细致分析，如图 5-8 所示。

通过跨孔超声波普查检测结果，显示在深度 21.0～21.5m 和 34.1～35.2m 两个部位存在波速异常，超声波波形畸变较大，波幅衰减严重，且 34.1～35.2m 范围内波形畸变较 21.0～21.5m 严重，波速衰减幅度和衰减区域范围大，说明 34.1～35.2m 范围内不均匀区域体积较大。

PD-144 槽段跨孔超声波检测结果统计详见表 5-4。检测深度 140m，其中信号稳定较均匀区域长度 134.4m 占比 96%，不均匀区域长度 5.6m 占比 4%。

表 5-4　　PD-144 槽段检测结果统计表

槽段编号	PD-144		槽段深度	152m	
检测孔		编　号	桩　号	深度/m	净间距/m
	发射孔	31	0+646.76	140	2.94
	接收孔	32	0+649.80	140	
分段序号	深度范围/m	分段长度/m	平均波速/(m·s^{-1})	描　述	备　注
1	0.00～21.00	21.00	非实际波速	较均匀，信号较好	
2	21.00～21.50	0.50	非实际波速	波速较低，波形畸变	不均匀区域
3	21.50～34.10	12.60	非实际波速	信号稳定，较均匀	
4	34.10～35.20	1.10	非实际波速	波速较低，波形畸变	不均匀区域
5	35.20～65.80	30.60	非实际波速	信号稳定，较均匀	
6	65.80～66.40	0.60	非实际波速	波速较低，波形畸变	不均匀区域
7	66.40～79.10	12.70	非实际波速	信号稳定，较均匀	
8	79.10～81.10	2.00	非实际波速	波速较低，波形畸变	不均匀区域
9	81.10～103.60	22.50	非实际波速	信号稳定，较均匀	
10	103.60～105.00	1.40	非实际波速	波速较低，波形畸变	不均匀区域
11	105.00～140.00	35.00	非实际波速	信号稳定，较均匀	

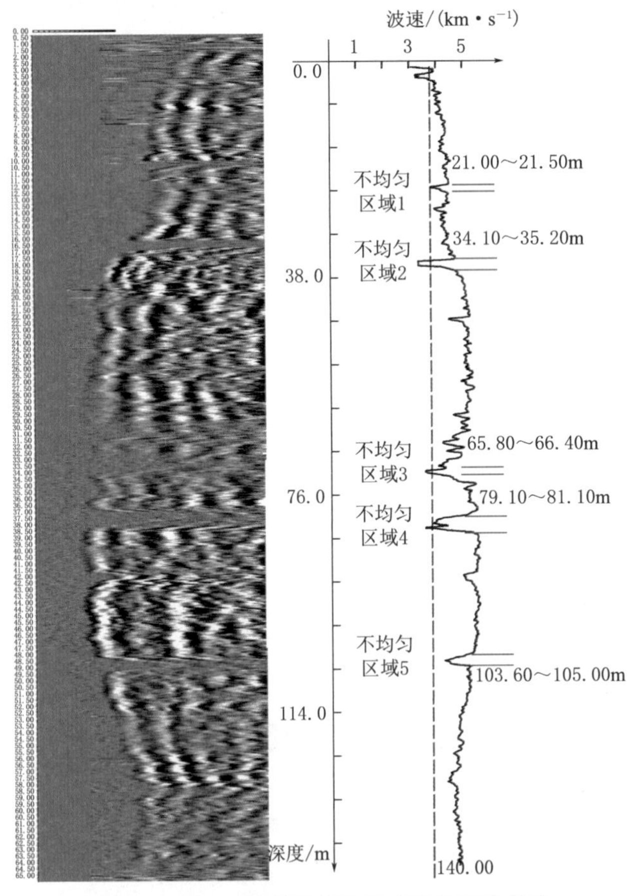

图 5-7　PD-144 槽段跨孔超声波检测结果图

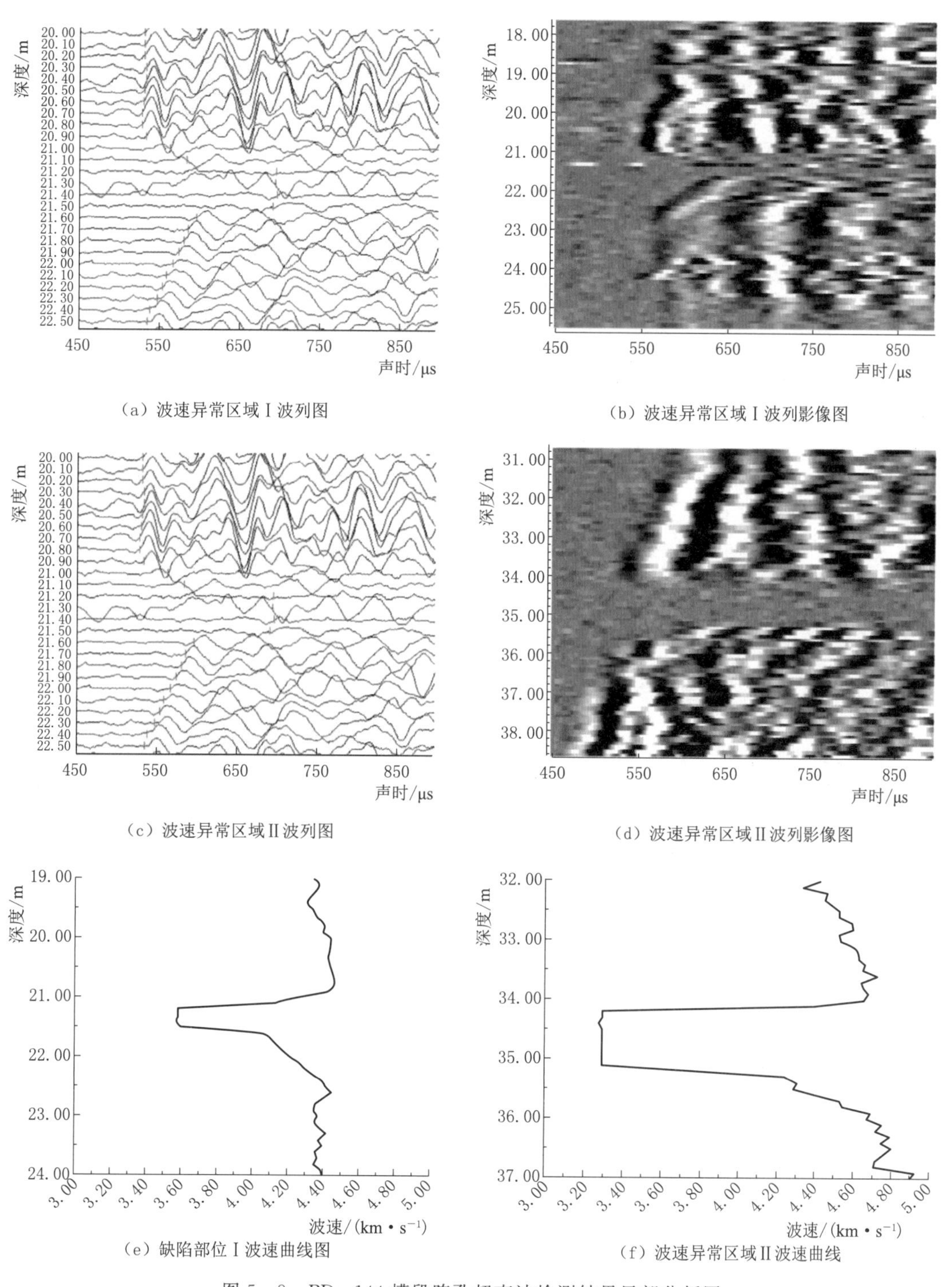

(a) 波速异常区域Ⅰ波列图

(b) 波速异常区域Ⅰ波列影像图

(c) 波速异常区域Ⅱ波列图

(d) 波速异常区域Ⅱ波列影像图

(e) 缺陷部位Ⅰ波速曲线图

(f) 波速异常区域Ⅱ波速曲线

图 5-8 PD-144 槽段跨孔超声波检测结果局部分析图

2. 超声波 CT 检测

采用跨孔超声波法，在深度 21.0～21.5m 和 34.1～35.2m 两个部位发现了波速异常

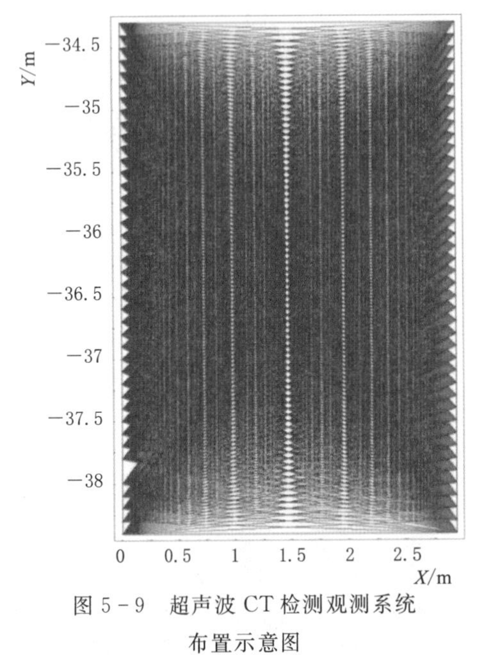

图 5-9　超声波 CT 检测观测系统布置示意图

区，但异常区域在水平方向 2.94m 范围内分布的具体位置无法确定，为了找出波速异常区的实际位置，对上述两个部位进行了超声波 CT 检测，超声波 CT 检测观测系统布置如图 5-9 所示。

按照图 5-9 所示的观测系统布置图，对深度范围为 19.5～23.0m 和 32.5～36.0m 的两段进行了超声波 CT 检测，通过数据采集和计算，得到如图 5-10 和图 5-11 所示的检测结果图。

从结果图看，图 5-10 显示：深度在 21.00～21.50m 之间，横向范围 2.00～2.94m 之间，存在不均匀区域，且不均匀部位偏向大桩号 32 号孔（桩号 0+649.80）一侧。图 5-11 显示：在深度 34.15～34.80m 之间，横向范围 1.75～2.94m 之间，存在不均匀区域，且不均匀部位偏向大桩号 32 号孔（桩号 0+649.80）一侧。

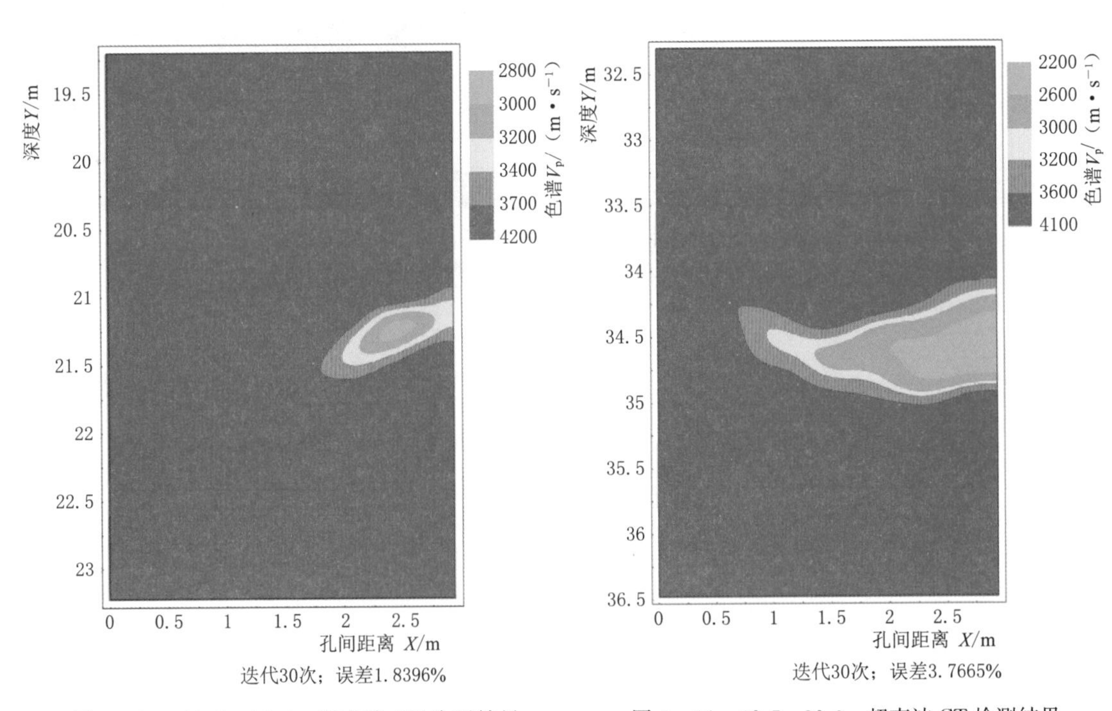

图 5-10　19.5～23.0m 超声波 CT 检测结果

图 5-11　32.5～36.0m 超声波 CT 检测结果

根据超声波 CT 检测图，结果显示在深度 21.0～21.5m 和 34.1～35.2m 两个深度范围内存在波速较低的区域，且深度位于 34.1～35.2m 处的低速区域范围较大，此结果与跨孔超声波检测的检测结果一致。

根据图 5-10 与图 5-11 所示的计算结果，可以在两孔之间距离 32 号孔 0.5m（桩号

0+649.30）处进行钻孔取芯检测，验证检测结果，钻孔深度大于37m即可。

3. 单孔超声波检测

根据跨孔超声波法和超声波CT检测的结果，发现两个不均匀区域均偏向于接收端一侧，且不均匀区域距离接收孔较近，在单孔超声波检测的范围内，为了进一步验证跨孔超声波法和超声波CT的效果，在接收孔进行了单孔超声波检测，检测结果波列图如图5-12和图5-13所示。

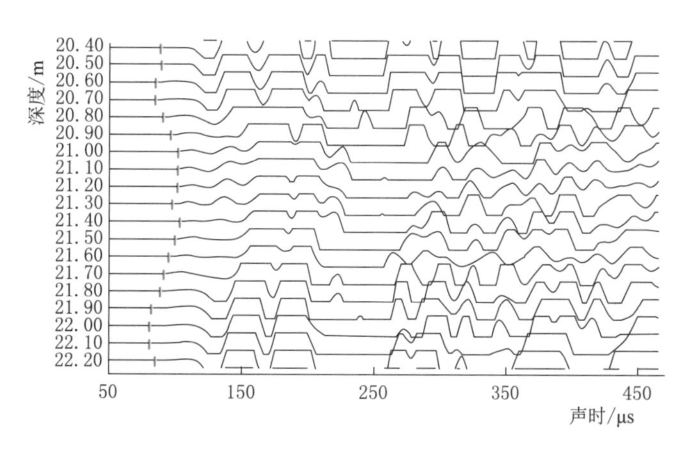

图5-12 深度20.4～22.2m单孔超声波检测结果

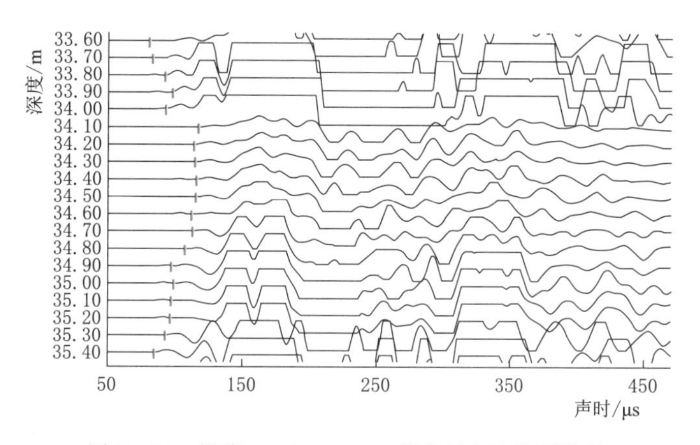

图5-13 深度33.6～35.4m单孔超声波检测结果

从图5-12和图5-13的检测结果波列图显示，在深度21.00～21.6m和34.1～34.8m范围内单孔超声波波形畸变和衰减较大，且34.1～34.8m波形衰减较21.00～21.6m严重。这与跨孔超声波法检测结果和超声波CT检测结果一致。

根据以上3种不同的超声波检测方法，对防渗墙同一部位进行检测结果表明，3种超声波检测方法的检测结果一致，均表明在深度21.0～21.6m和34.1～34.8m范围内存在低速区，且34.1～34.8m范围内的低速区体积比21.0～21.6m范围内的低速区体积大。

4. 钻孔电视成像

根据以上检测结果发现在深度21.0～21.6m和34.1～34.8m范围内靠近接收孔的一

侧存在两个低速区，为了验证这一检测结果，在两检测管之间靠近接收孔一侧（桩号0+651.76）进行了钻孔取样验证和钻孔电视成像验证。该部分区段芯样不完整，对孔壁进行了钻孔电视成像，结果如图5-14所示。

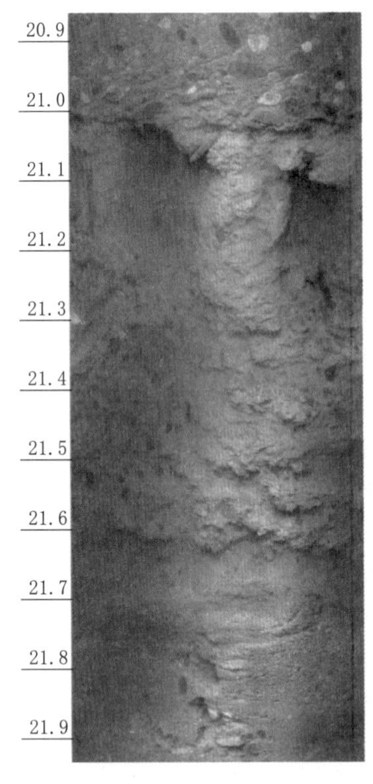

(a) 深度21.0～21.9m处钻孔电视成像图

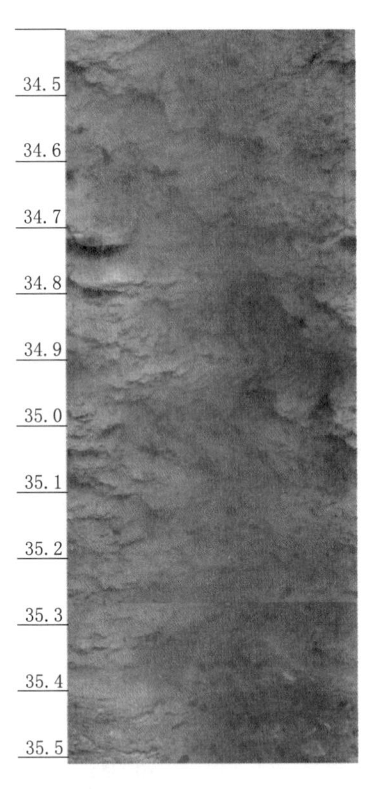

(b) 深度34.1～35.1m处钻孔电视成像图

图5-14　PD-144槽段内桩号0+649.30处钻孔电视成像图

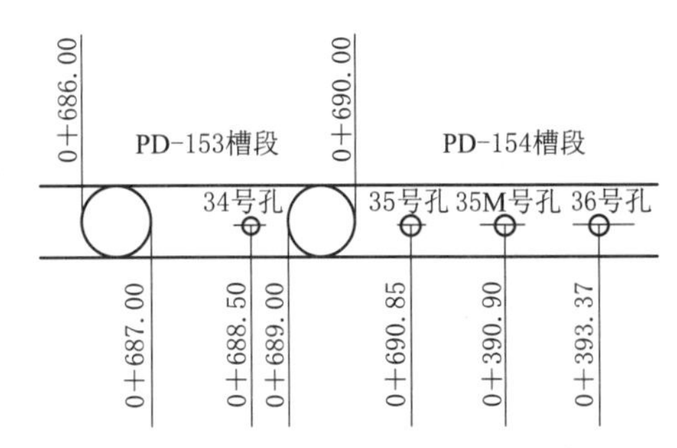

图5-15　PD-154槽段检查孔孔位布置图

根据图5-14钻孔电视成像结果，清晰地显示出在深度21.0～21.6m和34.1～34.8m两个区段内出现了混凝土不密实和塌孔的现象，说明上述两个部位的确存在缺陷，表明综合检测法的检测结果得到了验证。

5.1.4.3　PD-154槽段检测试验

PD-154槽段利用35号和36号孔进行检测，孔位布置如图5-15所示。

1. *跨孔超声波法检测*

图5-16为PD-154槽段跨孔超声波检测波列影像图和波速分布曲线。

图5-16表明局部存在不均匀区域，检测结果统计详见表5-5。检测长度合计122.5m，其中信号稳定较均匀区域长度116.6m占比95.18%，不均匀区域长度5.9m占比4.82%。

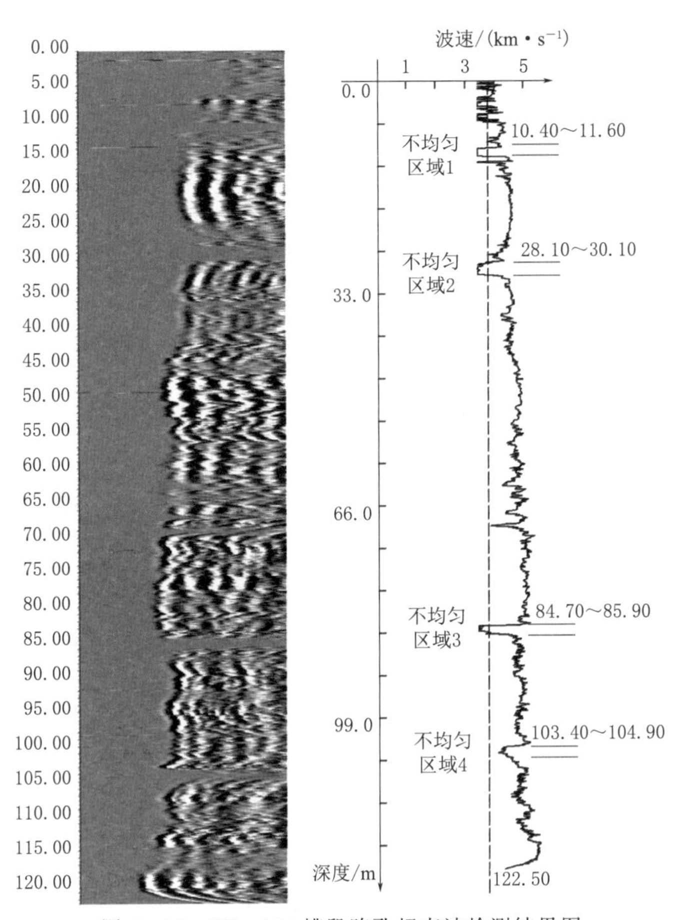

图 5-16 PD-154 槽段跨孔超声波检测结果图

表 5-5 **PD-154 槽段检测结果统计表**

槽段编号	PD-154		槽段深度	130m	
检测孔		编 号	桩 号	深度/m	净间距/m
	发射孔	35	0+690.85	122.50	2.42
	接收孔	36	0+693.37	122.50	
分段序号	深度范围/m	分段长度/m	平均波速/(m·s⁻¹)	描 述	备 注
1	0～6.90	6.90	表层	波速较低	表层
2	6.90～10.40	3.50	非实际波速	较均匀，信号较好	
3	10.40～11.60	1.20	非实际波速	波速较低，波形畸变	不均匀区域
4	11.60～28.10	16.60	非实际波速	信号稳定，较均匀	
5	28.10～30.10	2.00	非实际波速	波速较低，波形畸变	不均匀区域
6	30.10～84.70	54.6	非实际波速	信号稳定，较均匀	
7	84.70～85.90	1.20	非实际波速	波速较低，波形畸变	不均匀区域
8	85.90～103.40	17.50	非实际波速	信号稳定，较均匀	
9	103.40～104.90	1.50	非实际波速	波速较低，波形畸变	不均匀区域
10	104.90～122.50	17.60	非实际波速	信号稳定，较均匀	

针对检测中出现的不均匀区域，作者利用现场条件进行了进一步的深入研究。首先利用35号孔与36号孔中间的检查钻孔进行了再次的超声波检测，中间检查孔编号设定为35M，35M号孔桩号为0+692.11（详见图5-15），利用35M号孔分别与35号孔和36号孔进行跨孔超声波检测，检测结果如图5-17所示。

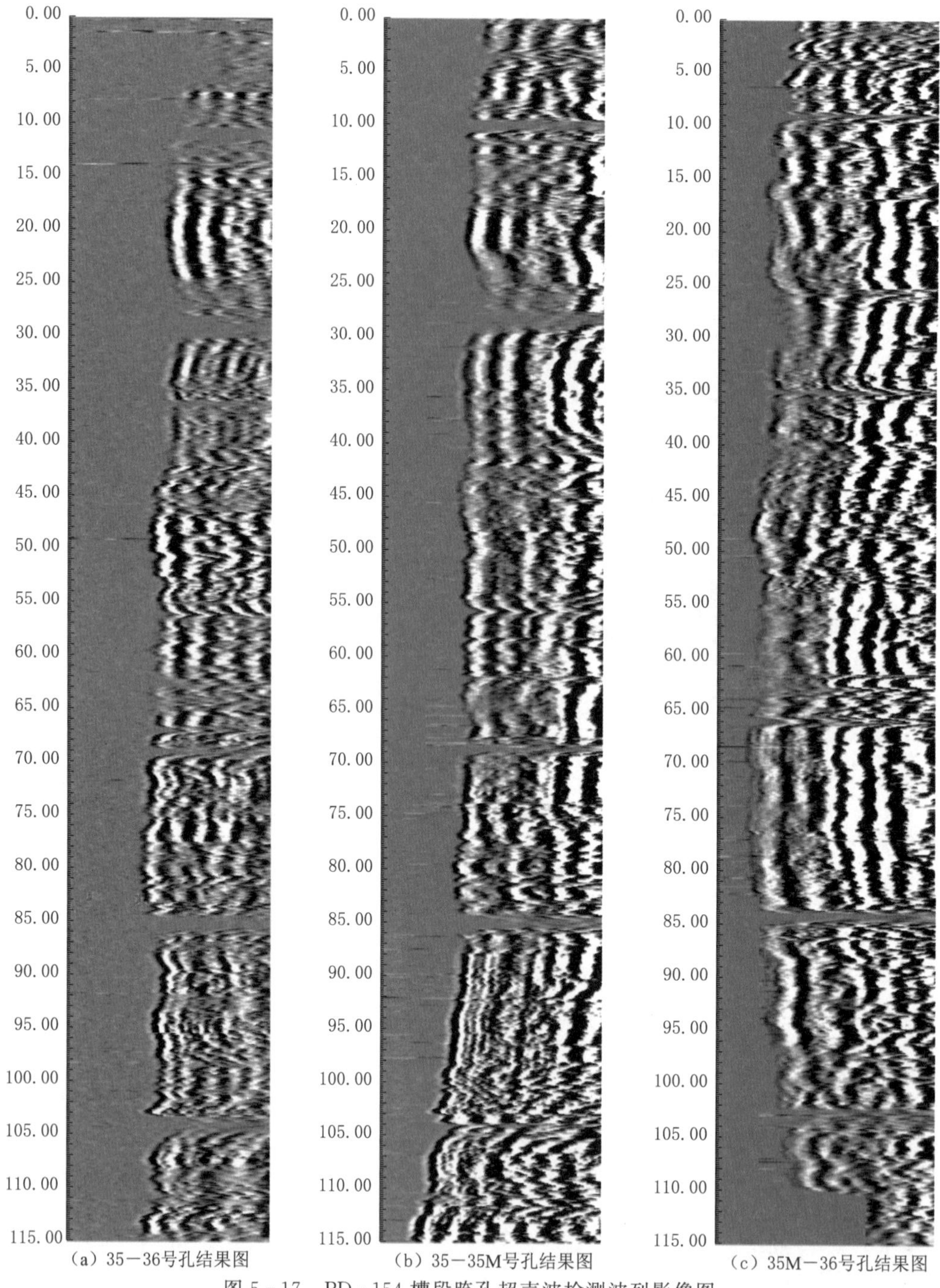

(a) 35—36号孔结果图　(b) 35—35M号孔结果图　(c) 35M—36号孔结果图

图5-17　PD-154槽段跨孔超声波检测波列影像图

通过对图 5-17 中（a）、（b）、（c）的对比分析，不难看出，图 5-17（a）中的不均匀区域基本为 5-27（b）和 5-17（c）中的不均匀区域的叠加，说明超声波检测结果中出现的波形衰减较大的区域，在水平方向不是层状分布，没有贯穿 35 号、36 号孔之间的整个墙体。

2. 钻孔电视成像

为了更准确地判断不均匀区域的性状，采用钻孔电视对 35M 号孔孔壁进行钻孔电视成像，部分成像结果如图 5-18 所示。

(a)深度10.0～13.0m结果　(b)深度16.0～19.0m结果　(c)深度27.0～30.0m结果

图 5-18　PD-154 槽段 35M 号孔部分区域钻孔电视成像图

从图 5-18 可直观地看出，PD-154 槽段墙体总体质量较好，但局部存在不均匀区域。如 10.5～13m 范围内局部仅含砂浆，不含骨料；28.0～30.0m 范围内墙体存在蜂窝和气泡。

3. 压水试验

由于 35M 孔为钻取的检查孔，没有钢套管，因此可以在取芯钻进过程中，按照 0.3MPa、0.4MPa、0.5MPa 的三级压力进行分段压水试验，检测墙体各段的透水率。试验结果统计见表 5-6。

表5-6　　PD-091压水试验结果表

序号	试验位置		分段长度/m	试验次数	平均透水率/Lu
	起始位置/m	终止位置/m			
1	8.0	13.0	5.0	20	0.09
2	15.0	20.0	5.0	20	0.03
3	25.0	30.0	5.0	22	0.07

4. 芯样抗压强度检测

钻取混凝土芯样实测混凝土的抗压强度是最直观、最可靠和最准确的检测方法。根据超声波检测和压水试验的检测结果，在12.0～13.0m、18.0～19.0m和28.0～29.0m分别抽取了三组混凝土芯样进行抗压强度试验，芯样描述及抗压强度测试结果统计见表5-7。

表5-7　　芯样描述及抗压强度统计表

槽段	区域/m	试块编号	试块描述	抗压破坏荷载/kN	抗压强度/MPa	平均强度/MPa
PD-154	12.0～13.0	PD154-1-Ⅰ	砂浆，基本无骨料	136.0	21.9	33.2
		PD154-1-Ⅱ	砂浆，基本无骨料	202.7	32.6	
		PD154-1-Ⅲ	砂浆，基本无骨料	280.0	45.0	
	18.0～19.0	PD154-2-Ⅰ	表面较完整	199.5	32.8	37.4
		PD154-2-Ⅱ	表面较完整	236.1	38.8	
		PD154-2-Ⅲ	表面较完整	247.6	40.7	
	28.0～29.0	PD154-3-Ⅰ	表面凹凸不平	197.2	32.4	27.5
		PD154-3-Ⅱ	表面凹凸不平	130.6	21.5	
		PD154-3-Ⅲ	表面凹凸不平	174.4	28.7	

综合分析压水试验和抗压强度检测结果，不难发现：在12.0～13.0m、18.0～19.0m和28.0～29.0m三个区段的芯样抗压强度基本都满足C20的设计强度，但由于28.0～29.0m处存在蜂窝状缺陷，导致其抗压强度值明显偏低，但其渗透系数介于三个区段中间，满足设计要求；12.0～13.0m区段内由于存在混浆区，渗透系数明显偏大，上部区域无法取出芯样，无法进行抗压强度试验，下部区域虽然不含骨料，但抗压强度值依然较高；18.0～19.0m区段内混凝土质量较好，渗透系数和抗压强度检测值均较为理想。

5.1.5　结论

本节主要介绍了利用在大深度防渗墙内施工预埋灌浆孔或检测孔，采用跨孔超声波、超声波CT、单孔超声波、钻孔电视成像等无损检测技术方法在150m深防渗墙5个槽段进行现场检测试验的情况，通过将综合无损检测结果与压水试验和钻孔取芯等直接检测手段进行对比，结果表明，采用综合无损检测技术可以实现对大深度基础混凝土防渗墙的无损检测。这种方法突破了墙体检测深度的限制，并且可以实现快速检测，检测结果与有损检测结果基本一致，说明综合无损检测是一种有效、可行的技术，检测准确度高，不均匀区域定位准确，结果可靠。

但在检测试验过程中，也发现了以下需注意的问题：

（1）在应用跨孔超声波法对大深度基础防渗墙施工质量检测时，要尽量利用防渗墙中已有的灌浆管作为检测管。因为墙体薄，深度大，如果在墙体中钻孔，钻孔容易偏出墙，难以达到墙体底部。利用灌浆管进行检测不仅不影响工期，而且可以节约检测成本。

（2）在运用跨孔超声波检测时发现很多声测管不平行，致使超声波传播距离发生较大变化，导致声时变化幅度较大，这样对评价墙体质量有一定影响，但不影响评价墙体的均匀性。

（3）由于施工等各方面的原因，经常发生灌浆管堵管现象，因而在检测前必须进行清孔，确保超声波探头能够下放到预定的检测深度，并且保证孔壁的清洁，否则孔壁附着物会直接影响到超声波声学参数的判读。

（4）与跨孔超声波法检测相比，超声波 CT 检测具有较高的分辨率，但现场检测工作量较大，效率低；单孔超声波法只能综合反映孔周围 50cm 以内的墙体质量，无法对不均匀区域进行定位；跨孔法和单孔法检测速度快，可实时显示检测结果，效率高。在实际检测时，几种检测方法可以配合使用，先采用跨孔法和单孔法进行普查，再对疑似存在缺陷的部位进行超声波 CT 检测，这样便能更高效、准确地评价大深度混凝土防渗墙的施工质量。

5.2 引水隧洞混凝土衬砌检测

5.2.1 工程概况

某调水工程全长约 136km，采用全封闭式输水。一期工程设计年引水规模3.5 亿 m^3，于 1996 年 11 月 30 日动工，2001 年 12 月 28 日建成通水。

一期工程主要建筑物有泵站、隧洞、箱涵、渡槽、地下埋管、跨河（路）建筑物、倒虹吸管以及沿线分水、检修建筑物等。其中隧洞长 74.3km，包括无压隧洞 12 座，有压隧洞 5 座。

6# 隧洞总长 3.28572km（K24＋614.28～K27＋900.00），为无压隧洞，城门洞型，C20W8 混凝土衬砌，衬砌厚度 30～40cm，内净空尺寸为 4.1m×5.25m，纵坡为 1/2000，设计过流流量为 30m^3/s，地震设计烈度Ⅵ度。

隧洞全部通过石炭系下统大塘阶测水段下亚段（C1dcb）的长石石英粉砂岩、泥质粉砂岩，隧洞处于龙岗向斜转折封闭端，洞轴线紧挨着 F7 断层展布，围岩较破碎，呈碎裂状结构，强～中等风化。F7 断层为向东倾的逆断层，产状 352°NE∠20°，破碎带及影响宽度为 20m 左右，断层走向与 6# 隧洞平行。因此，隧洞的工程地质条件很差。

隧洞经过多年的运行，混凝土衬砌上出现了很多纵向和环向裂缝，裂缝有渗水，钙质析出现象严重。虽经两次维修，但效果不佳，裂缝有继续发展的趋势。为了保证隧洞安全运行，必须全面了解该隧洞的工程缺陷情况，受业主委托，作者采用地质雷达法进行检测，为工程修补加固提供科学的依据。

5.2.2　检测目的和精度要求

隧洞地质条件差，全部为Ⅳ类、Ⅴ类围岩，开挖过程中塌方严重，因此，一次支护时采用了大量的钢拱架，二次衬砌大部分洞段使用的是素混凝土，局部有钢筋混凝土。检测的主要目的是：

（1）检测隧洞不规则岩面与一次支护之间、一次支护与二次衬砌之间是否存在脱空现象。

（2）检测隧洞围岩缺陷情况（2m范围内，包括衬砌厚度）。

（3）二次衬砌的厚度是否符合设计要求。

（4）钢拱架和钢筋的分布是否符合设计要求。

为避免修补施工时钻孔打到钢拱架上或打断钢筋，委托方要求地质雷达无损检测时，钢筋和钢拱架位置检测的水平误差不超过10mm，深度误差不超过15mm，并要求将衬砌后存在的直径大于30mm的空洞全部检测出。

5.2.3　现场检测

5.2.3.1　仪器设备

根据现场情况，检测仪器采用瑞典MALA地球科学仪器公司生产的RAMAC/GPR CUII型地质雷达，选用500MHz屏蔽天线检测隧洞衬砌质量和围岩情况；选用1000MHz屏蔽天线检测混凝土内钢筋。

地质雷达探测参数设置：

500MHz屏蔽天线，采样频率7500MHz，采样点400，采集时窗50ns，自动迭加8次，距离触发探测方式，纵向探测时采样间隔为0.02m，环向探测时采样间隔为0.01m，有效检测深度为2m，检测精度可满足工程要求。

1000MHz屏蔽天线，采样频率25000MHz，采样点250，采集时窗10ns，自动迭加32次，距离触发探测方式，采样间隔为0.01m。

CUⅡ型地质雷达主机及500MHz屏蔽天线、1000MHz屏蔽天线如图5-19所示。

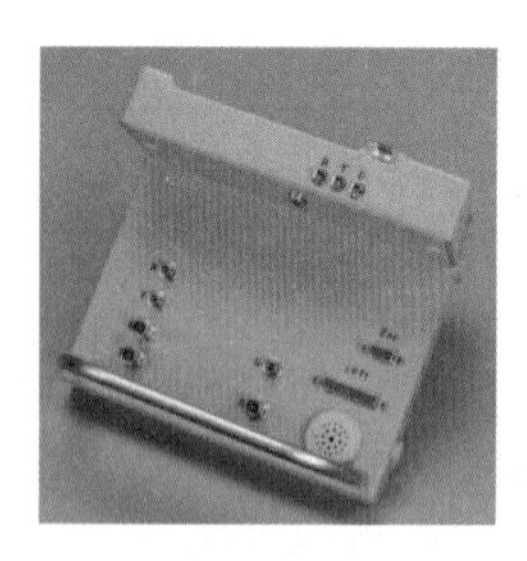

图5-19　CUII型地质雷达主机及500MHz屏蔽天线、1000MHz屏蔽天线

5.2.3.2　测线布置

根据《水利水电工程物探规程》（SL 326—2005）第4.14.2条第1款的规定，隧洞地质雷达无损检测布置了5条测线，其中拱顶1条，左、右拱腰各1条，左、右边墙各1

条，左右按隧洞内水流方向（面向大里程方向）确定。拱顶测线距底板 5.25m，拱腰测线距底板 3.2m，边墙测线距底板 1.2m。测线布置示意图如图 5-20 所示。

在隧洞出口 30.08～62.8m 段，由于 2006 年停水检修时设置了内嵌钢拱架，地质雷达不能按图 5-20 的测线进行连续探测，故采取了在内嵌钢拱架之间环向检测的方法。环向测线布置示意图如图 5-21 所示。测线位置位于两钢拱架之间，按地质雷达测量桩号从小到大标记了 A、B、C、D、E、F6 条环向测线，6 条测线的地质雷达检测桩号如下：

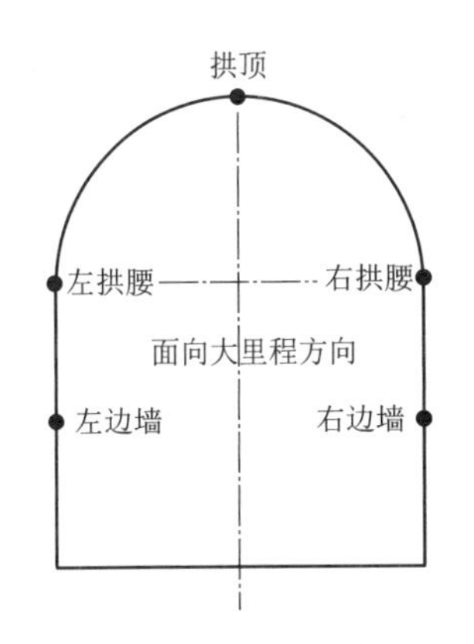

图 5-20 地质雷达测线布置示意图

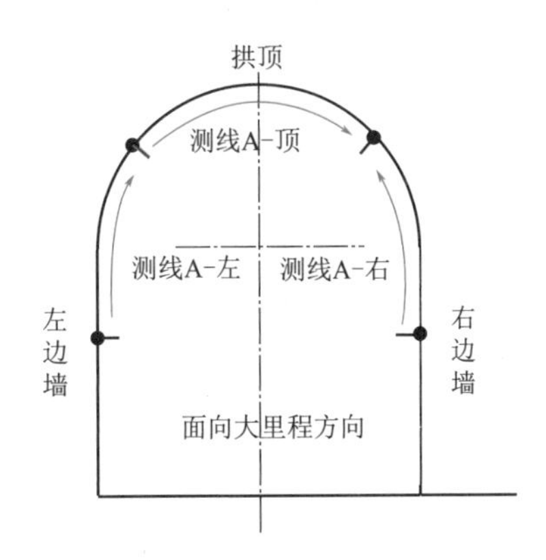

图 5-21 30.08～62.8m 段环向测线现场检测示意图

A 测线：地质雷达测量桩号为 33.2m。

B 测线：地质雷达测量桩号为 37.9m。

C 测线：地质雷达测量桩号为 43.9m。

D 测线：地质雷达测量桩号为 50.0m。

E 测线：地质雷达测量桩号为 54.8m。

F 测线：地质雷达测量桩号为 60.7m。

每条测线分为 3 段：①左——左边墙从下到上；②右——右边墙从下到上；③顶——拱顶从左到右。左右以面向水流方向区分。

在隧洞出口 608.3～827.8m 洞段，由于 2005 年停水检修时在拱腰位置设置了钢横梁，地质雷达不能按图 5-20 的测线位置探测拱腰，为避开横梁，拱腰的测线位置改为距底板 2.5m；拱顶和边墙的测线位置不变，全部进行了连续测量。

5.2.4 数据资料分析

5.2.4.1 钢拱架与钢筋网的识别

当混凝土中存在钢筋时，将产生连续点状强反射信号；当混凝土中有钢拱架时，将出现特别强的月牙形反射信号，每一信号表示有一钢拱架。图 5-22 中，均匀分布的较大月牙形凸起为钢拱架的反射信号，两钢拱架之间连续点状信号为一次支护拱架间的钢筋网，图中从上至下的连续的带状信号为衬砌表面伸缩缝所引起的干扰。图 5-23 中，连续的网状格栅表示二次衬砌存在连续分布的钢筋网，其中较多凸起的顶部表示每根钢筋所在的位置，从图像上可以准确读出每根钢筋的具体位置和钢筋的间距。

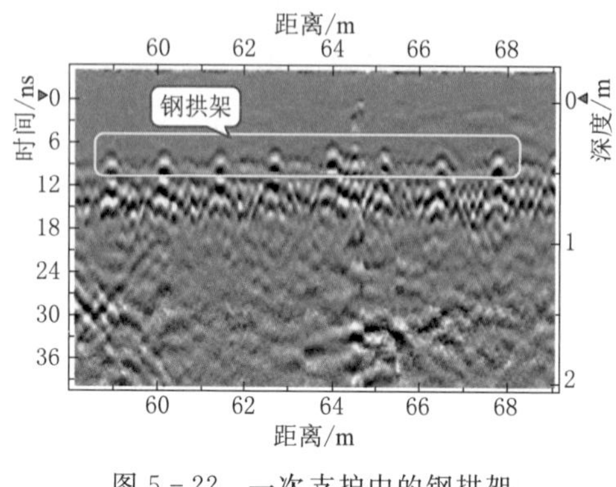

图5-22　一次支护中的钢拱架

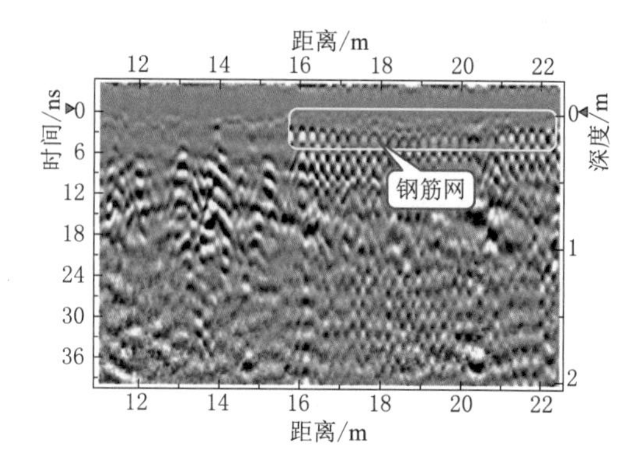

图5-23　二次衬砌中的钢筋网

5.2.4.2　隧洞中缺陷的识别

1. 衬砌中的不密实和空洞

当衬砌内不密实或存有空隙时，由于空气与混凝土介电常数差别较大，电磁波在混凝土与空气界面以及空气与围岩界面传播时会产生强反射，当空洞比较大时，界面清晰可见。在探地雷达剖面图上主要表现为在混凝土层以下出现多次反射波，同相轴呈弧形，并与相邻道之间发生相位错位，且其能量明显增强。图5-24和图5-25分别为衬砌中的不密实和空洞的雷达图像。

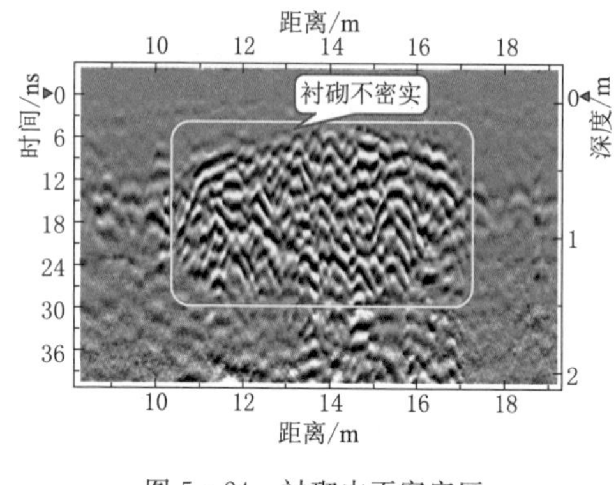

图5-24　衬砌中不密实区

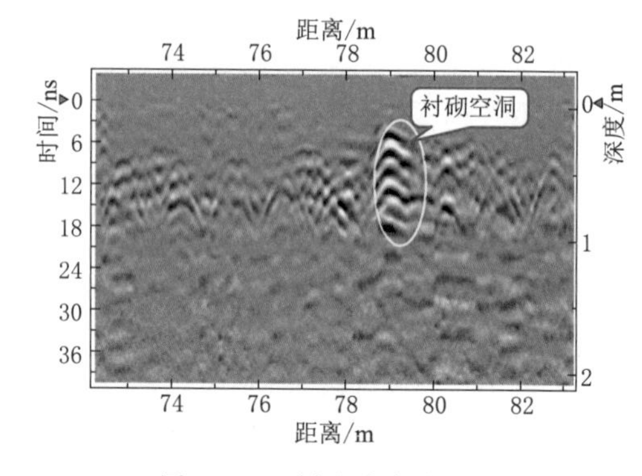

图5-25　衬砌中存在空洞

2. 衬砌与围岩间脱空

图5-26所示为隧洞顶部的典型三角形脱空，形成原因是在顶部衬砌施工过程中，在两模板结合处混凝土不易填满，后期混凝土凝结收缩，在伸缩缝两侧出现的三角形脱空，该脱空离衬砌表面最薄处不足10cm。图5-27所示也是在隧洞顶部由于回填灌浆施工混凝土用料不足引起的大范围连续脱空，脱空范围长约8m，脱空厚度约50cm。这种脱空常常会存有大量积水，对隧道构成较大的危害。

3. 围岩中的空洞和裂隙

围岩中的空洞和衬砌中的空洞在雷达图像上特征类似，出现在较深层的围岩中，如图5-28所示。裂隙在雷达图像上表现为倾斜的条带状异常，是由岩石中较小的裂隙随着隧洞的运行逐渐发育形成，图5-29所示为围岩中裂隙的典型雷达图像，这种较大的裂隙不进行处理将严重危害隧洞的安全。

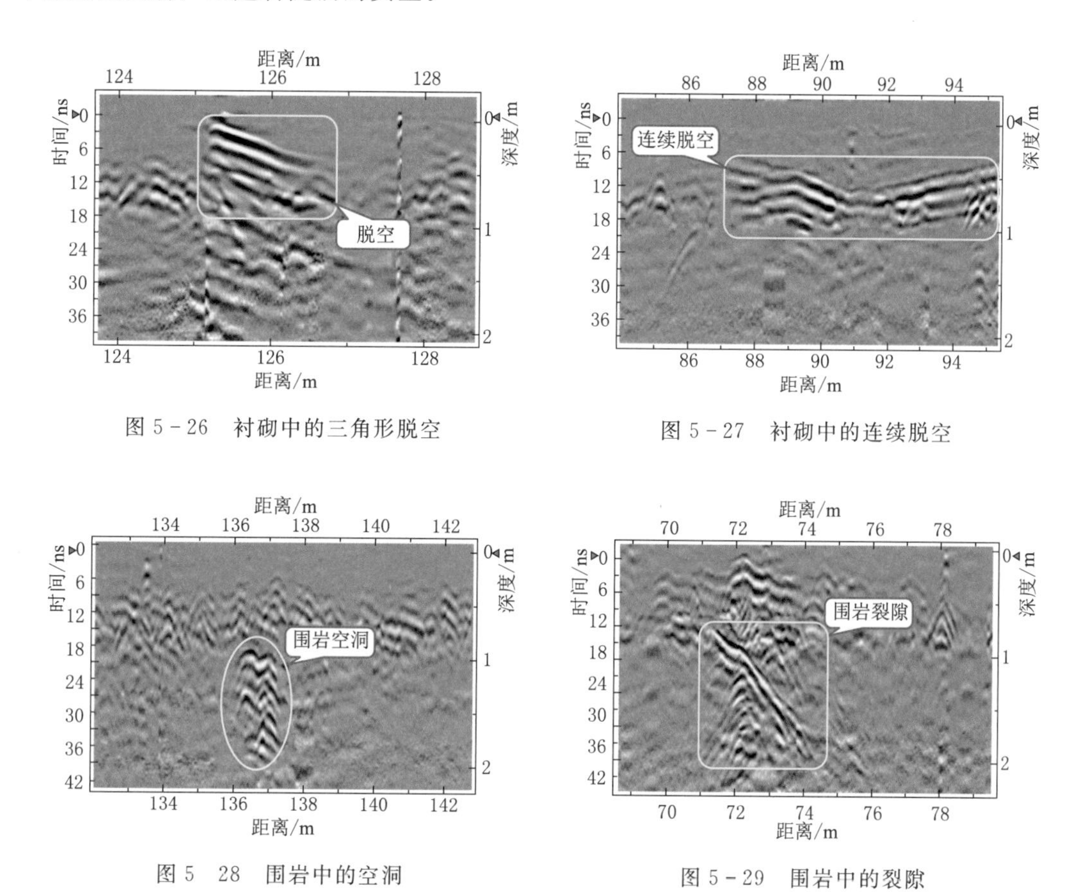

图 5-26 衬砌中的三角形脱空

图 5-27 衬砌中的连续脱空

图 5 28 围岩中的空洞

图 5-29 围岩中的裂隙

4. 围岩破碎及蜂窝

当围岩破碎时，雷达图像上出现零乱、不连续的强反射能量异常，其形成原因主要是由于隧道开挖时的超挖、塌陷造成围岩松散，后用片石或其他材料回填不密实所致，如图 5-30所示。由于片石间存在空隙，在探地雷达图像上表现出杂乱的强反射，这种不密实，往往伴随着较多小的空洞和裂隙存在，形成蜂窝，如图 5-31 所示。

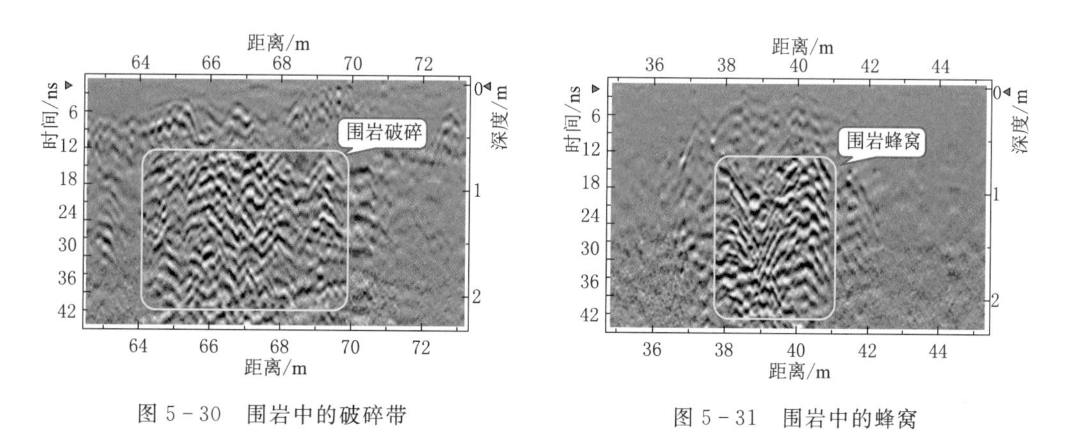

图 5-30 围岩中的破碎带

图 5-31 围岩中的蜂窝

探地雷达图像异常的识别和解释是一个经验积累的过程，需要进行大量的工程实践，需进行不断总结和归纳。在地质和地表条件理想的情况下，可得到清晰、易于解释的雷达记录；但在条件不好时，探地雷达在接收有效信号的同时，不可避免地接收到各种干扰信号。产生干扰信号的原因很多，隧道常见的干扰有电缆、衬砌表面金属物体、天线耦合不好及地下异常的多次波等，干扰波一般都有特殊形状，易于辨别和确认。

5.2.5　检测结果

在对检测结果分析之前，将本工程项目的缺陷危害程度进行定义：

（1）严重危害。连续4m以上的脱空，或围岩严重破碎，存在较大空洞。

（2）中等危害。连续1m到4m的脱空，或围岩较破碎，存在空洞。

（3）轻度危害。连续1m以内的脱空，或围岩破碎，存在空洞。

该隧洞的缺陷众多，5条测线上严重危害和中等危害的缺陷共有261处，缺陷总长度为1190.2m，上述缺陷不包括30.08～62.8m内嵌钢拱架洞段的缺陷，因为该段采用了环向检测方法，不便列入汇总表。5条测线上的缺陷情况见表5-8。

表5-8　　隧洞拱顶、左右拱腰、左右边墙测线上的缺陷情况

部　　位	拱顶	左拱腰	右拱腰	左边墙	右边墙
缺陷段总数/个	58	60	72	35	36
缺陷段总长度/m	449.65	535.11	455.1	212.26	222.8
测线缺陷长度占隧洞总长度的比例/%	13.80	16.43	13.97	6.52	6.84
各测线上缺陷占总缺陷的比例/%	23.98	28.54	24.27	11.32	11.88
其中：严重危害缺陷数量/个	44	55	52	26	24
严重危害缺陷长度/m	413.05	517.01	394.7	185.61	186.5
中等危害缺陷数量/个	14	5	20	9	12
中等危害缺陷长度/m	36.6	18.1	60.4	26.65	36.3
严重危害缺陷段长度占该测线上缺陷总长度的比例/%	91.86	96.62	86.73	87.44	83.70

注　30.08～62.8m内嵌钢拱架洞段的缺陷未列入本表。

根据表5-8可知，隧洞的严重危害和中等危害的缺陷在拱顶有58处，缺陷段总长度为449.65m；左拱腰有60处，缺陷段总长度为535.11m；右拱腰有72处，缺陷段总长度为455.1m；左边墙有35处，缺陷段总长度为212.26m；右边墙有36处，缺陷段总长度为222.8m。

在隧洞0～30.08m洞段没有发现明显缺陷，出口608.3～827.8m内设横支撑的洞段和1000～2300m洞段缺陷明显少于其他洞段，扣除这三个洞段的缺陷和隧洞长度1549.58m以及30.08～62.8m内嵌钢拱架洞段，存在较大缺陷洞段的长度为1708.2m。其中，顶拱有50处，缺陷段总长度为401.25m；左拱腰有50处，缺陷段总长度为457.58m；右拱腰有63处，缺陷段总长度为398.4m；顶拱和左右拱腰部位的缺陷均占隧洞长度的20%以上。

总体来说，隧洞的缺陷有以下特点：

（1）严重危害缺陷多，在各条测线上，严重危害缺陷段长度均占缺陷长度的80%以上，缺陷主要分布在隧洞的拱顶和左右拱腰，以左拱腰最为严重。

（2）在隧洞出口0～30.08m洞段未发现明显的中等危害及以上的缺陷，发现的主要问题是钢筋间距过大，出口0～14.4m洞段为钢筋混凝土衬砌，从地质雷达图上显示，实际钢筋间距为33cm，参见图5-32。在钢筋混凝土衬砌的其他洞段，也均存在钢筋间距过大的问题。

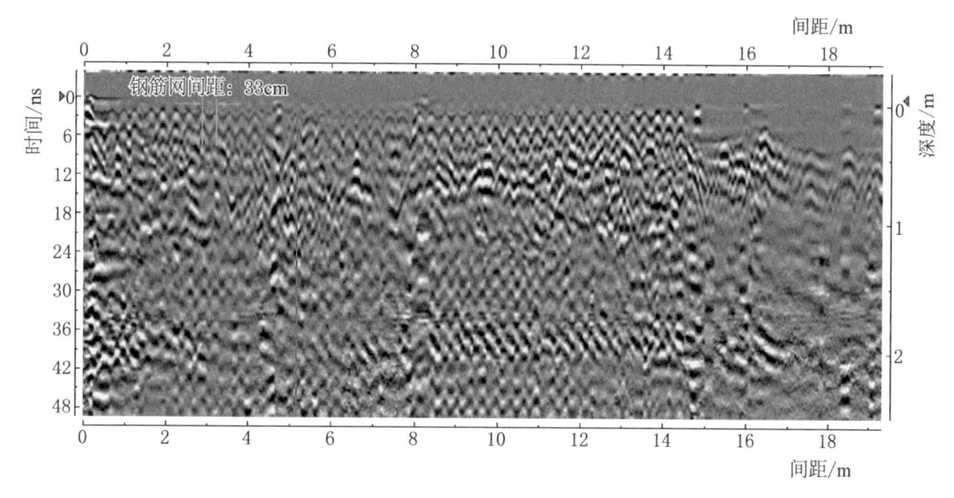

图5-32　年丰隧洞出口0～19.4m右边墙地质雷达检测图像

（3）隧洞一次支护的系统钢拱架之间的间距普遍在120cm左右，这与原设计的系统钢拱架间距为75cm的规定不一致，系统钢拱架间距过大，参见图5-33。

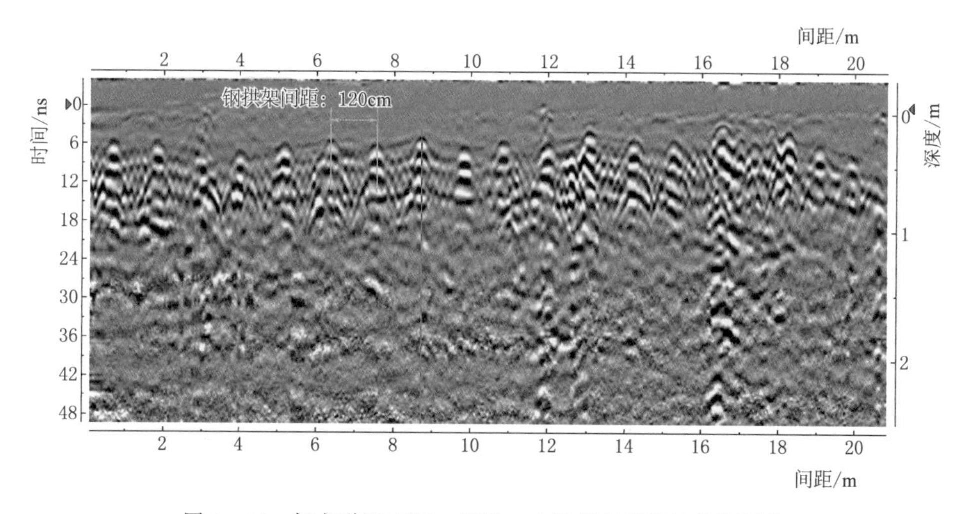

图5-33　年丰隧洞1200～1221m右边墙地质雷达检测图像

（4）在隧洞出口608.3～827.8m内设横支撑的洞段和1000～2300m洞段，缺陷明显少于其他洞段。608.3～827.8m洞段在2006年停水检修期间曾进行了固结灌浆，增设了横向支撑，1000～2300m洞段在2006年停水检修时已经全部进行了固结灌浆和中空锚杆砂浆注浆，说明这两洞段2006年灌浆质量相对较好。

（5）隧洞出口30.08～62.8m内嵌钢支撑洞段，虽然在2006年进行了固结灌浆，但仍然存在脱空和空洞等严重缺陷。该段左边墙混凝土后脱空最为严重，最大脱空达到1.8m，参见图5-34；右边墙混凝土后脱空达到1.1m，参见图5-35；拱顶混凝土后脱空达到1.4m，参见图5-36；此外，混凝土衬砌厚度不满足设计要求，左拱腰混凝土局部衬砌厚度只有20cm，参见图5-37、图5-38；顶拱混凝土局部衬砌厚度只有15cm，参见图5-39。

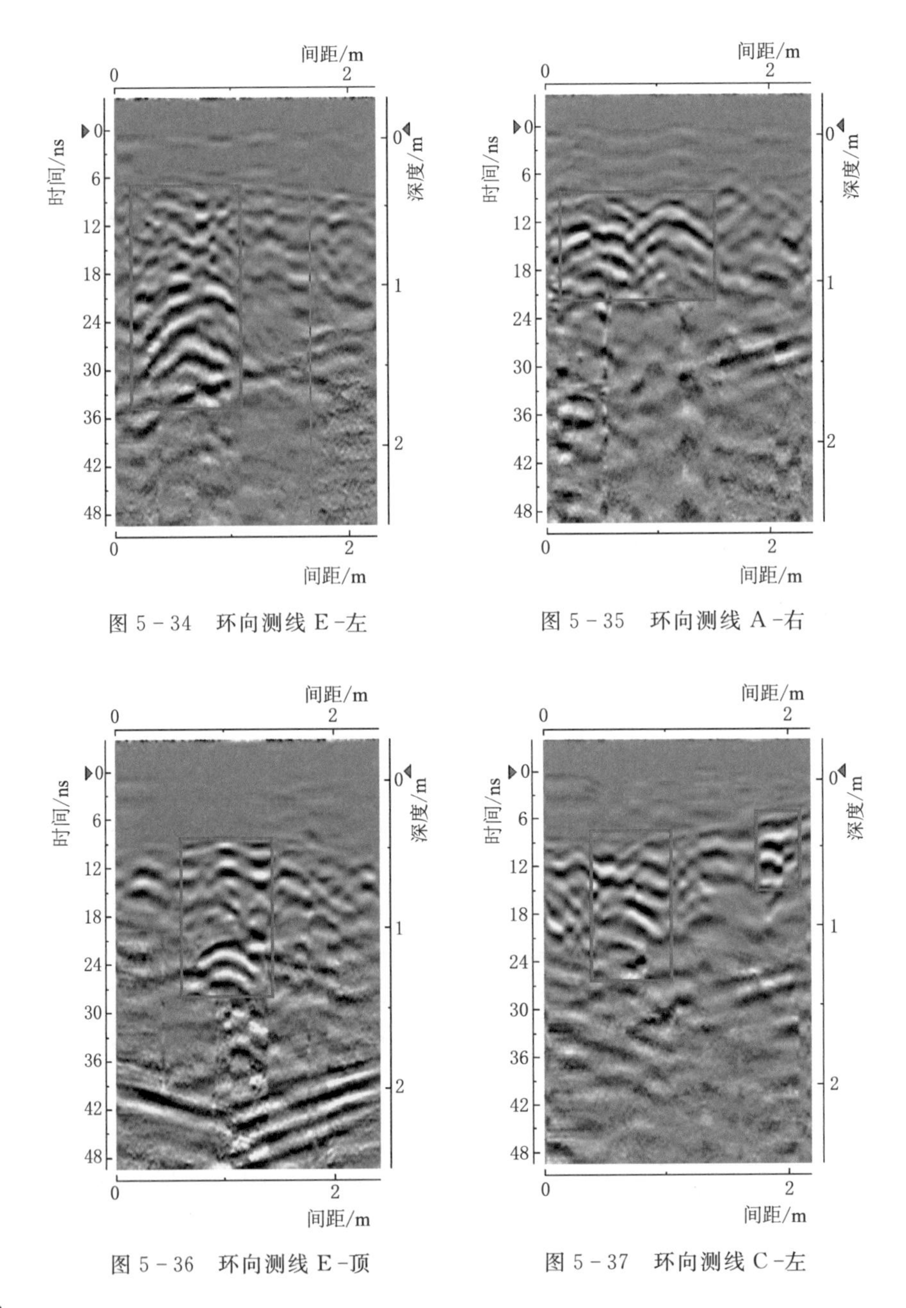

图5-34　环向测线E-左

图5-35　环向测线A-右

图5-36　环向测线E-顶

图5-37　环向测线C-左

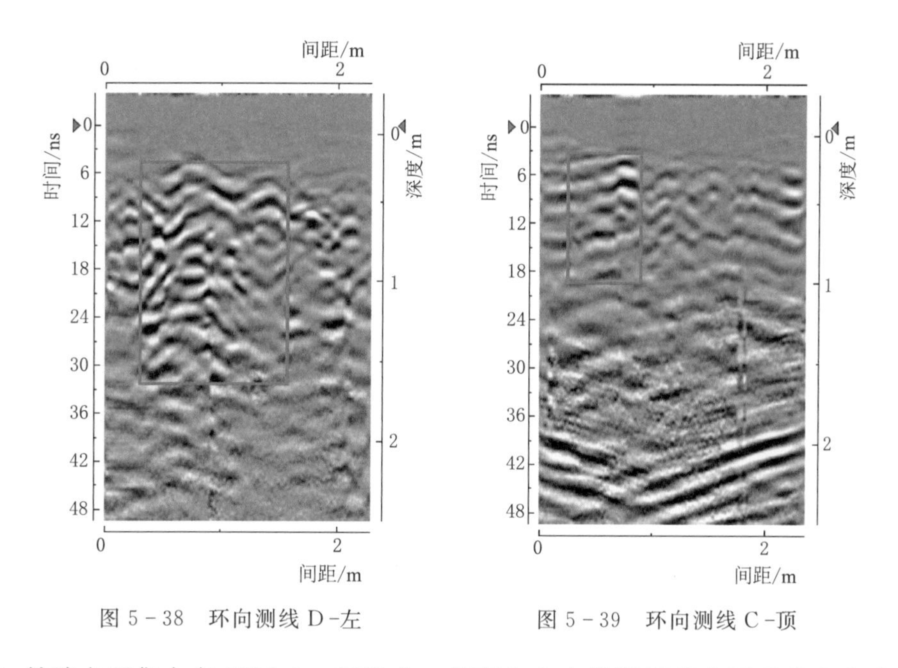

图 5-38 环向测线 D-左

图 5-39 环向测线 C-顶

(6) 缺陷主要集中在 1708.2m 洞段内，拱顶和左右拱腰测线上严重危害和中等危害的缺陷段长度均占测线长度的 20%以上，左右边墙均在 10%左右，并且绝大部分为严重缺陷，典型缺陷如下：

1) 衬砌厚度严重不足。如 320.5～326.5m 洞段右边墙混凝土衬砌厚度只有 10cm 到 15cm，参见图 5-40；351.5～406m 洞段右拱腰混凝土衬砌厚度均不到 25cm，局部甚至不到 10cm，参见图 5-41。

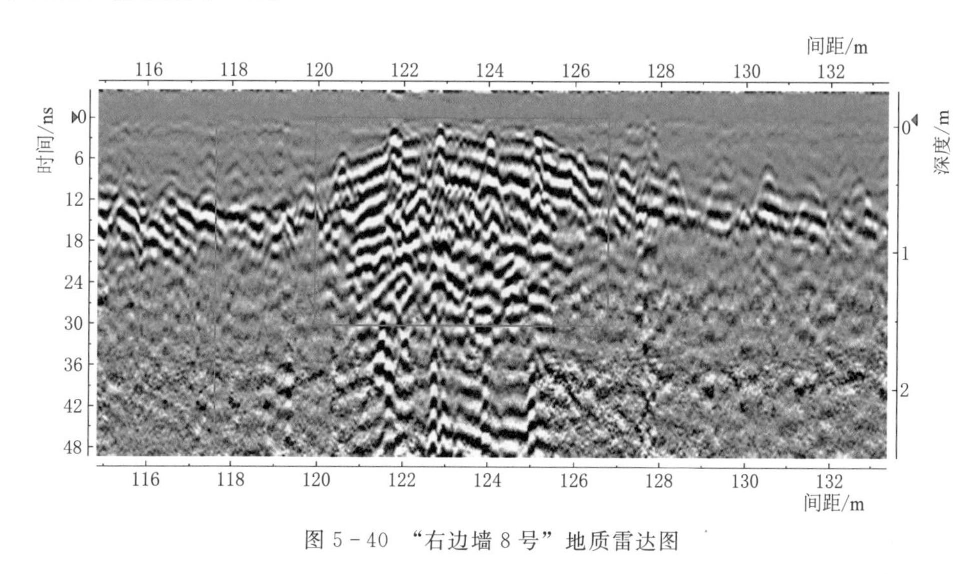

图 5-40 “右边墙 8 号”地质雷达图

2) 衬砌与围岩之间存在较大的脱空，拱顶尤为严重。如 130.67～147.7m 洞段左拱腰存在连续 17m 的脱空区，参见图 5-42；528.4～560.6m 洞段存在连续 32m 的脱空区，5 条测线上均有反映，右边墙最为显著，参见图 5-43。

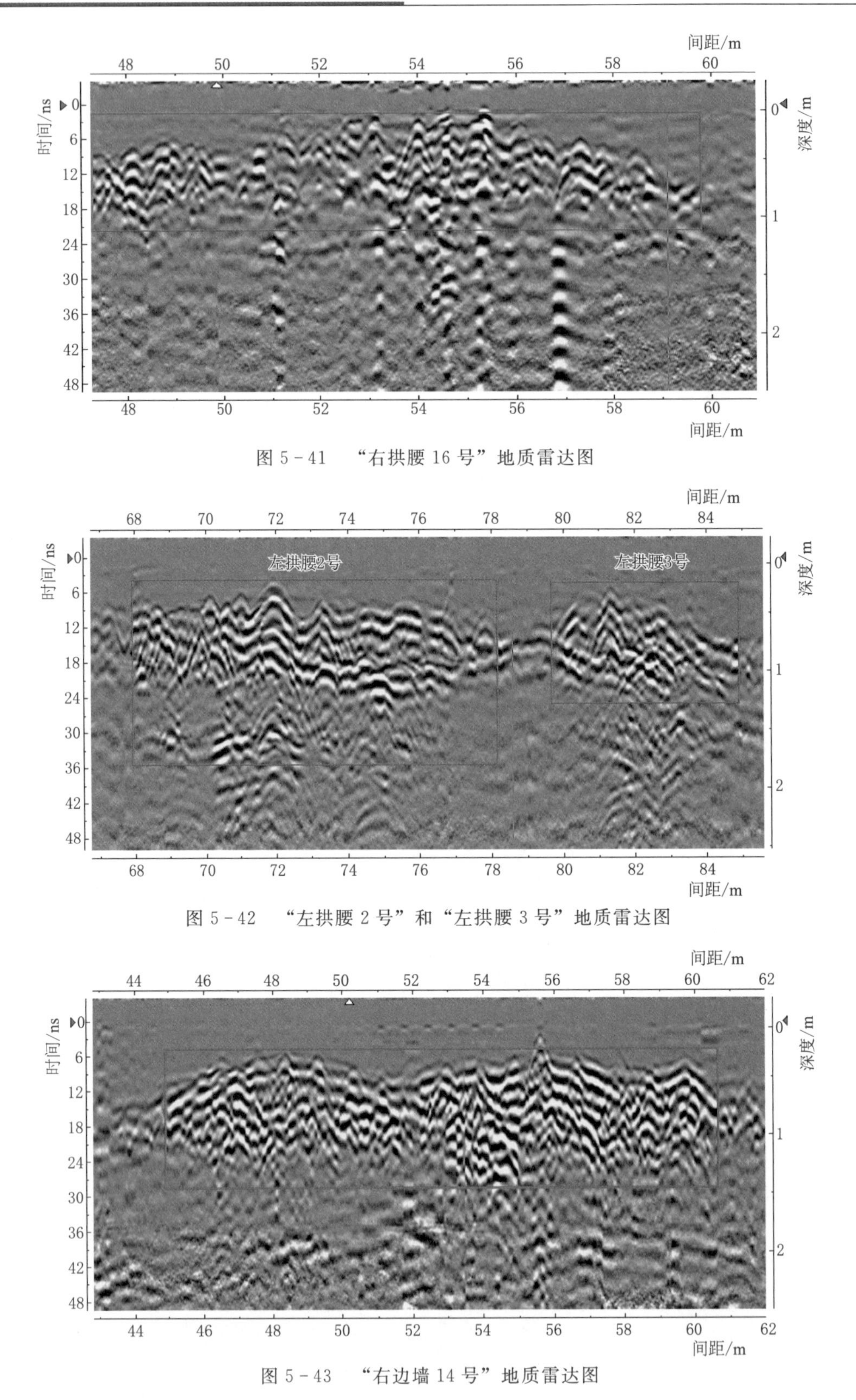

图 5-41　“右拱腰 16 号”地质雷达图

图 5-42　“左拱腰 2 号”和“左拱腰 3 号”地质雷达图

图 5-43　“右边墙 14 号”地质雷达图

3）围岩破碎，局部存在较大空洞。如557.9～578.6m洞段左拱腰，存在连续21m的破碎带，伴有空洞，在右边墙、右拱腰、左边墙和顶拱的测线上也均有表现，参见图5-44～图5-46。

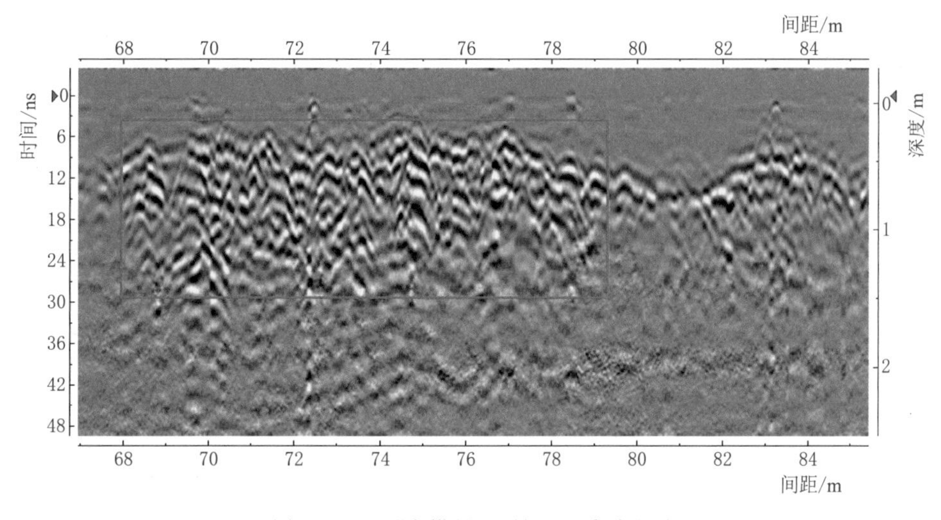

图5-44 “右拱腰24号”地质雷达图

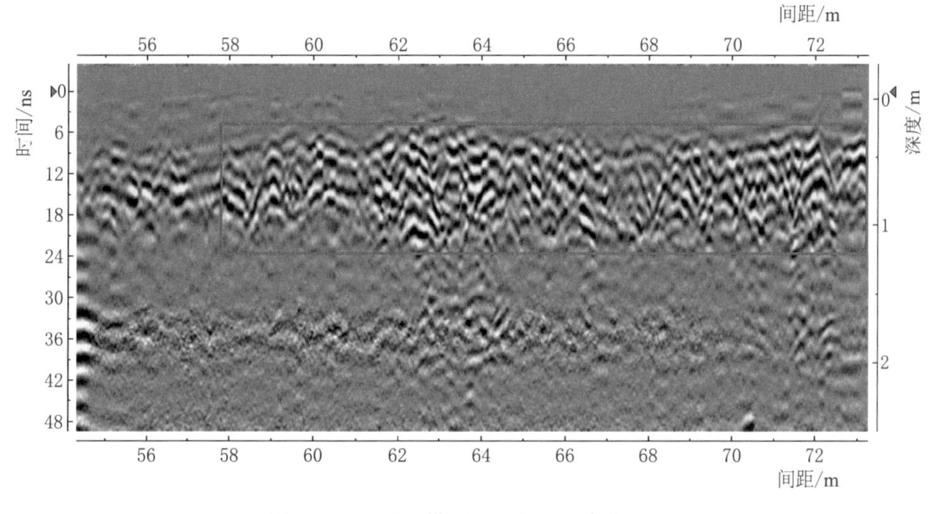

图5-45 “左拱腰16号”地质雷达图

（7）鉴于隧洞中严重危害和中等危害的缺陷众多，本书中没有列举轻度危害的缺陷，在对严重危害和中等危害的缺陷洞段进行全断面回填和固结灌浆处理时，轻度缺陷也能得到治理。

5.2.6 现场验证

为验证雷达检测的效果和准确度，同时为隧洞修补方案的制定提供准确的依据，在隧洞检测现场抽取了一些严重缺陷的洞段进行现场钻孔验证。

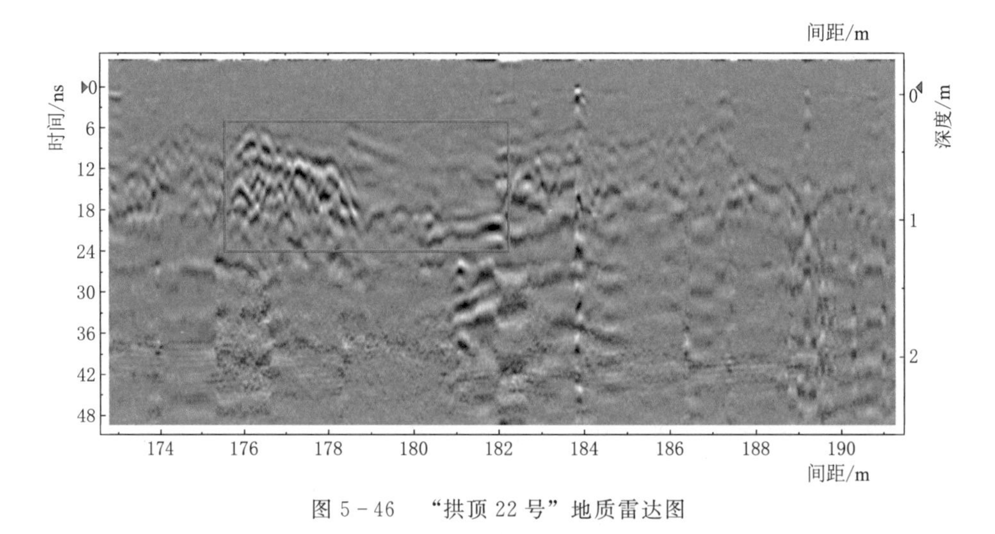

图 5-46　“拱顶 22 号”地质雷达图

图 5-47 所示雷达图像显示：二次衬砌欠厚，最薄处离衬砌表面仅 8cm，且衬砌后部存在大范围蜂窝组织，空洞较多。钻孔结果显示衬砌后部 12cm 出现空洞和不密实区，钻孔穿过衬砌后阻力大大减小，且随钻杆深入，有大量积水从钻孔喷出，显示衬砌后部积水较多。可见，钻孔结果验证了探地雷达检测结果的准确性。

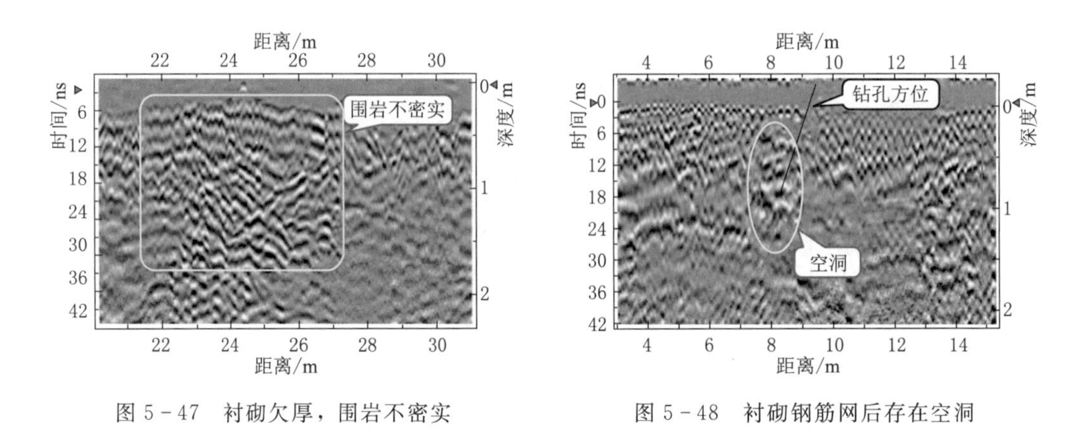

图 5-47　衬砌欠厚，围岩不密实

图 5-48　衬砌钢筋网后存在空洞

图 5-48 所示为一段钢筋混凝土衬砌洞段，圈出位置为钢筋网后部存在空洞，由于钢筋网图像的覆盖，缺陷图像不太明显，为验证空洞确实存在，需钻孔验证。由于这一洞段钢筋网覆盖密集，为避免钻孔时破坏衬砌钢筋网结构，需要确定适当位置进行钻孔，根据雷达图像，空洞范围为距衬砌表面 50～110cm，该位置位于两截钢筋网之间的结合处，有 60cm 长度范围没有覆盖钢筋网，适合钻孔。按照图示位置及方向进行钻孔，结果显示钻孔过程中没有钻到钢筋。钻孔位置及方向如图 5-48 中箭头所示。钻孔取样结果显示距表面 45cm 后出现空洞，与雷达检测结果一致。

此外，还对图 5-24、图 5-26 所示缺陷的洞段进行了现场钻孔验证，钻孔结果与雷达检测结果一致，通过以上现场验证表明：探地雷达在水工隧洞的质量检测中准确度高，检测结果可靠。

5.2.7 结论

通过上述综合分析意见，可以认为：隧洞地质条件极差，围岩破碎严重、裂隙发育，存在较多空洞，深部还有多处大空洞。隧洞施工质量较差，主要缺陷包括混凝土衬砌厚度不够，钢筋混凝土中钢筋间距过大，系统钢拱架间距过大，顶拱回填灌浆质量差，局部洞段没有进行回填灌浆，顶拱混凝土与围岩之间存在较大范围的连续脱空。从2006年未进行固结灌浆处理的洞段的地质雷达检测图显示，该隧洞在衬砌施工后没有进行固结灌浆，衬砌中对超挖洞段（包括塌方洞段）没有进行回填混凝土处理，衬砌与围岩之间存在较大范围的连续脱空。

探地雷达作为一项较为成熟的检测技术，目前已在许多土木工程中得到应用。但是，在水工隧洞质量检测方面的应用还不够广泛，通过对该引水隧洞检测实践表明，采用探地雷达可检测衬砌中或衬砌与围岩之间存在的空洞、裂隙、蜂窝、破碎带及不密实区等危害水工隧洞安全的主要缺陷，还可为水工隧洞的维修施工找出钢筋、钢拱架的准确位置，以避免由于维修施工给隧洞安全造成二次损害。

探地雷达操作简单，性能良好，使用稳定可靠，检测速度快，精度高，数据处理方便，检测结果可为加固水工隧洞工程设计提供可靠的依据，值得进一步推广。探地雷达在水工隧洞质量检测中尚有一些技术问题需要进一步深入研究，主要如下：

（1）空洞的深度较难准确判断。

（2）钢筋混凝土衬砌洞段难以识别衬砌后部缺陷。

（3）不能准确判断分布没有规律的混凝土中的钢筋数量、位置。

（4）衬砌表面含水时，缺陷判别有误差。

5.3 输水隧洞缺陷检测与结构测量

5.3.1 工程概况

某大型调水配套工程输水隧洞，全长26.82km，分为上、下2段：上段采用浅埋暗挖法施工，总长11.34km，为左、右2条直径3400mm的隧洞，共有16处排气阀井、2处排空井和3处分水口，上段隧洞埋深5～30m；下段采用盾构法施工，总长15.48km，共有24处排气阀井、3处排空井和1处分水口。

该工程正式通水后，已安全运行50个月，工程管理单位再开展停水检查时，发现干渠下段隧洞衬砌混凝土存在一些问题。

为掌握二衬混凝土表面状况、渗水点（面）、剥蚀情况、裂缝状况、钢筋锈蚀外露状况、结构接缝部位的变形及止水情况等，进行了衬砌结构检测；同时进行了隧洞控制测量、纵断高程测量、轴线断面测量等测量工作。

5.3.2 现场检测

首先进行干渠隧洞外观病害缺陷普查。普查包括各段衬砌混凝土的表面状况、渗水点

(面)、剥蚀深度和剥蚀面积、裂缝状况、钢筋锈蚀外露状况、结构接缝部位的变形和止水情况以及建筑物运行过程中出现的其他问题。另外，针对隧洞结构普查中发现的裂缝，开展裂缝深度专项检测工作。

在开展隧洞结构检测的同时，开展隧洞测量工作，主要包括隧洞控制测量、纵断高程测量、轴线断面测量等，分析隧洞洞线沉降及结构变形。

5.3.2.1　外观质量检查

干渠隧洞衬砌结构外观质量检查以人工普查为主。普查将由具有丰富检测经验的专业工程技术人员实施，通过近距离目视检查隧洞衬砌混凝土结构的外观病害缺陷，主要包括：裂缝、剥落、露筋、蜂窝麻面、表面侵蚀、渗水点（面）以及伸缩缝状况等。对检查中发现的缺陷部位均详细记录其桩号及断面位置、尺寸、性态等，采用图形和照片进行描述并附文字说明。

（1）裂缝。主要检查记录裂缝的形态、位置分布情况，观察裂缝是否渗水、周围有无锈迹、锈蚀产物和凝胶泌出物，并利用钢尺、裂缝宽度测试仪检测出裂缝的长度、宽度，然后对典型裂缝进行拍照。

（2）伸缩缝。主要检查记录伸缩缝渗水情况（是否渗水、渗水程度）、内部止水是否破损以及周边混凝土表面状况等。

（3）渗水点。检查渗水点桩号、断面位置、渗水点尺寸、渗出状态。

（4）洞身析出物。检查洞身析出物桩号、断面位置、颜色、形状。

（5）混凝土表面疏松层和剥蚀。检查混凝土表面疏松层和剥蚀桩号、断面位置、剥蚀深度、剥蚀面积、有无露筋发生，确定剥蚀等级。

（6）钢筋锈蚀。检查衬砌上有无钢筋锈蚀痕迹、桩号、断面位置、锈蚀面积。

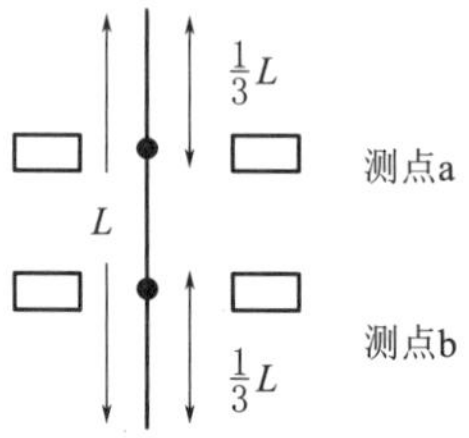

5.3.2.2　裂缝深度检测

本次典型裂缝深度检测主要采用超声波法。检测裂缝包括纵向缝、环向缝和斜缝，每条裂缝检测两个点，取最大值作为检测最终结果。检测时将换能器涂抹黄油或者凡士林作为耦合剂，对称地布置在测点两侧，检测布点如图5-49所示。

图5-49　超声波法裂缝深度布点图

5.3.2.3　隧洞结构测量

隧洞内结构测量包括控制测量和断面测量两部分，主要采用水准仪＋全站仪＋三维激光扫描仪的方式进行。

5.3.2.3.1　控制测量

控制测量首先采用全站仪和水准仪进行联系测量，将地面排气阀井旁的控制点高程引入隧洞内，再通过洞内水准测量和三维激光扫描，进行隧洞内各管节的控制测量。

1. 高程控制测量

（1）竖井联系测量。竖井联系测量将地面基准点高程经排气阀井引测至地下管廊管节中心，由于排气阀井中间有过渡平台，需要进行两次竖井联系测量。以43号排气阀井处基准点为起算点，采用三角高程测量方法将基准点高程引测至竖井处，在两处竖井位置悬挂长钢尺，采用中丝读数，将高程引测至地下管廊竖井处，再次采用三角高程测量方法将高程引测至1495号管节处，得到1495号管节的高程值。

(2) 管节高程测量。隧洞地下管廊管节总数1495节，管节处无水准测量标志，实际观测过程中选择各管节中心位置作为高程观测点，施测过程中测点编号与管节编号相同，采用三等水准测量方法对全部地下管节进行高程观测。以1495号管节的高程作为起算数据，利用电子水准仪固定测站和尺号，进行往返重复测量、计算沉降观测点高程。

现场实际测量时按照表5-9、表5-10所示要求执行。

表5-9　沉降观测变形测量等级及精度　单位：mm

沉降变形测量等级	垂直位移测量		水平位移测量
	沉降变形点的高程中误差	相邻沉降变形点的高程中误差	沉降变形点点位中误差
三等	±1.0	±0.5	±6.0

表5-10　二等级水准观测主要技术要求　单位：m

等级	水准尺类型	水准仪等级	视距	前后视距差	测段的前后视距累积差	视线高度
二等	铟瓦	DS_1	≤50	≤1.0	≤3.0	下丝读数≥0.3
		DS_{05}	≤60			

水准观测方法：

1) 现场沉降变形观测严格按实施细则的要求和国家三等水准测量规范进行。严格执行“三固定，两一致”原则，即固定观测线路、固定观测人员、固定仪器；观测时间一致，观测条件一致。

2) 仪器和水准尺都在检定期内，使用前和使用过程中，经常进行常规检查，水准仪视准轴和水准管轴的夹角不大于15″。

3) 观测时，视线长度≤50m，前后视距差≤1.5m，前后视距累积差≤6.0m，视线高度≥0.5m。测站限差：两次读数差≤0.4mm，两次所测高程之差≤0.6mm，检测间歇点高程之差≤1.0mm。观测读数和记录的数字取位：0.01mm。

4) 观测时，按后-前-前-后、前-后-后-前的顺序交替进行。

2. 平面控制测量

平面控制测量采用三维激光扫描的方式开展，将洞内结构以激光点云的方式存储，用于后期隧洞轴线拟合、管节长度和桩号测量。

本次断面测量采用奥地利RIEGL VZ-1000型三维激光扫描仪进行，该仪器的扫描范围可达200m，线性误差≤1mm，分辨率0.1mm，最大扫描速度为300000点/s，适合线性隧洞的扫描工作，能高效地完成数据采集工作。

激光扫描的具体工作流程如下：

三维激光扫描仪在三等导线点及二级三角点上设站，选择远距离三等导线点作为后视点，对隧洞内表面进行360度全方位扫描，使用随机控制器记录扫描数据；使用简单，并且精度能得到较好的保证。

(1) 测站与标靶布设。测站布设在不受遮挡且较为空旷的隧道中心位置处，单站尽可能扫描到较大的范围，且扫描得到的点云分布均匀。标靶布设在测站两侧，测站与标靶间的距离控制在 30～35m 范围内，并根据现场实际情况调整。

(2) 点云数据处理。首先将原始扫描数据与控制点数据导入 RiSCAN PRO 软件中，进行点云拼接工作。点云拼接分为相对坐标拼接和绝对坐标拼接两步进行。首先进行相对坐标的拼接，以第 1 站为基准，将其余各测站的点云数据依次拼接并转换至第 1 站的测站独立坐标系中，目的是通过拼接误差判断各标靶公共点是否发生变动。若点位拼接误差在 6mm 以内则认为该公共点是可靠的，否则在公共点数量充足的情况下将其剔除，重新进行相对坐标的拼接工作。点云相对坐标拼接精度满足要求后进行隧洞整体点云的绝对坐标拼接。

对于点云绝对坐标的拼接采用多站全局拼接方法，即在拼接工作中直接导入控制点坐标与各测站的扫描数据，并以控制点坐标作为基准，同时完成点云的拼接与坐标转换工作。点云拼接完成后需进行去噪处理，点云中的人员、仪器设备等噪声点会对后续断面提取造成一定的影响，需要对明显噪声进行去除。

点云拼接完成后，便可通过后处理软件完成隧道轴线桩号、各管节长度及其他要素信息的提取。

5.3.2.3.2　断面测量

断面测量分为纵断面测量和横断面测量两部分。

1. 纵断面测量

纵断面测量主要采用水准仪测量各管节中心点高程，并结合控制测量的隧洞桩号，绘制隧道底高程—桩号纵断面图。

2. 横断面测量

横断面测量以三维激光扫描为主，局部补测断面采用隧道断面仪进行测量，首先根据隧道形状特征，对三维激光扫描点云进行滤波后提取出隧道壁，具体过程如下：

(1) 首先拟合隧道中轴线，然后沿中轴线方向，连续提取隧道断面点。

(2) 采用椭圆最小二乘拟合法，将提取出的隧道断面点拟合为曲线。

(3) 将断面点到拟合椭圆的距离作为阈值滤除非隧道壁点，得到隧道内壁点。阈值的选取原则是既要保证提取尽可能多的隧道内壁点，又要避免其中包含有与隧道内壁相连的附属物等噪声点。

(4) 根据断面点云数据，采用阿基米德螺线对隧道断面进行差值加密，生成隧道断面模型，通过以上方法和数据处理，得出隧洞横断面测量结果，进而判断隧洞整体状况。

5.3.2.4　现场检测照片

现场检测照片如图 5-50～图 5-57 所示。

5.3.3　检测结果

5.3.3.1　隧洞结构普查及裂缝检测结果

通过对干渠输水隧洞工程下段（抢修段）之间隧洞衬砌混凝土外观缺陷检查，发现隧洞衬砌混凝土存在的病害缺陷主要有以下类型（部分典型缺陷如图 5-58～图 5-61 所示）：

图 5-50 衬砌表面缺陷检查

图 5-51 隧洞顶部裂缝检测

图 5-52 衬砌表面裂缝深度检测

图 5-53 衬砌表面裂缝宽度检测

图 5-54 三维激光隧洞断面测量

图 5-55 隧道断面仪测量

图 5-56 地面控制点联系测量

图 5-57 洞内水准测量

（1）伸缩缝表层嵌填的封缝聚硫密封膏部分出现老化泥化、挤出脱落现象。

（2）伸缩缝存在变形情况，挤压变形导致缝面混凝土压碎和缝内填塞物挤出，张开变形导致接缝拉开。

（3）伸缩缝附近存在裂缝，环向裂缝大多位于伸缩缝上游或下游5～10cm；伸缩缝出现渗水、洇湿现象。

（4）聚脲处理过的伸缩缝，个别存在鼓包、渗水现象。

（5）个别管节二衬混凝土表面存在点渗、面渗及裂缝现象。

（6）衬砌混凝土局部存在掉块脱落。

（7）多处钢筋外露锈蚀。

图5-58　顶部衬砌混凝土存在多条平行纵向裂缝

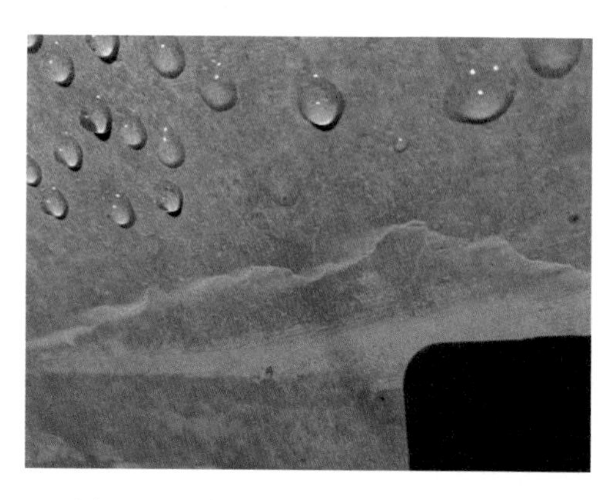

图5-59　衬砌混凝土裂缝析白及渗水

图5-60　衬砌混凝土环向裂缝及渗水

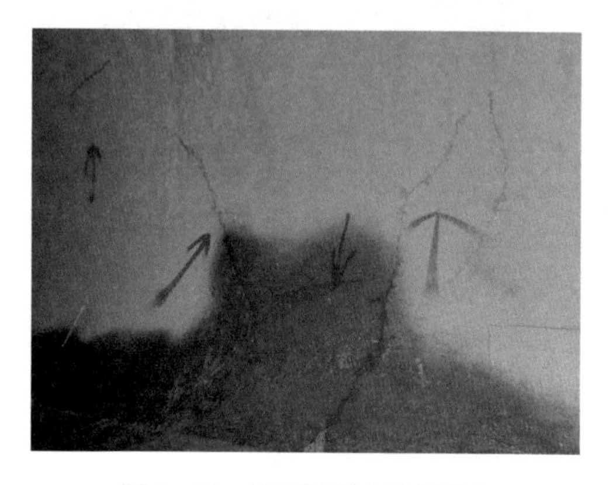

图5-61　衬砌混凝土局部存在多条网状裂缝及渗水

通过普查发现该输水隧洞的缺陷情况如下：

（1）混凝土裂缝403条（其中纵向裂缝60条，环向裂缝338条，斜向裂缝5条），其中贯穿缝50条，23条裂缝有白色析出物，95条裂缝出现渗水或洇湿，135条本次检查前已经聚脲修补。

（2）伸缩缝处缺陷349处。

（3）衬砌表面钢筋锈迹及钢筋锈蚀263处。

(4) 混凝土剥蚀、剥落 15 处。

(5) 渗水点 54 处。

(6) 聚脲鼓包 49 处。

本次检测结果中贯穿缝和伸缩缝缺陷比较普遍，贯穿缝主要集中在 1268～1414 管节和 1491～1495 管节，其中 1268～1341 管节最为集中，1491～1495 管节且顶部存在多处纵向平行裂缝，侧壁存在多处网状裂缝和渗水析白。伸缩缝存在不同程度的张开、聚硫密封胶脱落、止水脱落和混凝土脱落等缺陷。

5.3.3.2 隧洞测量结果

5.3.3.2.1 控制测量

1. 高程控制测量

高程控制测量采用水准仪进行，根据业主单位提供的基准点资料，水准基点选取 43 号排气阀井旁的 LS/TB - PQ43 - 1（高程 30.5037m）作为基准点，通过 2 次竖井联系测量将地面基准点高程经排气阀井引测至地下管廊管节中心，由于排气阀井中间有过渡平台，需要进行 2 次竖井联系测量。第 1 次竖井联系测量将 LS/TB - PQ43 - 1 基准点高程引测至过渡平台，第 2 次竖井联系测量将过渡平台高程引测至地下管廊 1495 号管节处。

2. 平面控制测量

隧洞平面控制测量采用水准仪＋全站仪＋三维激光扫描的方法进行，扫描结果如图 5 - 62～图 5 - 69 所示。

图 5 - 62 三维激光扫描结果——隧洞内部

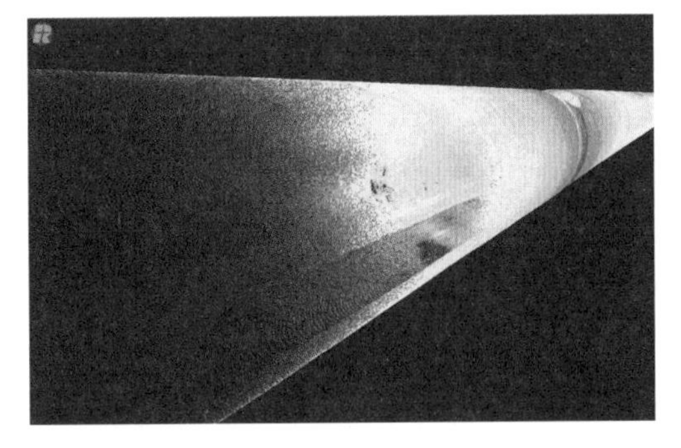

图 5 - 63 三维激光扫描结果——隧洞外部

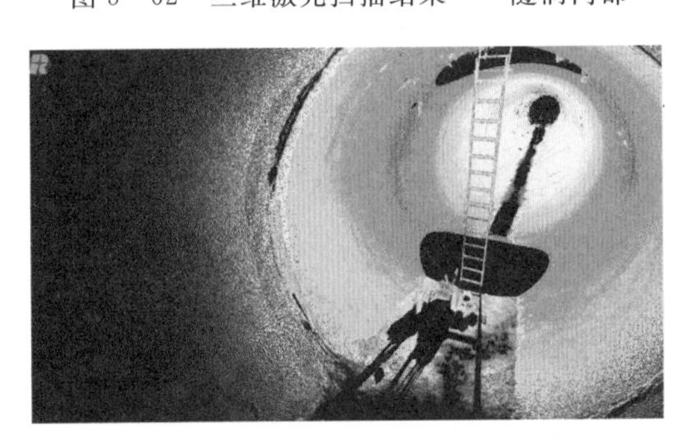

图 5 - 64 三维激光扫描结果——1217 号段伸缩缝变形

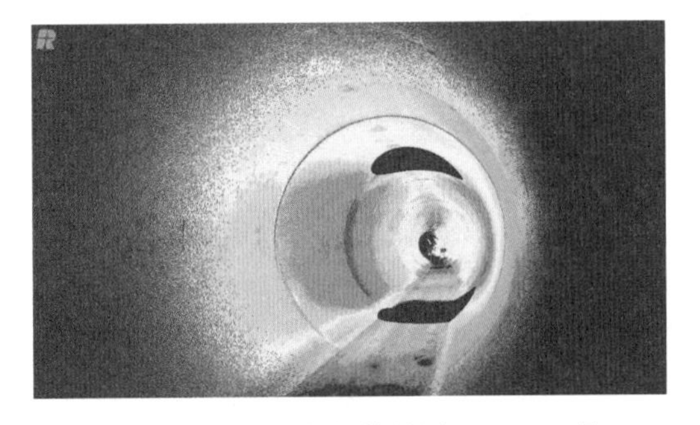

图 5 - 65 洞内扫描结果图——1335 号管节拐弯段

图 5-66 洞内扫描结果图—聚脲修补

图 5-67 洞内扫描结果图—1472 管节打压装置

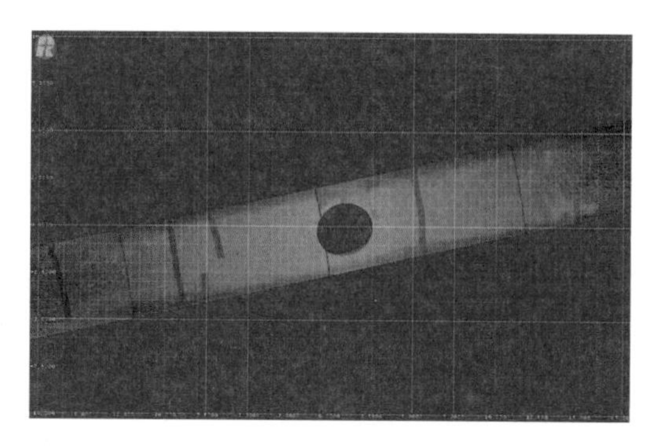

图 5-68 单站扫描结果俯视图

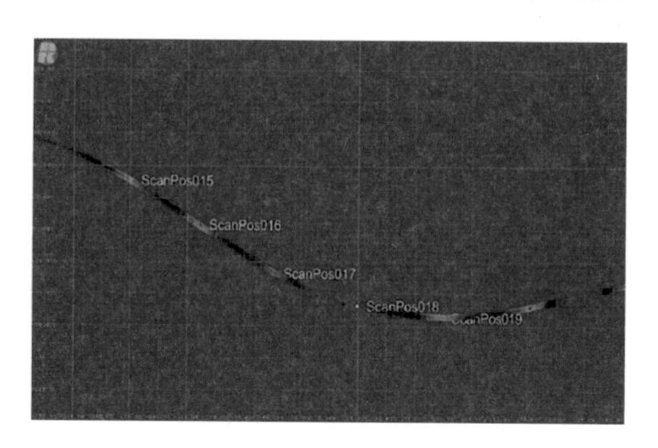

图 5-69 连续多站数据拼接结果图

通过三维激光扫描数据处理，可提取平面控制测量结果，因篇幅所限，控制测量结果统计不再一一赘述，具体见表 5-11。

表 5-11 **平面控制测量成果表** 单位：m

管节范围	长度	起始桩号	终点桩号	起点高程	终点高程
321～340	240.0	3+681.00	3+921.00	25.589	25.353
671～710	467.0	7+251.50	7+718.50	22.348	22.026
1217～1495	2913.5	12+547.50	15+461.00	17.703	15.366

5.3.3.2.2 断面测量

1. 纵断面测量

各管节测点桩号—高程关系断面图如图 5-70～图 5-73 所示。

各图中红色虚线为拟合的纵坡比，需要指出的是，由于部分钢管段底部没有浇筑二次混凝土垫层，导致纵断面曲线中局部出现高程突变。

2. 横断面测量

横断面测量以三维激光扫描为主，局部补测管节（1490～1495 号）采用隧道断面仪进行测量，激光扫描断面数据处理过程如下（图 5-74、图 5-75）：

将点云拟合的实测断面曲线导入专用断面分析软件，拟合出圆心坐标，再同标准断面进行同圆心半径值比对，比对方式为等角度抽取 51 个径向参考点（图 5-76、图 5-77），计算径向偏差值，偏差值计算公式为

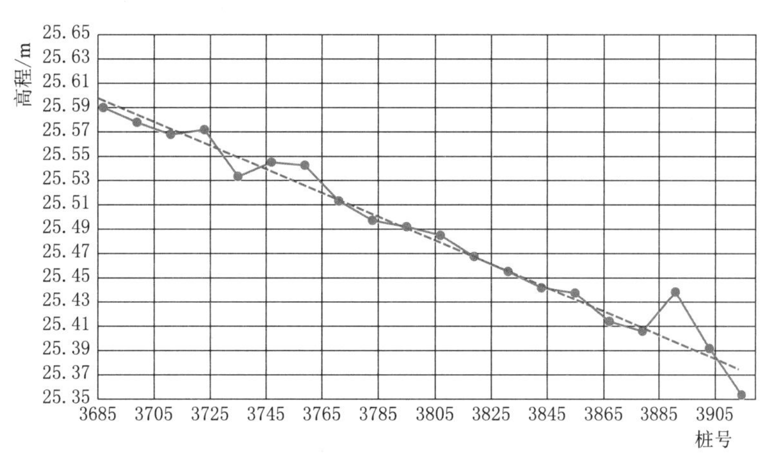

图 5-70　321～340 号管节纵断面结果图

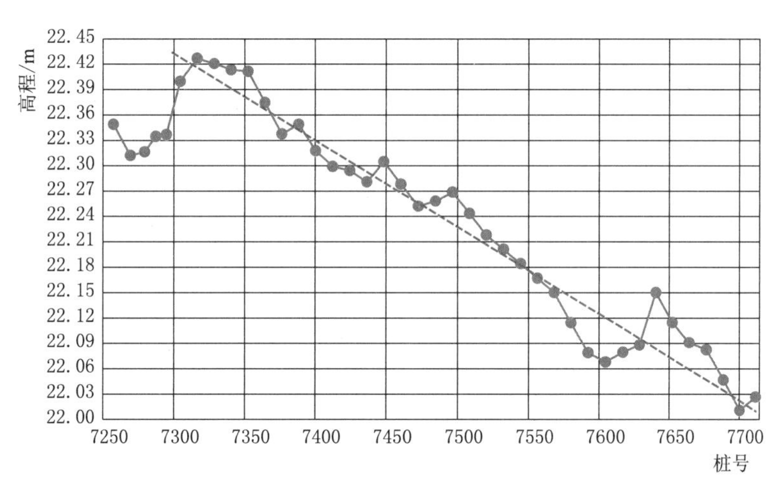

图 5-71　671～710 号管节纵断面结果图

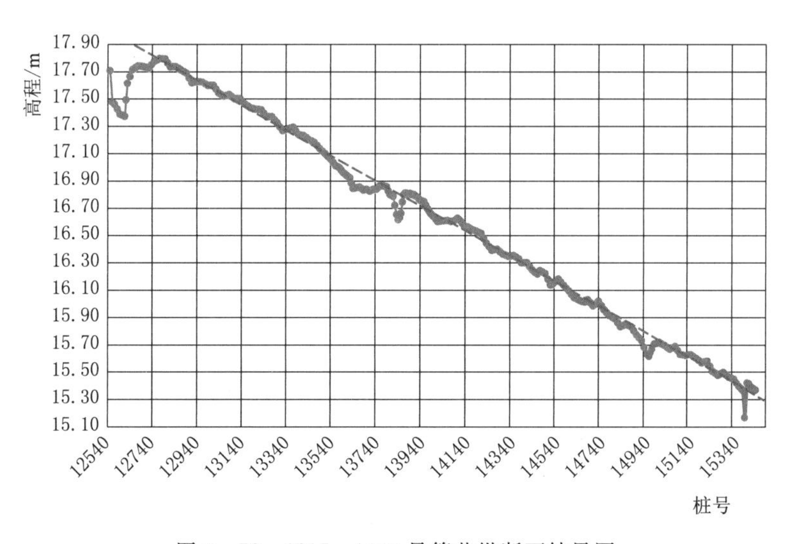

图 5-72　1217～1495 号管节纵断面结果图

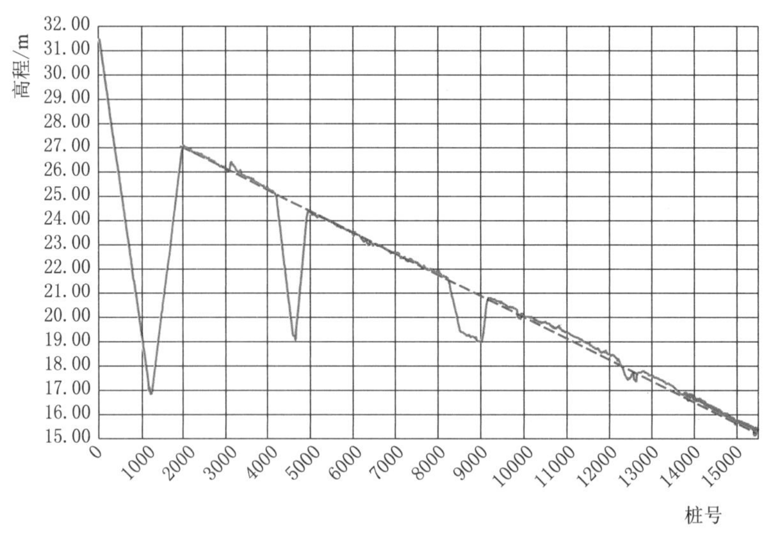

图 5 - 73　干渠下段全线纵断面结果图

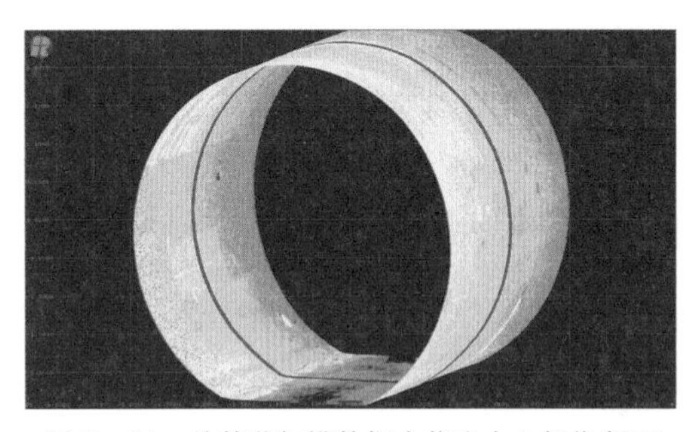

图 5 - 74　从管节扫描数据中截取中心部位断面

图 5 - 75　从提取断面进行曲线拟合

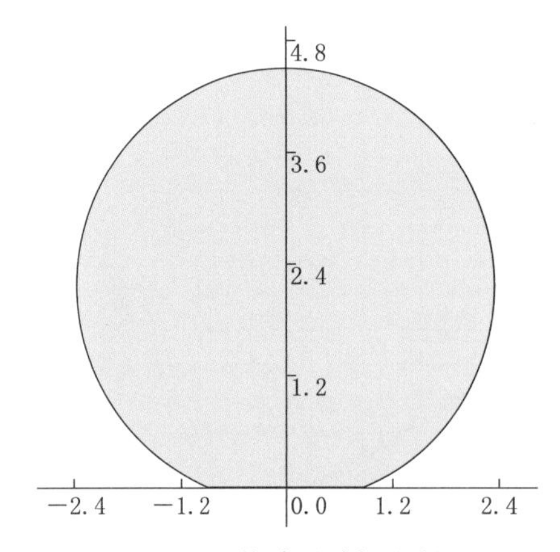

图 5 - 76　构建设计标准断面

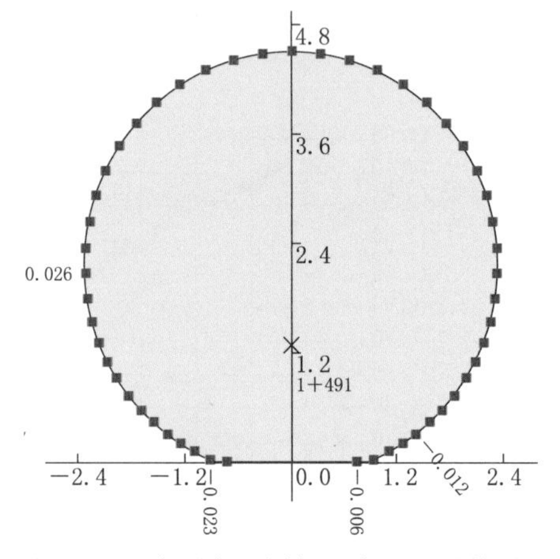

图 5 - 77　实测断面同标准断面比对结果图

边界偏差值＝实测曲线半径－标准曲线半径

（±符号定义：实测半径值大于标准半径为＋，小于标准半径为－）

通过 51 个边界点偏差值和面积来分析实测断面与标准断面的对比关系，以 1491 号管节断面为例，可得到横断面测量结果，见表5-12。

表5-12　　1491号管节实测断面同标准断面比对结果表　　单位：m

点号	实测断面曲线坐标值		边界偏差值
	X	Z	
1	0.746	0.002	−0.006
2	0.937	0.004	−0.008
3	1.121	0.049	−0.006
4	1.279	0.142	−0.008
5	1.433	0.253	−0.012
6	1.587	0.378	−0.012
7	1.735	0.522	−0.012
8	1.876	0.685	−0.011
9	2.009	0.867	−0.008
10	2.121	1.072	−0.012
11	2.220	1.295	−0.011
12	2.301	1.536	−0.007
13	2.357	1.796	−0.004
14	2.382	2.069	−0.001
15	2.375	2.352	0.002
16	2.331	2.641	0.004
17	2.250	2.930	0.007
18	2.128	3.211	0.008
19	1.970	3.483	0.014
20	1.770	3.731	0.014
21	1.536	3.955	0.017
22	1.272	4.152	0.024
23	0.977	4.303	0.022
24	0.662	4.413	0.022
25	0.334	4.475	0.018
26	0.000	4.491	0.015
27	−0.332	4.462	0.014
28	−0.656	4.384	0.011
29	−0.966	4.269	0.015
30	−1.254	4.112	0.017
31	−1.514	3.919	0.019

续表

点号	实测断面曲线坐标值		边界偏差值
	X	Z	
32	−1.743	3.695	0.021
33	−1.936	3.445	0.021
34	−2.094	3.180	0.025
35	−2.209	2.900	0.023
36	−2.288	2.615	0.023
37	−2.329	2.332	0.022
38	−2.341	2.055	0.026
39	−2.316	1.787	0.024
40	−2.266	1.533	0.025
41	−2.188	1.294	0.023
42	−2.092	1.075	0.022
43	−1.980	0.873	0.022
44	−1.850	0.693	0.017
45	−1.716	0.530	0.018
46	−1.570	0.388	0.015
47	−1.420	0.262	0.014
48	−1.267	0.154	0.012
49	−1.110	0.062	0.01
50	−0.926	0.019	−0.023
51	−0.748	−0.001	−0.003

通过上述比对结果，该断面（1491号管节）数据统计见表5-13。

表5-13　　　　1491号管节实测断面结果统计表

管节号	断面面积/m^2		边界偏差/m		
	设计值	实测值	最大值	最小值	平均值
1491	17.0628	17.1548	0.026	−0.023	0.009

其他断面处理方式与1491号管节类似，分析数据成果，横断面实测断面面积为横断面设计断面面积的99.05%～100.80%，即断面面积偏差值在±1%以内。边界偏差平均值介于0.001～0.01m，相比于隧洞直径，边界偏差平均值变化幅度占比0.01%～0.21%。

5.3.4　结论

通过现场结构普查及裂缝检测发现，输水工程下段输水隧洞总体外观质量尚好。但也存在一些问题，发现的主要问题是贯穿缝和伸缩缝缺陷比较普遍，贯穿缝主要集中在1268～1414号管节和1491～1495号管节，其中1268～1341号管节最为集中，1491～1495号管节顶部存在多处纵向平行裂缝，侧壁存在多处网状裂缝和渗水析白；1217～1495号管节绝大部分伸缩缝存在不同程度的张开、聚硫密封胶脱落、止水脱落和混凝土脱落等缺陷。

通过隧洞测量发现，下段输水隧洞抢修段控制测量、纵断面测量和横断面测量数据结果与设计值均有一定差异。这表明实测横断面与设计横断面偏差较小。如通水前竣工断面与设计断面一致，经过一段时间的运行，各管节横断面变形较小，输水隧洞混凝土结构相对稳定。

5.4 引水发电洞混凝土衬砌检测

5.4.1 工程概况

西部某水电站引水隧洞洞径为11.5m，隧洞全长239.2m（桩号0＋025.50～0＋264.70），底坡3‰，由上平段、斜井段、下平段组成。隧洞全部采用钢筋混凝土衬砌，衬砌厚度按围岩分类进行，Ⅱ类围岩0.6m，Ⅲ类、Ⅳ类围岩0.8m，岩石条件较差部位采取固结灌浆及锚杆支护等措施。压力管道靠厂房长120m范围采用钢板衬护，外包厚0.6m的单层钢筋混凝土衬砌。岩石条件较差的洞口段采取固结灌浆及锚杆支护等措施。

在水电站停水检修期间，采用地质雷达和钻孔取芯相结合的方法，对引水发电洞的钢筋混凝土衬砌洞段进行检测，检测引水发电洞钢筋混凝土衬砌洞段衬砌与围岩间是否存在脱空或不密实区，为引水发电洞的灌浆施工提供指导；在灌浆施工结束后，再次对引水发电洞的钢筋混凝土衬砌洞段进行检测，对灌浆施工的结果进行检验，确保引水发电洞的安全运行，为水电站的安全运行提供支撑。

5.4.2 现场检测

根据《水利水电工程物探规程》（SL 326—2005）第4.14.2条第1款的规定，结合隧洞的实际情况，在引水隧洞布置了5条测线，其中拱顶1条，左、右拱腰各1条，左、右边墙各1条，左右按隧洞内水流方向（面向大里程方向）确定。地质雷达测线布置示意图如图5-78所示。

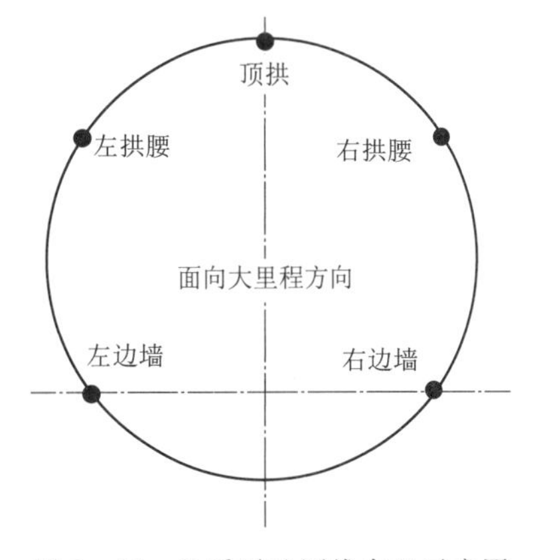

图5-78 地质雷达测线布置示意图

现场检测测线布置示意图如图5-79与图5-80所示（图中红色实线标示测线的实际位置），现场检测过程中由于现场条件的限制，除弯管段外，下平洞及下平洞左右边墙及拱腰部位全部检测，拱顶部位由于无法到达，未能实施检测。灌浆前完成地质雷达检测1800m，钻孔取芯检测4个；灌浆后完成地质雷达检测1700m。

现场检测照片如图5-81、图5-82所示。

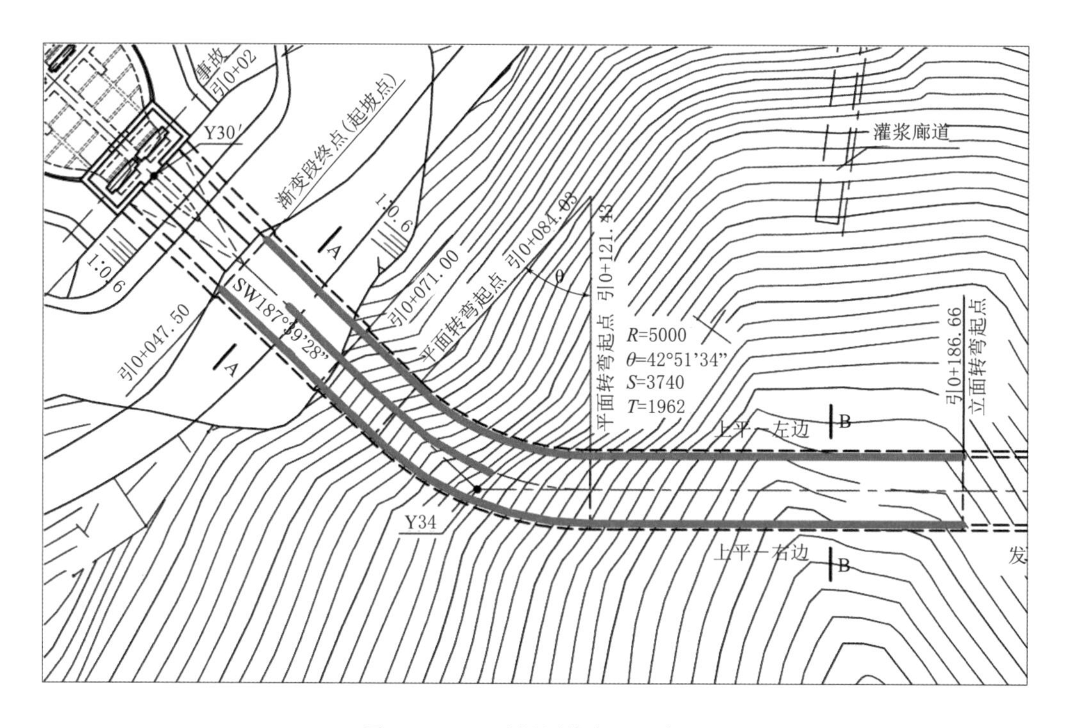

图5-79 上平洞测线布置示意图

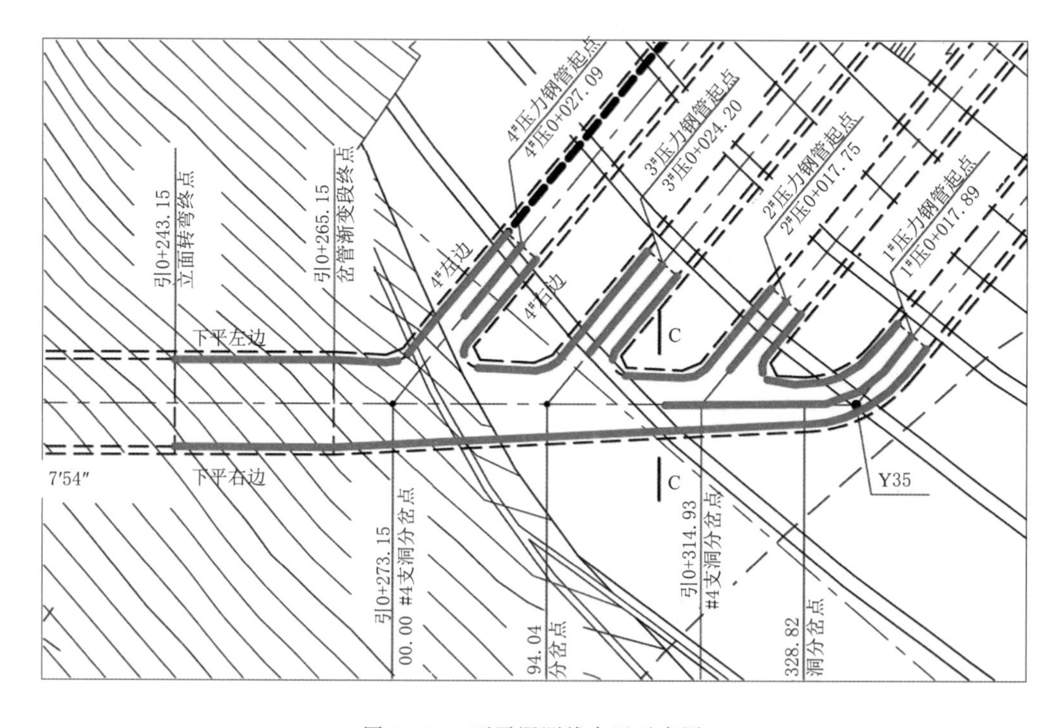

图5-80 下平洞测线布置示意图

图 5-81 上平洞拱顶检测

图 5-82 上平洞边墙检测

5.4.3 检测结果

5.4.3.1 灌浆前检测结果

1. 地质雷达检测结果

根据检测结果，上平洞 5 条测线共检出缺陷部位 20 处，缺陷长度总长 61.5m，缺陷深度分布在 0.3～1.1m 范围内，缺陷类型多为局部存在不密实区，个别部位含水量稍大。下平洞及岔管段 24 条测线共检出缺陷部位 53 处，缺陷长度总长 170.7m，缺陷深度分布在 0.3～1.0m 范围内，缺陷类型多为局部存在不密实区，含水量大。表 5-14 为引水发电洞隧洞部分缺陷统计情况，图 5-83～图 5-91 为部分缺陷地质雷达剖面图。

表 5-14 灌浆前——引水发电洞隧洞部分缺陷统计情况

序号	缺陷范围	缺陷长度/m	深度范围/m	缺陷描述
1	上平洞——左边墙引 0+185.70～0+186.90	1.2	0.3～0.7	局部存在不密实区
2	上平洞——左拱腰引 0+91.10～0+93.70	2.6	0.3～0.7	局部存在不密实区
3	上平洞——左拱腰引 0+97.50～0+99.50	2	0.3～0.8	存在不密实区，含水量稍大
4	上平洞——右边墙引 0+117.10～0+111.30	5.8	0.5～0.9	局部存在不密实区
5	1 号——左拱腰 0+001.40～0+004.90	3.5	0.3～0.6	局部存在不密实区
6	2 号——左边墙 0-001.10～0+001.10	2.2	0.4～0.6	局部存在不密实区
7	4 号——左拱腰 0+005.60～0+008.60	3	0.3～0.7	局部存在不密实区
8	下平洞——左拱腰引 0+244.00～0+248.20	4.2	0.5～1.2	局部存在不密实区
9	下平洞——右拱腰引 0+338.80～0+342.70	3.9	0.3～0.9	局部存在不密实区
10	下平洞——右边墙引 0+275.40～0+278.40	3	0.3～0.6	存在不密实区

2. 钻孔取芯检测结果

根据地质雷达在灌浆前的检测结果，共选取了 4 个部位进行钻孔取芯检测，由于现场条件的限制，无法对拱顶部位取芯，故在边墙和拱腰部位各选取了 2 个取芯点，其中上平洞 2 个，下平洞 2 个，各钻孔芯样照片如图 5-92～图 5-95 所示。

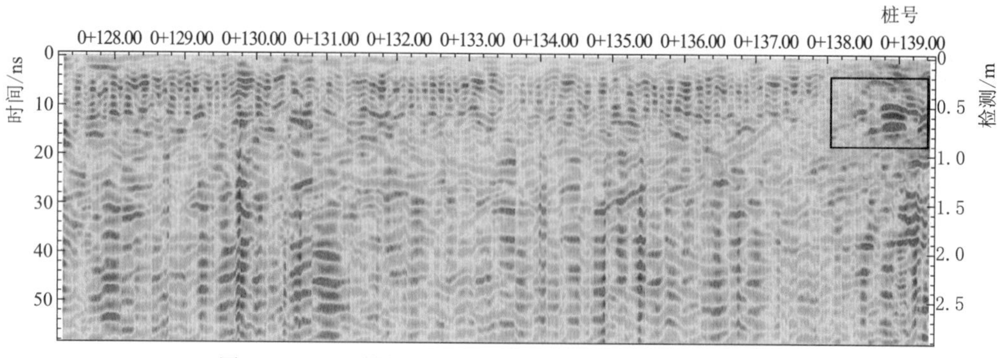

图5-83 上平洞——左边墙02号缺陷地质雷达剖面图

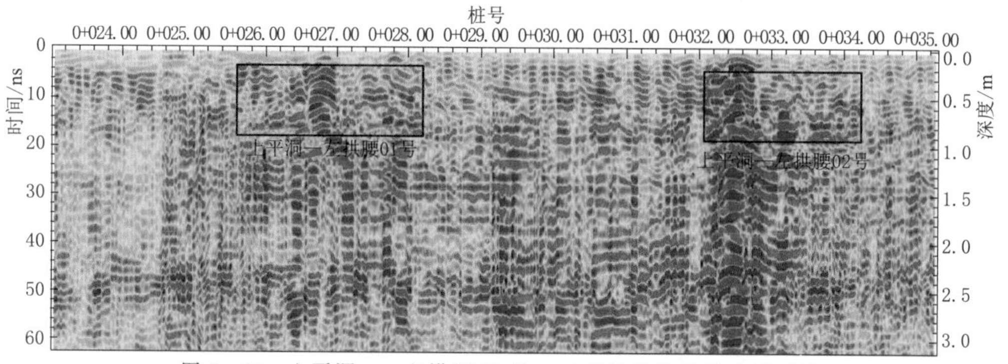

图5-84 上平洞——左拱腰01号、02号缺陷地质雷达剖面图

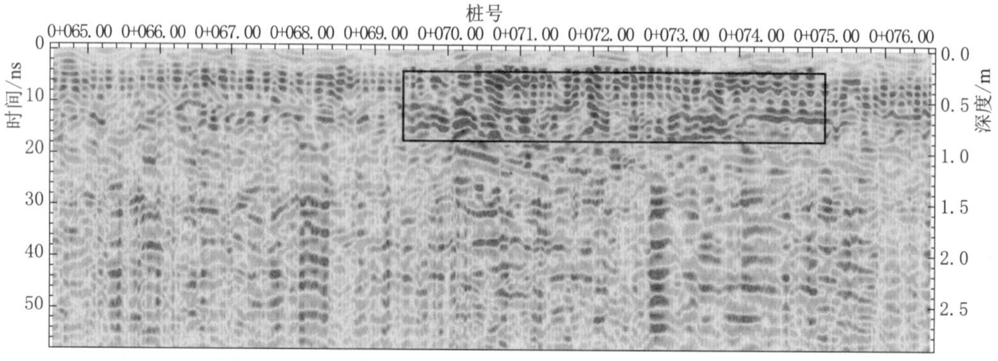

图5-85 上平洞——右边墙03号缺陷地质雷达剖面图

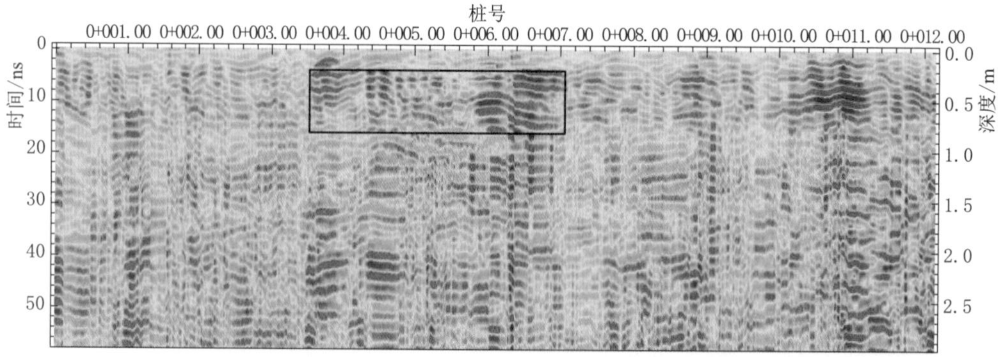

图5-86 下平洞——1号——左拱腰01号缺陷地质雷达剖面图

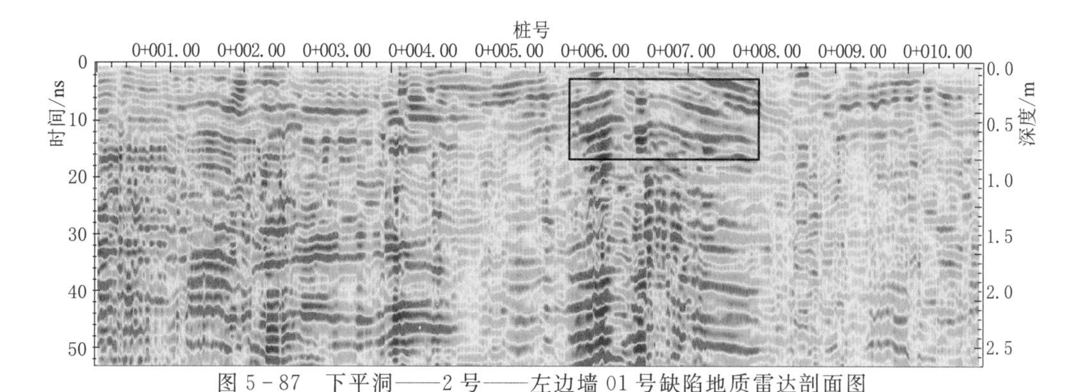

图 5-87 下平洞——2 号——左边墙 01 号缺陷地质雷达剖面图

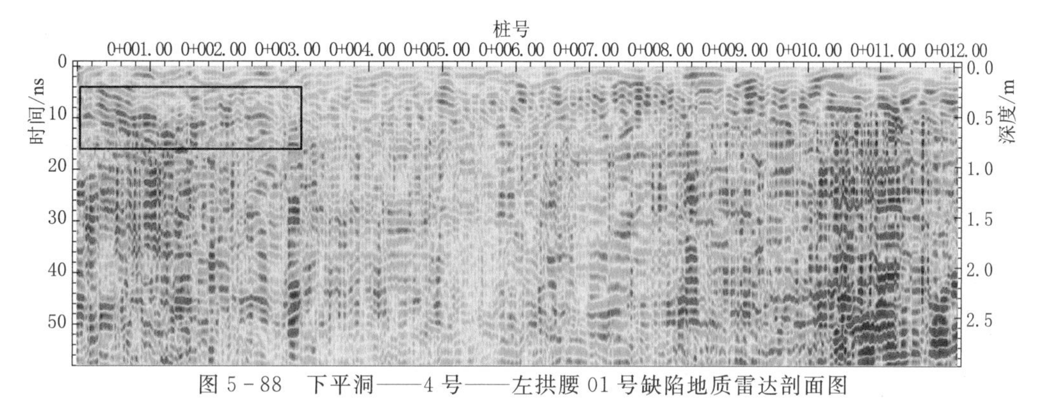

图 5-88 下平洞——4 号——左拱腰 01 号缺陷地质雷达剖面图

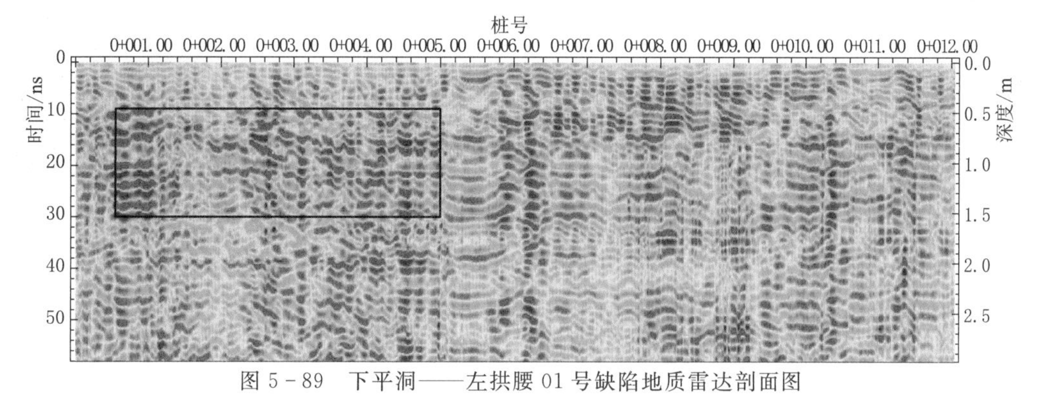

图 5-89 下平洞——左拱腰 01 号缺陷地质雷达剖面图

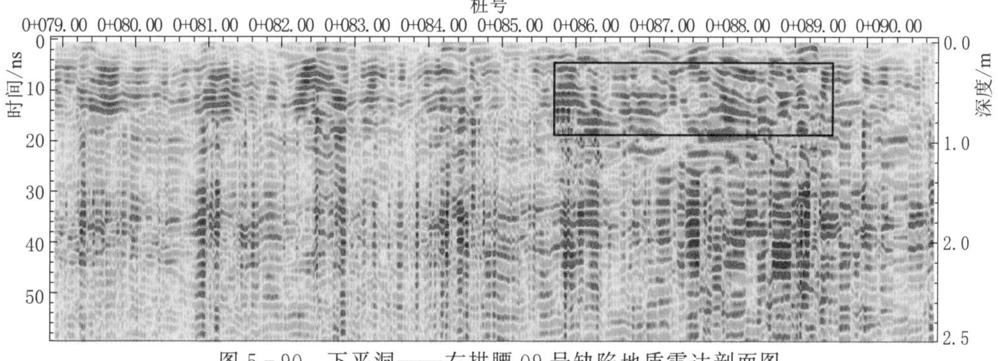

图 5-90 下平洞——右拱腰 09 号缺陷地质雷达剖面图

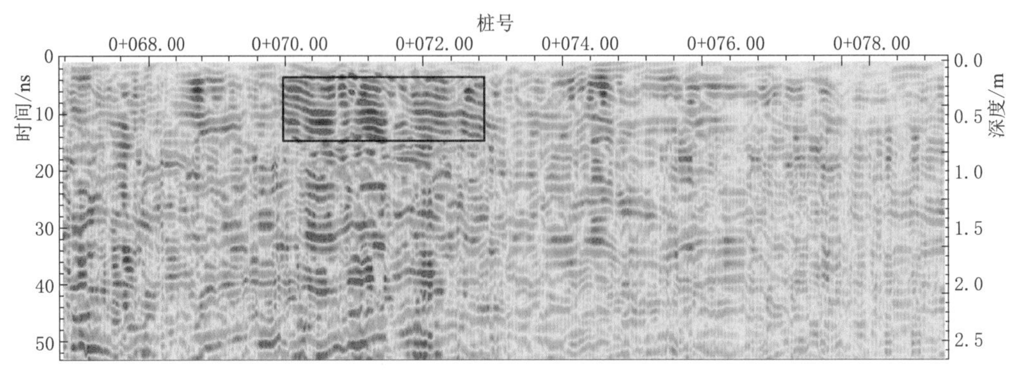

图5-91　下平洞——右边墙01号缺陷地质雷达剖面图

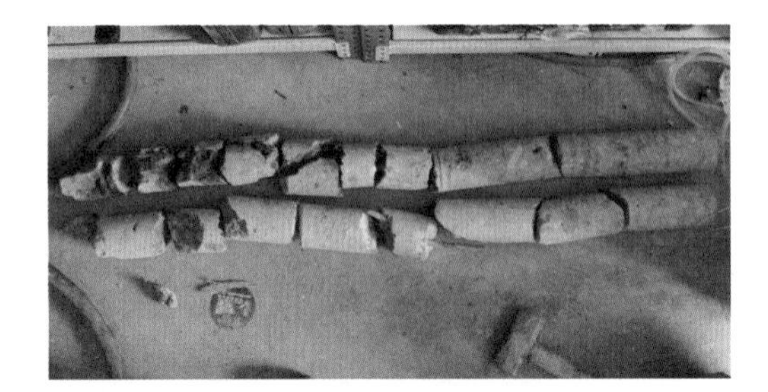

图5-92　ZK-01（下）与ZK-02（上）芯样照片

图5-93　ZK-03芯样照片

图5-94　ZK-04芯样照片

图5-95　ZK-04钻进过程中出水现场照片

通过取芯的过程和芯样的描述，可以得出表5-15所示的钻孔取芯结果。

表5-15　　钻孔取芯结果统计表

钻孔编号	雷达图像编号	孔位桩号	钻孔及芯样描述
ZK-01	上平洞——右边墙02号	引0+103.00	0.4～0.8m混凝土孔隙率增大，芯样局部不完整
ZK-02	上平洞——左拱腰02号	引0+098.00	0.5～0.9m处混凝土孔隙率增加，芯样不完整
ZK-03	下平洞——左边墙01号	引0+274.20	0.6～0.9m处混凝土孔隙率增大，芯样破碎，芯样含水量较大
ZK-04	下平洞——1号左边墙01号	1号压0+002.50	0.3m处疑似遇到伸缩缝，芯样成两半，中间夹沙，至0.5m处时向孔外涌水，钻孔完成后，一直有水涌出

对比地质雷达检测结果，钻孔取芯的结果基本与地质雷达检测结果一致，表明地质雷达的检测结果是准确的，可以作为后续灌浆施工的依据。

综合地质雷达和钻孔取芯的检测结果，建议对以上检出的不密实区域部位进行回填灌浆处理。

5.4.3.2 灌浆后检测结果

灌浆结束后7天，同样采用地质雷达检测方法对引水发电洞进行了检测，由于洞内的实际状况所限，灌浆后的地质雷达测线同灌浆前的测线起始位置不尽相同。

根据检测结果，灌浆后上平洞5条测线共检出缺陷部位4处（图5-96～图5-99），缺陷总长5.3m，缺陷深度分布在0.2～0.6m范围内，缺陷类型多为局部存在不密实区，且不密实程度较灌浆前轻微，说明上述不密实区域经过回填灌浆处理后，回填灌浆处理的效果较好。

下平洞及岔管段24条测线共检出缺陷部位9处，缺陷长度总长10.8m，缺陷深度分布在0.3～0.8m范围内，缺陷类型多为局部存在不密实区，含水量大，且不密实程度较灌浆前轻微。

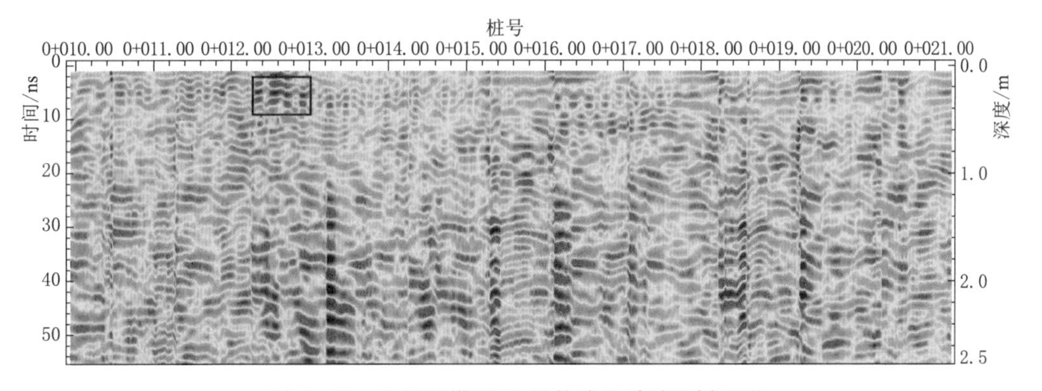

图5-96 上平洞拱顶01号缺陷地质雷达剖面图

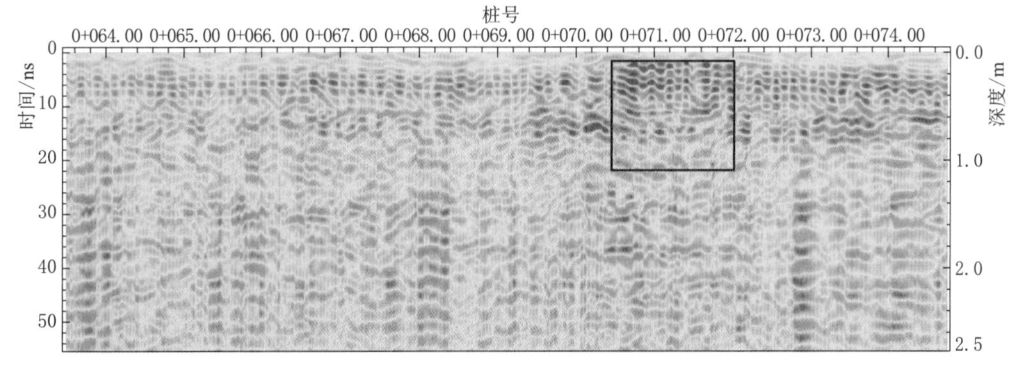

图5-97 上平洞右边墙01号缺陷地质雷达剖面图

通过灌浆前后地质雷达检测结果，不难看出，回填灌浆后的不密实区域数量和范围大幅减少，仅存在局部的小范围轻微不密实区域，对引水隧洞安全运行的危害大幅减少。

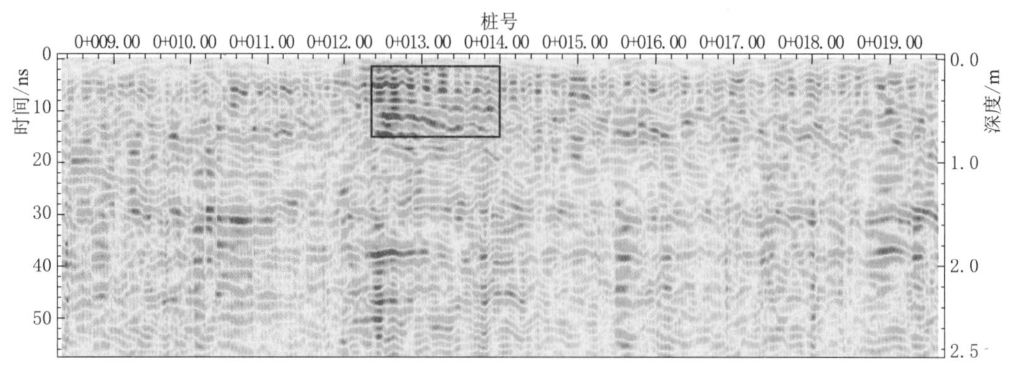

图5-98 上平洞右边墙01号缺陷地质雷达剖面图

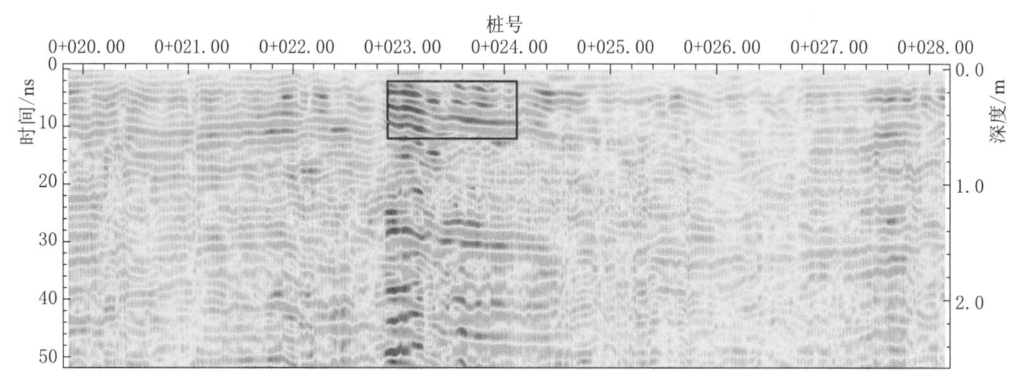

图5-99 下平洞右边墙02号缺陷地质雷达剖面图

5.4.4 结论与建议

(1) 通过灌浆前的地质雷达检测，发现上平洞5条测线共检出缺陷部位20处，缺陷总长61.5m，缺陷深度分布在0.3～1.1m范围内，缺陷类型多为局部存在不密实区，个别部位含水量稍大。下平洞及岔管段24条测线共检出缺陷部位53处，缺陷总长170.7m，缺陷深度分布在0.3～1.0m范围内，缺陷类型多为局部存在不密实区，含水量大。

(2) 通过钻孔取芯检测对地质雷达的检测结果进行了验证，共选取了4个部位进行了钻孔取芯，根据取出的芯样状态，表明钻孔取芯的结果基本与地质雷达检测结果一致，验证地质雷达的检测结果是准确的，可以作为后续灌浆施工的依据。

(3) 在进行了回填灌浆施工后，再次使用地质雷达进行第二次检测。检测发现灌浆后上平洞5条测线共检出缺陷部位4处，缺陷总长5.3m，缺陷深度分布在0.2～0.6m范围内，缺陷类型多为局部存在不密实区；下平洞及岔管段24条测线共检出缺陷部位9处，缺陷总长10.8m，缺陷深度分布在0.3～0.8m范围内，缺陷类型多为局部存在不密实区，含水量大。

(4) 通过灌浆前后的结果比对，表明灌浆后地质雷达发现的不密实区域数量和范围大幅减少，通过雷达剖面图分析，灌浆后的不密实程度较灌浆前低，说明上述不密实区域经过回填灌浆处理后，回填灌浆处理的效果较好。

5.5 水库除险加固工程质量检测

5.5.1 工程概况

某水库是一座以灌溉为主，兼具滞洪、发电、城市供水、养殖、水库旅游等综合效益的中型水库，水库主体工程由大坝、非常溢洪道、泄洪隧洞、电站、灌溉支洞、灌溉渠、引水洞等建筑物组成。水库大坝为黏土心墙砂壳坝，坝顶高程 100.00m，坝顶长 230m，坝顶宽 6.4m。

该水库经过几十年的运行，水库暴露出大坝砂壳料填筑质量差，非常溢洪道开挖不规则，堰顶高程低、未衬砌，无消能设施，泄洪洞混凝土衬砌长度短、厚度偏小、不满足规范规定等问题。

针对水库所存在的上述主要病险问题，拟定如下加固方案：

（1）上游坝坡加固。在上游坝趾前高程 69.00m 以下设水下抛石体，高程 69.00m 以上至高程 91.95m 沿坡面设碾压堆石体对上游坝坡进行压重，以满足上游坝坡的抗滑稳定要求。水下抛石体顶部高程 69.00m，顶宽 10.4m，底宽 34.0m。碾压堆石体边坡坡降比为 1∶3.5，顶宽（高程 91.95m 处）15m，并分别在高程 64.00m、高程 74.00m 处设宽 3m 的马道。最后对大坝内坡（高程 71.00～91.95m）采用干砌块石护砌。

（2）坝基防渗处理。对坝体原黏土心墙截水槽下坝基进行帷幕灌浆。灌浆材料采用水灰比为 0.8，析水率小于 5%的水泥稳定浆液。帷幕底部深入新鲜基岩 5m，底部高程为 40.49m，帷幕顶部与黏土心墙相接，伸入心墙内不少于 3m，顶部高程为 55.49m，一排帷幕，孔距 1.5m，帷幕厚度 4m。

水库除险加固施工期间，采用 MDY－1 型密实度仪对水库上游碾压块石密度、压实情况进行了检查；采用 EM34－3 型大地电导率仪、GDP－32^{II} 型瞬变电磁仪对水库下游坝基帷幕灌浆质量和防渗效果进行了综合检测；并对水库除险加固效果进行了综合评价。

5.5.2 MDY－1 型密实度仪

中国水利水电科学研究院于国家“七五”科技攻关期间，自主研发了 YS－1 型压实计，该项目曾获国家科技进步二等奖、电力部“八五”重点推广应用项目，被列入“九五”重点科技成果推广计划。该仪器曾在鲁布革水电站、西北口水库、关门山水库、岩滩水电站、十三陵水库、沈一大高速公路、博山西过境公路、通黄公路、梧州机场、龙洞堡机场、北京亚运村场地等 50 多个施工现场得到有效应用，仪器性能稳定、可靠，受到用户好评，在水利水电、公路、机场、市政等工程建设中有着十分广泛的应用前景。

MDY－1 型密实度仪是 YS－1 型压实计的换代产品，主要由传感器、信号处理器和指示仪表组成（图 5－100）。开始碾压时，由于填料比较疏松，可近似看作是一个松软的弹塑性体。振动轮在其上振动时，受到的反作用力较小，基本作正弦运动。随着碾压遍数的增加，填料逐渐被压实，其干密度、弹性模量等参数也逐渐增加，填料对振动轮的反作用力也逐渐增加。由此可见，振动碾振动波畸变程度与填料压实程度之间存在一定的相关关系。密实度

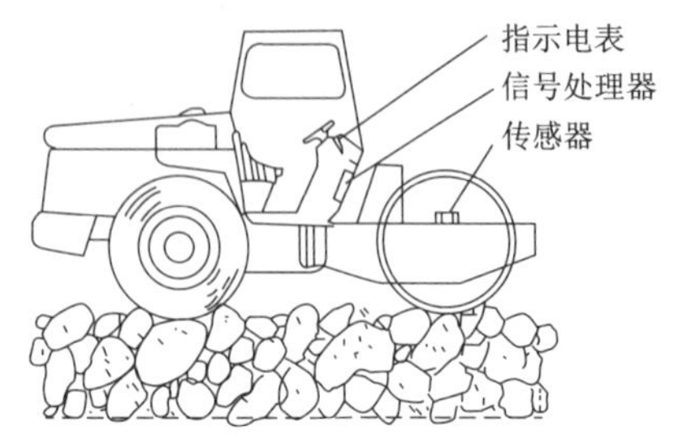

图5-100 MDY-1型密实度仪安装图

仪就是根据这个原理设计的，其读数与填料的干密度、沉降率、孔隙率等工程参数之间存在着良好的相关关系。

该仪器适用于各种型号的自行式、牵引式和手扶式振动碾及不同级配的堆石体、砂砾料、填土和碾压混凝土等多种填料，可在压实过程中实时检测压实状况，控制压实质量，有效避免欠压和过压等现象的发生，提高铺层材料的均匀性，避免粗骨料的破碎，提高整个压实作业的效率。加装GPS定位系统后，还可以根据安装在驾驶室中的液晶显示屏实时获取当前工作面的高程值，获取车辆的运行轨迹、速度、压实次数等信息。

5.5.3 现场检测

根据现场情况，此次检测工作分两步进行：第一步，在大坝上游碾压块石施工过程中，将密实度仪安装在振动碾上，及时检查压实情况；第二步，在下游坝基帷幕灌浆施工完成后，采用瞬变电磁仪和大地电导率仪对帷幕灌浆质量和防渗效果进行综合探测。

帷幕灌浆位于大坝下游坡高程87.60m的马道上，帷幕灌浆桩号范围为左71.3m至右48.7m，全长为120m。测线布置在此马道上。检测时，为了记录方便，将桩号左71.3m定为测线的0点。

瞬变电磁仪测点间距为3m，大地电导率仪测点间距为5m。检测测线布置如图5-101所示，图中红实线为瞬变电磁仪和大地电导率仪检测测线，蓝实线为密实度仪检测区域。

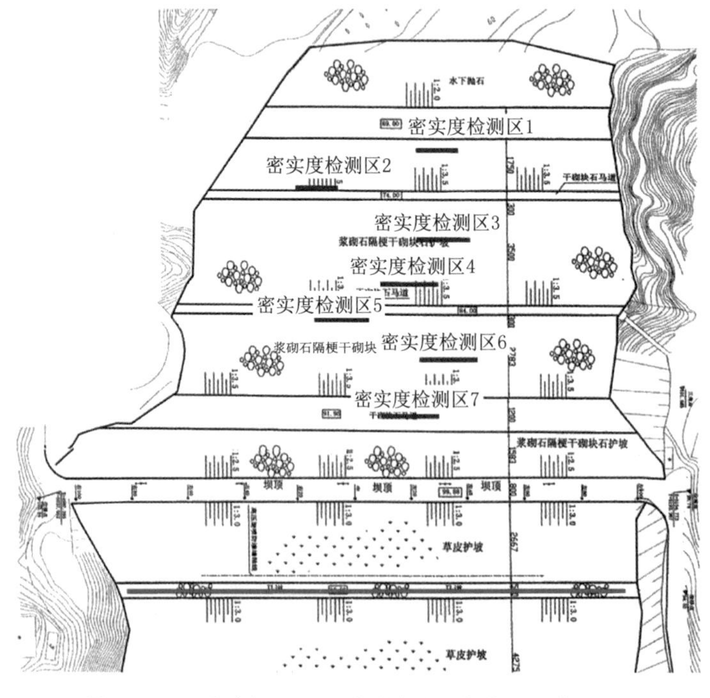

图5-101 除险加固工程质量检测测线布置示意图

5.5.4 大坝上游块石碾压监测压实情况

5.5.4.1 密实度仪振动碾压率定

MDY-1型密实度仪试验率定方法如下：试验场地设置在大坝高程71.00m，桩号左20.00～右10.00区间，长度30m，宽度12m。填筑用堆石料的级配、铺层厚度、摊铺料方式等均与正式施工相同。在率定试验进行以前，需要振动碾将整个试验场地进行无振碾压，保证试验场地平整。率定试验场地分6道碾压，每道宽度2m，碾压时，振动碾搭接宽度10cm。中间4道为压实度数据试验碾压道，分别碾压2遍、4遍、6遍、8遍。振动碾每前进和后退各算碾压1遍。由于振动碾在前进和后退时激振力不同，密实度仪计数也不相同，试验规定密实度仪在振动碾前进时计数。为防止填料在碾压时侧向膨胀，率定试验场地旁边2道需要进行同步碾压。

试验场地通过挖坑取样，已知孔隙率为20%～24%，干密度为2.11～2.22t/m³，石料密度为2.68 t/m³。振动碾是YZ-16型自行式振动碾。将密实度仪安装在振动碾上，在试验场地进行率定。按照施工规定的振动碾行走速度和方向及激振力的大小，振动碾匀速前进，同时记录密实度仪的指示值。该指示值作为工程压实质量的控制参数。

5.5.4.2 工程施工期间碾压质量检测结果

表5-16列出了7组检测数据的具体位置和高程。在碾压施工期间，工程质检人员通过密实度仪对工程碾压质量进行碾压质检，压实质量检测结果见表5-17所示。

表5-16　压实质量检测位置和高程　单位：m

序号	施工高程	桩　　号	检测长度	检测点数	不合格点数
1	71.00	左22.00～左37.50	15.50	32	1
2	73.40	右5.00～右20.50	15.50	32	1
3	78.20	左22.00～左37.50	19.00	39	2
4	82.20	左10.00～左30.50	20.50	42	1
5	85.40	左5.00～右14.50	19.50	40	1
6	88.60	左25.00～左45.00	20.00	41	2
7	91.80	右10.00～左10.50	20.50	42	1
合计				246	9

表5-17　7个密实度检测区压实质量检测结果　单位：t/m³

密实度检测区1	密实度检测区2	密实度检测区3	密实度检测区4	密实度检测区5	密实度检测区6	密实度检测区7
2.14	2.15	2.17	2.16	2.11	2.16	2.03
2.13	2.16	2.18	2.15	2.14	2.15	2.15
2.27	2.12	2.12	2.13	2.16	2.16	2.14
2.14	2.15	2.1	2.16	2.13	2.1	2.12
2.11	2.19	2.18	2.24	2.16	2.16	2.15

续表

密实度检测区 1	密实度检测区 2	密实度检测区 3	密实度检测区 4	密实度检测区 5	密实度检测区 6	密实度检测区 7
2.17	2.17	2.17	2.16	2.14	2.15	2.14
2.12	2.16	2.18	2.11	2.16	2.2	2.12
2.17	2.17	2.18	2.14	2.17	2.11	2.13
2.13	2.12	2.18	2.16	2.18	2.16	2.15
2.17	2.15	2.11	2.13	2.16	2.11	2.19
2.14	2.13	2.18	2.16	2.13	2.16	2.12
2.18	2.19	2.17	2.28	2.12	2.11	2.14
2.12	2.15	2.16	2.14	2.13	2.18	2.15
2.14	2.13	2.11	2.14	2.06	2.19	2.12
2.11	2.16	2.18	2.16	2.16	2.16	2.12
2.14	2.15	2.11	2.13	2.13	2.13	2.14
2.12	2.17	2.17	2.11	2.18	2.11	2.13
2.13	2.26	2.15	2.16	2.16	2.2	2.12
2.17	2.17	1.98	2.13	2.16	2.16	2.12
2.14	2.13	2.18	2.16	2.15	2.15	2.14
2.13	2.19	2.19	2.11	2.16	2.16	2.12
2.17	2.16	2.15	2.15	2.14	2.16	2.13
2.12	2.13	2.12	2.2	2.13	2.17	2.12
2.14	2.17	2.11	2.13	2.19	2.19	2.25
2.17	2.12	2.18	2.14	2.13	2.17	2.14
2.13	2.16	2.19	2.15	2.16	2.16	2.12
2.12	2.06	2.18	2.16	2.15	2.09	2.12
2.17	2.19	2.18	2.14	2.16	2.11	2.14
2.14	2.13	2.17	2.13	2.15	2.2	2.13
2.04	2.12	2.19	2.15	2.16	2.16	2.12
2.17	2.19	2.16	2.16	2.26	2.14	2.14
2.13	2.17	2.11	2.05	2.12	2.15	2.12
		2.17	2.13	2.13	2.15	2.12
		2.18	2.15	2.14	2.16	2.16
		2.19	2.12	2.13	2.11	2.14
		2.18	2.17	2.19	2.11	2.26
		2.21	2.14	2.13	2.23	2.13
		2.12	2.16	2.12	2.13	2.19
		2.18	2.13	2.16	2.16	2.14
			2.12	2.17	2.19	2.12
			2.16		2.12	2.11
			2.16		2.16	

依据表 5-17 的检查结果分析，共测得数据 246 个，其中：干密度小于 2.11t/m³的数据有 9 个，占总数据量的 3.4%，低于设计允许的干密度不合格率 5%。最小干密度测值为 1.98t/m³，是设计值的 93.8%。上述分析结果说明，上游坝坡压重堆石体的碾压质量达到了设计要求。

5.5.5　帷幕灌浆质量和防渗效果综合探测

一般来说，均质土石坝深部的含水量大于浅部，深部的电导率大于浅部。如果检测深部时遇到新鲜岩体，由于新鲜岩体含水量较低，该处的电导率值也较低。

图 5-102 表示 EM34-3 型大地电导率仪的检测结果，图中横坐标表示的测量桩号 0+000.00，相当于帷幕灌浆桩号左 71.3m，测量桩号 100m，相当于帷幕灌浆桩号右 28.7m。15m、30m、60m 三条测线的电导率在 3～7.5mS/m 范围内，属于坝体砂砾石填筑料和基础砂砾石正常电导率范围。由于两岸山体为花岗岩，正常情况下，花岗岩的电导率在 3～5mS/m 之间。在测量桩号 0～20m 和测量桩号 100～125m 范围内，EM34-3 型大地电导率仪的检测结果包含了坝体材料和山体岩石的综合检测结果。受其影响，该两段曲线电导率在 3～5mS/m 范围内，低于测量桩号 20～100m 范围内的电导率值 5～7.5mS/m，属于正常现象。在测量桩号 20～100m 范围内，大多数 30m 测深电导率值高于 15m 和 60m 测深电导率值，属于正常现象。但是测量桩号 35m 和 50m 处，60m 测深电导率值反而高于 30m 测深电导率值，表明该范围内深部含细颗粒土较多。

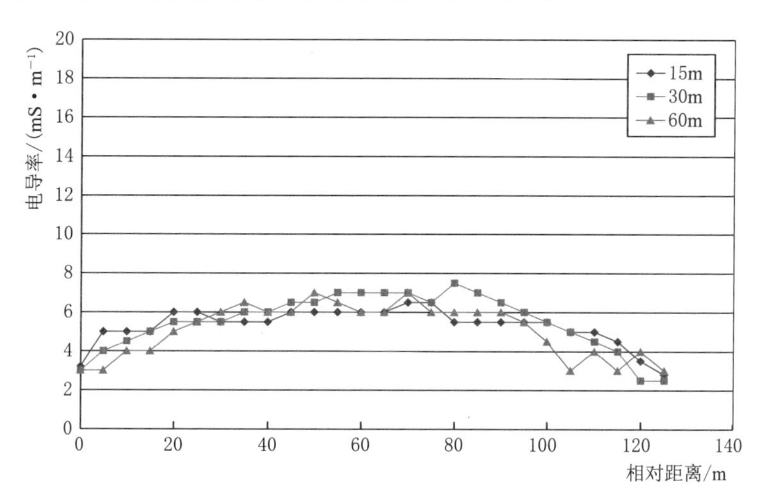

图 5-102　EM34-3 型大地电导率仪检测结果

EM34-3 型大地电导率仪的检测结果表明坝体和坝基内不存在渗流通道。

图 5-103 表示 GDP-32^{II} 型瞬变电磁仪的检测结果与帷幕灌浆范围，红实线表示帷幕灌浆上限，蓝实线表示帷幕灌浆下限。图形显示在测量桩号 0～20m 和测量桩号 100～125m 范围内，电阻率高于测量桩号 20～100m 范围内的电阻率。在测量桩号 50～60m，深度 32～37m 范围内，存在 1 个低阻区，该区域内可能含细颗粒土较多。此检测结果与图 5-102显示的 EM34-3 型大地电导率仪检测结果相符合。

该检测结果表明坝体和坝基内不存在渗流通道。

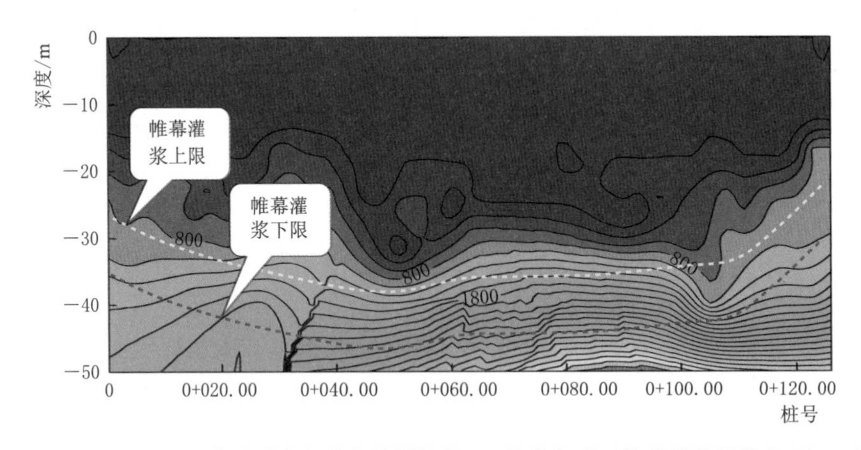

图 5-103 GDP-32Ⅱ 型瞬变电磁仪检测结果（0 桩号相当于帷幕灌浆桩号左 71.3m）

5.5.6 结论

（1）利用 MDY-1 型密实度仪对上游坝坡压重堆石体的碾压质量进行检查，检查结果显示不合格率为 3.4%，最小干密度是设计值的 93.8%，达到设计要求。

（2）采用瞬变电磁仪和大地电导率仪对帷幕灌浆质量和防渗效果进行综合探测，探测结果表明坝体和坝基内不存在渗流通道。

5.6 输水工程质量抽检

5.6.1 工程概况

为检查某长距离输水工程的施工质量，施工过程中采用快速无损检测方法进行了现场抽查检测。结合工程特点及现场施工进展，检测项目包括建筑物混凝土质量、土方填筑质量、渠道衬砌混凝土质量等。这里以某标段为例，介绍现场质量检测情况。

该标段工程全长 7.489km，主要建筑物包括：12 座渠系交叉建筑物，其中倒虹吸 1 座；排洪涵洞 2 座；输油管箱涵 1 座；公路桥 3 座、生产桥 5 座（其中：简支 T 梁结构 3 座，简支箱梁结构 1 座，系杆钢管拱桥结构 4 座），渠道衬砌 7.489km。

2012 年 10 月，检测组对该标段混凝土强度、渠道衬砌工程质量和土方填筑工程质量进行了检测。

5.6.2 现场检测

本次检查现场质量检测项目主要为建筑物混凝土质量、土方（膨胀土）填筑工程质量和渠道衬砌工程质量三类。混凝土密实性的检测采用瑞士 PS1000 新型混凝土透视仪，该仪器是一款用于检测混凝土内部具有电性差异的埋置物或缺陷分布情况的便携式仪器。混凝土强度、钢筋间距分别采用回弹仪及钢筋扫描仪进行检测。土方（膨胀土）填筑工程质量检测采用瑞典 RAMAC 探地雷达（GPR），该仪器系统集成化程度高，体积小、重量轻，高集成化、真数字式、高速 、轻便，可以单人操作。由于采用高压窄脉冲技术，其发射脉冲源与天线一一对应，因此穿透能力强，配备 50M、100M、250M、500M、800M 及 1G、1.6G 等频率天线。部分天线采用屏蔽方式，因此其抗干扰能力强。土方填筑工程密实性检测采用 RAMAC 探地雷达，配备 50MHz 超强地面耦合天线进行拖拽式检测。衬砌混凝土厚度检测采用 RAMAC 探地雷达配备 1.6G 高频屏蔽天线进行检测。

5.6.3 检测结果

1. 混凝土回弹检测成果

该标段进行了 9 组共 90 个测区的回弹检测，回弹强度计算按照《回弹法检测混凝土抗压强度技术规范》(JGJ/T 23—2011)，得到的回弹检测结果见表 5-18。

从表 5-18 中可知，该标段各检测部位的混凝土强度均能满足设计指标。

表 5-18　　回弹检测结果汇总表

序号	检测部位	回弹计算强度/MPa	设计强度等级	达到设计强度/%	龄期/天	单项结论
1	排水涵洞左孔	39.1	C25	156.4	>28	满足要求
2	排水涵洞中孔	35.6	C25	142.4	>28	满足要求
3	排水涵洞中孔	40.6	C25	162.4	>28	满足要求
4	排水涵洞左联中孔第九节	42.7	C25	170.8	>28	满足要求
5	排水涵洞左联中孔第十节	39.2	C25	156.8	>28	满足要求
6	倒虹吸左联左孔	43.1	C30	143.7	>28	满足要求
7	倒虹吸左联右孔	42.8	C30	142.7	>28	满足要求
8	倒虹吸右联右孔	36.1	C30	120.3	>28	满足要求
9	渠道内坡混凝土衬砌	21.6	C20	108.0	>28	满足要求

2. 混凝土钢筋位置和保护层厚度检测成果

本标段抽取 10 组 100 点进行钢筋间距和保护层厚度检测，部分检测结果见表 5-19。

表 5-19　　混凝土钢筋位置和保护层厚度检测成果表　　单位：mm

序号	检测部位	钢筋保护层厚度检测值	钢筋保护层厚度设计要求	钢筋间距检测值	钢筋间距设计要求	单项结论
1	倒虹吸	52	37.5～62.5	196	200±5	满足要求
2		53	37.5～62.5			满足要求
3		58	37.5～62.5			满足要求
4		42	37.5～62.5			满足要求
5		46	37.5～62.5			满足要求
6		58	37.5～62.5			满足要求
7		53	37.5～62.5			满足要求

续表

序号	检测部位	钢筋保护层厚度检测值	钢筋保护层厚度设计要求	钢筋间距检测值	钢筋间距设计要求	单项结论
8	倒虹吸	50	37.5～62.5	196	200±5	基本满足要求
9		56	37.5～62.5			满足要求
10		54	37.5～62.5			满足要求
11		48	37.5～62.5	199	200±5	满足要求
12		45	37.5～62.5			满足要求
13		52	37.5～62.5			满足要求
14		48	37.5～62.5			满足要求
15		53	37.5～62.5			满足要求
16		58	37.5～62.5			满足要求
17		50	37.5～62.5			满足要求
18		47	37.5～62.5			满足要求
19		46	37.5～62.5			满足要求
20		46	37.5～62.5			满足要求
21	排水涵洞	44	37.5～62.5	102	100±5	满足要求
22		38	37.5～62.5			满足要求
23		40	37.5～62.5			满足要求
24		42	37.5～62.5			满足要求
25		44	37.5～62.5			满足要求
26		51	37.5～62.5			满足要求
27		55	37.5～62.5			满足要求
28		48	37.5～62.5			满足要求
29		51	37.5～62.5			满足要求
30		50	37.5～62.5			满足要求
31		47	37.5～62.5	98	100±5	满足要求
32		51	37.5～62.5			满足要求
33		47	37.5～62.5			满足要求
34		42	37.5～62.5			满足要求
35		48	37.5～62.5			满足要求
36		40	37.5～62.5			满足要求
37		40	37.5～62.5			满足要求
38		44	37.5～62.5			满足要求
39		44	37.5～62.5			满足要求
40		48	37.5～62.5			满足要求

从表 5-19 中可知，检测部位的混凝土钢筋间距和保护层厚度均能满足设计要求。

3. 混凝土内部质量检测成果

混凝土内部质量检测采用 PS1000 检测，在各部位共检测了 6 个不同区域，图 5-104、图 5-105 为检测结果图，局部区域存在表层气泡，但基本满足要求。

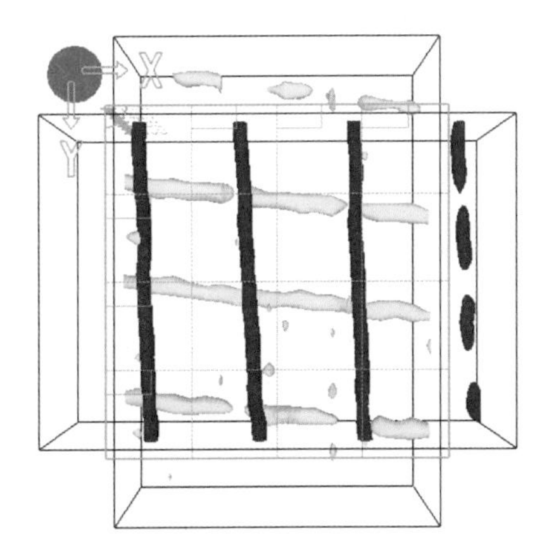

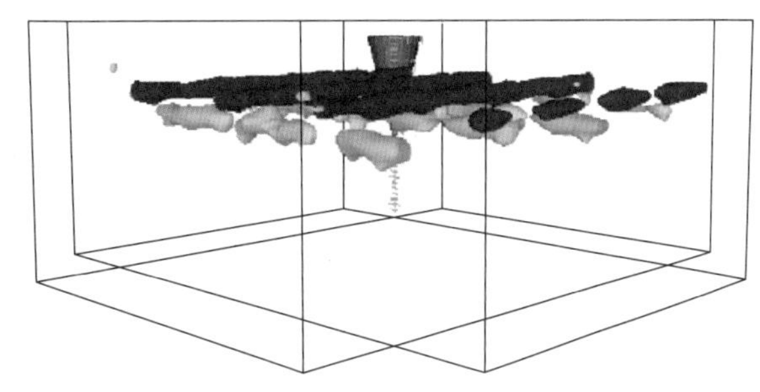

图 5-104 倒虹吸 PS1000 检测结果图

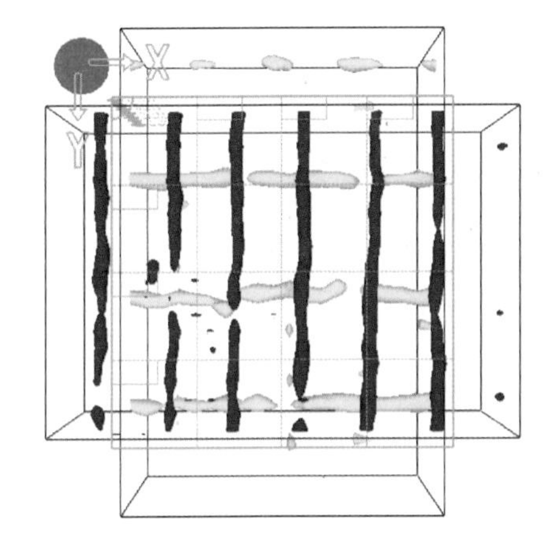

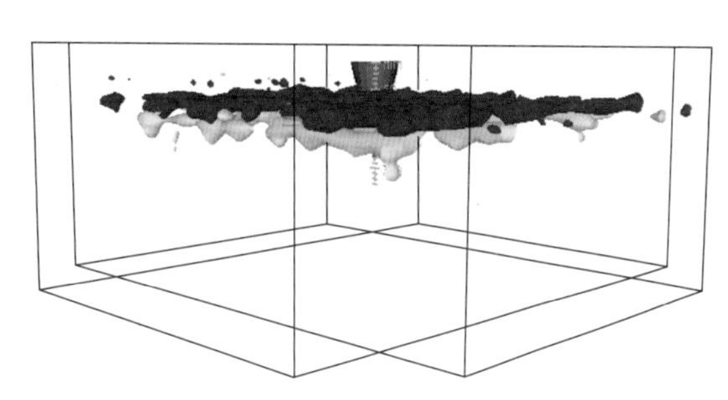

图 5-105 排水涵洞 PS1000 检测结果图

4. 高填方密实性检测

高填方填筑均匀性检测采用探地雷达法，雷达天线选取 50MHz RTA 天线，共进行了 2 个位置检测，左右堤各 250m。雷达检测结果图经滤波处理，得到检测结果如图 5-106、图 5-107 所示。经分析可看出检测部位高填方填筑较均匀。

5. 渠道衬砌厚度检测成果

采用探地雷达法进行渠道衬砌厚度检测，雷达天线选取 1.6GHz 天线，共进行了 4 个位置的衬砌厚度检测。雷达检测结果图经滤波处理，得到的结果如图 5-108～图 5-111 及表 5-20 所示。

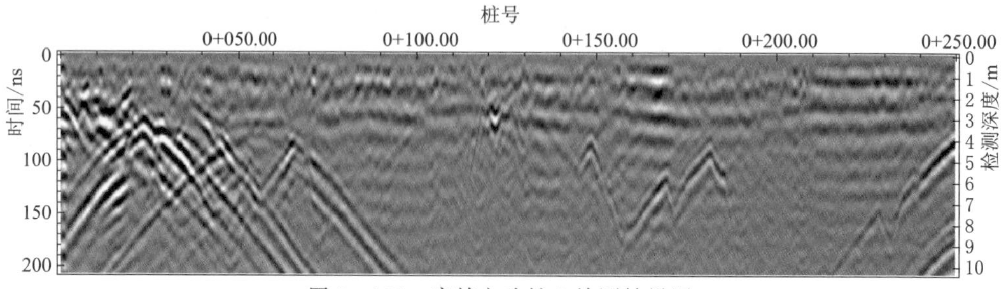

图 5-106 高填方改性土检测结果图

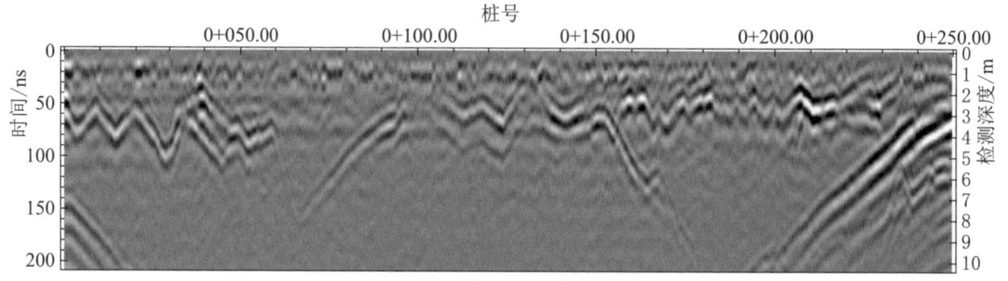

图 5-107 高填方检测结果图

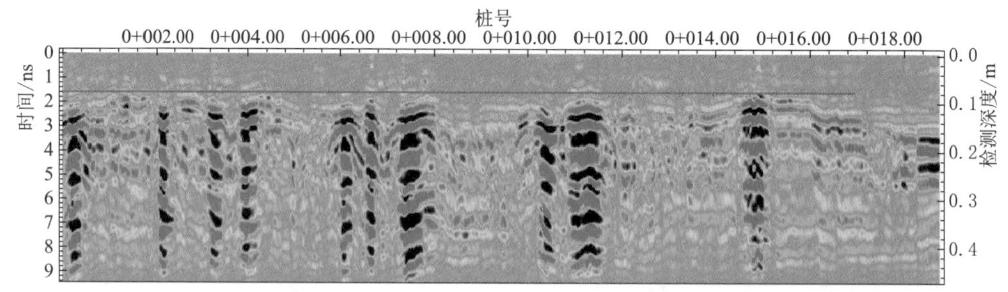

图 5-108 右堤桩号 K28＋820～K28＋840 护坡测线护坡衬砌厚度检测结果图

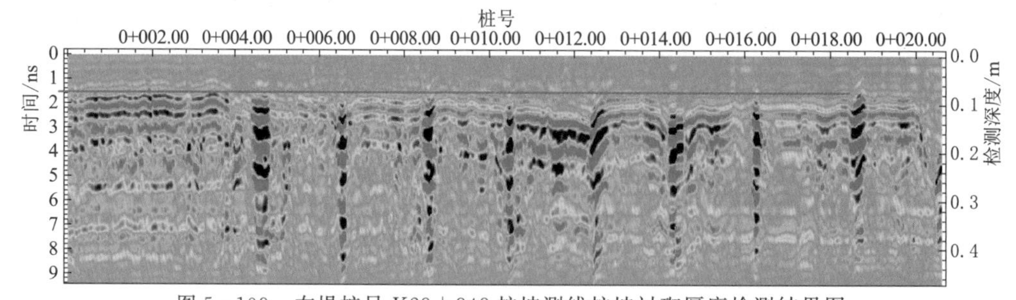

图 5-109 右堤桩号 K28＋848 护坡测线护坡衬砌厚度检测结果图

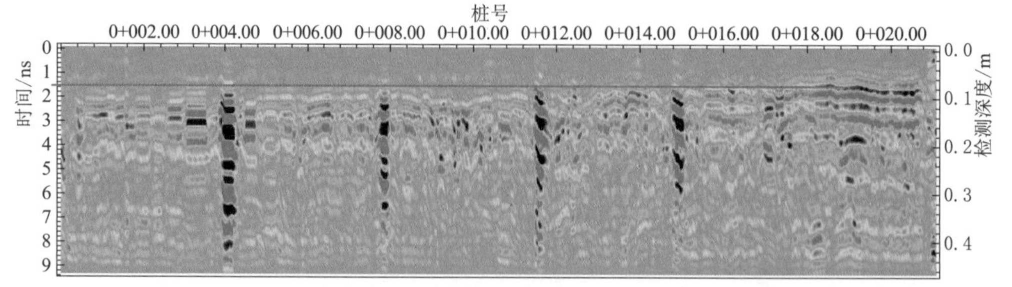

图 5-110 右堤桩号 K28＋870 护坡测线护坡衬砌厚度检测结果图

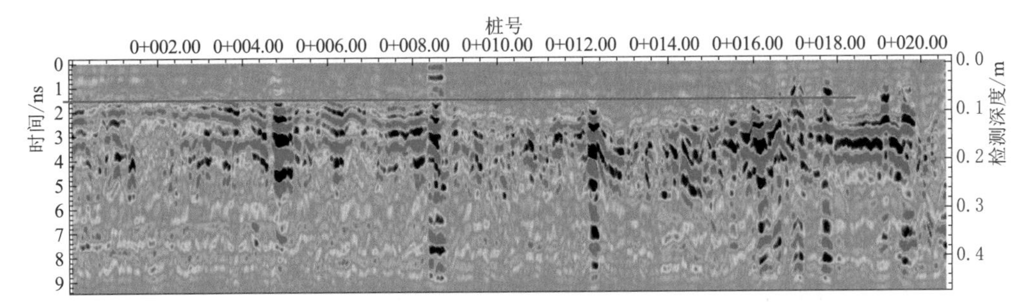

图 5-111 右堤桩号 K28+884 护坡测线护坡衬砌厚度检测结果图

表 5-20 检测结果统计表

序号	位置（桩号）	衬砌厚度/cm	设计值/cm	检测结果评价
1	K28+820.00～K28+840.00	10～12	10	满足要求
2	K28+848.00	9～11	10	个别点的厚度偏低，但仍满足规范要求
3	K28+870.00	8～12	10	个别点的厚度偏低，但仍满足规范要求
4	K28+884.00	9～11	10	个别点的厚度偏低，但仍满足规范要求

由表 5-20 可知，右堤检测部位护坡衬砌厚度基本满足要求，个别点位未达到设计厚度，基本满足设计要求。

5.6.4 结论

输水工程在施工质量检测和管理过程中，监管单位很难采用传统的方法对工程进行大范围快速质量检测。为了提高检测效率，选取高效的探测技术非常必要。本次检查现场质量检测项目主要为建筑物混凝土质量、土方（膨胀土）填筑工程质量和渠道衬砌工程质量三类。经过检测发现，该标段各检测部位的混凝土强度均能满足设计指标，混凝土钢筋间距和保护层厚度均能满足设计要求，混凝土内部局部区域存在表层气泡，但基本满足要求。检测部位高填方填筑较均匀，右堤检测部位护坡衬砌厚度基本满足要求，个别点位未达到设计厚度。

探地雷达主要是利用电磁波在被测介质中的传播和反射，对接收到的反射波进行强度分析，通过信号分析处理，得到被测对象的雷达图像，分析和判断构筑物的施工质量。探地雷达检测技术具有很多优点（如无损、分辨率高、精度大、效率高），相对传统探测技术方法具有较明显的优越性，可以广泛地推广到各种工程质量检测中（公路、堤防、钢筋混凝土、管线检测），使检测结果准确性和科学性大大提高。PS1000 混凝土透视仪适用于钢筋混凝土质量缺陷检测，包括混凝土结构空洞、疏松、裂缝等的位置、深度、范围，以及钢筋布置的间距、位置，将以其快速、无损、准确、直观的特点在工程建设领域得到更广泛的应用。

5.7 引调水工程建设期质量检测

5.7.1 工程概况

某引调水工程干线总长 269.67km，其中，取水建筑物长 0.16km，明渠 53 段长

24.01km，暗涵 38 座长 30.96km，隧洞 55 座长 119.43km，倒虹吸 11 座长 76.10km，渡槽 22 座长 19.01km，节制闸、分水闸（阀）、检修闸和退水闸共 59 座（不含放空阀），排洪建筑物 20 座，扩建水库 1 座。工程为Ⅱ等工程。

为了检测涉及主体安全的关键部位的施工质量，笔者受业主委托，对结构部位的重要程度及施工现场质量，与工程进展同步，适时进行了随机监督检测。

5.7.2　检测项目及数量

根据现场施工条件和施工进度，依据检测方案分两批次集中对该工程进行监督检测，共抽检样品多项，主要包括工程进场原材料及已完成的工程实体检测。检测项目及数量详见表 5-21。

表 5-21　　监督检测抽检项目及数量一览表

序号	检测项目	计量单位	检测数量	备注
1	水泥物理力学性能检验	组	20	
2	粉煤灰物理力学性能检验	组	14	
3	外加剂检验	组	28	
4	钢筋	组	65	
5	细骨料（砂）	组	24	
6	粗骨料（石子）及碎石	组	36	
7	混凝土抗压强度	组	15	
8	混凝土抗渗等级	组	12	
9	混凝土抗冻等级	组	13	
10	铜止水	组	15	
11	橡胶止水	组	5	
12	混凝土碳化深度	测点	996	
13	回弹法检测混凝土强度	组	322	
14	混凝土芯样强度	组	9	
15	钢筋间距、直径及保护层厚度	测点	545	
16	锚杆	根	31	
17	土方回填（压实度、含水率）	组	6	
18	低应变	根	9	
19	土工膜	组	2	
20	预应力钢丝	组	2	
21	钢绞线	组	1	

5.7.3　现场检测

5.7.3.1　原材料及中间产品检测

监督检测由检测人员到工程现场进行随机抽样，原材料及中间产品取样后做好抽样的记录、标识、封装、保存，并在试验室内进行检测。现场原材料取样情况如图 5－112～图 5－115 所示。

图 5－112 铜止水取样及标识

图 5－113 混凝土试块取样

图 5－114 土工布取样

图 5－115 钢绞线取样

5.7.3.2 混凝土回弹强度、钢筋间距及保护层厚度检测

2016 年度和 2017 年度分别对部分标段已浇筑且满足龄期的混凝土实体进行强度、钢筋间距及保护层厚度检测。现场检测情况如图 5－116～图 5－118 所示。

图 5－116 混凝土回弹检测

图 5－117 钢筋位置检测

5.7.3.3 锚杆无损检测

锚杆无损检测主要为锚杆长度、锚固质量检测，2016 年度及 2017 年度对相应标段暗涵及隧洞工程进行锚杆无损检测，现场检测情况如图 5－119 所示。

图5-118　钢筋间距及保护层厚度检测

图5-119　锚杆锚固质量检测

5.7.3.4　土方回填检测

土方回填主要检测相对密度及含水率，2016年度及2017年度对相应标段明渠、倒虹吸工程及暗涵等进行土方回填抽检，现场检测情况如图5-120、图5-121所示。

图5-120　土方填筑取样（现场取样）

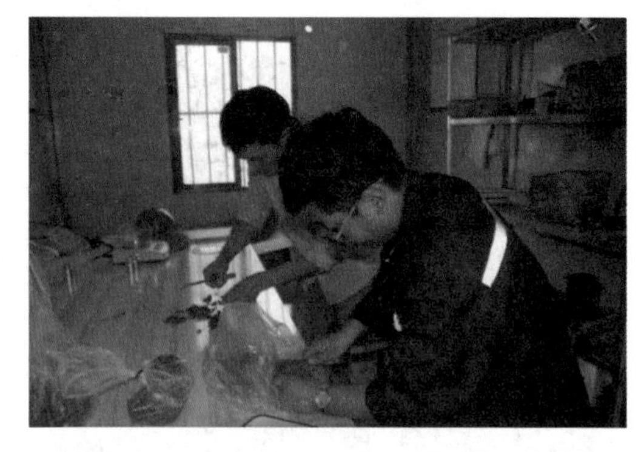

图5-121　土方填筑检测（实验室检测）

5.7.3.5　混凝土芯样强度检测

通过取芯法在已浇筑的到达龄期的实体混凝土上取芯，并加工成长径比1∶1的试件，进行抗压强度试验。对相应标段混凝土实体进行芯样强度检测，现场检测情况如图5-122、图5-123所示。

图 5-122 混凝土取芯现场

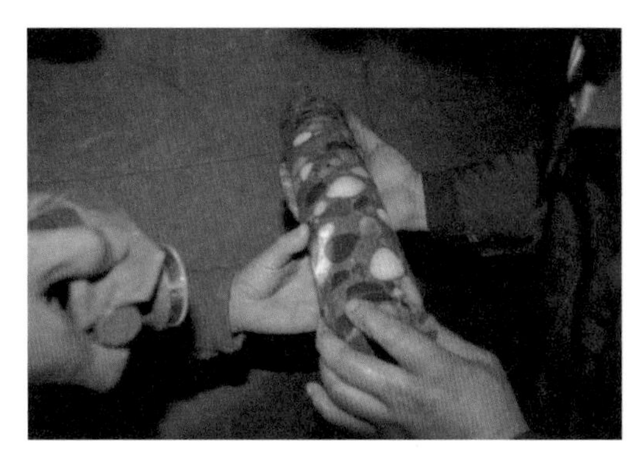

图 5-123 混凝土芯样

5.7.3.6 低应变检测

低应变主要对桩身完整性进行检测，2016 年度主要对相应标段渡槽工程、管桥工程进行桩身完整性检测，现场检测情况如图 5-124 所示。

图 5-124 桩基低应变检测

5.7.4 检测结果

5.7.4.1 原材料及中间产品检测

原材料及中间产品检测累计抽检水泥、粉煤灰、外加剂、骨料、混凝土抗压强度、铜止水、橡胶止水及钢筋等原材料及中间产品共计 252 组，试验室通过水泥胶砂搅拌机、水泥净浆搅拌机、高温电阻炉、万能试验压力机等仪器设备和化学试剂，依据相关规程、规范对其物理性能及化学指标进行检测，合格率为 98.0%。对于不合格原材料坚决禁止用于在建工程，或降级使用。

5.7.4.2 混凝土回弹强度、钢筋间距及保护层厚度检测

依据《回弹法检测混凝土抗压强度技术规程》(JGJ/T 23—2011)，采用回弹法测量混凝土结构或构件的回弹值，结合测区碳化深度值，推算其混凝土强度值，检测结果均满足设计要求。依据《混凝土中钢筋检测技术规程》(JGJ/T 152—2008)，采用超声波法检测混凝土结构或构件的钢筋间距、直径及保护层厚度，检测结果满足设计要求。

5.7.4.3 锚杆无损检测

2016 年度、2017 年度锚杆无损检测结果见表 5-22、表 5-23。

表 5-22　　　　　　2016年度锚杆无损检测结果表

工程名称	锚杆编号	取样部位	外露长度/m	杆长/m				密实度/%			锚杆等级
				设计	实测	入岩深度	评判	设计	实测	评判	
14标段暗涵工程	M-2015-14B-2016-01	142+568Y	0.03	4	4.11	4.08	合格	100	81	B级	Ⅱ级
	M-2015-14B-2016-02	142+570Z	0.11	4	4.15	4.04	合格	100	84	B级	Ⅱ级
	M-2015-14B-2016-03	142+572Z	0.10	4	4.08	3.98	合格	100	87	B级	Ⅱ级
	M-2015-14B-2016-04	142+574Y	0.05	4	4.20	4.15	合格	100	89	B级	Ⅱ级
	M-2015-14B-2016-05	142+576Z	0.08	4	4.15	4.07	合格	100	85	B级	Ⅱ级
	M-2015-14B-2016-06	142+576Y	0.08	4	4.09	4.01	合格	100	76	C级	Ⅲ级
15标段隧洞工程	M-2015-15B-2016-01	DK161+780（右）	0.12	3	3.10	2.98	合格	100	85	B级	Ⅱ级
	M-2015-15B-2016-02	DK161+778（右）	0.13	3	3.18	3.05	合格	100	80	B级	Ⅱ级
	M-2015-15B-2016-03	DK161+776（右）	0.13	3	3.00	2.87	合格	100	83	B级	Ⅱ级
	M-2015-15B-2016-04	DK161+774（右）	0.15	3	3.25	3.10	合格	100	80	B级	Ⅱ级
	M-2015-15B-2016-05	DK161+761（右）	0.13	3	3.11	2.98	合格	100	82	B级	Ⅱ级
	M-2015-15B-2016-06	DK161+764（左）	0.17	3	3.23	3.06	合格	100	92	A级	Ⅰ级
	M-2015-15B-2016-07	DK161+768（左）	0.12	3	3.08	2.96	合格	100	88	B级	Ⅱ级
	M-2015-15B-2016-08	DK161+770（左）	0.18	3	3.08	2.90	合格	100	86	B级	Ⅱ级
	M-2015-15B-2016-09	DK161+781（左）	0.16	3	3.05	2.89	合格	100	84	B级	Ⅱ级
	M-2015-15B-2016-10	DK161+783（左）	0.13	3	3.08	2.95	合格	100	90	A级	Ⅰ级
结　论		以上检测锚杆等级均为Ⅲ级及以上，为合格锚杆									

注　根据JGJ/T 182—2009规定，对于杆体长度不小于设计长度的95%，且不足长度不超过0.5m的锚杆，可评定锚杆长度合格；当锚固密实度达到C级以上，且符合设计要求时，应评定锚固密实度合格。单元或单项工程锚杆锚固质量全部达到Ⅲ级及以上的应评定为合格。

表 5-23　　　　　　2017年度锚杆无损检测结果表

工程名称	锚杆编号	取样部位	外露长度/m	杆长/m				密实度/%			锚杆等级
				设计	实测	入岩深度	评判	设计	实测	评判	
14标段暗涵工程	M-2015-14B-2017-01	进口 142+985	0.23	4.0	4.16	3.93	合格	100	92	A级	Ⅰ级
	M-2015-14B-2017-02	进口 142+984	0.11	4.0	3.98	3.87	合格	100	96	A级	Ⅰ级
	M-2015-14B-2017-03	进口 142+982	0.18	4.0	4.25	4.07	合格	100	93	A级	Ⅰ级
	M-2015-14B-2017-04	进口 142+981	0.12	4.0	4.30	4.18	合格	100	92	A级	Ⅰ级
	M-2015-14B-2017-05	进口 142+979	0.23	4.0	4.18	3.95	合格	100	97	A级	Ⅰ级
	M-2015-14B-2017-06	进口 142+977	0.19	4.0	4.46	4.27	合格	100	93	A级	Ⅰ级
	M-2015-14B-2017-07	3#洞 148+785	0.15	4.0	4.00	3.85	合格	100	98	A级	Ⅰ级

续表

工程名称	锚杆编号	取样部位	外露长度/m	杆长/m				密实度/%			锚杆等级
				设计	实测	入岩深度	评判	设计	实测	评判	
14标段暗涵工程	M-2015-14B-2017-08	3# 洞 148+783	0.24	4.0	4.51	4.27	合格	100	86	B级	Ⅱ级
	M-2015-14B-2017-09	3# 洞 148+779	0.21	4.0	4.24	4.03	合格	100	95	A级	Ⅰ级
	M-2015-14B-2017-10	2# 洞上游 147+490	0.23	4.0	4.17	3.94	合格	100	91	A级	Ⅰ级
	M-2015-14B-2017-011	2# 洞上游 147+485	0.25	4.0	4.08	3.83	合格	100	94	A级	Ⅰ级
	M-2015-14B-2017-012	2# 洞上游 147+480	0.26	4.0	4.55	4.29	合格	100	92	A级	Ⅰ级
16标段隧洞工程	M-2015-16B-2017-01	245+379.9	0.28	4.0	4.26	3.98	合格	100	95	A级	Ⅰ级
	M-2015-16B-2017-02	245+379.4	0.24	4.0	4.38	4.14	合格	100	93	A级	Ⅰ级
	M-2015-16B-2017-03	245+380	0.27	4.0	4.50	4.23	合格	100	90	A级	Ⅰ级
结论		以上检测锚杆等级均为Ⅲ级及以上，为合格锚杆									

注 根据 JGJ/T 182—2009 规定，对于杆体长度不小于设计长度的 95%，且不足长度不超过 0.5m 的锚杆，可评定锚杆长度合格；当锚固密实度达到 C 级以上，且符合设计要求时，应评定锚固密实度合格。单元或单项工程锚杆锚固质量全部达到Ⅲ级及以上的应评定为合格。

5.7.4.4 土方回填检测

2016 年度，2017 年度土方回填检测结果见表 5-24、表 5-25。

表 5-24　　2016 年度土方回填检测结果表

工程名称	样品编号	取样部位	试样湿密度/(g·cm⁻³)	含水率/%	试样干密度/(g·cm⁻³)	干密度平均值/(g·cm⁻³)	最大干密度/(g·cm⁻³)	相对密度/%	设计要求/%
03标暗涵、明渠、倒虹吸工程	EB-T-2015-03B-2016-01	明渠 19+595 高程 143.8m	1.945	20.8	1.610	1.62	1.63	99.4	98.0
			1.970	21.6	1.620				
	EB-T-2015-03B-2016-02	暗涵 16+455 高程 153.4m	1.922	22.4	1.570	1.56	1.63	95.7	90.0
			1.888	22.6	1.540				
13标暗涵、明渠工程	EB-T-2015-13B-2016-01	121+700 高程 124.48m（二十层）	1.969	19.8	1.644	1.67	1.64	101.8	98.0
			2.042	20.6	1.693				
	EB-T-2015-13B-2016-02	121+720 高程 124.48m（二十层）	2.016	21.0	1.666	1.68	1.64	102.4	98.0
			2.035	19.8	1.699				
结论	本次抽检土方填筑的相对密度满足设计要求								

表 5-25　　2017年度土方回填检测结果表

工程名称	样品编号	取样部位	试样湿密度/(g·cm⁻³)	含水率/%	试样干密度/(g·cm⁻³)	干密度平均值/(g·cm⁻³)	最大干密度/(g·cm⁻³)	相对密度/%	设计要求/%
18标明渠及水库工程	EB-T-2015-18B-2017-01	第53层，桩号0+040.00，高程90.14m	2.02	21.6	1.661	1.67	1.68	99.4	97.0
			2.04	22.0	1.672				
	EB-T-2015-18B-2017-02	第53层，桩号0+065.00，高程90.14m	2.03	22.1	1.663	1.66	1.68	98.8	97.0
			2.01	21.2	1.658				
结论	本次抽检土方填筑的相对密度满足设计要求								

5.7.4.5 混凝土芯样强度检测

混凝土芯样强度检测结果见表5-26。

表 5-26　　混凝土芯样强度检测结果表

工程名称	样品编号	取样部位	直径/mm	破坏荷载/kN	构件现龄期混凝土强度/MPa
2015年度01标隧洞及暗涵	COX-2015-01B-2017-01	主洞衬砌 9+682.00、9+687.00	80.62	124.5	27.4
			80.80	139.0	28.1
			80.50	142.0	27.9
2015年度02标暗涵	COX-2015-02B-2017-01	底板 13+172.40、13+172.20	81.02	204.0	39.6
			81.04	180.5	35.0
			80.90	214.0	41.6
2015年度02标暗涵	COX-2015-02B-2017-02	左孔左墙 13+182.00、13+183.50	81.08	230.0	44.5
			81.18	211.0	40.8
			81.18	301.0	58.2
2015年度03标暗涵	COX-2015-03B-2017-01	16+887.48～16+900.00	81.02	271.7	52.7
			81.30	229.5	44.2
			81.08	219.5	42.5
2015年度03标暗涵	COX-2015-03B-2017-02	16+887.48～16+900.00	81.08	213.2	41.3
			81.14	263.0	50.9
			81.20	252.5	48.8
2015年度09标暗涵	COX-2015-09B-2017-01	暗涵右孔	81.50	174.5	33.5
			81.58	143.2	27.4
			81.60	157.7	30.2

续表

工程名称	样品编号	取样部位	直径/mm	破坏荷载/kN	构件现龄期混凝土强度/MPa
2015年度10标暗涵	COX-2015-010B-2017-01	暗涵	81.44	222.7	42.8
			81.44	194.0	37.2
			81.70	236.2	45.1
2015年度11标暗涵	COX-2015-011B-2017-01	暗涵右孔右边墙112+010.00	81.74	218.7	41.7
			81.60	184.0	35.2
			81.54	208.7	40.0
2015年度12标暗涵	COX-2015-012B-2017-01	暗涵右孔74号	81.74	265.7	50.6
			81.50	212.5	40.7
			81.62	263.7	50.4
2015年度12标暗涵	COX-2015-013B-2017-01	暗涵	81.78	215.0	40.9
			81.38	280.5	53.9
			81.74	225.2	42.9
2015年度15标隧洞	COX-2015-015B-2017-01	168+400.00～168+388.00	99.92	286.5	36.5
			100.02	353.5	45.0
			99.76	332.5	42.5
结论	本次抽检混凝土芯样强度均满足设计要求				

5.7.4.6 低应变检测

桩身低应变检测结果见表5-27。

表5-27　桩身低应变检测结果表

工程名称	检测编号	桩号	设计桩径/mm	桩长/m	声速/(m·s^{-1})	桩身质量评价	缺陷位置及类型
04标渡槽工程	ZJ-2015-04B-2016-01	37-1	1500	25.00	4000	Ⅰ	
	ZJ-2015-04B-2016-02	37-4	1500	25.00	4006	Ⅰ	
	ZJ-2015-04B-2016-03	37-6	1500	25.00	4000	Ⅰ	
06标管桥工程	ZJ-2015-06B-2016-01	1-3	1000	38.00	4090	Ⅰ	
	ZJ-2015-06B-2016-02	1-4	1000	38.00	4130	Ⅱ	深度18.11m缺陷
	ZJ-2015-06B-2016-03	1-8	1000	38.00	4089	Ⅰ	
06标管桥工程	ZJ-2015-06B-2016-04	4-2	1000	39.00	4160	Ⅰ	
	ZJ-2015-06B-2016-05	4-9	1000	39.00	4110	Ⅰ	
	ZJ-2015-06B-2016-06	4-12	1000	39.00	4180	Ⅰ	
结　论	Ⅰ类桩：桩身完整； Ⅱ类桩：桩身有轻微缺陷，不会影响桩身结构承载力的正常发挥						

5.7.5　结论

通过对该引调水工程原材料质量抽检以及中间产品质量检测，合格率达到95%以上。通过采用混凝土回弹仪、钢筋位置扫描仪、锚杆无损检测仪及低应变设备等对现场实体工程进行具有代表性的抽样检测，基本满足规范和设计要求。现有的工程质量检测已成为水利水电工程建设过程中重要的质量及安全把控手段，是对施工过程的一种考核办法。

建设期工程质量抽样检测主要包括原材料质量抽检、中间产品质量检测以及实体工程质量检测，检测手段和方法基本成熟并制定了相应的技术规范，其中原材料检测和中间产品检测主要以试验室检测为主，检测结果的准确性主要取决于检测设备的可靠性与检测员操作的规范性；实体检测是在实体完工以后，通过现场取样并依托便携设备开展现场检测。

但是，目前试验室检测主要采取现场取样，远距离送检，检测的时效性难以保证。实体检测由于样本数量较少，且抽样不具备普遍性，难以代表工程的整体质量情况。总体来说，建设期工程质量检测缺少施工质量的过程控制，存在“以点代面”的问题。

第6章 水工建筑物水下检测

6.1 枢纽工程建筑物水下检测

6.1.1 工程概况

某水利枢纽工程主要由主坝、左右副坝、溢洪道、电站厂房及左右岸灌溉管（洞）等建筑物组成。大坝坝顶高程221.00m，最大坝高40.55m。枢纽为Ⅰ等工程，主要建筑物为1级建筑物，挡水建筑物地震设防烈度为Ⅶ度，水库设计洪水标准为千年一遇。工程投入运行以来，水库运行总体平稳，水库管理人员在日常巡查时发现，大坝上游护坡部分区域混凝土盖板坍塌（图6-1）。

图6-1 水库大坝上游混凝土护坡盖板坍塌现场照片

为全面掌握主要建筑物水下部位的坍塌范围和面积，分别采用双频侧扫声呐、水下机器人，对该水利枢纽主要水工建筑物水下部分进行了检测，为后续处理方案提供技术支撑。

6.1.2 现场检测

现场主要检测部位包括当时水位以下主坝明渠段及左副坝右端上游混凝土护坡、右岸灌溉洞出水口（图6-2）、右岸灌溉洞进水口（图6-3）、电站厂房前池以及主坝上游混凝土护坡、溢洪道上游护坡等。

根据检测内容，并结合现场情况，采用双频侧扫声呐对上述需检测区域进行前期普查

（图6-4），对侧扫中发现的局部疑似缺陷区域采用水下机器人搭载高清摄像进行详查（图6-5），了解异常区的详细情况。

主坝明渠段及左副坝右端探测区域为水位线以下至混凝土底座边缘。右岸灌溉洞出水口探测区域为水位线以下区域，长约70m，宽约50m。右岸灌溉洞进水口探测区域为水位线以下区域，长约70m，宽约30m。电站进水口前池、溢洪道上游、主坝坝前均采用侧扫全断面扫描，探测区域为水位线以下。

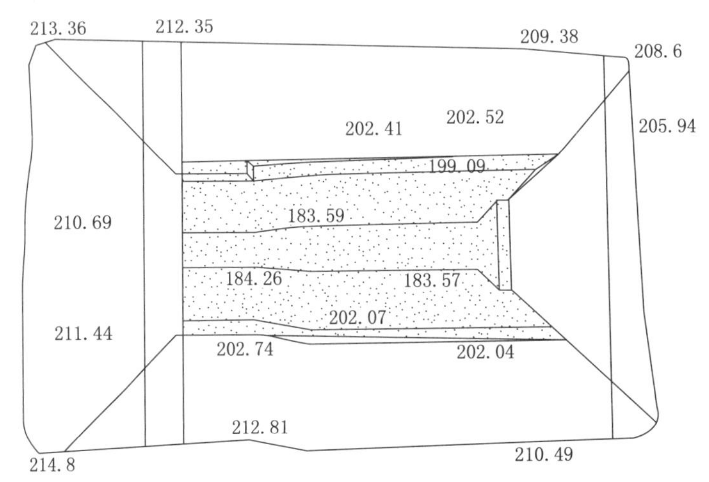

图6-2　右岸灌溉洞出水口检测区域示意图

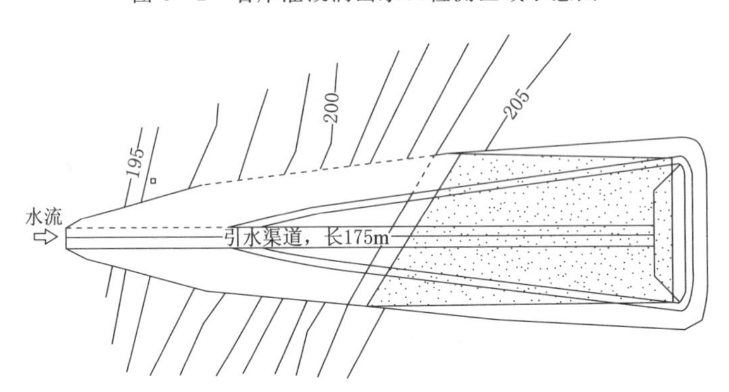

图6-3　右岸灌溉洞进水口检测区域示意图

图6-4　双频侧扫检测右岸灌溉洞出水口

图6-5　水下机器人寻找主坝上游塌落区

6.1.3 检测图像分析

6.1.3.1 主坝明渠段及左副坝右端

图 6-6 为主坝明渠段及左副坝右端探测—拖鱼轨迹图，图中不同颜色的曲线表示在不同时段进行双频侧扫检测的拖鱼轨迹。由于双频侧扫数据及成图质量受水面有无风浪及船行是否匀速、船行轨迹是否为直线等因素影响，为了提高检测质量，对同一测线进行多次检测，并从多次检测结果图中筛选质量较好的典型图像。

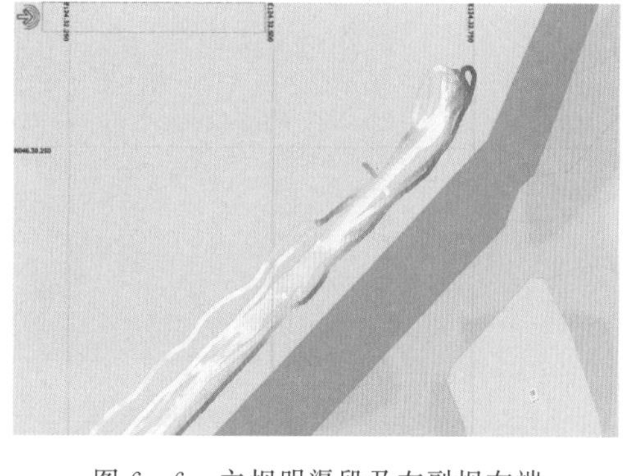

图 6-6 主坝明渠段及左副坝右端探测—拖鱼轨迹图

图 6-7 为部分主坝明渠段双频侧扫声呐影像图，图 6-8 为部分左副坝右端双频侧扫声呐影像图，从图中可知主坝明渠段及左副坝右端上游护坡水下部位混凝土盖板完好无损，未发现较大范围的坍塌及错位。

图 6-7 主坝明渠段双频侧扫声呐影像图

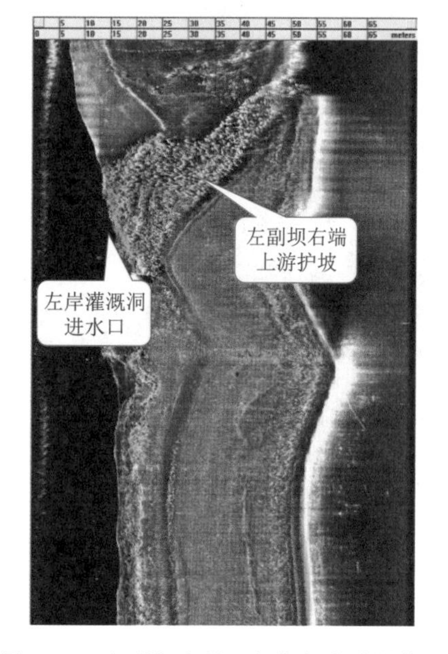

图 6-8 左副坝右端双频侧扫声呐影像图

6.1.3.2 右岸灌溉洞出水口

图 6-9 中显示的 7 条测线为双频侧扫声呐在右岸灌溉洞出水口探测时的拖鱼轨迹。

图 6-10 为双频侧扫声呐在测线 1 的检测结果图，图 6-11 为双频侧扫声呐在测线 2 的检测结果图，图 6-11 中明显可见灌溉洞出口明渠影像。从检测结果图中可知灌溉洞出口左岸护坡坍塌破坏较严重，岸坡及库底有滚落的大石头。右岸护坡无明显塌陷，情况较好，无大石头滚落。

图6-9 右岸灌溉洞出水口探测时的拖鱼轨迹图

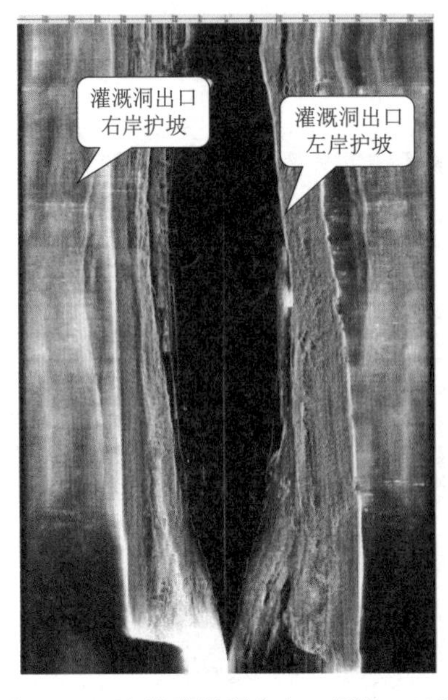

图6-10 右岸灌溉洞出水口测线1双频侧扫声呐检测结果图

图6-11 右岸灌溉洞出水口测线2双频侧扫声呐检测结果图

为了检测右岸灌溉洞出水口闸门附近的情况，采用水下机器人下潜到闸门附近，进行现场检测。图6-12为水下机器人现场检测情况，从图中可知，右岸灌溉洞出口闸门未落到底，推测可能是由于闸门门槽被异物卡住，导致闸门无法关严。

6.1.3.3 主坝坝前护坡

图6-13为主坝坝前双频侧扫声呐检测结果总图。

图6-14为主坝坝前双频侧扫声呐在靠近电厂段的检测结果图，从图中可知检测区域有大约6块混凝土面板塌落，根据现场测量为桩号2+900.00附近。

图6-15显示双频侧扫声呐在靠近面板塌落区的主坝坝前发现一艘沉船。

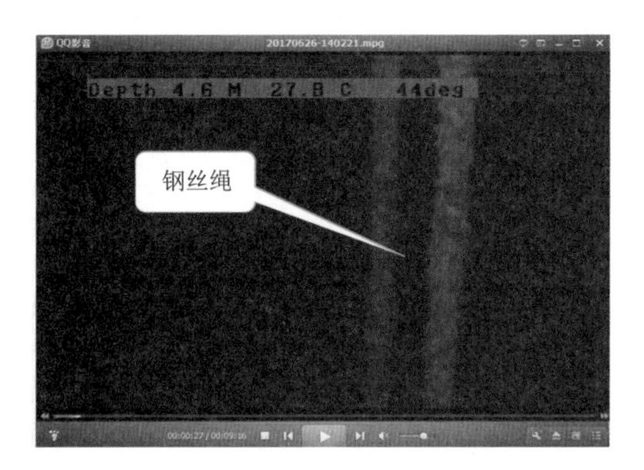

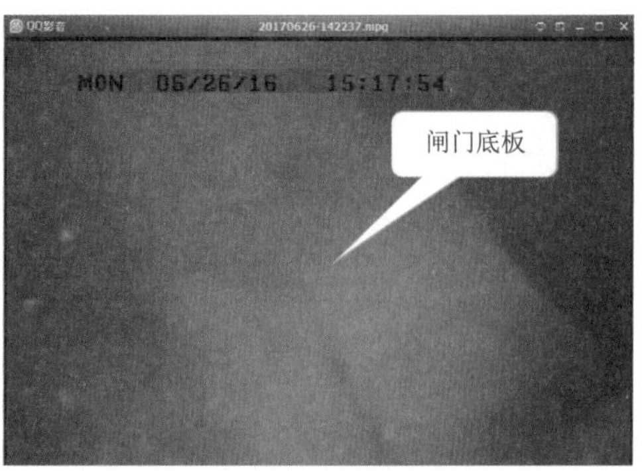

图 6-12 水下机器人在右岸灌溉洞出水口闸门井检测结果图

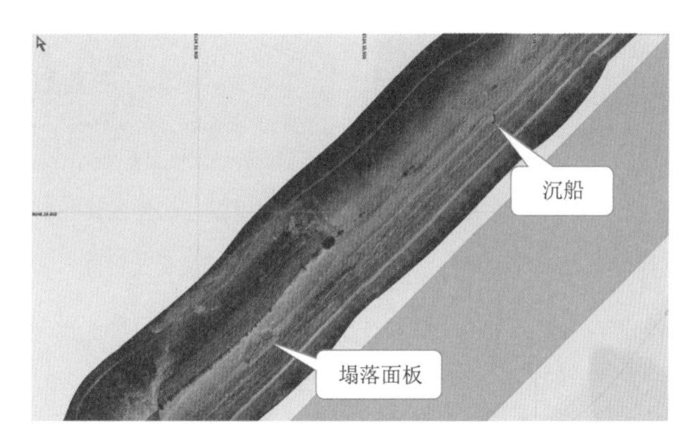

图 6-13 主坝坝前双频侧扫声呐检测结果总图

图 6-14 主坝坝前双频侧扫声呐检测结果图（一）

图 6-15 主坝坝前双频侧扫声呐检测结果图（二）

为了验证双频侧扫声呐检测到的主坝坝前护坡混凝土面板塌落情况，采用水下机器人下潜到面板塌落区进行水下检测，并录取视频。图 6-16 为水下机器人录取的塌落区水下情况，从图中可知塌坑中有大量树根、石头等杂物。

主坝坝前护坡其他部分的水下混凝土盖板整体完整，未发现较大范围的坍塌及错位。库底较平整，地形起伏不大，无明显冲刷、塌陷情况。

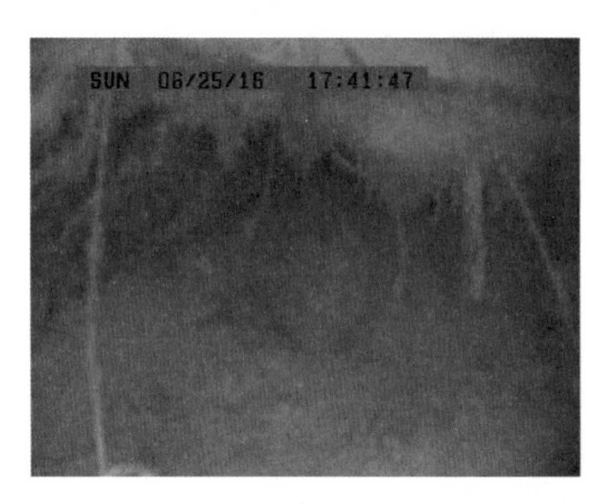

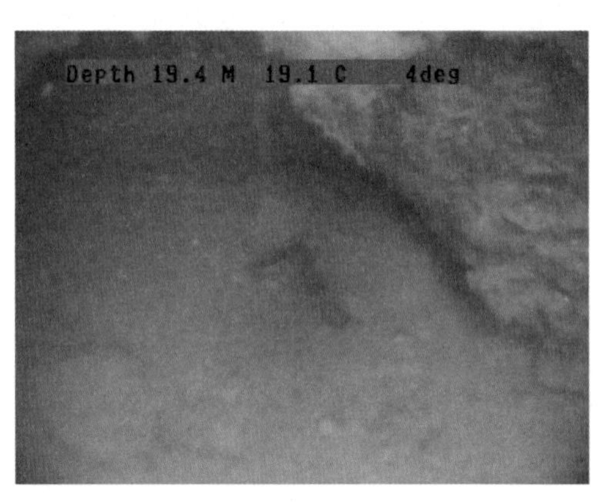

图 6-16　水下机器人在主坝坝前护坡塌落处的检测结果图

6.1.3.4　其他部位

根据双频侧扫影像图能够发现，右岸灌溉洞进水口三侧护坡水下部位混凝土完好无损，未发现较大范围的坍塌及滑坡。此外，溢洪道上游、老山头与电站进水口前池混凝土护坡水下部位整体完整，未发现较大范围的坍塌、滑动等情况。库底较平整，地形起伏不大，无明显冲刷、塌陷情况，无明显树根、块石等杂物沉积。

6.1.4　结论

采用双频侧扫声呐及水下机器人对某水库主坝明渠段及左副坝右端上游混凝土护坡、右岸灌溉洞出水口及闸门井、右岸灌溉洞进水口、电站进水口前池、主坝上游护坡及溢洪道上游等水下区域进行检测，可得出以下结论：

通过双频侧扫声呐现场检测，发现主坝坝前护坡有 6 块混凝土面板塌落，在靠近塌落区的主坝坝前发现一艘沉船，其余检测部分未见明显异常。采用水下机器人对右岸灌溉洞出水口闸门进行检测，发现闸门未关闭。

由于主坝坝前护坡混凝土面板塌落面积较大，为了确保大坝安全，建议对面板塌落区进行定期监测，并及时对主坝坝前护坡塌落区进行处理。

6.2　重力坝坝前及坝后溢洪道消力池检测

6.2.1　工程概况

国外某水电站工程由拦河坝、引水系统和发电厂房等主要建筑物组成。工程等别为Ⅱ

等大（2）型。拦河坝为碾压混凝土重力坝，最大坝高 112m。坝轴线在平面上是直线布置，溢流坝段基本上与河流垂直，使得泄洪水流与下游河道连接平顺。大坝坝顶高程 153.00m，坝底高程 41.00m，最大坝高 112.00m，坝顶宽 6.0m，坝体上游面高程 84.00m 以上为竖直面，高程 84.00m 以下为 1∶0.3；下游面为 1∶0.75，折坡点高程为 145.00m；大坝分 10 个坝段，横缝间距为 42～60m；横缝采用通缝布置，每个坝段中部上下游面各设置一条诱导缝。

大坝泄洪采用坝顶开敞式溢洪道，布置在河床中段，溢洪道堰顶高程 135.00m，共设 5 孔，每孔净宽 12m，中墩宽 3.0m，边墩宽 3.0m，采用 5 扇 12m×15m 弧形钢闸门，相应配 5 台卷扬机控制闸门启闭。溢流堰面采用 WES 实用堰，陡槽段坡度 1∶0.75，溢洪道末端反弧段底高程为 82.60m，半径为 32m，挑射角 30°，鼻坎高程为 86.887m。下游消能方式采用挑流消能。坝顶交通桥与坝顶同高程，考虑到弧形闸门启闭，交通桥布置在溢流坝段闸墩尾部，宽度 5m。

针对大坝坝前可能存在的缺陷和隐患区域，采用双频侧扫声呐系统进行普查，对发现的疑似缺陷区域采取水下机器人下潜作业，对疑似缺陷区域进行确认。

6.2.2 现场检测

大坝坝前采用双频侧扫声呐系统和水下机器人检测，该区域长约 550m，宽约 115m，检测总面积约为 63250m²。先采用双频侧扫进行普查，对发现的疑似缺陷区域进行水下机器人详查。

坝前水下检测测线拖鱼轨迹图如图 6-17 所示，现场检测如图 6-18、图 6-19 所示。由于双频侧扫声呐系统数据及成图质量受水面有无风浪及船行是否匀速、船行轨迹是否为直线等因素影响，为保证双频侧扫声呐系统检测数据及成图质量，现场检测时对同一测线进行多次检测，并从多次检测结果图中筛选质量较好的典型图像进行分析。

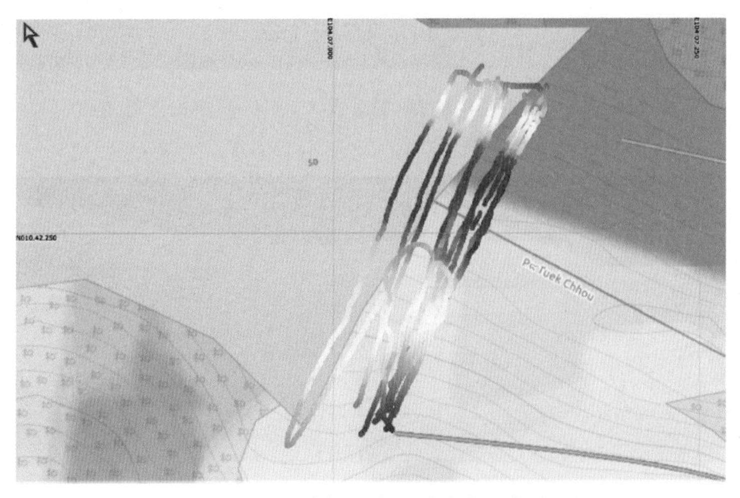

图 6-17　坝前水下检测测线拖鱼轨迹图

坝后溢洪道消力池检测面积约为 15000m²。现场检测时，也对同一测线进行了多次检测，并从多次检测结果图中筛选质量较好的典型图像进行分析。

图6-18　安装双频侧扫声呐系统

图6-19　应用双频侧扫声呐系统进行水下检测

6.2.3　检测图像分析

图6-20为双频侧扫声呐系统900kHz频率在坝前的扫描结果，图6-21为双频侧扫声呐系统445kHz频率在坝前的扫描结果。现场检测时，受风浪及水流影响，船行轨迹未能保持直线，自PH3进水口附近至右岸坝头有小幅畸变现象。侧扫图像上的白道主要是由于受二次回波和船只尾流干扰影响。

图6-22为坝前地形扫描等高线3D结果图。

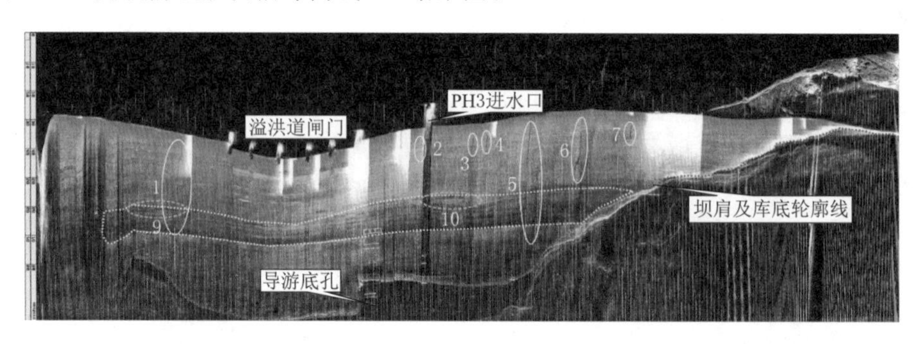

图6-20　坝前双频侧扫声呐系统900kHz频率扫描结果图

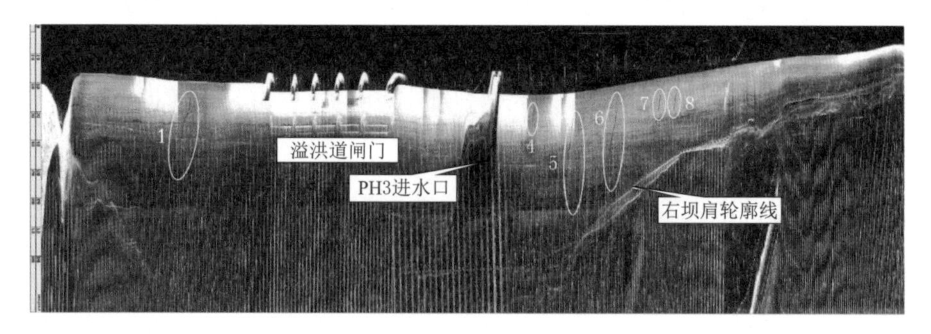

图6-21　坝前双频侧扫声呐系统445kHz频率扫描结果图

双频侧扫影像中可以清晰地看到溢洪道闸门、导流底孔和PH3进水口的影像。结合图6-20、图6-21，能够发现：

图 6-22 坝前地形扫描等高线 3D 结果图

(1) 上游混凝土护坡水下部位整体完整，未发现较大范围的坍塌、滑动等情况，表现为回声能量较弱，声呐影像呈浅色调。

(2) 库底较平整，地形起伏不大，无明显冲刷、塌陷情况，无明显树根、块石等杂物沉积。

(3) 左坝岸坡有条带状及斑块状小型凹坑，表现为回声能量较强，声呐影像呈深暗色调；岸坡无明显塌陷情况，未见滚落的大块石。右坝岸坡有条带状及斑块状小型凹坑，表现为回声能量较强，声呐影像呈深暗色调；岸坡无明显塌陷情况，未见滚落的大块石。

(4) 在桩号坝左 0+080.00（1 号）、坝右 0+073.00（2 号）、坝右 0+105.00（3 号）、坝右 0+110.00（4 号）、坝右 0+140.00（5 号）、坝右 0+160.00（6 号）、坝右 0+180.00（7 号）、坝右 0+187.00（8 号）、坝左 0+082.00～坝左 0+092.00（9 号）、桩号坝右 0+084.00～0+092.00（10 号）位置，分别发现一处疑似缺陷区。疑似缺陷区域如图 6-20、图 6-21 所示。

(5) 高程 85.00～75.00m 范围（图 6-20 中白色虚线范围），声呐影像存在条带状深暗色调，可能在部分区域存在疏松脱落、冲刷等缺陷情况。

为了验证双频侧扫声呐系统检测到的疑似缺陷情况，采用水下机器人下潜到推算桩号位置，并录取视频影像。图 6-23、图 6-24 为水下机器人水下检测影像截图。通过水下机器人检测视频影像，可以看出：

(1) 桩号坝左 0+080.00、坝右 0+073.00、坝右 0+105.00、坝右 0+110.00、坝右 0+140.00、坝右 0+160.00、坝右 0+180.00、坝右 0+187.00 位置疑似缺陷区（疑似缺陷区 1～8）为原裂缝处理区域。

(2) 桩号坝左 0+082.00～0+092.00 以及桩号坝右 0+084.00～0+092.00，高程约 85.00m 范围疑似缺陷区（疑似缺陷区 9、10），分别有一处近水平向裂缝。其中第一处水平裂缝区（疑似缺陷区 9）破损略严重，表面有疏松脱落现象，缝内有小块石等填充物。

图6-23　疑似缺陷区2、6视频影像截图（红色虚线内为裂缝处理区）

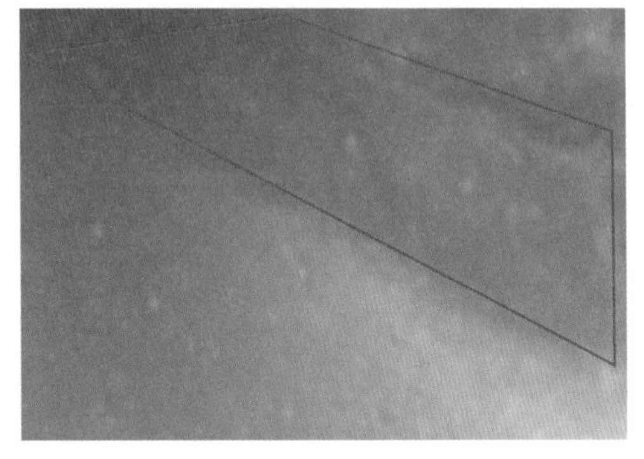

图6-24　疑似缺陷区9、10视频影像截图（红色虚线内为裂缝区）

6.3　水库淤积及库容曲线校核检测

6.3.1　工程概况

某水库流域面积0.46km²，基流长年不断，但流量较小。水库工程主要包括浆砌石拱坝、输水管闸房等结构，工程类别为小（2）型水库，工程等级为V等，主要建筑物设计标准为5级，其防洪标准按20年一遇设计洪水、100年一遇洪水校核。坝体采用浆砌石边框埋石混凝土充填。坝长120m（包括南北两坝头重力墩50m），最大坝高25.7m，坝顶宽2m，设计库容25.81万m³。

经过长时间的运行，水库底部存在大量的淤泥杂质等，与水库运行初期相比，水库底部地形已经发生明显变化，进而影响了水库的库容量，需要对其进行重新校核。为了对水库进行库容曲线校核，2019年3月，本单位相关人员采用无人船及三维激光扫描仪对水库地形进行了测量。依据合同要求，开展的测量项目包括：①库水位以下地形测量；②库水位以上地形测量；③校核水库库容总量。

6.3.2　现场测量

6.3.2.1　仪器设备

水下地形测量采用无人船测量技术，水面以上地形测量采用三维激光扫描技术。

华微5号无人船（图6-25）测量系统内置高灵敏度惯导，严格依照规划航行轨迹自动行驶；最大航速5m/s，顺逆流自动调节转速，具有较强的顶流性能；船体标配华测最新三星八频智能接收机提供厘米级位置信息，结合D230分体式测深仪实现无验潮水下地形测量，可集成搭载多波束测深仪、ADCP、侧扫等设备；具有测量精度高、抗干扰性强、稳定性可靠、兼容性良好等优点。

RIEGL VZ-1000型三维激光扫描仪具有全波形回波技术和实时全波形数字化处理和分析技术，每秒可发射高达300000点的纤细激光束，提供高达0.0005°的角分辨率（图6-26）。基于RIGEL独特的多棱镜快速旋转扫描技术，它能够产生完全线性、均匀分布、单一方向、完全平行的扫描激光点云线。RiSCAN PRO分析软件可实体查看/核查、智能视图和特征抽取，通过提供包括全球坐标系拼接在内的全自动和半自动四种拼接方式与其他后处理软件结合构建测量对象的三维模型。

图6-25 华微5号无人测量船

图6-26 RIEGL VZ-1000三维激光扫描仪

6.3.2.2 现场测量

由于水库水面面积较小，水面边界线内存在大量树木结构，无法对无人船的测量轨迹进行前期规划。测量人员通过现场手动遥控无人测量船进行水库的水下地形测量。水下测量现场如图6-27所示。

图6-27 水下测量现场工作图

水库水上地形复杂，植被、树木等将严重影响地形测量分析结果，可通过增加测量站点个数提高水上地形的测算分析精度。测量人员在大坝左、右坝肩部位分别布置了1个测站，水库左、右岸边坡分别布置了2个测站，大坝上游的对立面布置了1个测站，共布置7个测站用于测量水库水面以上的地形图。三维激光扫描现场如图6-28所示。

图6-28 三维激光扫描现场工作图

6.3.3 测量结果

6.3.3.1 水下地形测量结果

对现场采集的水下地形测量数据经过计算分析，可推算水库的库容量与水深之间的关系式，库容量与水深之间的数据见表6-1。当前库水位工况水下地形测量轨迹边界线如图6-29所示，水下地形等高线布置如图6-30所示。

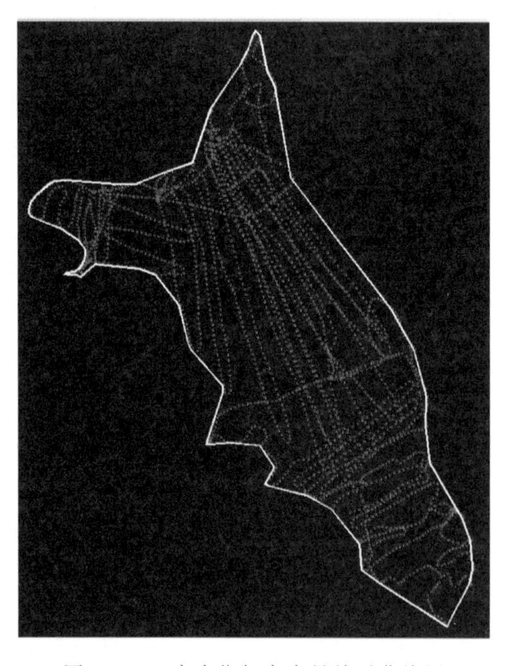

图6-29 库水位与库容量关系曲线图

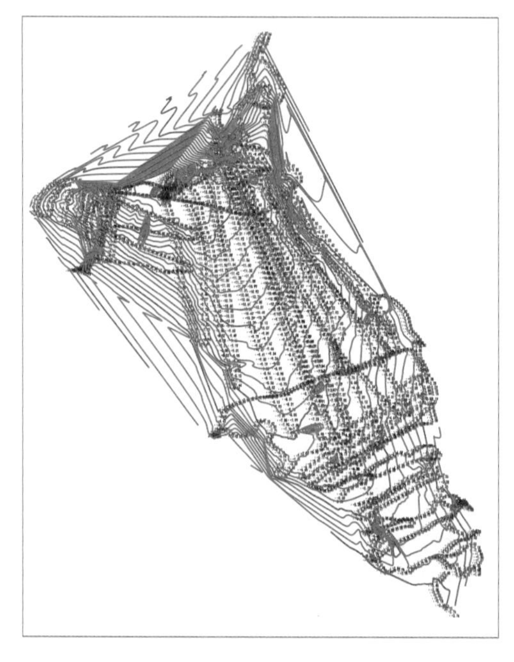

图6-30 库水位工况水下地形等高线（0.5m）图

表 6-1 不同水位下水库库容测量结果统计表

水深/m	水位/m	库容量/m³	水深/m	水位/m	库容量/m³
0.0	180.1（当前水位）	84088.2	8.0	172.1	10573.0
1.0	179.1	71083.0	9.0	171.1	6730.1
2.0	178.1	59554.1	10.0	170.1	3938.6
3.0	177.1	48477.4	11.0	169.1	2002.9
4.0	176.1	38421.8	12.0	168.1	798.0
5.0	175.1	29558.6	13.0	167.1	155.8
6.0	174.1	21969.4	14.0	166.1	0.0
7.0	173.1	15624.0			

6.3.3.2 水上地形测量结果

对三维激光扫描采集的点云数据进行内业处理，可计算得出当前库水位工况下水面边界线长度约 793.45m，水面面积约 16640.33m²。不同水位下水库库容测量结果统计见表 6-2，水库水上地形点云模型如图 6-31 所示，通过水上地形点云绘制的水面边界线如图 6-32 所示。

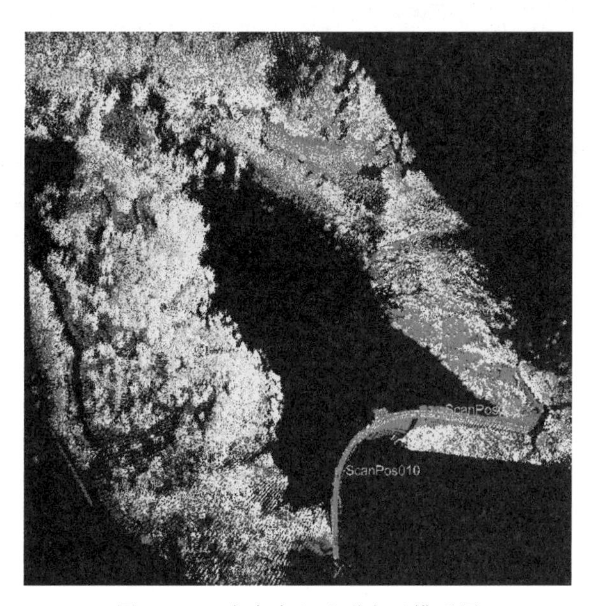

图 6-31 水库水上地形点云模型图

表 6-2 不同水位下水库库容测量结果统计表

水位/m	库容量/m³	水位/m	库容量/m³
180.10（当前水位）	70988.2	184.10	145373.7
181.10	84032.8	185.10	181269.2
182.10	98852.3	186.10	228624.6
183.10	119111.7	187.10	277937.3

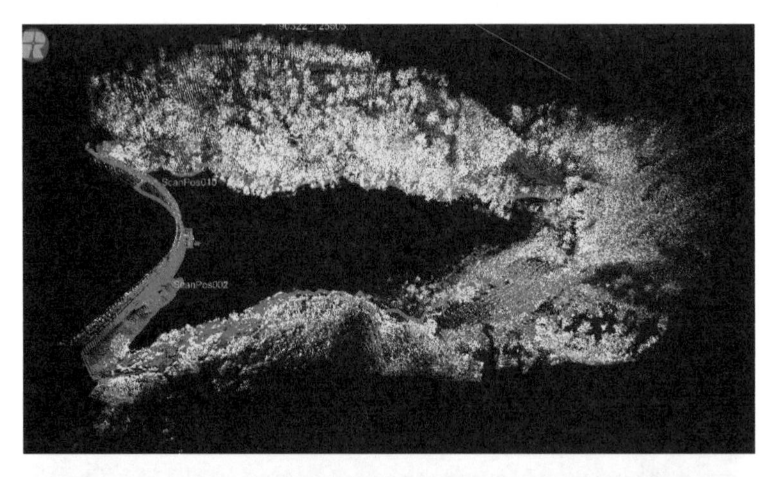

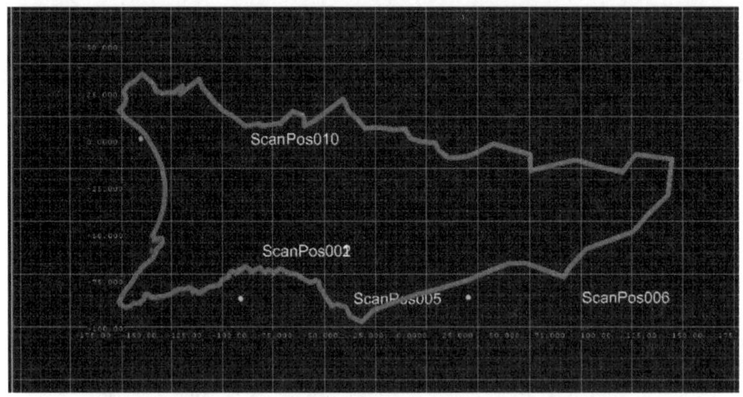

图6-32　当前库水位水面边界线布置图

6.3.3.3　库容总量校核结果

综合水面以下和水面以上的测量结果，得到表6-3，水位—库容关系曲线如图6-33所示。

表6-3　　水库水位—库容复核测量结果统计表

水位/m	库容量/m^3	水位/m	库容量/m^3
166.10	0.0	174.10	21969.4
167.10	155.8	175.10	29558.6
168.10	798.0	176.10	38421.8
169.10	2002.9	177.10	48477.4
170.10	3938.6	178.10	59554.1
171.10	6730.1	179.10	71083.0
172.10	10573.0	180.10（当前水位）	84088.2
173.10	15624.0	181.10	99532.8

续表

水位/m	库容量/m^3	水位/m	库容量/m^3
182.10	118743.0	185.10	201269.2
183.10	142111.7	186.10	237624.6
184.10	169373.7	187.10	277937.3

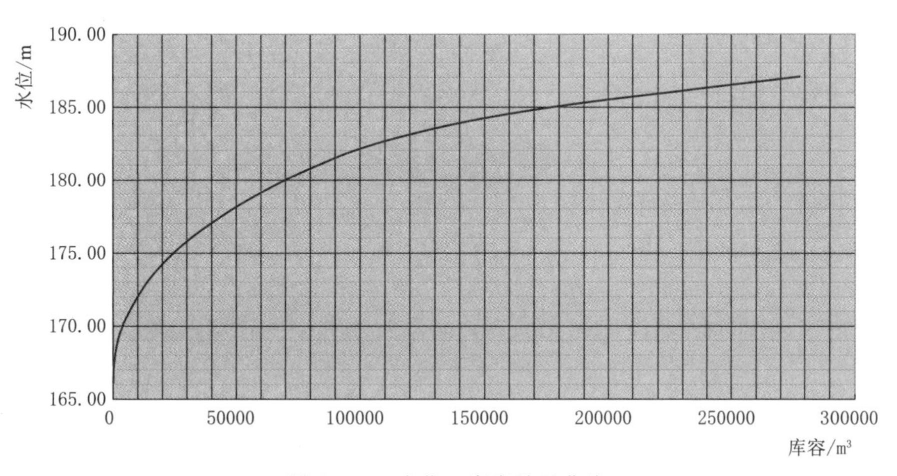

图 6-33 水位—库容关系曲线

6.3.4 结论

(1) 当前库水位工况下库容量为 84088.2m^3，水面面积约 16640.33m^2，库水深最大值为 13.77m。

(2) 由于水库工程经过长期运行，上游边坡与库底植被茂盛，增大了水库库容精确测量的难度。

(3) 由于水库附近无水准测量控制点，当前库水位高程以防浪墙顶高程为基准反推计算得到，实际使用水位—库容关系曲线时需对防浪墙顶高程进行复核。

第7章 其他无损检测与诊断及应用

7.1 道路地面沉降坑探测

7.1.1 工程概况

2016年8月，东部某省某公路北侧农田内发生地面塌陷，塌陷面积约70m²。塌陷区所在地为一铁矿开采区，其中地面165m以下深度为铁矿老开采区。事件发生后有关部门组织了专业队伍，对塌陷区采取井下充填和地表勘查钻孔充填相结合的综合治理措施；经专业部门现场勘测，相关数据正常。2016年11月，该路段原塌陷处发生第二次塌陷，塌陷区东西宽26m、南北长30m、深10m，塌陷范围扩大至公路路面，造成正在公路行驶的两辆轿车坠入塌坑，所幸无人员伤亡。

事后相关单位对塌陷坑进行了二次回填，并在回填结束后开展了连续沉降监测，为避免再次塌陷，需要对塌陷区下方的地质情况以及塌陷坑内的回填料进行探测，确保地基及回填物坚固和密实，并尽快恢复路面交通，减小损失。

塌陷区周边地层岩性主要有寒武系、奥陶系、石炭系、二叠系岩石和第四纪覆盖层，其中奥陶系是铁矿矿区主要成矿围岩，以闪长斑岩和石英闪长斑岩为主。矿区围岩蚀变主要有钠长石化、矽卡岩化、绿泥石化、钙铁石榴化、高岭土化等。该区域内褶皱、断裂均较发育，已发现有北北东向F1、F2断层和北东向F3断层。地表主要为全新世早期沉积物，厚度由南向北有增厚趋势，厚度为12.40～14.47m。上部为杂填土，主要成分为混凝土、沥青、碎石及建筑垃圾。中部为黄褐色粉质黏土，有薄层细砂，厚度20～30cm，底部为黏土层含钙质结核和铁锰质结核。

图7-1 地面塌陷现场图

此外，塌陷区周边紧邻一大型淡水湖，地下水位较高，探测区域位于城镇周边，周围民房密布，高压线较多，测区地形条件复杂，一半位于公路上，一半位于农田，地形总体平坦。

7.1.2 检测方法及测线布置

由于本次探测目标深度超过165m，且探测区域位于城镇边缘，常见的电法如高密度电法和大地电磁测深法，受探测深度和抗干扰能力等因素限制，在本次探测中也不宜采用。综上分析，并根据现场踏勘的实际情况和以往的探测经验，本次探测采用瞬变电磁法和可控源音频大地电磁法对目标区域进行综合探测。瞬变电磁法采用纳米瞬变电磁装置来提高浅部的探测精度，主要探测深度0～－40m区域，选用的仪器设备为美国生产的GDP－32Ⅱ型瞬变电磁仪。可控源音频大地电磁法主要探测深度－40～－165m区域，选用的仪器为加拿大凤凰公司生产的V6型可控源音频大地电磁仪。

笔者采用综合物探法对塌陷区进行了探测，主要是对长约50m、宽约30m的塌陷区进行无损探测，查明塌陷坑0～－165m范围塌陷区回填渣土内空洞分布赋存情况。

探测目标区域为50m×30m的矩形区域，目标区域面积为1500m²。目标区域位于F2断层附近，现场探测时，根据现场地形，结合地质资料和探测效果，共布置了8条测线，测线方向近似与断层方向正交，实现塌陷区域全覆盖。测线间距为5m，测线布置如图7－2所示。

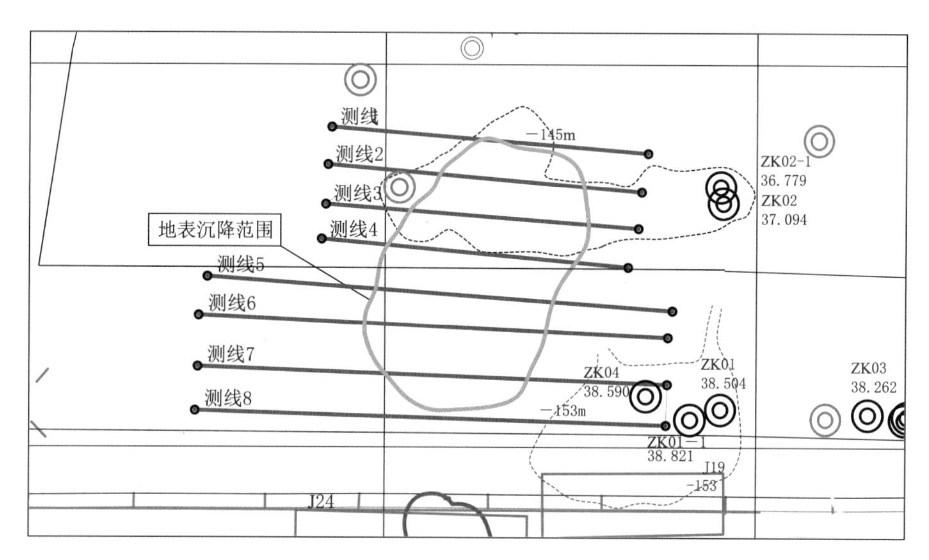

图7－2 测区及测线布置示意图

CSAMT探测布置：发射区根据接收点排列的测线方向，并结合现场实际地形，布置在测区的正北方向，发射极沿东西向布置，方向与接收测线方向平行，中心点距离接收区1200m，发射供电电极距离500m，中间用电缆连接，采用市电220V交流供电；接收区采用5m×3m的网格，即测线距离5m，测点距离3m，实际布置时根据现场情况局部有微调，共140个测点，埋设148个测量电极。

瞬变电磁法布置：采用NanoTEM采集方式，发射接收采用矩形小回线源装置，每隔2m设置一个测点，测线1至测线4每条测线设置20个测点，测线5至测线8每条测线布置30个测点，共计212个测点。

7.1.3　检测结果

通过对CSAMT和瞬变电磁法的数据处理、计算和分析，得出了各条测线的电阻率剖面图。根据两种探测方法自身的特点、周边环境的限制以及探测的实际效果，综合探测的数据解释以CSAMT法为主，瞬变电磁法为辅。数据处理过程中，由于不同探测方法设定的边界条件不完全一致，且两种方法正反演的方法不同，导致同一测线两种方法出现不完全一致的结果。资料解释时，结合两种方法各自的特点，参考地质资料和以往的探测经验，综合分析得出检测结论。

根据现场查勘、综合分析已有地质资料和塌陷区北侧F2断层附近钻孔的情况，测区位于淡水湖附近，地下水位较高。塌陷区周边钻孔资料发现花岗（蚀变）闪长斑岩，蚀变强烈，呈高岭土化，岩粉呈泥状或淤泥状，部分钻孔在上述岩层内还发现了出水现象，表明F2断层内充水的可能性较大，故认为未充填空洞内充水的可能性较大，如果空洞内充水，在结果图中一般显示为低阻区。参照以往的工程经验，地下空洞在电阻率剖面图中一般呈现近圆形或近椭圆形高电阻率圈，且电阻率值相对较高。而通过分析本次两种物探方法的探测结果图得出，在目标探测深度内发现的高阻区视电阻率值总体不高，形态呈条带状分布，与一般未充填空洞形成的高阻区有差别。因此，低阻异常区域为识别空洞区，将数据解释的重点放在低阻异常。

图7-3和图7-4为测线3和测线5的探测结果对比图，图中左侧为CSAMT剖面，右侧为瞬变电磁法剖面。综合分析7条测线的结果图可知，CSAMT法的有效探测深度基本保持在200～250m，而瞬变电磁法的有效探测深度基本在60～120m，其中测线1至测线5的探测深度为100～140m，而测线6至测线8的探测深度为50～75m，总体而言CSAMT的探测深度比瞬变电磁法深，且不同测线由于地层地质情况不同，探测深度差异较大。

根据图7-3所示测线3的CSAMT剖面图，在测线3桩号1.5～4.5m之间，发现一低阻条带，一直延伸到200m深度，推测与地质构造有关，可能是断裂带所致。此外，位于测线3桩号16～22m之间，有一低阻区，深度位于45～70m之间，此低阻区向下与左端的低阻条带相连。解释为充填有高含水量黏土层。此外，在断面右端桩号34～40m，深度32～36m处，也有类似的低阻区，产生原因类同。测线3的瞬变电磁法结果图显示探测深度为0～100m，其中0～40m为无效区域，有效探测深度区间为40～100m。图中在深度60～66m区间内，存在连续低阻异常区，主要的低阻区在桩号15～31m、深度60～66m区域内，同CSAMT的探测结果基本一致。此外，在桩号31～36m、深度76～82m也存在范围相对较小的低阻区。

根据图7-4所示测线5的CSAMT剖面图，在测线5桩号45～60m之间是低阻垂直延伸带，延伸深度至150m，其电阻率值小于100Ω·m，而27J-27K排列断面的电阻率大于200Ω·m，水平方向的分布形成明显的不连续。据此推断为断裂带通过处。此外，位于测线5桩号45～60m之间、深度位于30～70m之间，为一低阻异常区，推测与黏土或地下水有关。测线5的瞬变电磁法结果图显示探测深度为0～120m，其中0～30m为无效区域，有效探测深度区间为30～120m。图中电阻率等值线图的整体形态同CSAMT结果图一致，在桩号9.5m和40.5m处均发现了自上而下，呈垂直带状分布的低阻异常，垂

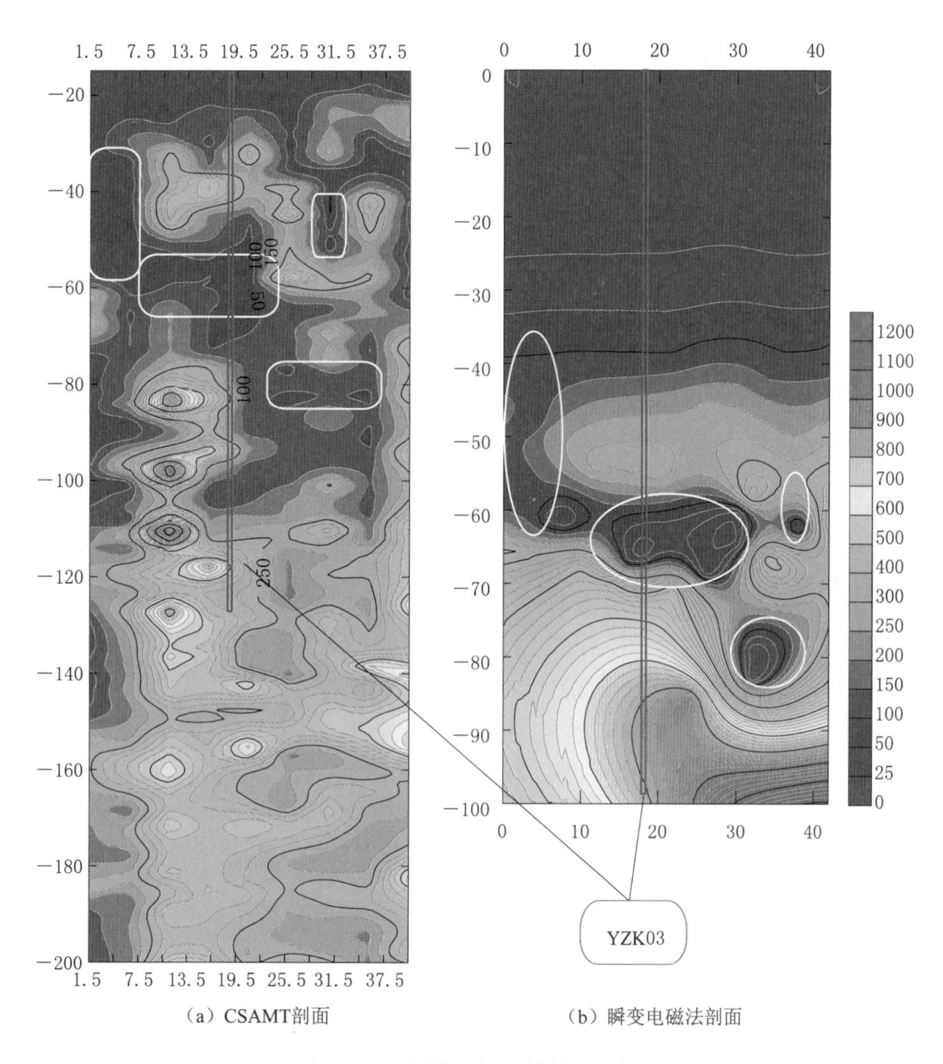

（a）CSAMT剖面　　（b）瞬变电磁法剖面

图 7-3　测线 3 探测结果对比图

直深度延伸至120m，水平方向的分布不连续，同CSAMT探测结果一致。主要的低阻区在桩号7～10m、深度68～72m和桩号42～49m、深度55～76m区域内，同CSAMT的探测结果基本一致。

综合分析图7-3和图7-4表明，两种探测方法在同一测线上局部区域处均发现了低阻异常，且异常区在水平和深度方向的位置基本完全一致（图中白色框线标识），其他6条测线的结果与此类似，说明CSAMT与瞬变电磁法探测结果基本一致，根据对两种物探方法探测结果图的分析，在目标探测深度内发现的高阻区视电阻率值总体不高，与一般未充填空洞形成的高阻区有差别，推断该异常可能与黏土充填或地下水有关。

将各测线的电阻率断面低阻异常区位置展布在平面上，得到如图7-5所示的低阻异常分布图。编号为Ⅰ、Ⅱ、Ⅲ，可以看出低阻异常区主要分布在测区东西两边区域。另根据已有的钻孔资料，发现塌陷区周边的各钻孔的不同深度均发现了花岗岩闪长斑岩，岩性

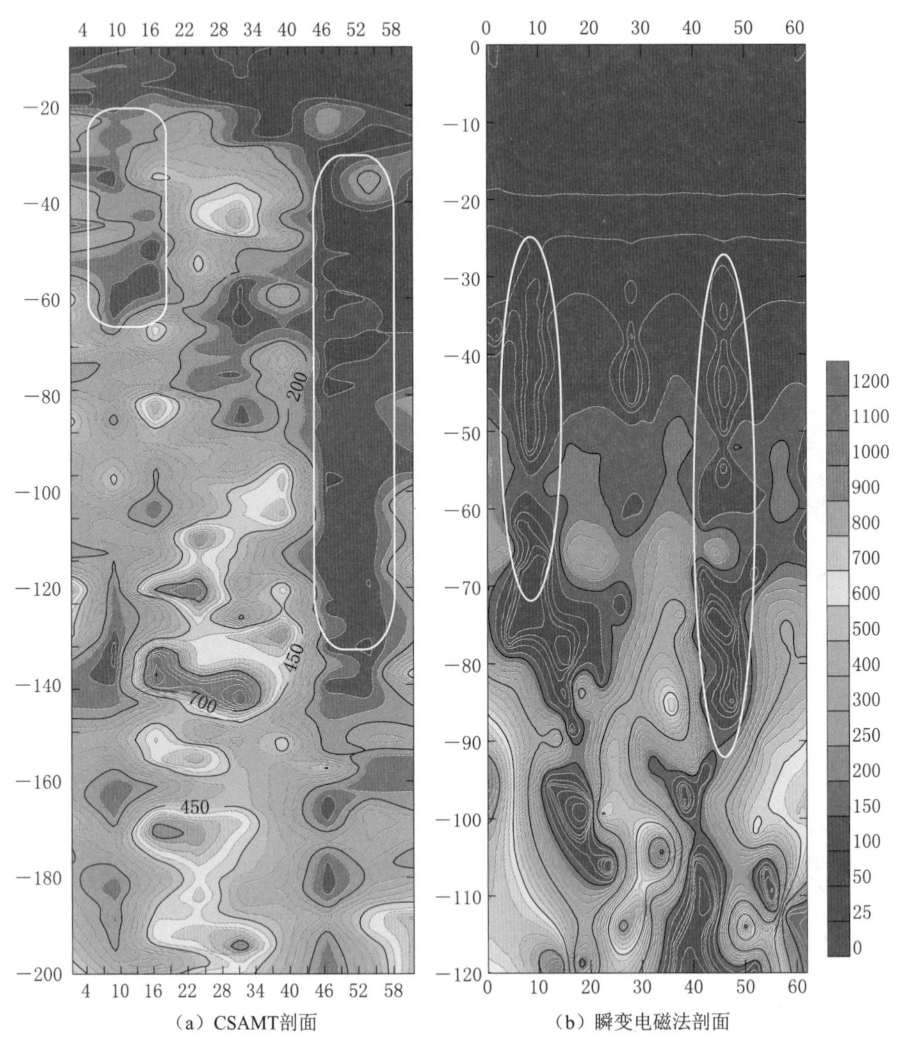

图 7-4 测线 5 探测结果对比图

描述中均有“高岭土化”“岩粉呈淤泥状、泥状”等描述，说明在地下水位发生变化时，上述透水地层含水率高的概率较大。此外，结合该区域地质资料分析，推测该部位可能位于 F2 断层周边，由于断层的影响导致不同部位的地层地质差异较大。

综上所述，根据本次塌陷区范围内采用两种物探方法的探测结果，表明在探测区域内，距地表深度 0～－165m 范围内，地层总体密实，但在局部发现了低阻异常区，异常区主要分布在塌陷坑周边。地层低阻异常形成的原因有多种，包括含水黏土、充水空洞和人工填筑等，为了准确判定探测结果中低阻异常的原因，需通过钻孔取芯确定测线剖面图中典型低阻异常区的物性，以确定是否因空洞充水造成。

7.1.4 结果验证

为了查明低阻异常产生的原因，排除低阻区内可能存在的充水、泥质填充空洞，拟从测线结果图中挑选典型的低阻区进行钻孔取芯验证。由于探测区域位于 F2 断层附近，不

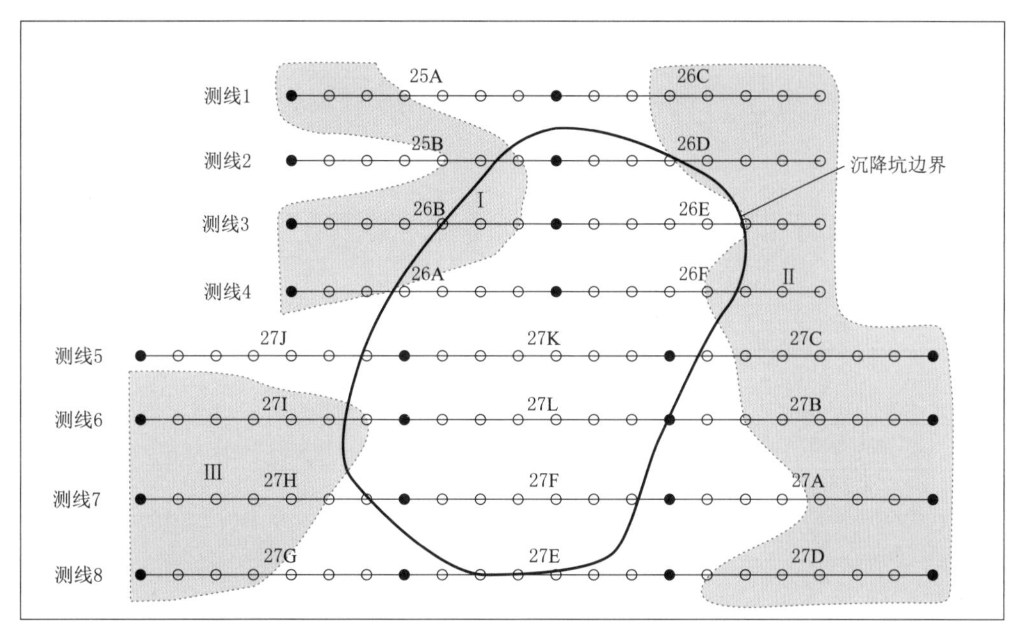

图 7-5 综合物探成果图

同部位的地层地质差异较大，综合以上资料分析，决定布置 4 个验证钻孔，其中 YZK01、YZK02 和 YZK03 均为低阻异常验证孔，YZK04 为高阻异常验证孔，孔位布置如图 7-6 所示。

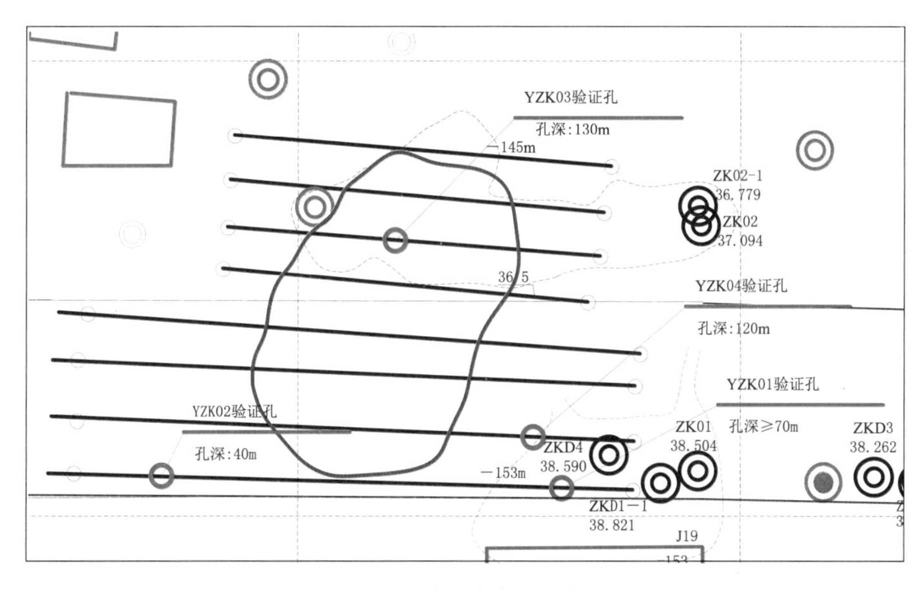

图 7-6 验证孔布置示意图

根据钻探结果显示，此次 4 个验证钻孔过程中均未发生掉钻现象，表明验证区域范围内未发现异常空洞。将物探结果图同钻孔柱状图进行对比分析，结果统计见表 7-1、表 7-2，结果分析如下：

表7-1　　钻孔验证工作量统计表

孔号	测线-桩号	终孔深度/m	第四系			基岩			注浆量	
			厚度/m	岩心长/m	采取率/%	厚度/m	岩心长/m	采取率/%	水泥量	粉煤灰量/t
YZK01	测线8-55m	85.14	12.4	4.5	36.3	80.64	52.6	65.2	65	49.29
YZK02	测线8-10m	40.06	12.69	6.5	51.2	27.37	22.3	81.5	172.425	0
YZK03	测线3-19m	130.97	109.3	82.15	75.2	21.67	17.4	80.3	3470.481	225.15
YZK04	测线7-46m	120.35	14.47	—	—	105.88	83.9	79.2	132.354	12.6

表7-2　　验证孔芯样岩性描述成果

孔号	深度范围/m	岩性描述	孔号	深度范围/m	岩性描述
YZK01	0～3.00	杂填土	YZK03	43.90～45.00	商品混凝土
	3.00～12.40	粉质黏土		45.00～55.10	杂填土
	12.40～13.60	强风化闪长玢岩		55.10～57.50	商品混凝土
	13.60～24.50	中风化闪长玢岩		57.50～109.30	杂填土
	24.50～85.14	蚀变闪长玢岩		109.30～110.70	蚀变花岗斑岩
YZK02	0～3.20	杂填土		110.70～130.97	闪长斑岩
	3.20～12.69	粉质黏土	YZK04	0～3.0	杂填土
	12.69～16.70	中风化花岗斑岩		3.0～14.47	粉质黏土
	16.70～35.21	花岗斑岩		14.47～20.60	中风化花岗斑岩
	35.21～40.06	高岭土		20.60～65.20	蚀变花岗斑岩
YZK03	0～22.83	杂填土		65.20～76.50	中风化闪长玢岩
	22.83～40.70	商品混凝土		76.50～112.60	蚀变闪长玢岩
	40.70～43.90	粉质黏土		112.60～120.35	闪长玢岩

图7-7所示的YZK01孔瞬变电磁剖面深度25～33m范围为深蓝色的低阻区，对应YZK01柱状图27～31.5m为蚀变闪长玢岩，局部少量轻微高岭土化蚀变，岩心呈粉砂状。钻孔YZK01孔CSAMT剖面深度55～79m为深蓝色的低阻区，对应YZK01柱状图54～57.1m为蚀变闪长玢岩，局部高岭土化蚀变，岩心呈粉砂状；YZK02孔瞬变电磁剖面深度34～45m为深蓝色的低阻区，对应YZK02柱状图35.21～40.06m为高岭土，岩心完整，高岭土化蚀变强烈。可见，物探结果图中低阻基本由高岭土化蚀变造成。

YZK03孔位布置如图7-3所示，CSAMT剖面深度108～200m位置为浅绿色的高阻区，对应YZK03柱状图109.3～130.97m为蚀变花岗斑岩和闪长玢岩，0～108m范围内的低阻区，特别是55～65m范围对应柱状图中基本为杂填土、商品混凝土等，由于地下水位较低，杂填土内含水率高，导致电阻特性为低阻，这一现象在瞬变电磁剖面中也有体现。

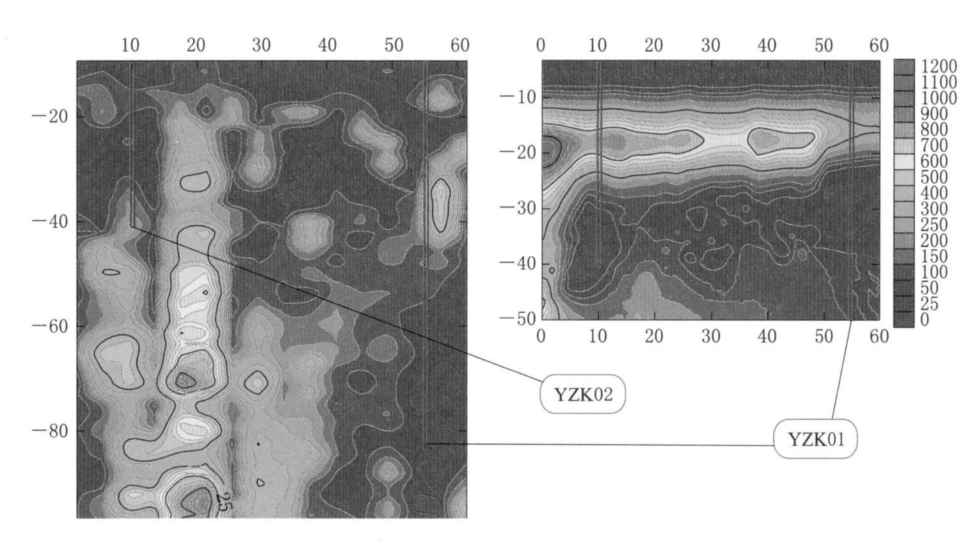

图 7-7 测线 8 探测结果及验证孔位置图

YZK04 孔剖面图如图 7-8 所示，CSAMT 剖面和瞬变电磁剖面中深度 0～17m 范围为蓝色低阻区，对应 YZK04 孔柱状图为杂填土及粉质黏土，且在该深度范围曾发生塌孔、漏水等现象。深度 18～150m 范围为高阻区，对应 YZK04 钻孔柱状图中该范围为花岗斑岩及闪长玢岩，说明高阻区基本由花岗斑岩和闪长玢岩引起。

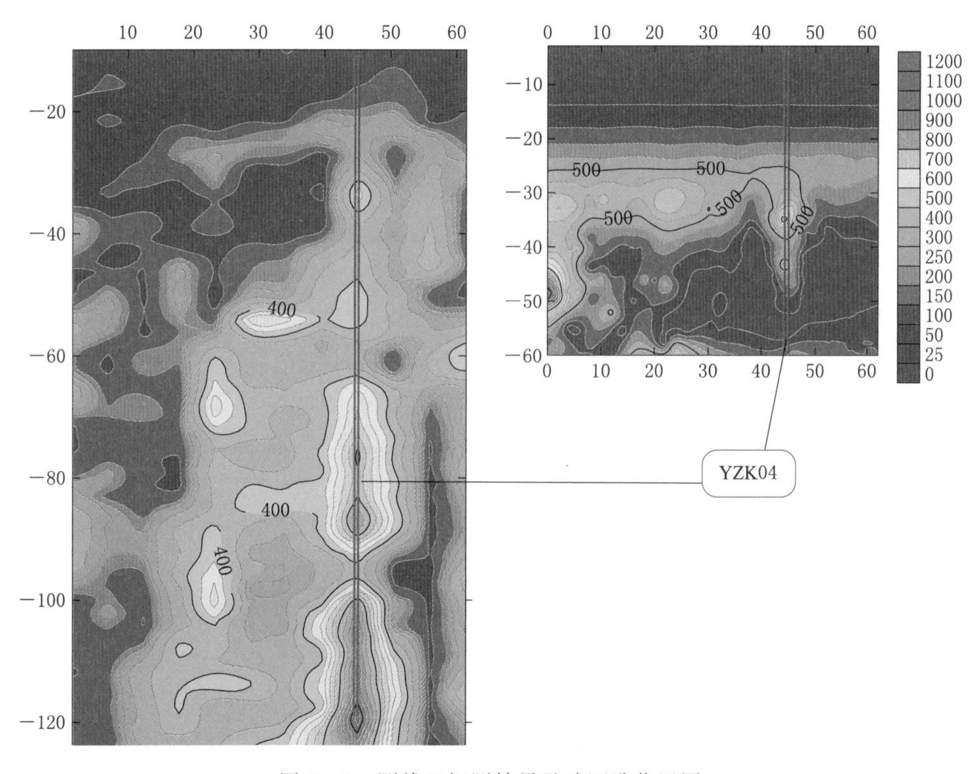

图 7-8 测线 7 探测结果及验证孔位置图

以上钻孔验证成果表明，由CSAMT和瞬变电磁法联合解释的成果与钻孔验证的结果基本完全一致，低阻区的物性为高岭土化蚀变和杂填土，而高阻区的物性基本为花岗斑岩和闪长玢岩。此外，通过分析验证钻孔的钻进过程和钻探成果，YZK01～YZK04四个钻孔均有泥浆量消耗现象，说明地层不完整，结构不密实，虽然未发现空洞，但在四个钻孔周边以及底部，均有松散、裂隙发育部位，应该属于安全隐患，只是程度有所差异。泥浆的消耗量，是地层完整程度的证明，消耗量越多，说明地层越破碎，密实程度越差。

7.1.5　结论与建议

（1）采用CSAMT和瞬变电磁相结合的探测方法能够在周边电磁干扰较强的环境下实现对地面塌陷区的准确探测，其中CSAMT法的探测深度大，有效深度可达200～300m，并且对异常区的判断较为准确，但分辨率相对较低，瞬变电磁法在浅部的分辨率优于CSAMT，但探测深度受探测目标深度内介质的物性影响较大，可信深度基本在100m范围内，而且浅部有10～20m的盲区。

（2）在两种探测方法的数据处理和资料解释过程中，需要结合已有的地质资料来确定边界条件，并采用综合分析的思路来解释成果图，这样才能达到两种物探方法相互印证的效果，并确保探测结果的准确性，为后期的地质成果解释和钻孔验证提供可靠的依据。

（3）在城镇周边和强干扰地区开展探测工作时，需要根据现场地形及地质条件综合考虑，灵活选择适宜的探测方法。数据采集时，也需要采取一定的抗干扰措施，以保证数据采集的质量。本次探测实践表明，CSAMT和瞬变电磁法能够适应强干扰环境，探测结果经钻孔验证，取得了较好的效果。

7.2　煤矿地下采空区探测

7.2.1　工程概况

某煤矿区地处山区，属温带大陆性季风气候。出露地层为侏罗纪砂、页岩，煤矿开采煤层属侏罗纪。沟谷由南向北倾斜，坡降较大。村民住宅分布于近南北走向的沟谷两侧。南段村委会一带，地面标高为282.00m，村北段地面标高为255.00m。沟内道路硬化、边山植被茂盛，泥石流等洪水防护设施良好。由于煤矿的长年过度开采，场地范围内可能存在采空区和其他影响地基稳定的因素，地面出现明显沉降，引起居民房体部分开裂，存在安全隐患，威胁村民的生命与财产安全。

为查明采空区的影响范围、埋深、充填情况和密实程度，初步评价其上覆盖岩（土）层的稳定性，采用物探手段，结合地质资料，对目标区域进行探测，为后续全村居民搬迁工作提供技术支撑。

7.2.2　检测技术的物理机理与具备的地质条件

煤矿地下采空区，破坏了地基原有的应力平衡，由此引发了采空区塌陷和持力层破坏等严重的工程地质问题。一般情况下，采空区的塌陷在垂直方向上可分为以下三种情况（三带）。

（1）冒落带：煤层采空上部岩层出现塌落。

（2）裂隙带：塌落带上方岩体因弯曲变形过大，在采空区上方产生较大的拉应力，两侧受到较大的剪应力，因而岩体出现大量裂隙，岩石的整体性受到破坏。

（3）弯曲带：裂隙带以上直到地面，在自重应力作用下产生弯曲变形而不再破裂。

如果采空区较深、煤层较薄或开采较薄（采深采厚比较大），且上覆岩层坚硬，则坍塌的可能性较小，即使坍塌下沉，对地面的影响也较小；反之，则对地面影响较大，尤其当采空区尚未充填密实，如果建造高层建筑将诱发地基继续沉降。

采空区及其垂向上的“三带”与正常地层之间存在较为明显的物性差异，其最明显的物理特性变化是导电性差异。采空区及影响带对电流流场造成畸变，表现出与正常煤系地层不同的电性特征，这是利用电法、电磁法进行煤矿采空区探测的地球物理前提。通常情况下，当采空区充水时表现为低阻特性，当其不充水时表现为高阻特性。因此，通过分析电阻率断面图就可推测地下是否存在采空区，并进一步推测采空区是否存在充水、充填、塌陷等性状。

7.2.3 现场检测

根据现场情况，采用可控源音频大地电磁法（CSAMT）对该煤矿地下采空区进行探测，这里简要介绍探测仪器及测线布置情况。

7.2.3.1 工作装置

（1）信号发射系统。信号发射系统应布置在能够保证收发距离在合理范围以内的区域；A、B供电线回路电阻不大于50Ω；埋置电极处通过浇注浓盐水以减小接地电阻，增加供电电流。

（2）信号接收系统。信号接收系统应保证接收到有效的电场与磁场信号强度；不极化电极埋置处为盐水泥浆，将接地电阻减小至1kΩ以下；信号离散度小于10%，接收曲线圆滑；由于探测对象深度小，因此在高频率段无离散现象。

（3）接收磁场的磁棒。接收磁场的磁棒应避开电网处，降低环境电磁场干扰，并将磁棒埋置于深度20cm的土坑内。

7.2.3.2 测线测点布置

本次检测共布置了10个断面。为了更好地布置测线和对异常点进行定位，使用全站仪首先对测区进行测量，并标记好桩号。检测过程中，共建立两个发射站，均建立在东山上，各剖面组合排列如表7-3所示。各测点位于两个不极化电极之间。

表7-3　勘测剖面排列组成表

剖面编号	排列组成	位　置
1	08Jun24a（A）　08Jun24b（B）	村北西、书记家西核桃树地
2	08Jun24c（C）　08Jun24d（D）	距离剖面1向西50m
3	08Jun24e（E）	村西（沟西）坡地
4	08Jun24f（F）　08Jun25a（G） 08Jun25b（H）	村西（沟西）坡地，村委会西南、民宅门前

续表

剖面编号	排 列 组 成	位　　置
5	08Jun25c（I）	村委会房后（村东）路边
6	08Jun25d（J）　08Jun25e（K）， 08Jun25f（L）　08Jun26a（M）	村中路边，沟东
7	08Jun26b（N）	书记家房后巷
8	08Jun26c（O）	东-西巷

除剖面 8 的 0 排列（08Jun26c）测点距离为 5m 外，其余各测点距离为 10m。接收机位于每个排列北起第 4 个测点处，接地电极也位于第 4 个测点处。各排列按照年、月、日与测量顺序编号。

发射系统布置于村东山坡及村北侧，距离接收区域约 500m，A、B 供电电极距约 150m。

7.2.4　检测结果

根据煤矿采空区的一般特点，该检测区内采空区的判定原则如下：

（1）断面图上，煤层采掘深度范围内出现明显的高、低阻异常，成层性被破坏时，划为采空异常区；以等值线方向变化较大或视电阻率拐点部位作为异常边界。

（2）断面图上，等值线有较大局部凸起或凹下时，划为采空异常区。

（3）异常段范围较大，且相邻、相交剖面可对比时，推测为回采区。

（4）视深度与采掘深度相近的高阻异常推断为未大量充水或充填；低阻异常推断为有一定的充水或充填；上部异常推断为采空塌落、裂隙、变形等。

此次检测共获得 15 组 CSAMT 电阻率断面图，部分检测剖面如图 7－9 和图 7－10 所示。图中断面的纵坐标表示深度，横坐标表示断面长度，0m 表示第一个测点，即开始测点所在位置。本方法在野外工作期间，每一组断面的接地条件不同，因此每幅断面图异常解释的依据是相对值，而不采用电阻率值。

按照上述原则，划定了各断面的异常。根据断面的异常分析对比，最终圈定了 18 个采空异常区，按照所在剖面号顺序，以 K 为开头进行编号，列于表 7－4。部分异常区描述如下：

（1）剖面 1 和剖面 2 都有采空异常，剖面 1 以高阻形态出现，剖面 2 以充水低阻异常出现。

（2）位于沟西、民房东坡的剖面 3 与剖面 4 前部中，出现了两处高阻采空异常，中心埋藏深度分别位于 30m 与 50m 处；各剖面异常出现深度小于 70m。

（3）位于村东、河沟西边的剖面 4 后部处，出现两处高阻异常，其深度位于 30m 左右。

（4）位于村委会房后、东坡路边，剖面 5 处，出现 1 处高阻采空异常，中心埋藏深度 60m。

（5）位于村委会办公房北、道路东边的 6 剖面，出现两处高阻异常，中心埋藏深度 20～25m。

（6）位于路边的 08Jun26a 与东西向排列的 08Jun26c 断面中，均有高阻异常，其实际位置均位于道路一侧。

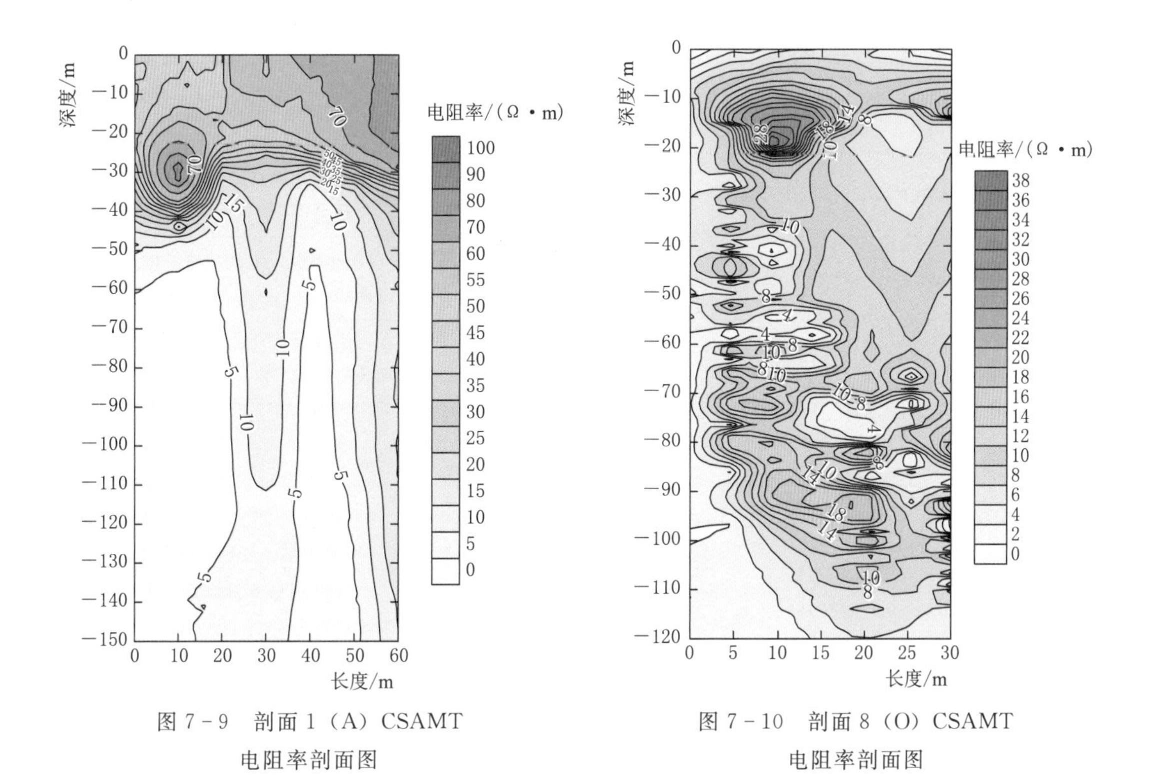

图 7-9 剖面 1 (A) CSAMT 电阻率剖面图

图 7-10 剖面 8 (O) CSAMT 电阻率剖面图

表 7-4 可控源音频大地电磁法 (CSAMT) 解释采空异常统计表

异常编号	所在测线	所在剖面位置			简　述
		水平位置/m	垂向位置/m	中心位置/m	
K1	08Jun24a (A)	5～15	28～35	10	异常以圆形高阻圈出现，解释为空洞，分布于剖面北端
K2	08Jun24b (B)	80-90	10-25	85	椭圆高阻异常，埋藏较浅，解释为采空所致
K3	08Jun24c (C)	10～20	25～150	18	高阻直立条带异常，推断不属于采空，可能是风井引起
K4	08Jun24d (D)	110～120	55～65	115	低阻椭圆异常，推断为充水。位于剖面南段
K5	08Jun24e (E)	30～40	28～40	35	圆形高阻异常，位于Ⅲ剖面前半段
K6	08Jun24f (F)	20～40	45～60	25	椭圆高阻异常，解释为采空所致
K7	08Jun25a (G)	20～40	25～35	25	本异常有向下延伸高阻带，解释为采空所致
K8	08Jun25a (G)	20～25	85～108	21	椭圆高阻异常，埋藏较深，解释为空洞
K9	08Jun25b (H)	80～90	22～40	80	椭圆高阻异常，解释为采空所致。30m以下逐渐缩小

续表

异常编号	所在测线	所在剖面位置			简　　述
		水平位置/m	垂向位置/m	中心位置/m	
K10	08Jun25c (I)	30～50	50～70	40	解释为采空坍塌所致，高阻异常垂直延伸至100m以下
K11	08Jun26a (M)	5～15	15～35	10	高阻异常，埋藏较浅，位于村北段道路边
K12	08Jun25f (L)	70～80	15～25	75	高阻异常，埋藏较浅，解释为采空所致
K13	08Jun25f (L)	95～105	15～30	100	高阻异常，埋藏较浅，位于村北段道路边
K14	08Jun25e (K)	145～155	10～20	150	圆形高阻异常，埋藏较浅，位于村北段道路边
K15	08Jun25e (K)	185～195	15～35	195	椭圆高阻异常，埋藏较浅，位于村北段道路边
K16	08Jun25d (J)	235～255	75	245	圆形高阻异常，范围较大，埋藏较深
K17	08Jun26b (N)	35～45	22	40	圆形高阻异常，埋藏较浅
K18	08Jun26c (O)	5～15	15～35	5.5	高阻异常，埋藏较浅，东—西向剖面，异常位于剖面东端，靠近村中道路

7.2.5　结论与建议

（1）本次探测工作说明可控源音频大地电磁法（CSAMT）可以在地形起伏大、多处地面硬化等复杂环境条件下正常工作。

（2）本次探测完成了105个测点、1020m长的8条探测剖面，探测资料较好地反映了工作区的采空异常，所解释的18处异常，与有关地质资料基本相吻合，可作为采空地质环境评价的参考资料。

（3）由于试验场地的地质条件十分复杂，对探测数据的准确性会有一些影响，同时，也影响了对探测资料解读的准确性。因此，在每一幅剖面图上只能显示出相对的电阻率值，不能准确地表示大地的绝对电阻率值，但不影响对工作区地质环境的评价。

7.3　水工隧洞超前地质预报

7.3.1　工程概况

某水电站工程枢纽建筑物主要包括控制闸、进水闸、无压渠涵、压力前池、有压引水隧洞、调压室及压力管道、电站厂区建筑物等。隧址区围岩以花岗片麻岩为主，仅出口段分布有大理岩、板岩、片岩，围岩以Ⅱ类、Ⅲ类为主，成洞条件较好；隧洞围岩总体上富水性较差，主要富水地段为岩体浅部和断层带；地应力较高，岩石硬脆、岩体较完整，可能存在轻微～中等岩爆和围岩大变形问题；隧洞地下水不丰富，一般洞段为无水和仅有少量渗水，地下水主要富集在较大断层及影响带、裂隙密集带附近；隧洞埋深大，部分洞段可能存在38℃以上的高地温，工程区地质条件复杂，洞段Ⅳ类围岩占比约为22%，围岩稳定性差；预计围岩变形主要发生在断层及影响带、节理裂隙密集带和局部软弱矿物含量较多的部位。

为及时掌握、反馈围岩力学动态及稳定程度，以及支护、衬砌的可靠性等信息，预测可能出现的施工隐患，正确地选择开挖断面，保障围岩稳定和施工安全，为支护设计参数和施工方法提供依据，在对区域性地质资料进行分析的基础上，采用综合地质预测、预报手段，预报掌子面前方一定距离内的工程地质条件，根据地质、水文变化及时调整施工方法，并采取相应的技术措施。

隧洞施工期地质预测、预报可推断出以下内容：

（1）断层及断层影响带的位置、规模及其性质。

（2）软弱夹层的位置、规模及其性质。

（3）岩溶的位置、规模及其性质。

（4）不同岩性、围岩级别变化界面的位置。

（5）工程地质灾害可能发生的位置和规模。

（6）含水构造的位置、规模及其性质。

7.3.2 现场检测

采用TSP200超前地质预报系统进行现场检测，应用无爆炸延期的瞬发电雷管激发震动波。根据隧洞施工情况及地质条件，确定接收器（检波器）和炮点在隧洞左右边墙的位置。

沿隧洞左边墙布置24个炮孔，孔距1.5m，炮孔方向垂直隧洞边墙，下倾10°～20°；接收器位置布设于Y8＋000.00，掌子面位置为Y8＋076.00，两个接收器位于隧洞左、右边墙同时接收，接收器安装孔的孔深为2m，内置接收传感器。观测系统见表7-5，观测系统示意如图7-11所示。

表7-5　TSP200超前地质预报观测系统

参数	接收器孔	炮　孔
数量	2个，位于隧洞左、右边墙	24个，位于隧洞左边墙
直径	ϕ50mm钻头钻孔	ϕ40mm钻头钻孔
深度	2m	1.5m
定向	垂直隧洞边墙，下倾5°～10°	垂直隧洞边墙，下倾10°～20°
高度	离隧底高1m	离隧底高1m
位置	距离开挖面74m	第1个炮点离同侧接收器孔20m，炮点距1.5m

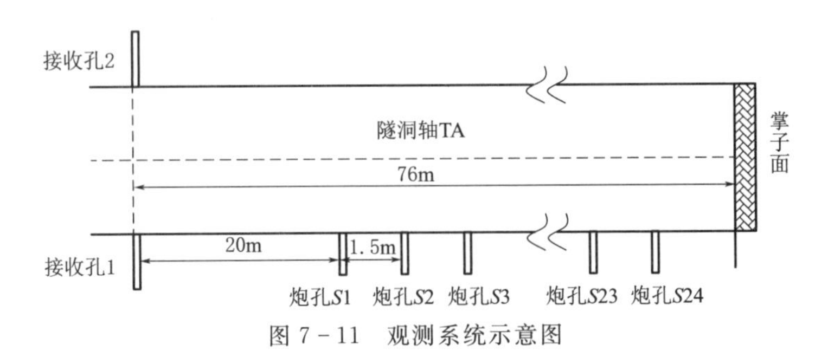

图7-11　观测系统示意图

数据采集时，采用 $X-Y-Z$ 三分量同时接收，采样间隔 62.5μs，记录长度 451.125ms（7218采样数）。激发地震波时，采用无爆炸延期的瞬发电雷管，防水乳化炸药（药卷包装，250克/支），激发药量为第1～24炮孔50g，起爆前注水封堵炮孔。

实际激发和记录地震数据23炮，所记录的地震数据质量高，可用于后续数据处理和评估。

7.3.3　数据处理

地震波遇到节理面、地层层面、破碎带界面和溶洞、暗河等不良地质界面时，将产生反射波，反射波的强度及传送时间反映了相关界面的性质、产状、距接收点的距离。接收传感器将接收到的反射波数据传输给记录仪电脑储存起来，利用处理软件对储存的数据进行处理，形成反映隧洞相关界面的隧洞影像点图，由分析人员进行解释，得到前方的地质情况。

采集的数据采用专用软件进行处理，处理过程中，首先正确输入隧洞及炮点和接收点的几何参数，剔除质量差的记录道。质量合格的地震道才用于数据处理和解释。由于测区围岩为全强风化花岗岩，地震波吸收和衰减严重，故处理长度182m（从接收点起算），即预报长度约为110m。

基本处理流程包括11个主要步骤，即：数据设置→带通滤波→初至拾取→拾取处理→炮能量均衡→Q估计→反射波提取→P、S波分离→速度分析→深度偏移→提取反射层。

处理的最终成果包括P波、SH波、SV波的时间剖面、深度偏移剖面、提取的反射层、岩石物理力学参数等，以及反射层二维分布。图7-12～图7-21分别显示了R1、R2的 X、Y、Z 分量原始记录、频谱图及P波深度偏移剖面图。

7.3.4　资料解释

在成果解释中，以P波资料为主对岩层进行划分，结合横波资料对地质现象进行解释。处理成果的解释与评估，主要基于以下的地震勘探基本准则：

（1）反射振幅越强，反射系数和波阻抗的差别越大。

（2）正反射振幅（红色）表明正的反射系数，表明坚硬岩层；负反射振幅（蓝色）表明软弱岩层。

（3）若横波反射比纵波强，则表明岩层饱含水。

（4）纵横波速度比有较大的增加或泊松比突然增大，常常因流体的存在而引起。

（5）若纵波速度下降，则表明裂隙密度或孔隙度增加。

根据图7-12～图7-21，预报段Y8+076.00～Y8+176.00范围内的地质推断见表7-6。

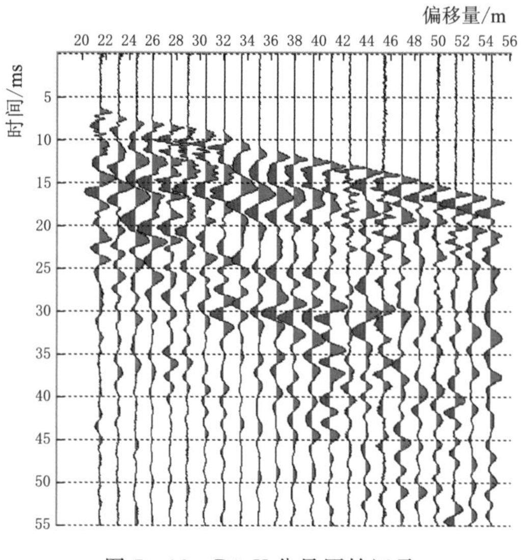

图 7-12　R1 *X* 分量原始记录

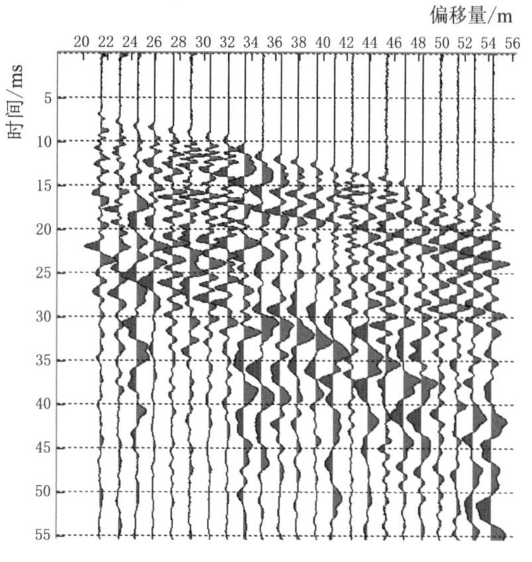

图 7-13　R1 *Y* 分量原始记录

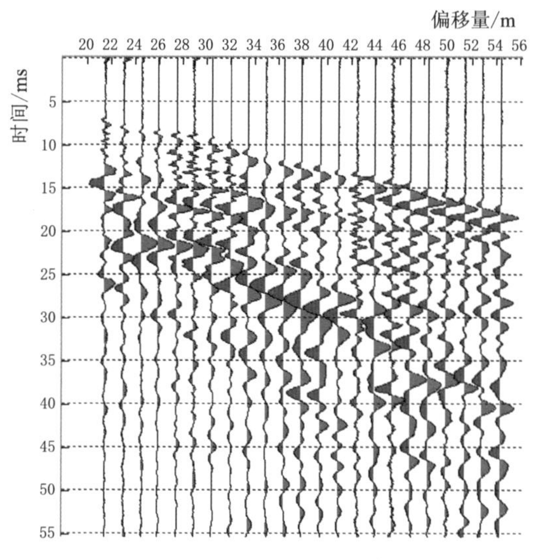

图 7-14　R1 *Z* 分量原始记录

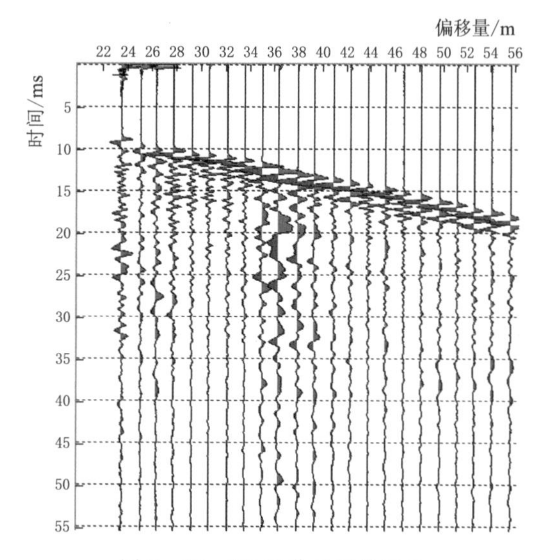

图 7-15　R2 *X* 分量原始记录

表 7-6　　　　TSP 探测地质推断

序号	区　　段	长度/m	地质推断
1	Y8+076.00～Y8+081.00	5	此区段内存在破碎带，岩层完整性稍差，节理裂隙发育
2	Y8+081.00～Y8+108.00	27	此区段内岩层完整性稍好，岩体较完整
3	Y8+108.00～Y8+118.00	10	此区段内存在破碎带，岩层完整性差，节理裂隙发育，局部含水
4	Y8+118.00～Y8+176.00	58	此区段内岩层完整性稍好，岩体较完整，稳定性较好

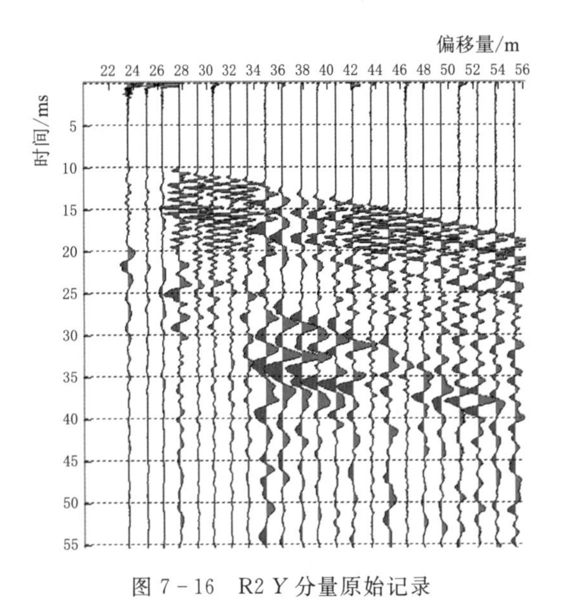

图 7－16　R2 Y 分量原始记录

图 7－17　R2 Z 分量原始记录

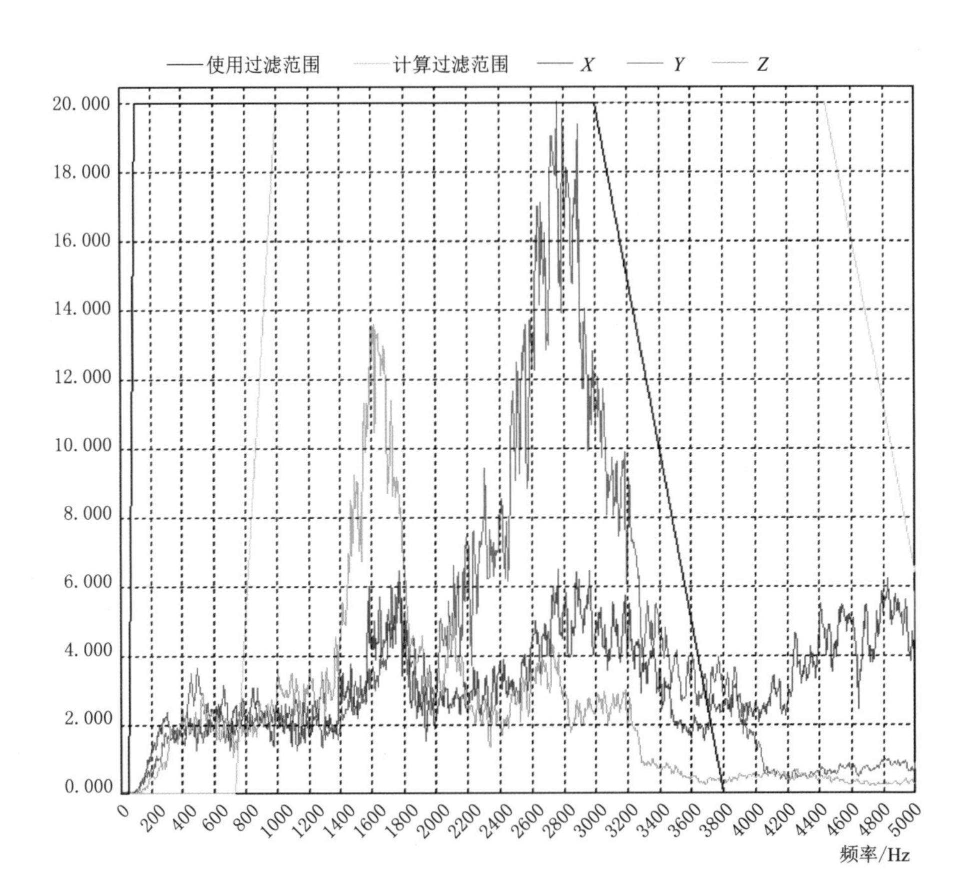

图 7－18　R1 频谱图

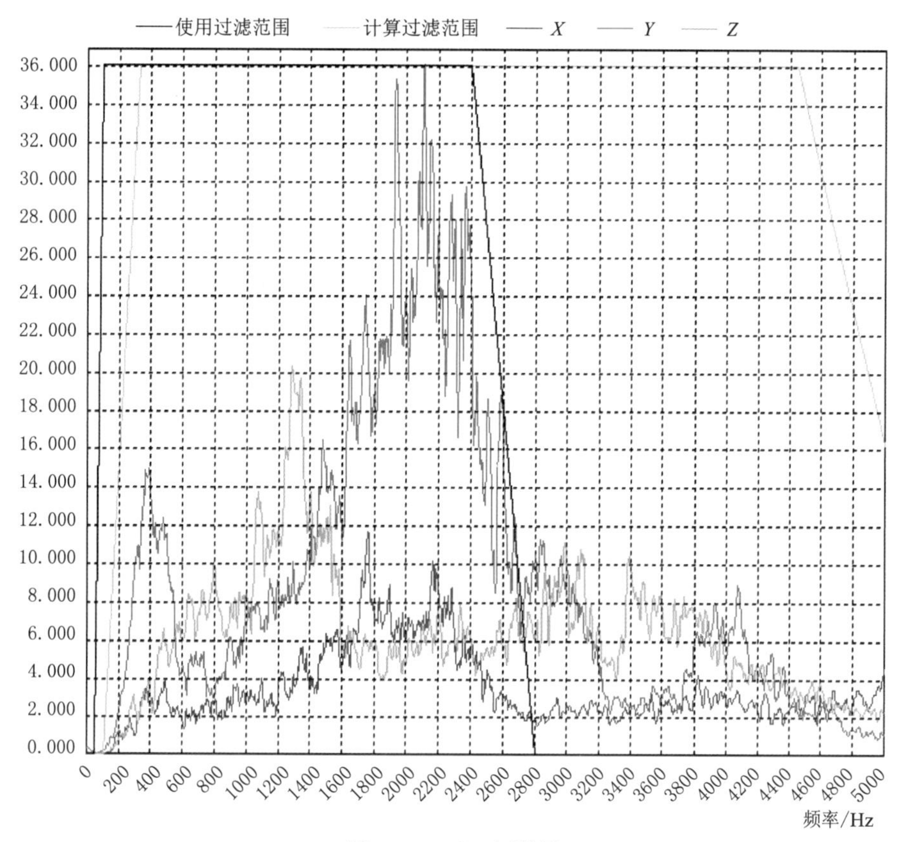

图 7-19 R2 频谱图

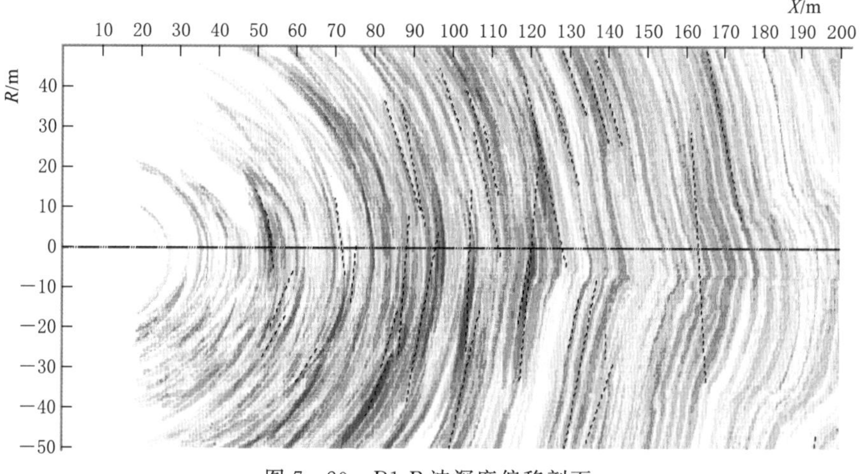

图 7-20 R1 P 波深度偏移剖面

7.3.5 结论及建议

综上所述，根据 TSP 探测结果，隧洞开挖过程中，需注意以下两段：①Y8+076.00～Y8+081.00 段存在破碎带，岩层完整性稍差，节理裂隙发育；②Y8+108.00～Y8+118.00

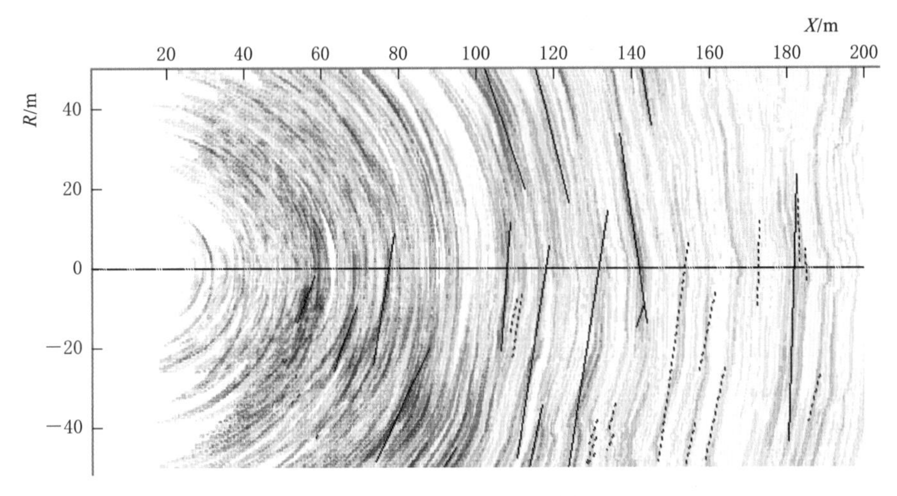

图7-21　R2 P波深度偏移剖面

段存在破碎带，岩层完整性差，节理裂隙发育，局部含水。以上两个区域内应注意及时支护。

此外，由于本次探测的洞段存在高地温现象，岩石破碎及裂隙区域易出现高温蒸汽，建议在隧道开挖至岩石破碎区域前再进行超前地质钻探，以便对破碎带作进一步的探查，了解其分布情况，确保施工安全。

7.4　区域地下水勘探及海水入侵检测

7.4.1　工程概况

针对某水域地下水超采现状及其危害，初步选定的应用示范研究区域进行地下水勘探及海水入侵检测研究。示范研究区内有小清河、潍河、胶莱河、白浪河和弥河等独流入海河流，沿海岸形成宽阔沼泽、盐碱滩地，水下浅滩宽约10km。示范区地形平坦、交通便利。

根据工程示范区中已有水文地质勘察资料和多年地下水监测资料，以及目前海水入侵形势与现状，通过现场踏勘，确定勘测线路，选取两个检测位置。经过对比分析目前常用的地下水勘测技术，选用瞬变电磁仪GDP-32^{II}和EM34-3型大地电导率仪两种物探仪器进行综合检测，为区域地下水勘测提供重要的基础信息，也为地下水测试方法的可行性验证提供基础资料。

7.4.2　现场检测

2013年10月，现场查看并了解地下水位监测井及海水入侵情况，确定瞬变电磁仪检测的勘测线路，选取临近的两个水位观测井，在其附近进行地面瞬变电磁法探测试验。

2013年11月，利用瞬变电磁仪GDP-32^{II}和EM34-3型大地电导率仪等两种电磁法仪器，对以上两个测区进行了综合探测，测线长度150m，点距2m。

测区1：水位观测井1，井旁是生态园的围墙，另一边是大片未收割的玉米田，以及收割后的荒地，无高压线。地势较开阔，干扰小，离海岸较远，约8km，井水为淡水，适宜于地面瞬变电磁法探测。

测区2：水位观测井2，村委会向南方向有一条水泥路，路旁是一大片农田。可由西北—东南布置测线，海岸在西北部。地下水可浇地，但污染较严重，因附近有一水库，水质在Ⅳ～Ⅴ类水，地表水被污染。此处距海岸约500m，地下水埋深6～7m，适宜于地面瞬变电磁法探测。

7.4.3 检测结果

7.4.3.1 水位观测井1

根据现场测线布置图，利用瞬变电磁仪和大地电导率仪对水位观测井1测线分别进行了分段探测，探测数据经处理得到如图7-22所示的探测结果。

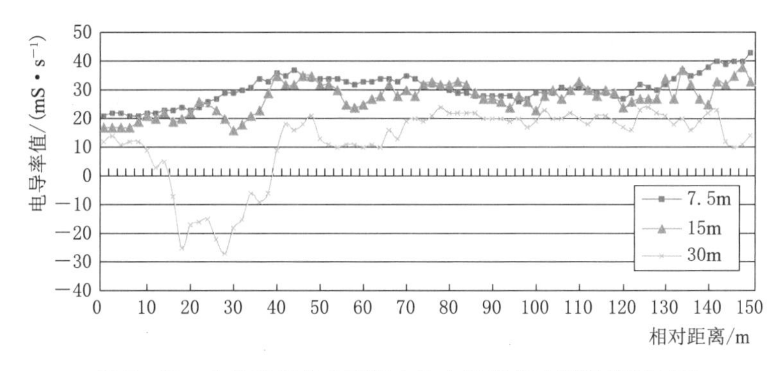

图7-22 水位观测井1测线大地电导率仪检测结果剖面图

图7-22为EM34-3型大地电导率仪在水位观测井1测线的检测结果，测线自东向西，垂直于海岸线方向，图中红色、灰色、黄色三条曲线分别表示测深7.5m、15m、30m的检测结果。三条曲线均表明：沿测线自东向西，电导率呈现逐步增大的趋势，即从远离海岸线往近海岸线方向，地层的电导率逐渐增大，电阻率逐渐减小，且随着探测深度的增加，电导率逐渐减小。检测结果表明：①三条曲线均显示地下水的电导率在10～40ms/m之间，表明该处水质尚未受到海水入侵影响；②测线所在区域由于受到海水影响，离海岸越近，地下水的电导率越大；③浅层地层比深层地层电导率大，可能是受农田施用化肥、农药的影响。

30m测深曲线在0＋010.00～0＋042.00中出现异常，表明地层可能存在构造异常区，其深度在12m以下。

图7-23为水位观测井1测线瞬变电磁仪探测结果，由图可知线圈置于地面和离地面1m时探测结果基本一致，不同点只在于线圈离地面1m时检测数据值小于线圈直接接触地面的检测值，但不影响相对值与数据分析结果。在桩号0＋010.00～0＋150.00区域内，电阻率呈现逐渐减小的趋势，其中桩号0＋000.00～0＋020.00区域内，10～15m深范围处的电导率较高，与EM34-3型大地电导率仪的探测结果一致，说明该部位可能存在一个地质构造。

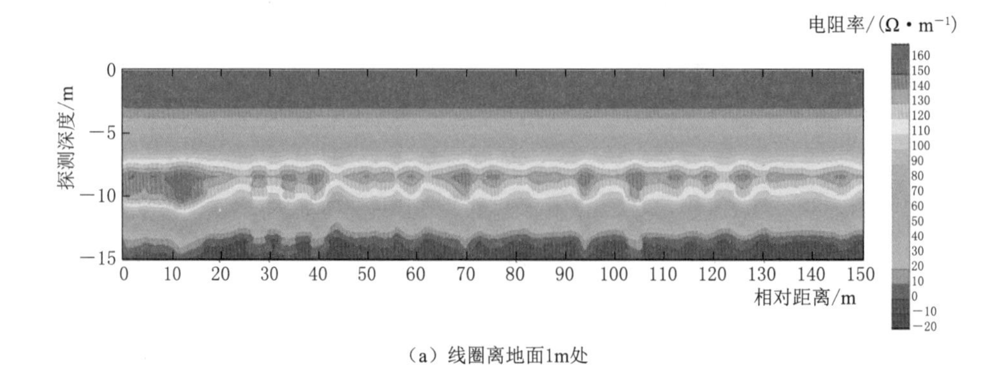

（a）线圈离地面1m处

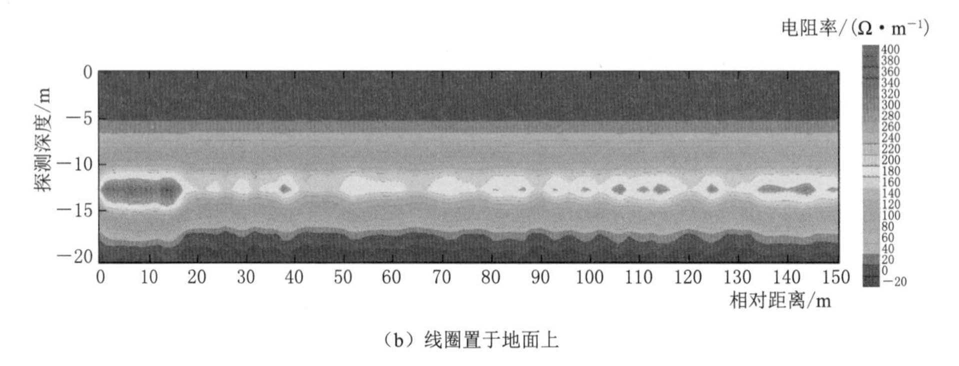

（b）线圈置于地面上

图 7-23　水位观测井 1 测线瞬变电磁仪探测结果剖面图

7.4.3.2　水位观测井 2

根据现场测线布置图，利用瞬变电磁仪和大地电导率仪对水位观测井 2 测线分别进行了分段探测，探测结果经数据处理得到如图 7-24 所示的探测结果。

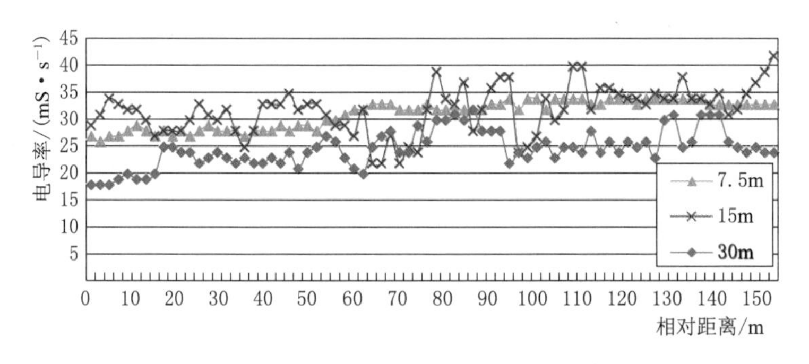

图 7-24　水位观测井 2 测线 EM34-3 检测结果剖面图

图 7-24 为 EM34-3 型大地电导率仪在水位观测井 2 测线的检测结果，测线自东向西，垂直于海岸线方向。三条曲线均表明：沿测线自东向西，电导率呈现逐步增大的趋势，即从远离海岸线往近海岸线方向，地层的电导率逐渐增大，电阻率逐渐减小，与水位观测井 1 的探测结果基本一致。检测结果表明：①三条曲线均显示地下水的电导率在10～40mS/m 之间，表明该处水质尚未受到海水入侵影响；②测线所在区域由于受到海水影

响，离海岸越近，地下水的电导率越大；③浅层地层比深层地层电导率大，可能是受农田施用化肥、农药的影响。

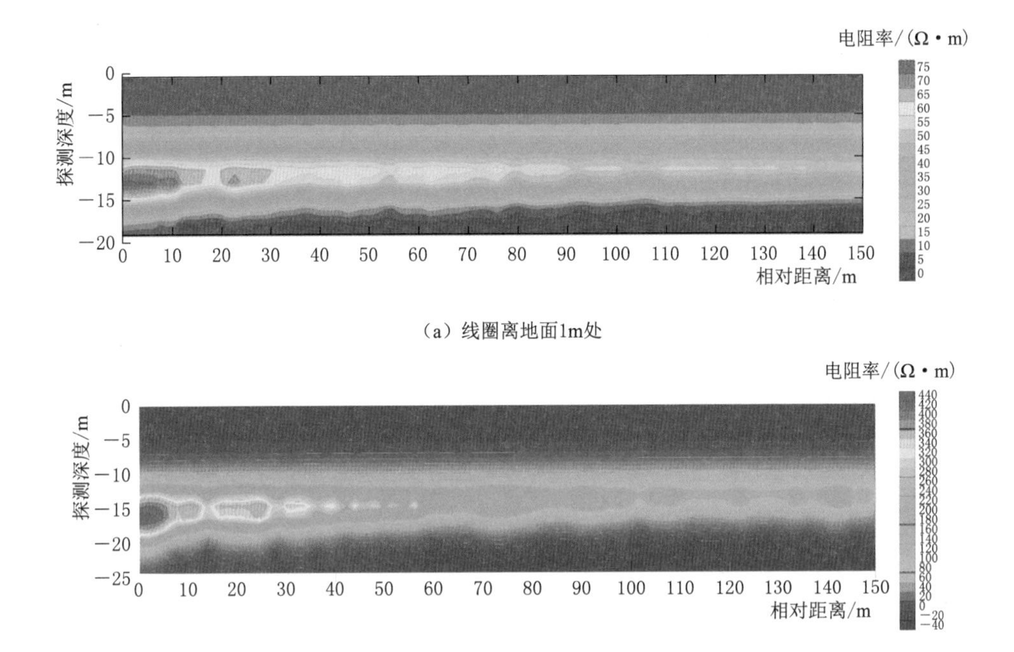

图 7-25　水位观测井 2 测线瞬变电磁仪探测结果剖面图

图 7-25 为水位观测井 2 测线瞬变电磁仪探测结果，由图可知线圈置于地面和离地面 1m 时探测结果基本一致，不同点只在于线圈离地面 1m 时检测数据值小于线圈直接接触地面的检测值，但不影响相对值与数据分析结果。在桩号 0+010.00～0+150.00 区域内，电阻率呈现逐渐减小的趋势，其中桩号 0+000.00～0+030.00 区域内，10～15m 深范围处的电导率较高，与 EM34-3 型大地电导率仪的探测结果吻合。

7.4.4 结论

应用瞬变电磁仪 GDP-32Ⅱ 和大地电导率仪 EM34-3 对水位观测井 1 测线和水位观测井 2 测线的地下水情况进行了综合探测。探测结果表明：

(1) 两个被检测区域均未受到海水入侵影响；浅地层比深地层电导率大，可能是受农田施用化肥、农药的影响。

(2) 试验过程中将线圈悬空，距地面高度约 1m。检测结果与线圈直接接触地面检测结果一致，不同点只在于架空线圈检测数据值小于线圈直接接触地面的检测值，但不影响相对值与数据分析结果。

参考文献

[1] 杨文采．地球物理反演的理论与方法［M］. 北京：地质出版社，1997.

[2] 傅良魁．电法勘探文集［M］. 北京：地质出版社，1986.

[3] 李大心．地质雷达方法与应用［M］. 北京：地质出版社，1994.

[4] 王家映．地球物理反演理论［M］. 北京：高等教育出版社，2002.

[5] 张震夏．堤坝隐患检测的方法与仪器［J］. 大坝与安全，2004（1）：1-8.

[6] 房纯纲，姚成林，贾永梅．堤坝隐患及渗漏无损检测技术与仪器［M］. 中国水利水电出版社，2010.

[7] 房纯纲，葛怀光，鲁英，柯志泉，贾永梅．瞬变电磁法探测堤防隐患及渗漏［J］. 大坝观测与土工测试，2001（4）：30-32.

[8] 房纯纲，臧瑾光，葛怀光，孙继增．碾压混凝土高拱坝现场快速质量检测技术［J］. 水力发电，2001（8）：24-25.

[9] 房纯纲，刘树棠，鲁英，葛怀光，尹成伟，朱德顺．电磁测深法探测土坝渗漏［J］. 水利水电技术，1998（4）：26-31.

[10] 冷元宝，黄建通，张震夏，王锐，赵圣立．堤坝隐患探测技术研究进展［J］. 地球物理学进展，2003（3）：370-379.

[11] 邓中俊，姚成林，贾永梅，朱新民，罗雄杰，王毅斌．探地雷达在水工隧洞质量检测中的应用［J］. 水利水电技术，2008（10）：108-112.

[12] 邓中俊，姚成林，贾永梅，房纯纲，钟春红．超声波法在大深度基础混凝土防渗墙质量检测中的应用［J］. 水利水电技术，2011，42（11）：69-73.

[13] 邓中俊，姚成林，贾永梅，杨安辉，张新沂，王会宾．农村饮水安全工程渗漏隐患检测方法探讨［J］. 水利水电科技进展，2012 增 2（32）：112-114.

[14] 邓中俊，姚成林，贾永梅，杨玉波，张贵宾．基于稳态表面波法的水工混凝土无损检测技术应用进展［J］. 水利水电技术，2015，46（4）：108-113.

[15] 邓中俊．矩形小回线源三维瞬变电磁场响应特征及堤坝渗漏探测研究［D］. 北京：中国地质大学（北京），2015.

[16] 邓中俊，杨玉波，姚成林，贾永梅，李春风．综合物探在地面塌陷区探测中的应用［J］. 物探与化探，2019，43（2）：441-448.

[17] 贾永梅，姚成林，邓中俊，等．可控源音频大地电磁法探测煤矿采空区［J］. 物探与化探，2012，36（S1）：7-11.

[18] 贾永梅，姚成林，邓中俊，等．探地雷达在检测塑性混凝土防渗墙质量中的应用［J］. 水利水电科技进展，2012 增 2（32）：82-83.

[19] 张震夏，李平，赵文波，王炳娟，姚成林．表面波无损检测技术及其在大坝安全监测中的应用［J］. 大坝观测与土工测试，1996（1）：42-45.

[20] 房纯纲，鲁英，葛怀光，等．堤防管涌渗漏隐患探测新方法［J］. 水利水电技术，2001（3）：66-69.

[21] 赵志仁，赵永，贾文利，张震夏．关于堤坝安全检测技术的研讨［J］. 大坝与安全，2004（1）：

9－12，19.
[22] 李平，赵文波，姚成林，等．无损检测技术在葛洲坝船闸上的应用［J］．水运工程，1998（3）：28－31.
[23] 金旭，竹内笃雄，陈晓冬，张震夏，姚成林．大坝和堤防渗漏快速探测的浅层地温测量方法［J］．大坝与安全，2004（1）：20－23.
[24] 姚成林．浅层地温测量方法在堤坝渗流通道探测中的应用［C］// 中国水利学会．中国水利学会2003学术年会论文集．中国水利学会：中国水利学会，2003：140－145.
[25] 房纯纲，贾永梅，周晓文，吴昌瑜．汉江遥堤电导率与土性参数相关关系试验研究［J］．水利学报，2003（6）：119－123，128.
[26] 张震夏，张进平，李平，姚成林，赵文波，王炳娟，陈昌林．混凝土大坝声波层析检测系统［J］．大坝与安全，2003（2）：39－43.
[27] 房纯纲，贾永梅，柯志泉，葛怀光，鲁英，王会宾．电磁法在城市雨洪利用地下灌排系统探测中的应用［J］．水电自动化与大坝监测，2002（6）：37－41.
[28] 房纯纲，葛怀光，鲁英，柯志泉，贾永梅．堤防渗漏隐患探测用瞬变电磁仪［J］．水电自动化与大坝监测，2002（5）：38－41.
[29] 房纯纲，贾永梅，葛怀光，鲁英，柯志泉．频率域电磁法探测堤防隐患［J］．水利水电技术，2002（2）：54－57.
[30] 房纯纲，葛怀光，贾永梅，鲁英，柯志泉．瞬变电磁法用于堤防渗漏隐患探测的技术问题［J］．大坝观测与土工测试，2001（5）：21－24.
[31] 张震夏，李平，姚成林，陈昌林，李正国，李才．丰满水电站溢流坝坝面裂缝安全检测［J］．大坝与安全，2001（5）：39－42，60.
[32] 王万顺，邓中俊．工程雷达在引调水工程施工质量检测中的应用［J］．水利水电快报，2018，39（9）：51－53.
[33] 葛怀光．瞬变电磁法在堤坝隐患探测中的应用［C］// 2004水利水电地基与基础工程技术．中国水利学会地基与基础工程专业委员会：中国岩石力学与工程学会，2004：751－755.
[34] 姚成林．稳态表面波法检测混凝土裂缝［C］//大坝安全与堤坝隐患探测国际学术研讨会论文集．水利部建设与管理司、水利部国际合作与科技司：中国水力发电工程学会，2005：126.
[35] 贾永梅．水电站围堰渗漏检测［C］//大坝安全与堤坝隐患探测国际学术研讨会论文集．水利部建设与管理司、水利部国际合作与科技司：中国水力发电工程学会，2005：129.
[36] 姚成林．堆石围堰高喷防渗墙渗漏综合检测［C］//第八次水利水电地基与基础工程学术会议论文集．中国水利学会地基与基础工程专业委员会，2006：703－707.
[37] 贾永梅．境主庙水库防渗墙检测［C］//第八次水利水电地基与基础工程学术会议论文集．中国水利学会地基与基础工程专业委员会：中国水利学会，2006：708－713.
[38] 姚成林，房纯纲，贾永梅，邓中俊，等．云南普洱震损坝的安全检测［C］//水利量测技术论文选集（第六集）．中国水利学会水利量测技术专业委员会：中国水利学会，2008：62－69.
[39] 贾永梅，房纯纲，姚成林，邓中俊，等．探地雷达检测防渗心墙渗漏隐患［C］//水利量测技术论文选集（第六集）．中国水利学会水利量测技术专业委员会：中国水利学会，2008：84－92.
[40] 邓中俊，姚成林，贾永梅，杨安辉，张新沂．超声波CT技术在混凝土防渗墙质量检测中的应用［C］//水工混凝土建筑物检测与修补加固技术．中国水利学会，2011：146－149.
[41] 姚成林，邓中俊，贾永梅．混凝土防渗墙综合超声质量检测技术研究与应用［C］//西藏自治区水利厅．西藏水利科学研究论文集．西藏自治区水利厅，2013：40－49.
[42] 姚成林，贾永梅，邓中俊．水电站围堰防渗墙渗漏综合检测［C］//西藏自治区水利厅．西藏水利

科学研究论文集．西藏自治区水利厅，2013：50－57.

［43］ 邓中俊，姚成林，贾永梅，杨玉波，等．大深度基础混凝土防渗墙施工质量检测技术应用研究［C］//水利量测技术论文选集（第九集）．中国水利学会水利量测技术专业委员会：中国水利学会，2014：205－212.

［44］ 邓中俊，姚成林，贾永梅，等．稳态表面波法在水电站厂房地板裂缝检测中的应用［C］//第五届中国水利水电岩土力学与工程学术研讨会论文集．中国水利学会岩土力学专业委员会：中国水利学会，2014：152－156.

［45］ 邓中俊，姚成林，杨玉波，等．稳态表面波法在压力钢管回填灌浆质量检测中的应用［C］//水利量测技术论文选集（第十集）．中国水利学会水利量测技术专业委员会：中国水利学会，2016：235－241.

［46］ 邓中俊，杨玉波，李春风，等．长方形小回线源瞬变电磁法在堤坝隐患探测中的应用［C］//水利量测技术论文选集（第十一集）．中国水利学会水利量测技术专业委员会：中国水利学会，2018：216－222.

［47］ 杨玉波，姚成林，邓中俊，等．浅层地震勘探在水利工程中的应用［C］//水利量测技术论文选集（第十一集）．中国水利学会水利量测技术专业委员会：中国水利学会，2018：188－193.

［48］ 杨玉波．CSAMT及高分辨地震勘探在官厅地热勘查中的应用［C］// 2015水利水电地基与基础工程——中国水利学会地基与基础工程专业委员会第13次全国学术研讨会论文集．中国水利学会地基与基础工程专业委员会，2015：839－846.

［49］ 邓中俊．稳态表面波法在水电站厂房基础检测中的应用［C］// 2015水利水电地基与基础工程——中国水利学会地基与基础工程专业委员会第13次全国学术研讨会论文集．中国水利学会地基与基础工程专业委员会，2015：847－853.

［50］ 贾永梅．稳态表面波法检测地下混凝土防渗墙接缝质量［C］//2015水利水电地基与基础工程——中国水利学会地基与基础工程专业委员会第13次全国学术研讨会论文集：中国水利学会地基与基础工程专业委员会，2015：246－251.

［51］ 邹丹，储冬冬，李琳．探地雷达在塑性混凝土防渗墙质量探测中的应用［J］．中国水运，2018（9）：25－26.

［52］ 崔霖沛．环境地球物理方法及其应用［M］．北京：地质出版社，1997.

［53］ 莫撼．水文地质及工程地质地球物理勘查［M］．北京：原子能出版社，1997.

［54］ 石昆法．可控源音频大地电磁法理论与应用［M］．北京：科学出版社，1999.

［55］ 马西奎．电磁场理论及应用［M］．西安：西安交通大学出版社，2000.

［56］ 杨天春，何继善．层状介质中瑞利波频散特性［M］．长沙：中南大学出版社，2013.

［57］ 袁易全，陈思忠．近代超声原理［M］．南京：南京大学出版社，1996.

［58］ 王礼立．应力波基础［M］．北京：国防工业出版社，2010.

［59］ 潘玉玲，张昌达．地面核磁共振找水理论和方法［M］．武汉：中国地质大学出版社，2000.

［60］ 赵钢，王茂木，徐毅．水利工程水下探测技术［M］．北京：中国水利水电出版社，2017.

［61］ 宋子龙．水库大坝水下无人探测技术实践与进展［M］．郑州：黄河水利出版社，2018.

［62］ 叶英．隧道施工超前地质预报［M］．北京：人民交通出版社，2011.

［63］ 李冰．超声波检测［M］．北京：北京工业大学出版社，2019.

［64］ 万升云．超声波检测技术及应用［M］．北京：机械工业出版社，2017.

［65］ 张建清，刘润泽，李张明．水工混凝土声波检测关键技术与实践［M］．北京：科学出版社，2016.

［66］ 李德华．化学工程基础实验［M］．北京：化学工业出版社，2008.

[67] 刘文革，赵虎，聂荔．地震勘探概论［M］．北京：石油工业出版社，2017.

[68] 中国水利电力物探科技信息网．工程物探手册［M］．北京：中国水利水电出版社，2011：761－762.

[69] 张桃荣．浅地表面波频散曲线响应特征研究及其应用［D］．成都：成都理工大学，2019.

[70] 乔艳红．瑞利波在混凝土无损检测中的应用研究［D］．北京：中国地质大学（北京），2008.

[71] Olheoft，G. R. "Electrical Properties of Rocks" . The Physics and Chemistry of Rocks and Minerals. J. Wiley and Sons. N. Y，1975：261－278.

[72] Olheoft，G. R. "Electrical Properties of Natural Clay Permafrost" . Can. J. Earth Sciences，1975（14）：16－24.

[73] Ward，S. H.，fraser，D. C. "Conduction of Electricity in Rocks" . Ch. 2. Mining Geophysics. Vol. Ⅱ. Society of Exploration Geophysicists，Tulsa，Oklahoma，1967.

[74] Madden，T. R. "Random Networks and Mixing Laws"，Geophysics（41，No. 6A），1976：1104－1125.

[75] Keller，G. V.，Frischknecht，F. C. "Electrical Methods in Geophysical Prospecting"，Ch. 1. Pergamon Press，N. Y，1966.

[76] L. R. Webber，Ed. "Ontario Soils" . Publication 492，Ministry of Agriculture and Food. Province of Ontario，Canada.

[77] Kirkham，D. "Soil Physics" . Handbook of Applied Hydrology. Ch. 5. Chow，V. T.，Ed，McGraw Hill，N. Y，1964.

[78] Press，F.，Siever，R. "Earth" . Ch. 4. W. H. Freeman & Co.，San Francisco，1978.

[79] Maxey，G. B. "Hydrogeology" . Hanbook of Apllied Hydrology. Ch. 4. Chow，V. T.，Ed. McGraw Hill. N. Y，1964.

[80] Millot，G. Scientific American，1979，4（240）：109－118.

[81] Meyboom，P. "hydrogeology" . Groundwater in Canada. Ch. 2. Brown，I. C.，Ed. Geol. Surv. Canada，Econ. Geol. Rept. 24，1967.

[82] Todd，D. K. "Grounwater" . Handbook of Apllied Hydrologo. Ch. 13. Chow，V. T. Ed. McGraw Hill. N. Y，1964.

[83] Brown，I. C. "Introduction" . Groundwater in Canada. Ch. 1. Brown，I. C.，Ed.，Geol. Surv>Canada. Ecol. Geol. Rept. 24，1967.

[84] Heiland，C. A. "Geophysical Exploration" . Ch. 10. Hafner Publishing Co. N. Y. 1968.

[85] Doherty，L. H. "Electrical Conductivity of the Great Lakes" . J. Res. Natl. Bur. Stds，1963（67D）：765－771.

[86] Jackson，P. D.，Taylor Smith，D.，Stanford，P. N. "Resistivity－Porosity－Paticle Shape Relationships for Marine Sands" . Geophysics，1978（43）：1250－1268.

[87] Rhoads，J. D.，P. A. C.；Prather，R. S. "Effects of Liquid－Phase Electrical Conductivity，Water Content，and Surface Conductivity on Bulk Soil Electrical Conductivity" . Soil Sci. Soc. Of America Jour，1976（40）：651－665.

[88] Walker，J. W.；Hulse，W. H.；Eckart，D. W. "Observation of the Electrical Conductivity of the Tropical Soils of Western Puerto Rico" . Geol. Soc. Amer. Bull，1973（84）：1743－1752.

[89] Olhoeft，G. R. Private Communication.

[90] Huekstra. P.；Mcneill，J. D. "Electromagnetic Probing of Permafrost" . Proc. Second Intl. Conference on Permafrost. Yakutsk. USSR，1973：517－526.

[91] Grant, F. S.; West, G. F. "Interpretation Thoery in Applied Geophysics". Ch. 13. McGraw Hill, N. Y, 1965.

[92] Telford, W. M.; Geldart, L. P.; Sheriff, RE. E.; Keys, D. A. Applied Geophysics, Ch. 5. Cambridge Univ. Press, N. Y, 1976.

[93] Culley, R. W.; Jagodits, F. L.; Middleton, L. S. "E - Physe System for Detection of Buried Granular Deposits. Symposium on Modern Innovation in Subsuface Exploration". 54th Annual Meeting of Transportation Research Board, 1975.

[94] Sellmann, P. V.; Arcone, S. A.; Delaney, A. "Preliminary Evaluation of New LF Radiowave and Magnetic Induction Resistivity Units - Over Permafrost Terrain". Natl. Res. Council Canada Tech. Mem. 119. Proc. Symposium on Permafrost Geophysics. 12 Oct, 1976.

[95] Smith - Rose, R. L. "Electrical Measurements on Soil with Alternating Currents". Proc IEE No, 1934, 75: 221 - 237.

[96] Meillon, J. J. "Economic Geology and Tropical Weathering". Can. Inst. Mining and Metaiiurgy (CIM) Bulletin, July, 1978: 61 - 69.

[97] Palacky, G. J.; Kadekaru, K. "Effect of Tropical Weathering on Electrical and Electromagnetic Measurements". Geophysics, 1979 (44): 69 - 88.

[98] Rhoads, J. D.; Halvorson, A. D. "Electrical Conductivity Methods for Detecting and Delineating Saline Seeps and Measuring Salinity in Northern Great Plains Soils". Agricultural Research Service Dept. ARS W - 42 U>S> Dept. of Agriculture. Western Region, 1977.

[99] Arcone, S. A.; Sellman, P.; Delaney, A. "Effects of Seasonal Changes and Ground Ice on Electromagnetic Surveys of Permafrost". USA CRREL Report. U. S. A. Cold Regions Research & Engineering Labs. Hanover, New Hampshire, U. S. A, 1979.

[100] Hoekstra, P. "Electromagnetic Methods for mapping Shallow Permafrost". Geophysics, 1978 (41): 782 - 787.

[101] Morley, L. W., Ed. "mining and Groundwater Geophysics". Geological Survey of Canada. Econ. Geol. Dept. No. 26, 1967.

[102] Wilcox, S. W. "Sand and Gravel Prospecting by the Earth Resistivity Method". Geophysics, 1944 (9): 36 - 45.

[103] Kelly, S. F. "Geophysical Exploration for Water by Electrical Resistivity". Jour. New England Water Works Associ, 1962 (76): 118 - 189.

[104] Zhong Jun Deng, Cheng Lin Yao, Yong Mei Jia, Yu Bo Yang, Gui Bin Zhang. Application Progress of Nondestructive Testing Technique of Hydraulic Concrete Based on Steady Rayleigh Wave Method [J]. Applied Mechanics and Materials, 2014, 3277.

[105] Yu Bo Yang, Zhong Jun Deng. The Evaluation Groundwater Quality in Daqing Oilfield by Using Logging Data [J]. Advanced Materials Research, 2014, 3248.

[106] Deng Zhongjun. The Application of Integrated Geophysical Method in the Detection of Ground Subsidence Area [C] //Proceedings of the 2018 2nd International Workshop on Renewable Energy and Development (IWRED 2018), 2018: 1589 - 1596.

[107] Zhongjun DENG. Application of Rectangular Small Loop Source Transient Electromagnetic Method in Hidden Defects Detection of Dykes and Dams [C] //Chongqing University of Posts and Telecommunications、Hubei ZhongKe Institute of Geology and Environment Technology. Conference Proceedings of the 6th International Symposium on Project Management (ISPM2018). Chongqing

University of Posts and Telecommunications、Hubei ZhongKe Institute of Geology and Environment Technology，2018：549－554.

[108] ZHI Bin，DENG Zhongjun，YANG Yubo. Development of non－destructive testing technology for penstock of hydropower station based on steady－state surface wave method [C] //Chongqing University of Posts and Telecommunications、Hubei ZhongKe Institute of Geology and Environment Technology. Conference Proceedings of the 7th International Symposium on Project Management (ISPM2019) . Chongqing University of Posts and Telecommunications、Hubei ZhongKe Institute of Geology and Environment Technology，2019：482－487.